| 高职高专公共基础课系列教材 |

高等数学（微课版）

陈　晖　主　编

张　策　王子子　刘　欣　副主编

清華大學出版社
北　京

内容简介

本书根据培养综合职业能力创新型技能人才需求进行编写，在保持高等数学理论系统性与科学性的基础上，突出实用性与应用性，通过思维导图构建高等数学知识框架，融合数学格言、数学文化等数学素养元素，并应用Matlab软件演示解决实际数学问题，配套演示视频和丰富的习题及参考答案。

本书主要内容包括函数与极限、导数与微分、导数的应用、不定积分、定积分及其应用、常微分方程、向量与空间解析几何、多元函数微积分、无穷级数。

本书可作为高等职业教育高等数学课程的教材。

图书在版编目(CIP)数据

高等数学：微课版/陈晖主编. —北京：清华大学出版社，2023.8(2024.12重印)
高职高专公共基础课系列教材
ISBN 978-7-302-63855-1

Ⅰ.①高… Ⅱ.①陈… Ⅲ.①高等数学—高等职业教育—教材 Ⅳ.①O13

中国国家版本馆CIP数据核字(2023)第108294号

责任编辑：刘翰鹏
封面设计：刘艳芝
责任校对：袁 芳
责任印制：刘海龙

出版发行：清华大学出版社
网 址：https://www.tup.com.cn，https://www.wqxuetang.com
地 址：北京清华大学学研大厦A座 **邮 编**：100084
社 总 机：010-83470000 **邮 购**：010-62786544
投稿与读者服务：010-62776969，c-service@tup.tsinghua.edu.cn
质量反馈：010-62772015，zhiliang@tup.tsinghua.edu.cn
课件下载：https://www.tup.com.cn，010-83470410
印 装 者：三河市君旺印务有限公司
经 销：全国新华书店
开 本：185mm×260mm **印 张**：17.75 **字 数**：405千字
版 次：2023年9月第1版 **印 次**：2024年12月第2次印刷
定 价：49.90元

产品编号：100617-01

前　言

高等数学是高等职业院校普遍开设的一门重要的公共基础课程。根据培养综合职业能力创新型技能人才需求，依据《国家职业教育改革实施方案》提出的“三教”改革精神，本书在充分调研教学需求的基础上，结合高等数学课程改革经验，融入习近平新时代中国特色社会主义思想和党的二十大精神，由集多年教学经验的教学一线教师团队编写，被评为2024年度山东省高等职业教育“金教材”。本书特点如下。

（1）贴合立德树人的教育理念与本质。本书引入国内优秀数学家、科学家的勇于探索精神及数学格言与数学文化素质养成等内容，激发读者探究溯源的学习积极性，提升读者的数学素养，对读者以学铸魂、固本培元的人格培养和思想修养方面有积极的价值引领作用。

（2）坚持“以应用为目的，以必须、够用为度”的原则。本书在保持高等数学理论系统性与科学性的基础上，通过思维导图构建高等数学知识框架，内容清晰易懂，易于学生接受；习题丰富、层次鲜明，且提供参考答案，满足不同类型读者主体的需求。

（3）本书配套数字化教学资源，完善线上线下相融合学习方式，满足新形态一体化教材要求。

（4）教材使用软件 Matlab 演示解决实际数学问题，为读者提供解决数学计算的有力工具的学习途径。

本书共分9章，主要内容包括函数与极限、导数与微分、导数的应用、不定积分、定积分及其应用、常微分方程、向量与空间解析几何、多元函数微积分、无穷级数。书中带有*号的内容有一定的学习难度，读者可根据实际情况选择学习。

本书由陈晖担任主编并负责统稿，由张策、王子子、刘欣担任副主编，周松、于俊梅、姜良山、尹彩霞、丁婧参编。其中，陈晖编写第1章，张策编写第4章和第6章，王子子、周松共同编写第2章、第3章、第8章，刘欣编写第5章和第7章，于俊梅编写第9章，姜良山、尹彩霞、丁婧共同编写本书中 Matlab 软件内容。

由于编者水平有限，书中难免存在不足和疏漏之处，不当之处敬请广大读者和同仁批评、指正。

编　者

2023年3月

目录

第1章 函数与极限

【学习目标】

通过本章的学习，你应该能够：

(1) 理解函数的概念与性质。

(2) 掌握基本初等函数的性质，掌握分析复合函数的复合结构方法，理解初等函数、反函数的概念。

(3) 理解描述变量无限变化的趋势的极限概念。

(4) 理解无穷大量与无穷小量的概念与性质，理解等价无穷小量的概念。

(5) 掌握求极限的方法。

- 学会运用极限的四则运算法则求极限；
- 学会运用等价无穷小量求函数的极限；
- 学会运用两个重要极限公式求函数的极限；
- 学会运用连续的概念求函数的极限。

(6) 理解函数的连续性和连续函数的概念。

(7) 了解 Matlab 软件及求极限操作。

美妙的数学

1.1 函数的概念与性质

函数是重要的数学概念。在研究某一事物的变化过程中，往往同时会遇到两个或多个变量，这些变量之间不是彼此孤立的，而是相互联系、相互依赖的，遵循着一定的变化规律。函数正是研究各个变量之间确定性依赖关系的数学模型，是用数学语言来描述现实世界的主要量化工具。

1.1.1 函数的起源与发展简史

17 世纪，伽利略在《两门新科学的对话和数学证明》一书中，用文字和比例的语言提出了包含着函数或者称为变量的关系这一概念。1673 年前后，笛卡尔在研究解析几何时，已经注意到一个变量对另一个变量的依赖关系，在他的《方法导论——正确引导自己的理性并在科学中寻求真理》的第 3 个附录几何中，笛卡尔确立了一个习惯：以开头的字母记已知量，以末尾的字母记未知量。最早提出函数概念的是 17 世纪德国数学家莱布尼茨，莱布尼茨用“函数”一词表示幂。1718 年，约翰·伯努利在莱布尼茨给出的函数概念基础上，对其进行了明确的定义：“由某个变量及任意常数结合而成的数量。”1755 年，欧拉把函数定义为“如果某些变量以某种方式依赖于另一些变量，即当后面的变量发生变化时，前面函数的变量也随之变化，我们把前面的变量称为后面变量的函数”，并给出了沿用至今的函数符号。1821 年，柯西在给出函数的定义时，首次提出了自变量的字眼。1822 年，傅里叶发现某些函数可用曲线表示，也可用一个式子表示，或者用多个式子表示，从而结束了函数概念是否只有一个式子来表示的争论。1837 年，狄利克雷提出函数是 x 与 y 之间的一种对应关系的现代观点，以简明、精确、清晰的方式为所有数学家接受。

1.1.2 函数的概念及表示法

在自然科学中，观察某一现象的过程时，常常会遇到各种不同的量，其中有的量在过程中是不发生变化的，保持一个固定的数值，称之为常量；有的量在过程中会发生变化，取不同的数值，称之为变量。

函数描述了变量之间的依存关系，这些变量并不是孤立发生变化的，而是相互联系，相互依存，并遵循一定的规律，函数就是用来描述这种联系和规律的。

函数

【例 1-1】 已知一个圆的半径 r，圆的面积 s 就确定了，圆的面积随着半径的变化而变化，遵循一定的规律 $s=\pi r^2$，此时圆的面积就是半径的函数关系。

【例 1-2】 在自由落体运动中，设物体下落的时间为 t，下落的距离为 s，假设开始下落的时刻 $t=0$，则变量 s 与 t 之间的依存关系由数学模型

$$s=\frac{1}{2}gt^2$$

给出。其中，g 为重力加速度。

1. 函数的定义

定义 1.1 设有两个变量 x 和 y，如果当变量 x 在某一非空实数范围 D 内任意取定一个数值时，按照一定的对应关系 f，变量 y 都有唯一确定的值与之对应，则称变量 y 为变量 x 的函数，记作

$$y=f(x)\quad x\in D$$

其中，x 叫作自变量，y 叫作因变量，对于某一确定的 $x_0\in D$，函数 $y=f(x)$所对应 y 的值，叫作 $x=x_0$ 时函数 $y=f(x)$的函数值，记作 $f(x_0)$或 $y\big|_{x=x_0}$。

使函数有意义的自变量的集合称为函数的定义域，记作 D。全体函数值构成的集合称为函数的值域，记作 M，即 $M=\{y\,|\,y=f(x),x\in D\}$。

2. 函数的两要素

由函数的定义可知，当函数的定义域 D 和对应关系 f 确定后，这个函数就完全确定了，

因此，常把函数的定义域和对应关系称为函数的两要素。

判断两函数相同的充分必要条件是其定义域与对应关系分别相同。

【例 1-3】 判断下列函数是否是同一个函数。

(1) $f(x)=\sin^2 x+\cos^2 x$ 和 $g(x)=1$

(2) $y=x$ 和 $y=\sqrt{x^2}$

解：(1) 函数 $f(x)$ 和 $g(x)$，尽管它们的形式不一致，但是它们的定义域和对应关系分别相同，所以它们表示的是同一个函数。

(2) 函数 $y=x$ 和 $y=\sqrt{x^2}$，它们的定义域相同，都是实数集 **R**，但因为

$$y=\sqrt{x^2}=|x|=\begin{cases} x & x\geqslant 0 \\ -x & x<0 \end{cases}$$

显然，只有当 $x\geqslant 0$ 时，它们的对应关系才相同，所以这是两个不同的函数。

函数常用的表示法有解析式法、表格法、图形法 3 种。

(1) 解析式法。用一个(或者几个)数学式子表示函数关系的方法称为解析式法，也称为公式法。一个函数的解析式可能不唯一，譬如例 1-3 中的(1)。

(2) 表格法。将自变量的取值与对应的函数值列成表格表示函数的方法称为表格法。例如三角函数表、对数表等都是表格法表示函数。

(3) 图形法。函数 $y=f(x)$ 的图形是指在直角坐标系中用一条曲线来表示函数的对应关系。例如，函数 $y=|x|$ 的图像可表示为如图 1-1 所示。

把抽象的函数与直观的图像结合起来研究函数，是学习数学的技巧，这种方法不仅直观性强，而且便于观察函数的变化趋势。

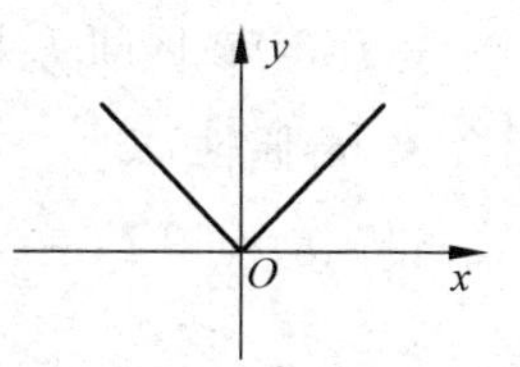

图 1-1 函数 $y=|x|$ 的图像

3. 函数的定义域

在实际问题中，函数的定义域应根据问题的实际意义确定。例如求圆的面积，自变量半径的取值是 $(0,+\infty)$。但有时在数学中不考虑函数的实际意义，而只抽象地研究用解析式表示的函数关系时，约定函数的定义域就是使函数表达式有意义的自变量所构成的一切实数集合。

【例 1-4】 求函数 $y=\dfrac{\sqrt{x+1}}{\ln(2-x)}$ 的定义域。

解：要使函数有意义，须满足：根式内非负、分母不为零、对数真数大于零等情况，即求

$$\begin{cases} x+1\geqslant 0 \\ 2-x>0 \\ \ln(2-x)\neq 0 \end{cases}$$

解得 $\begin{cases} x\geqslant -1 \\ x<2 \\ x\neq 1 \end{cases}$，所以函数的定义域是 $D=[-1,1)\cup(1,2)$。

1.1.3　函数的性质

1. 单调性

设函数 $y=f(x)$ 在区间 I 上有定义，若对于区间 I 内任意两点 x_1,x_2，当 $x_1<x_2$ 时，有 $f(x_1)<f(x_2)$，则称函数 $y=f(x)$ 在区间 I 上**单调增加**，区间 I 称为**单调递增区间**；若当 $x_1<x_2$ 时，有 $f(x_1)>f(x_2)$，则称函数 $y=f(x)$ 在区间 I 上**单调减少**，区间 I 称为**单调递减区间**；单调递增区间和单调递减区间统称为**单调区间**。

注意：函数的单调性需要匹配单调区间。

例如，函数 $f(x)=x^2$ 在 $\mathbf{R}$ 上不是单调函数，但是在 $(-\infty,0)$ 上单调递减，在 $(0,+\infty)$ 上单调递增。

2. 有界性

设函数 $y=f(x)$ 在区间 I 上有定义，若存在正数 M，对于任意的 $x\in I$，都有 $|f(x)|\leqslant M$，则称函数 $f(x)$ 在区间 I 上**有界**。否则称函数 $f(x)$ 在区间 I 上**无界**。

例如，正弦函数 $y=\sin x$ 在区间 $(-\infty,+\infty)$ 上有界，因为存在 $M=1$，$\forall x\in\mathbf{R}$ 都有 $|\sin x|\leqslant 1$。

若函数 $y=f(x)$ 在区间 I 上有界，则其图像在直线 $y=-M$ 和 $y=M$ 之间。显然，函数 $y=f(x)$ 在区间 I 上有界，其界不唯一。

3. 奇偶性

设函数 $y=f(x)$ 在区间 I 上有定义，并且区间 I 关于原点对称，若对于 $\forall x\in I$ 都成立：

$f(-x)=f(x)$，则 $y=f(x)$ 是区间 I 上的偶函数。

$f(-x)=-f(x)$，则 $y=f(x)$ 是区间 I 上的奇函数。

偶函数的图像关于 y 轴对称；奇函数的图像关于原点对称。

研究函数的奇偶性的好处在于，如果知道一个函数是奇（偶）函数，那么知道其中一半的图像，根据对称性，就可以知道全部函数的图像。例如，常见的函数 $y=x^2$ 是偶函数，$y=x$ 是奇函数。

【例 1-5】 讨论函数 $f(x)=\dfrac{e^x+e^{-x}}{2}$ 的奇偶性。

解：很显然，函数的定义域是 $x\in\mathbf{R}$。

$\because f(-x)=\dfrac{e^{-x}+e^x}{2}=f(x)$，$\therefore$ 函数 $f(x)=\dfrac{e^x+e^{-x}}{2}$ 是偶函数。

4. 周期性

设函数 $y=f(x)$ 在区间 I 上有定义，若存在不为零的数 T，对 $\forall x\in I$，都有 $x+T\in I$，且 $f(x+T)=f(x)$ 恒成立，则称函数 $y=f(x)$ 为区间 I 上的周期函数，称 T 为 $f(x)$ 的周期，通常所说的周期指的是函数 $y=f(x)$ 的最小正周期。

例如，三角函数是周期函数。正弦函数 $y=\sin x$ 的最小正周期是 2π，正切函数 $y=$

$\tan x$ 的最小正周期是 π。

【能力训练 1.1】

基础练习

1. 判断题。

(1) 若两个函数的定义域和值域相同,那么这两个函数相同。(　　)

(2) 偶函数的图像不一定过原点,奇函数的图像一定过原点。(　　)

(3) $f(x)=\dfrac{e^x-e^{-x}}{2}$ 是奇函数。(　　)

(4) $y=\ln x^2$ 和 $y=2\ln x$ 是同一个函数。(　　)

2. 填空题。

(1) 设函数 $f(x)=2x^2-5x+1$,则 $f(1)=$________。

(2) 设函数 $y=\sqrt{1-x^2}-\sqrt{x^2-1}$,其定义域是________。

(3) 设函数 $f(x)=\begin{cases}x+1 & x<0\\ 2 & x=0\\ 2-x & x>0\end{cases}$,其定义域是________。

3. 求下列函数的定义域。

(1) $y=\sqrt{2x-3}+\dfrac{1}{x-3}$　　(2) $y=\ln(x^2-1)+(x+4)^0$

4. 判断下列函数的奇偶性。

(1) $y=\sin|x|$　　(2) $y=\ln\dfrac{1+x}{1-x}$　　(3) $y=x\cos x$

提高练习

1. 求下列函数的定义域。

(1) $y=\dfrac{1}{1-\ln x}$　　(2) $y=\sqrt{4-x^2}+\dfrac{1}{\ln\cos x}$　　(3) $y=\ln[\ln(\ln x)]$

2. 判断两个函数是否相同。

(1) $f(x)=\lg x+\lg(x+1)$,$g(x)=\lg[x(x+1)]$

(2) $f(x)=|1-x|+1$,$g(x)=\begin{cases}x & x\geqslant 1\\ 2-x & x<1\end{cases}$

1.2 初等函数

复杂函数都是由一些简单的函数构成的,学习并掌握基本初等函数关系和性质,将为认识复杂函数关系的构成、分析问题和解决问题提供方便。

1.2.1 基本初等函数

数学上常见的幂函数 $y=x^{a}$（a 为实数）；指数函数 $y=a^{x}$（$a>0$ 且 $a\neq1$）；对数函数 $y=\log_{a}x$（$a>0$ 且 $a\neq1,x>0$）；三角函数 $y=\sin x$，$y=\cos x$，$y=\tan x$，$y=\cot x$，$y=\sec x$，$y=\csc x$；反三角函数 $y=\arcsin x$，$y=\arccos x$，$y=\arctan x$，$y=\operatorname{arccot} x$ 及其常量函数 $y=C$（C 为任意常数）统称为基本初等函数。

这些函数的定义域和性质见表 1-1。

表 1-1　基本初等函数的定义域和性质

名称		解析式	定义域	性质
幂函数		$y=x^{a}$（a 为实数）	随 a 的取值而定，但不论 a 为何值，x 在 $(0,+\infty)$ 上都有意义	在 $(0,+\infty)$ 内单调；函数过点 $(1,1)$
指数函数		$y=a^{x}$（$a>0$ 且 $a\neq1$）	$x\in(-\infty,+\infty)$	函数都过点 $(0,1)$；当 $a>1$ 时，函数单调递增；当 $0<a<1$ 时，函数单调递减
对数函数		$y=\log_{a}x$（$a>0$ 且 $a\neq1$）	$x\in(0,+\infty)$	函数都过点 $(1,0)$；当 $a>1$ 时，函数单调递增；当 $0<a<1$ 时，函数单调递减
三角函数	正弦函数	$y=\sin x$	$x\in(-\infty,+\infty)$	有界函数；奇函数；以 2π 为周期的周期函数
	余弦函数	$y=\cos x$	$x\in(-\infty,+\infty)$	有界函数；偶函数；以 2π 为周期的周期函数
	正切函数	$y=\tan x$	$x\neq(2n+1)\frac{\pi}{2}$（n 为整数）	奇函数；以 π 为周期的周期函数
	余切函数	$y=\cot x$	$x\neq n\pi$（n 为整数）	偶函数；以 π 为周期的周期函数
反三角函数	反正弦函数	$y=\arcsin x$	$x\in[-1,+1]$	有界函数 $\lvert\arcsin x\rvert\leqslant\frac{\pi}{2}$；单调递增函数
	反余弦函数	$y=\arccos x$	$x\in[-1,+1]$	有界函数 $\arccos x\in[0,\pi]$；单调递减函数
	反正切函数	$y=\arctan x$	$x\in(-\infty,+\infty)$	有界函数 $\lvert\arctan x\rvert<\frac{\pi}{2}$；单调递增函数
	反余切函数	$y=\operatorname{arccot} x$	$x\in(-\infty,+\infty)$	有界函数 $\operatorname{arccot} x\in(0,\pi)$；单调递减函数

此外，还有正割函数和余割函数两个三角函数。

(1) 正割函数 $y=\sec x$，正割函数的定义域同正切函数，是以 2π 为周期的周期函数，是余弦函数的倒数，即

$$\sec x=\frac{1}{\cos x}$$

(2) 余割函数 $y=\csc x$,余割函数的定义域同余切函数,是以 2π 为周期的周期函数,是正弦函数的倒数,即

$$\csc x=\frac{1}{\sin x}$$

1.2.2 复合函数的定义

在实际应用中,常会遇到由几个基本初等函数组合而成的复杂函数关系。例如,由 $y=e^u$ 和 $u=\sin x$ 组合成新的函数关系,它可以表示为 $y=e^{\sin x}$。这样的函数关系是一类新的函数——复合函数。

1. 复合函数定义

定义 1.2 设 y 是 u 的函数 $y=f(u)$,$u\in M_1$。u 是 x 的函数 $u=\varphi(x)$,$x\in D$,$u\in M_2$。当 $M_1\cap M_2\neq\varnothing$ 时,$y=f(u)$ 与 $u=\varphi(x)$ 通过变量 u 可构成 y 关于 x 的新函数,称为 $y=f(u)$ 和 $u=\varphi(x)$ 的关于 x 的复合函数,记作 $y=f(\varphi(x))$,其中 u 为中间变量,x 为自变量,如图 1-2 所示。

注意:并不是任意两个函数都能够组合成复合函数。例如,$y=\ln u$ 和 $u=-x^2-1$ 是不能组合成复合函数的。

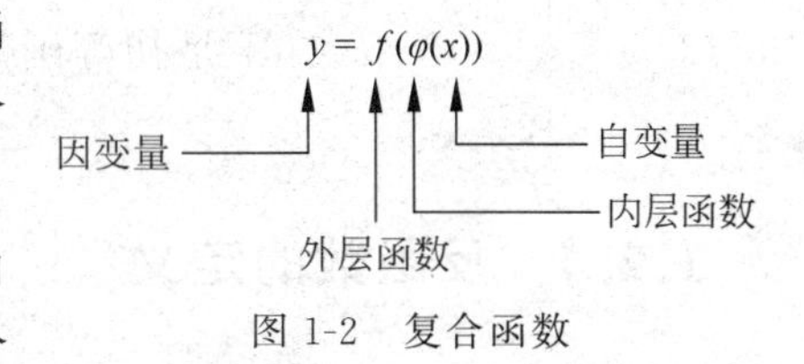

图 1-2 复合函数

复合函数还可以推广到多个中间变量的情形,由多个基本初等函数关系复合构成。在对复合函数的分析上,需要利用复合函数的概念,将一个复杂的复合函数关系分解成几个简单函数关系,使问题得以简化。

正确掌握复合函数的分解与合成方法,是掌握复合函数性质的关键。

2. 复合函数分解

要认识复合函数,必须要认识其复合过程,也就是要理解复合函数的分解过程。通常采取的方法是将复合函数由外向内逐层分解,将其拆分成若干个基本初等函数或者简单函数的复合。这里把基本初等函数经过平移、放大或缩小,或经过有限次四则运算所得到的函数关系称为简单函数。

【例 1-6】 利用复合函数的关系,求 $y=e^{\sin x}$ 的定义域和值域。

解:因为 $y=e^{\sin x}$ 可看作 $y=e^u$ 和 $u=\sin x$ 复合而成;$u=\sin x$,$x\in\mathbf{R}$,$u\in[-1,1]$;又因为 $y=e^u$,$u\in\mathbf{R}$,且 $y=e^u$ 在其定义域内是单调递增的,$[-1,1]\subset\mathbf{R}$,所以 $y=e^{\sin x}$ 的定义域为 $x\in\mathbf{R}$,其值域是 $\left[\frac{1}{e},e\right]$。

【例 1-7】 指出下列函数是由哪些函数复合而成的。

(1) $y=\ln\sin x$　　　　(2) $y=\sin\sqrt{x^2+1}$

(3) $y=(\arctan\sqrt{x})^2$　　　　(4) $y=\ln[\ln(\ln x)]$

解：(1) $y=\ln\sin x$ 是由 $y=\ln u, u=\sin x$ 复合而成的。

(2) $y=\sin\sqrt{x^2+1}$ 是由 $y=\sin u, u=\sqrt{v}, v=x^2+1$ 复合而成的。

(3) $y=(\arctan\sqrt{x})^2$ 是由 $y=u^2, u=\arctan v, v=\sqrt{x}$ 复合而成的。

(4) $y=\ln[\ln(\ln x)]$是由 $y=\ln u, u=\ln v, v=\ln x$ 复合而成的。

【例 1-8】 设 $f(x)=x^2+1, g(x)=2^x$，求 $f(g(x))$和 $g(f(x))$。

解：$f(g(x))=[g(x)]^2+1=(2^x)^2+1=2^{2x}+1=4^x+1$

$g(f(x))=2^{f(x)}=2^{x^2+1}$

1.2.3 初等函数的定义

定义 1.3 由基本初等函数与常数经过有限次的四则运算及有限次的函数复合所产生并且能用一个解析式表出的函数称为初等函数。

例如，$f(x)=(x^2+1)\cdot 2^x$；$f(x)=\ln(x+\sqrt{x^2+1})$都是初等函数。

许多情况下，分段函数不是初等函数，因为在其定义域区间上不能用一个式子表示，例如，$f(x)=\begin{cases} x+1 & x<0 \\ 2 & x=0 \\ 2-x & x>0 \end{cases}$不是初等函数。

1.2.4 反函数的定义

定义 1.4 设有函数 $y=f(x)$，其定义域为 D，值域为 M，并且在定义域 D 上是单调函数，若变量 y 在函数的值域 M 内任取一值 y_0，变量 x 在函数的定义域 D 内必有唯一确定的值 x_0 与之对应，且满足 $f(x_0)=y_0$，那么把变量 x 是变量 y 的函数记作 $x=f^{-1}(y)$，$y\in M$，即为函数 $y=f(x)$的反函数，通常记作 $y=f^{-1}(x), x\in M$。

注意：①在定义域上具有单调性的函数有反函数；②反函数的定义域、值域上分别对应原函数的值域、定义域；③在同一坐标平面内，$y=f(x)$与 $y=f^{-1}(x)$的图形是关于直线 $y=x$ 对称的。

基本初等函数关系中，指数函数和对数函数是一组反函数，三角函数和反三角函数是一组反函数。

【例 1-9】 求函数 $y=4x+2$ 的反函数。

解：$\because y=4x+2$　$\therefore x=\dfrac{y-2}{4}=\dfrac{y}{4}-\dfrac{1}{2}$　$\therefore y=\dfrac{x}{4}-\dfrac{1}{2}$是 $y=4x+2$ 的反函数。

【例 1-10】 设函数 $y=4^x-2^{x+1}$，求 $f^{-1}(0)$。

解：根据原函数与反函数的关系，反函数的定义域即原函数的值域，故求 $f^{-1}(0)$可以理解为对原函数 $y=4^x-2^{x+1}$ 求其 $y=0$ 时变量 x 的值，故有 $4^x-2^{x+1}=0$。所以$(2^x)^2-2^x\cdot 2=0$，$2^x(2^x-2)=0$，故 $x=1$，即 $f^{-1}(0)=1$。

【能力训练 1.2】

基础练习

1. 判断题。

(1) 所有的函数关系都是初等函数。(   )

(2) 所有的函数关系都有反函数。(   )

(3) 定义在全体实数范围内的三角函数没有反函数。(   )

(4) 任意多个函数关系都可以构成复合函数。(   )

2. 填空题。

(1) $y=2^{\cos x}$ 的定义域是________,值域是________。

(2) $y=\ln\sqrt{x^2+1}$ 是由________________复合而成的。

(3) $y=e^{x+2}$ 的反函数是________________。

3. 将下列复合函数分解为简单函数。

(1) $y=\arcsin 2x$　　(2) $y=e^{\cos x}$

(3) $y=\ln\tan 2x$　　(4) $y=\sin^3(2x+5)$

4. 设 $f(x)=2^x$, $g(x)=\sin x$,求 $f(g(x))$和 $g(f(x))$。

5. 设 $f(x)=\sqrt[3]{x+2}$,求其反函数。

提高练习

1. 将下列复合函数分解为简单函数。

(1) $y=\sin(\sqrt[3]{x^2+2x})$　　(2) $y=\sqrt{\ln\sin x^2}$

2. 设函数 $f(x)=\dfrac{1}{1-x}$,求 $f(f(x))$。

3. 设函数 $f(x)=\sin x$, $g(x)=\begin{cases} x-\pi & x\leqslant 0 \\ x+\pi & x>0 \end{cases}$,求 $f(g(x))$。

4. 设函数 $y=\dfrac{2^x}{2^x+1}$,求它的反函数,并指出反函数的定义域。

1.3 极限思想与函数极限

极限是微积分学中的一个基本重要概念,微分学与积分学的许多概念都是由极限引入的,并且最终由极限知识来解决,因此它在微积分学中占有非常重要的地位。

1.3.1 中国古代极限思想

在中国古代数学史上,许多哲学思想中都渗透着“极限”的光辉,朴素的极限思想占有了非常重要的地位。公元前4世纪，中国古代思想家和哲学家庄子在《天下篇》中论述：“至大无外，谓之大一；至小无内，谓之小一。”其中，“大一”和“小一”指的就是无穷大和无穷小。而“一尺之棰，日取其半，万世不竭”，更是道出了无限分割的极限思想。公元3世纪，刘徽在《九章算术》方田章“圆田术”注文中创造性地提出“割圆术”，刘徽提出“割之弥细，所失弥少，割之又割，以至于不可割，则与圆周合体而无所失矣”作为计算圆的周长、面积以及圆周率的基础，由此得出了我国最早的圆周率为3.1416，这个数值是当时世界上最早也是最准确的圆周率数据。在此过程中，刘徽大胆地将极限思想和无穷小分割引入了数学证明，给出的圆面积算法是极限思想的具体化，十分贴近现代积分学意义下的定义与公式，他的思想超越了他的时代。

1.3.2 数列的极限

在客观世界里，人们经常遇到某种无限变化的过程或者趋势，需要对这种无限变化过程或者趋势的发展结果做一定的研究。对这一类现象结果的研究，在数学上归纳为极限。

【应用实例1-1】 一尺之棰，日取其半，万世不竭。

解：假设木棒长一尺，每次取其一半，用数学语言描述，可以表述为

$$1,\frac{1}{2},\frac{1}{4},\cdots,\frac{1}{2^{n-1}},\cdots$$

这是一个无限的过程，我们更关注无限过程的结果，可以分析出随着过程的进行，木棒越来越短，近乎为零。

定义1.5 以自然数n为自变量的函数$a_n=f(n)$，把它按照自然数由小到大的顺序排列：$a_1,a_2,a_3,\cdots,a_n,\cdots$，这样的一列无穷个数称为数列，记作$\{a_n\}$，数列中的每一个数称为数列中的项，数列的第$n$项$a_n$表述了数列的规律，称为数列的通项或者一般项。

例如，$\frac{1}{2},\frac{1}{4},\cdots,\frac{1}{2^n},\cdots$的通项为$\frac{1}{2^n}$；$\frac{2}{1},\frac{3}{2},\frac{4}{3},\cdots,\frac{n+1}{n},\cdots$的通项为$\frac{n+1}{n}$；$1,0,1,0,\cdots,\frac{1+(-1)^{n+1}}{2},\cdots$的通项为$\frac{1+(-1)^{n+1}}{2}$。观察前两个数列，可以得到：随着$n$的无限增大，这两个数列都无限趋向一个固定的常数，其中$\frac{1}{2^n}$无限趋向于0，$\frac{n+1}{n}$无限趋向于1。

定义1.6 给定一个数列$\{a_n\}$，当n无限增大(即$n\to\infty$)时，如果存在一个常数A，通项a_n无限接近于常数A，则称数列$\{a_n\}$有极限，极限为A，或称数列$\{a_n\}$收敛于A，记作$\lim\limits_{n\to\infty}a_n=A$或$a_n\to A(n\to\infty)$；否则，称$n\to\infty$时，数列$\{a_n\}$没有极限或者发散。

【例1-11】 试指出下列数列有没有极限，若有，极限是多少？

(1) $2,1,\frac{2}{3},\frac{2}{4},\cdots,\frac{2}{n},\cdots$

(2) $1,1,1,1,\cdots,1,\cdots$

(3) $-1,1,-1,1,\cdots,(-1)^n,\cdots$

(4) $\frac{1}{2},\frac{1}{4},\frac{1}{8},\cdots,\frac{1}{2^n},\cdots$

1.3.3 函数的极限

数列的极限研究的是当 $n\to\infty$ 时函数 $a_n=f(n)$ 的发展趋势，而对于定义在实数范围区间 I 上的函数 $y=f(x)$ 的极限，主要研究当自变量 $x\to\infty$ 时和 $x\to x_0$ 时函数 $y=f(x)$ 的极限。

1. 当 $x\to\infty$ 时，函数 $y=f(x)$ 的极限

观察函数 $y=\dfrac{1}{x}$ 在 $x\to\infty$ 时的变化趋势，如图 1-3 所示，函数 $f(x)$ 的值无限趋向于零。

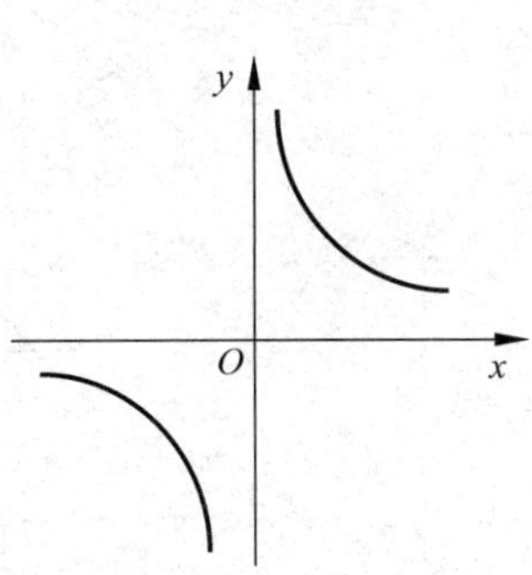

图 1-3 当 $x\to\infty$ 时函数 $y=\dfrac{1}{x}$ 的变化趋势

定义 1.7 设函数 $y=f(x)$，$x\in\mathbf{R}$，如果当 $x\to\infty$，即 $|x|$ 无限增大时，存在一个常数 A，函数 $f(x)$ 无限趋向于常数 A，则称常数 A 是函数 $f(x)$ 当 x 无限增大时的极限，记作

$$\lim_{x\to\infty}f(x)=A \quad 或 \quad f(x)\to A(x\to\infty)$$

由此可知 $\lim\limits_{x\to\infty}\dfrac{1}{x}=0$。

【例 1-12】 观察函数 $y=3^x$ 和 $y=\left(\dfrac{1}{3}\right)^x$ 的图像，如图 1-4 所示，并指出它们的趋势。

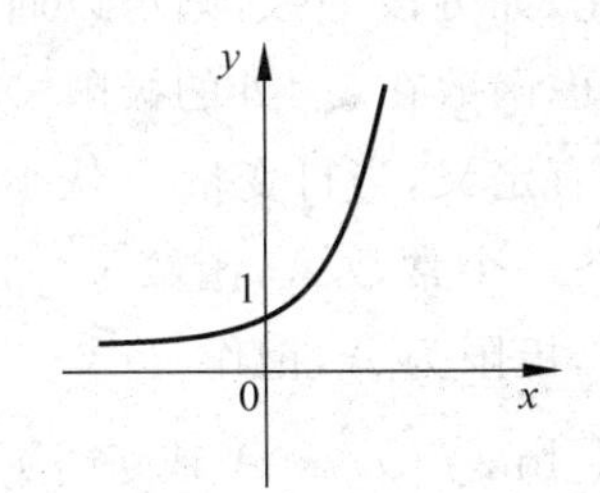

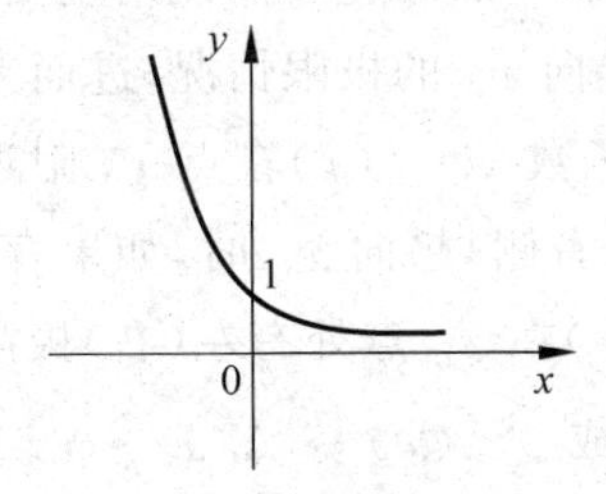

图 1-4 例 1-12 图

定义 1.8 设函数 $y=f(x)$，当 $x\to+\infty$（或 $x\to-\infty$）时，如果存在一个常数 A，函数 $f(x)$ 无限趋向于常数 A，则称常数 A 是函数 $f(x)$ 当 $x\to+\infty$（或 $x\to-\infty$）时的极限，记作

$$\lim_{x\to+\infty}f(x)=A(或\lim_{x\to-\infty}f(x)=A)$$

或者

$$f(x)\to A(x\to+\infty)(或 f(x)\to A(x\to-\infty))$$

显然，例 1-12 中 $\lim\limits_{x\to-\infty}3^x=0$，$\lim\limits_{x\to+\infty}\left(\dfrac{1}{3}\right)^x=0$。

定理 1.1 函数 $\lim\limits_{x\to\infty}f(x)$ 存在的充要条件是 $\lim\limits_{x\to+\infty}f(x)$ 和 $\lim\limits_{x\to-\infty}f(x)$ 存在且相等，即

$$\lim_{x\to\infty}f(x)=A\Leftrightarrow\lim_{x\to+\infty}f(x)=\lim_{x\to-\infty}f(x)=A$$

因为 $\lim\limits_{x\to+\infty}3^x$ 的极限不存在，所以 $\lim\limits_{x\to\infty}3^x$ 不存在。

2. 当 $x\to x_0$ 时，函数 $y=f(x)$ 的极限

观察函数 $y=x+3$ 和 $y=\dfrac{x^2-9}{x-3}$ 的图像，如图 1-5 所示，从图中不难看出，当 x 无限接近 3 时，函数都无限接近于 6。

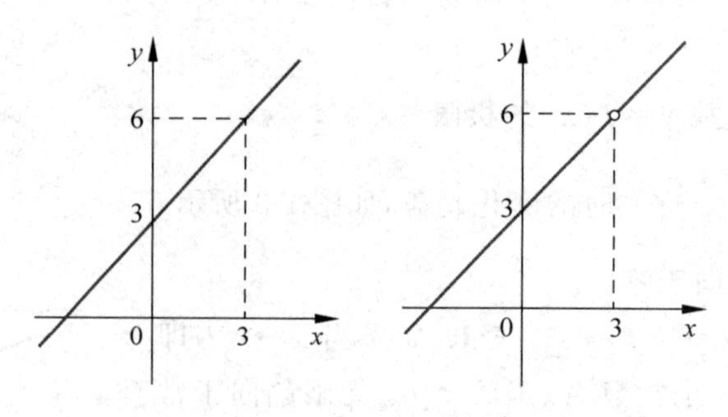

图 1-5　函数 $y=x+3$ 和 $y=\dfrac{x^2-9}{x-3}$ 的图像

定义 1.9　设函数 $y=f(x)$ 在点 x_0 附近有定义，当 $x\to x_0$ 时，如果存在一个常数 A，函数 $y=f(x)$ 无限接近常数 A，则称函数 $y=f(x)$ 在 $x\to x_0$ 时有极限，极限为 A，记作

$$\lim_{x\to x_0} f(x)=A \quad 或 \quad f(x)\to A(x\to x_0)$$

在这里，$x\to x_0$ 包括自变量 x 从 x_0 点的左右两侧趋向于 x_0。

如果函数关系在 x_0 点的左右两侧出现变化，如分段函数，则可以通过分别考虑自变量 x 从 x_0 左、右两侧趋向 x_0 的极限情况，进而考虑函数在 x_0 处的极限。

定义 1.10　设函数 $y=f(x)$ 在点 x_0 附近有定义，当自变量 x 从小于（大于）方向趋向 x_0，即从 x_0 的左侧（右侧）趋向 x_0 时，如果存在一个常数 A，函数 $y=f(x)$ 无限接近常数 A，则称函数 $y=f(x)$ 在 x_0 点处有左（右）极限，极限为 A，记作

$$\lim_{x\to x_0^-} f(x)=A \quad 或 \quad f(x)\to A(x\to x_0^-)\left(\lim_{x\to x_0^+} f(x)=A \text{ 或 } f(x)\to A(x\to x_0^+)\right)$$

函数 $y=f(x)$ 在 x_0 点处的极限与函数在该点的左、右极限有如下关系。

定理 1.2　函数 $y=f(x)$ 在 x_0 点极限存在的充要条件是函数 $y=f(x)$ 在 x_0 点处左、右极限存在且相等，即

$$\lim_{x\to x_0} f(x)=A \Leftrightarrow \lim_{x\to x_0^+} f(x)=\lim_{x\to x_0^-} f(x)=A$$

【例 1-13】　设函数 $f(x)=\begin{cases}2+x^2 & x\geqslant 1\\ 1+2x & x<1\end{cases}$，求函数 $\lim\limits_{x\to 1^-} f(x)$ 和 $\lim\limits_{x\to 1^+} f(x)$，并判断函数 $y=f(x)$ 在 $x=1$ 处的极限是否存在。

解：因为函数是分段函数，所以讨论分段点处极限，要分成左右极限讨论，并结合定理 1.2 进行分析判断。

$$\lim_{x\to 1^-} f(x)=\lim_{x\to 1^-}(1+2x)=3, \quad \lim_{x\to 1^+} f(x)=\lim_{x\to 1^+}(2+x^2)=3$$

$$\lim_{x\to 1^+} f(x)=\lim_{x\to 1^-} f(x)=3$$

故函数 $y=f(x)$ 在 $x=1$ 处的极限存在，且 $\lim\limits_{x\to1}f(x)=3$。

【例 1-14】 设函数 $f(x)=\begin{cases}x+a & x\geqslant0\\1+x^2 & x<0\end{cases}$，当 a 为何值时，函数 $f(x)$ 在 $x=0$ 处极限存在。

解：$\lim\limits_{x\to0^-}f(x)=\lim\limits_{x\to0^-}(1+x^2)=1$，$\lim\limits_{x\to0^+}f(x)=\lim\limits_{x\to0^+}(x+a)=a$

由定理1.2，要使函数 $f(x)$ 在 $x=0$ 处极限存在，则函数在 $x=0$ 左右极限存在且相等，故 $a=1$。

【例 1-15】 设函数 $f(x)=\begin{cases}2x & x\geqslant0\\4+x^2 & x<0\end{cases}$，试判断该函数在 $x=0$ 处的极限是否存在。

解：$\lim\limits_{x\to0^-}f(x)=\lim\limits_{x\to0^-}(4+x^2)=4$，$\lim\limits_{x\to0^+}f(x)=\lim\limits_{x\to0^+}(2x)=0$

$$\lim_{x\to0^+}f(x)\neq\lim_{x\to0^-}f(x)$$

由定理1.2，函数左、右极限存在，但是不相等，故函数 $f(x)$ 在 $x=0$ 处极限不存在。

【能力训练1.3】

基础练习

1. 判断题。

(1) $\lim\limits_{n\to\infty}\left[1+(-1)^{n+1}\dfrac{1}{n}\right]=1$。(　　)

(2) $\lim\limits_{x\to\infty}\sin x$ 没有极限。(　　)

(3) $\lim\limits_{x\to\infty}e^x=0$。(　　)

(4) 函数 $y=f(x)$ 在 x_0 处极限存在的充要条件是函数 $y=f(x)$ 在 x_0 处左右极限存在。(　　)

2. 填空题。

(1) 数列 $\dfrac{1}{2},-\dfrac{1}{4},\dfrac{1}{8},-\dfrac{1}{16},\cdots,(-1)^{n+1}\dfrac{1}{2^n},\cdots$ 的极限是________。

(2) 数列 $\left\{\dfrac{n+2}{n}\right\}$________(填收敛或发散)，若收敛，其极限是________。

(3) $\lim\limits_{x\to\infty}\sin\dfrac{1}{x}=$________。

(4) $\lim\limits_{x\to e}\ln x=$________。

3. 分析下列数列的变化趋势，并求极限。

(1) $\left\{\dfrac{1}{\sqrt{n}}\right\}$　　(2) $\left\{(-1)^n\dfrac{1}{3^n}\right\}$

(3) $\left\{\dfrac{n^2}{n^2+10}\right\}$　　(4) $\{3n+1\}$

4. 分析下列函数的变化趋势，并求函数的极限。

(1) $y=\dfrac{3}{x^2}(x\to\infty)$　　(2) $y=\left(\dfrac{1}{e}\right)^x(x\to+\infty)$

(3) $y=\tan\dfrac{1}{x}(x\to+\infty)$　　(4) $y=\sin x\left(x\to\dfrac{\pi}{2}\right)$

5. 设函数 $f(x)=\begin{cases}3x+2 & x\leqslant 0\\ x^2+1 & 0<x<1\\ \dfrac{2}{x} & x\geqslant 1\end{cases}$，讨论$\lim\limits_{x\to 0}f(x)$、$\lim\limits_{x\to 1}f(x)$。

提高练习

1. 设函数 $f(x)=\begin{cases}e^x-1 & x\geqslant 0\\ 2x+b & x<0\end{cases}$，要使极限$\lim\limits_{x\to 0}f(x)$存在，则 b 应取何值？

2. 设函数 $f(x)=\dfrac{|x|}{x}$，讨论$\lim\limits_{x\to 0}f(x)$。

3. 设函数 $f(x)=\begin{cases}\sin x & x\geqslant 0\\ \cos x & x<0\end{cases}$，试判断函数 $f(x)$在 $x=0$ 处的极限。

1.4　无穷大量与无穷小量

1.4.1　无穷小量

1. 无穷小的概念

【应用实例 1-2】　一杯浓度为 100%的纯果汁，每一次喝掉杯中的一半，再续满水，依次无限次重复下去，我们可以发现，杯中的果汁含量越来越少，几乎为零。

【应用实例 1-3】　一只球从 100 米的高空落下，每一次反弹高度是原来高度的$\dfrac{3}{4}$，一直这样运动下去，我们可以知道，用小球的第 1,2,3,…,n 次落下来表述小球的高度，可以得到如下数列：

$$100,100\cdot\frac{3}{4},100\cdot\left(\frac{3}{4}\right)^2,\cdots,100\cdot\left(\frac{3}{4}\right)^{n-1}$$

计算该数列的极限：$\lim\limits_{n\to\infty}100\cdot\left(\dfrac{3}{4}\right)^{n-1}=0$。即当小球回弹次数无限增大时，小球回弹高度为 0，也就是小球最后落回地面。

定义 1.11　在自变量的某一变化过程中，函数 $f(x)$以零为极限，则称 $f(x)$为这一变化过程中的无穷小量，简称无穷小。

注：无穷小表达的是变量的变化趋势，而不是变量的大小。一个非零的数，不管它的绝对值有多小，都不是无穷小量。零是唯一可以作为无穷小的常数。

2. 无穷小的性质

性质 1 有限个无穷小的代数和还是无穷小。

性质 2 有限个无穷小的乘积还是无穷小。

性质 3 有界变量与无穷小的乘积还是无穷小。

【例 1-16】 讨论自变量 x 在怎样的变化过程中，下列函数是无穷小。

(1) $y=\frac{1}{x^2}$　　(2) $y=e^x$　　(3) $y=\sin x$　　(4) $y=\left(\frac{3}{5}\right)^x$

解：(1) 因为 $\lim\limits_{x\to\infty}\frac{1}{x^2}=0$，所以当 $x\to\infty$ 时，函数 $y=\frac{1}{x^2}$ 是无穷小。

(2) 因为 $\lim\limits_{x\to-\infty}e^x=0$，所以当 $x\to-\infty$ 时，函数 $y=e^x$ 是无穷小。

(3) 因为 $\lim\limits_{x\to0}\sin x=0$，所以当 $x\to k\pi$ 时，函数 $y=\sin x$ 是无穷小。

(4) 因为 $\lim\limits_{x\to+\infty}\left(\frac{3}{5}\right)^x=0$，所以当 $x\to+\infty$ 时，函数 $y=\left(\frac{3}{5}\right)^x$ 是无穷小。

【例 1-17】 求证 $\lim\limits_{x\to0}x\sin\frac{1}{x}=0$。

解：因为 $\lim\limits_{x\to0}x=0$，又因为 $\left|\sin\frac{1}{x}\right|\leqslant1$ 是个有界变量，所以根据性质 3 有 $\lim\limits_{x\to0}x\sin\frac{1}{x}=0$。

1.4.2 无穷大量

观察 $y=\frac{1}{x}$ 的图像，当 $x\to0$ 时，函数 $y=\frac{1}{x}$ 无限增大。观察 $y=x^2$ 的图像，当 $x\to+\infty$ 时，函数 $y=x^2$ 也是无限增大的。

定义 1.12 在自变量的某一变化过程中，函数 $f(x)$ 的绝对值无限增大，则称 $f(x)$ 为这一变化过程中的无穷大量，简称无穷大，记作 ∞。

注：无穷大是极限不存在的一种情形，我们借用极限符号 $\lim\limits_{x\to x_0}f(x)=\infty$ 来表示"当 $x\to x_0$ 时，函数 $f(x)$ 是无穷大量"，但并不表示极限存在。

$\lim\limits_{x\to0}\frac{1}{x}=\infty$，$\lim\limits_{x\to\infty}x^2=\infty$，根据无穷大量的定义可知，即当 $x\to0$ 时，函数 $y=\frac{1}{x}$ 是无穷大；当 $x\to+\infty$ 时，函数 $y=x^2$ 是无穷大。

1.4.3 无穷大量与无穷小量的关系

定理 1.3 在自变量的同一变化过程中，无穷大量的倒数是无穷小量，非零无穷小量的倒数是无穷大量。

例如，当 $x\to0$ 时，函数 $f(x)=x^2$ 是无穷小量，则 $\frac{1}{f(x)}=\frac{1}{x^2}$ 是 $x\to0$ 时的无穷大量；当 $x\to\infty$ 时，$f(x)=x+1$ 是无穷大量，则 $\frac{1}{f(x)}=\frac{1}{x+1}$ 是 $x\to\infty$ 时的无穷小量。

【例 1-18】 求 $\lim\limits_{x\to1}\dfrac{x+4}{x-1}$。

解：当 $x\to1$ 时，$x-1\to0$。故可以考虑求函数的倒数极限。

$\because\lim\limits_{x\to1}\dfrac{x-1}{x+4}=0$，$\therefore\lim\limits_{x\to1}\dfrac{x+4}{x-1}=\infty$，即该函数当 $x\to1$ 时的极限为无穷大。

【例 1-19】 求 $\lim\limits_{x\to\infty}\dfrac{x^2+2}{x^2-3}$。

解：当 $x\to\infty$ 时，有 $x^2\to\infty$，所以 $\dfrac{1}{x^2}\to0$。故

$$\lim_{x\to\infty}\frac{x^2+2}{x^2-3}=\lim_{x\to\infty}\frac{1+\dfrac{2}{x^2}}{1-\dfrac{3}{x^2}}=1$$

1.4.4 无穷小量的阶

无穷小量虽然都是趋向于零的变量。但是不同无穷小量趋向于零的速度却不一样。例如，当 $x\to0$ 时，x、$2x$、x^2 三个函数都是无穷小量，观察两个无穷小量比值的极限：$\lim\limits_{x\to0}\dfrac{x^2}{2x}=0$，$\lim\limits_{x\to0}\dfrac{x}{x^2}=\infty$，而 $\lim\limits_{x\to0}\dfrac{2x}{x}=2$，这说明两个无穷小量趋于零的速度是不同的。为了反映无穷小量趋向于零的速度快慢，这里引入了无穷小量的阶。

无穷小量的阶

定义 1.13 设 α、β 是自变量同一变化过程中的两个无穷小量，且 $\alpha\neq0$，

(1) 如果 $\lim\dfrac{\beta}{\alpha}=0$，则称 β 是比 α 高阶的无穷小量，记作 $\beta=o(\alpha)$。

(2) 如果 $\lim\dfrac{\beta}{\alpha}=\infty$，则称 β 是比 α 低阶的无穷小量。

(3) 如果 $\lim\dfrac{\beta}{\alpha}=c$（$c$ 是非零常数），则称 β 与 α 是同阶无穷小量。

特别地，若 $\lim\dfrac{\beta}{\alpha}=1$，则称 β 与 α 是等价无穷小量，记作 $\alpha\sim\beta$。

由上面的定义可知，当 $x\to0$ 时，x^2 是比 x 高阶的无穷小；$2x$ 与 x 是同阶无穷小。

【例 1-20】 试说明：当 $x\to1$ 时，$-x^2+3x-2$ 与 $x-1$ 是等价无穷小量。

解：因为 $\lim\limits_{x\to1}(-x^2+3x-2)=0$，$\lim\limits_{x\to1}(x-1)=0$，所以当 $x\to1$ 时，$-x^2+3x-2$ 和 $x-1$ 都是无穷小量。又因为 $\lim\limits_{x\to1}\dfrac{-x^2+3x-2}{x-1}=\lim\limits_{x\to1}(2-x)=1$，所以当 $x\to1$ 时，$-x^2+3x-2$ 与 $x-1$ 是等价无穷小量。

等价无穷小量在求两个无穷小之比的极限时有重要作用。对此，有如下定理。

定理 1.4 在自变量同一变化过程中，若 α、β、α'、β' 都是无穷小量，且 $\alpha\sim\alpha'$，$\beta\sim\beta'$，$\lim\dfrac{\beta'}{\alpha'}$ 存在，则 $\lim\dfrac{\beta}{\alpha}$ 存在，且 $\lim\dfrac{\beta}{\alpha}=\lim\dfrac{\beta'}{\alpha'}$。

这是因为$\lim\frac{\beta}{\alpha}=\lim\left(\frac{\beta}{\beta'}\cdot\frac{\beta'}{\alpha'}\cdot\frac{\alpha'}{\alpha}\right)=\lim\frac{\beta}{\beta'}\lim\frac{\beta'}{\alpha'}\lim\frac{\alpha'}{\alpha}=\lim\frac{\beta'}{\alpha'}$。

定理1.4表明,求两个无穷小量比值的极限时,可以转换成相应等价无穷小比值的极限来计算。

一般地,当$x\to0$时,有$\sin x\sim x$,$\tan x\sim x$,$1-\cos x\sim\frac{x^2}{2}$,$e^x-1\sim x$,$\ln(1+x)\sim x$。我们可以用这些等价关系求极限。

【例1-21】 求下列函数的极限。

(1) $\lim\limits_{x\to0}\frac{\sin x}{x^2+2x}$　　(2) $\lim\limits_{x\to0}\frac{1-\cos x}{x^2}$

解:(1) $\lim\limits_{x\to0}\frac{\sin x}{x^2+2x}=\lim\limits_{x\to0}\frac{x}{x^2+2x}=\frac{1}{2}$

(2) $\lim\limits_{x\to0}\frac{1-\cos x}{x^2}=\lim\limits_{x\to0}\frac{\frac{x^2}{2}}{x^2}=\frac{1}{2}$

【能力训练1.4】

基础练习

1. 判断题。

(1) 有限个无穷小量的和仍是无穷小。(　　)

(2) 任意两个无穷大量的和仍是无穷大量。(　　)

(3) $\lim\limits_{x\to0}x^2\sin\frac{1}{x}$没有极限。(　　)

(4) 当$x\to0$时,x和$\frac{1}{2}x$是同阶无穷小。(　　)

(5) 0是唯一可以作为无穷小的常数。(　　)

2. 指出下列各题中的函数在自变量何种趋势下为无穷小?何种趋势下为无穷大?

(1) $f(x)=\frac{1}{2}x^3$　　(2) $f(x)=\frac{x-4}{x-1}$

(3) $f(x)=\ln x$　　(4) $f(x)=e^{-x}$

3. 当$x\to0$时,判断下列函数与无穷小量x的阶。

(1) $f(x)=x^3$　　(2) $f(x)=x^2-2x$

(3) $f(x)=x\sin x$

4. 求下列函数的极限。

(1) $\lim\limits_{x\to0}x\cos\frac{2}{x}$　　(2) $\lim\limits_{x\to0}\frac{\sin4x}{\sin3x}$

(3) $\lim\limits_{x\to0}\frac{e^x-1}{3x}$　　(4) $\lim\limits_{x\to0}\frac{\cos x-1}{x\sin x}$

提高练习

求下列函数的极限。

(1) $\lim\limits_{x\to 0}\dfrac{\ln(1+2x)}{\sqrt{x+1}-1}$　　(2) $\lim\limits_{x\to 2}\dfrac{\sin(x-2)}{x^2-4}$

(3) $\lim\limits_{x\to 0}\dfrac{\tan 4x}{\sin 2x}$　　(4) $\lim\limits_{x\to 0}\dfrac{1-\cos 2x}{x(e^{3x}-1)}$

(5) $\lim\limits_{x\to\infty}(2x+3)\dfrac{\cos x}{x^2+1}$

1.5　极限的四则运算法则与运算

用极限的定义去求函数的极限只限于一些非常简单的函数关系，实际问题中的函数关系比较复杂，需要用到极限的运算法则来进行计算。

1.5.1　极限的四则运算法则

根据自变量变化过程的不同，函数极限有以下 6 种情况。

$\lim\limits_{x\to+\infty}f(x)$，$\lim\limits_{x\to-\infty}f(x)$，$\lim\limits_{x\to\infty}f(x)$，$\lim\limits_{x\to x_0}f(x)$，$\lim\limits_{x\to x_0^-}f(x)$，$\lim\limits_{x\to x_0^+}f(x)$。

下面以 $\lim\limits_{x\to x_0}f(x)$ 为例，讨论函数极限的性质和四则运算法则。

定理 1.5　设自变量 $x\to x_0$ 时，函数 $f(x)$ 和 $g(x)$ 分别以常数 A 和 B 为极限，则以下运算法则成立。

(1) 两个函数代数和的极限等于它们极限的代数和，即

$$\lim_{x\to x_0}[f(x)\pm g(x)]=\lim_{x\to x_0}f(x)\pm\lim_{x\to x_0}g(x)=A\pm B$$

(2) 两个函数乘积的极限等于它们极限的乘积，即

$$\lim_{x\to x_0}[f(x)g(x)]=\lim_{x\to x_0}f(x)\lim_{x\to x_0}g(x)=AB$$

推论 1　函数中的常数因子可以提到极限符号外边，即

$$\lim_{x\to x_0}Cf(x)=C\lim_{x\to x_0}f(x)=CA\quad(C\text{ 为常数})$$

推论 2　$\lim\limits_{x\to x_0}f^m(x)=\left[\lim\limits_{x\to x_0}f(x)\right]^m=A^m$（$m$ 为正整数）。

(3) 两个函数商的极限，当分母的极限不为零时，等于这两个函数的极限的商，即

$$\lim_{x\to x_0}\frac{f(x)}{g(x)}=\frac{\lim\limits_{x\to x_0}f(x)}{\lim\limits_{x\to x_0}g(x)}=\frac{A}{B}\quad(B\neq 0)$$

法则(1)和(2)可以推广到有限个函数极限存在的情形。

1.5.2 极限运算

【例 1-22】 求$\lim\limits_{x\to 2}(x^2+3x+5)$。

解：$\lim\limits_{x\to 2}(x^2+3x+5)=\lim\limits_{x\to 2}x^2+3\lim\limits_{x\to 2}x+5=4+6+5=15$

【例 1-23】 求$\lim\limits_{x\to 1}\dfrac{x^2-2x+5}{x^2+7}$。

解：$\lim\limits_{x\to 1}\dfrac{x^2-2x+5}{x^2+7}=\dfrac{\lim\limits_{x\to 1}(x^2-2x+5)}{\lim\limits_{x\to 1}(x^2+7)}=\dfrac{4}{8}=\dfrac{1}{2}$

【例 1-24】 求$\lim\limits_{x\to 3}\dfrac{2x-6}{x^2-9}$。

解：因为当$x\to 3$时，分母的极限$\lim\limits_{x\to 3}(x^2-9)=0$，所以不能直接利用法则(3)，因而可以通过约去分子分母中为零的公因式$x-3$，得到极限，即

$$\lim_{x\to 3}\frac{2x-6}{x^2-9}=\lim_{x\to 3}\frac{2(x-3)}{(x-3)(x+3)}=\frac{2}{6}=\frac{1}{3}$$

【例 1-25】 求$\lim\limits_{x\to 4}\dfrac{x^2-7x+12}{x^2-5x+4}$。

解：因为当$x\to 4$时，分母的极限$\lim\limits_{x\to 4}(x^2-5x+4)=0$，所以不能直接利用法则(3)，因而可以通过约去分子分母中为零的公因式$x-4$，得到极限，即

$$\lim_{x\to 4}\frac{x^2-7x+12}{x^2-5x+4}=\lim_{x\to 4}\frac{(x-4)(x-3)}{(x-4)(x-1)}=\lim_{x\to 4}\frac{x-3}{x-1}=\frac{1}{3}$$

【例 1-26】 求$\lim\limits_{x\to 0}\dfrac{\sqrt{x+1}-1}{x}$。

例 1-26

解：因为当$x\to 0$时，分母的极限$\lim\limits_{x\to 0}x=0$，所以不能直接利用法则(3)，此时可采取对分子(或分母)有理化后恒等变换的方法，从而可以通过约去分子分母中为零的公因式x，从而实现极限求解。即

$$\lim_{x\to 0}\frac{\sqrt{x+1}-1}{x}=\lim_{x\to 0}\frac{x}{x(\sqrt{x+1}+1)}=\lim_{x\to 0}\frac{1}{\sqrt{x+1}+1}=\frac{1}{2}$$

【例 1-27】 求$\lim\limits_{x\to\infty}\dfrac{x^3-2x^2+3}{3x^3+x^2-4x+1}$。

解：因为当$x\to\infty$时，分子和分母都无限增大，是无穷大量，所以不能直接利用法则(3)。但是可以利用无穷大量与无穷小量的倒数关系，先将分子分母同除以x^3，再求极限。

$$\lim_{x\to\infty}\frac{x^3-2x^2+3}{3x^3+x^2-4x+1}=\lim_{x\to\infty}\frac{1-\dfrac{2}{x}+\dfrac{3}{x^3}}{3+\dfrac{1}{x}-\dfrac{4}{x^2}+\dfrac{1}{x^3}}=\frac{\lim\limits_{x\to\infty}\left(1-\dfrac{2}{x}+\dfrac{3}{x^3}\right)}{\lim\limits_{x\to\infty}\left(3+\dfrac{1}{x}-\dfrac{4}{x^2}+\dfrac{1}{x^3}\right)}$$

$$=\frac{\lim\limits_{x\to\infty}1-\lim\limits_{x\to\infty}\frac{2}{x}+\lim\limits_{x\to\infty}\frac{3}{x^3}}{\lim\limits_{x\to\infty}3+\lim\limits_{x\to\infty}\frac{1}{x}-\lim\limits_{x\to\infty}\frac{4}{x^2}+\lim\limits_{x\to\infty}\frac{1}{x^3}}=\frac{1-0+0}{3+0-0+0}=\frac{1}{3}$$

【例 1-28】 求极限$\lim\limits_{x\to\infty}\frac{x^2+x-2}{2x^3-1}$。

解：因为当$x\to\infty$时，x^2+x-2和$2x^3-1$也都无限变大，是无穷大量，因此不能直接利用运算法则(3)来求极限，但是可以利用无穷大量与无穷小量的倒数关系将分子、分母同除以x^3后再求极限。

$$\lim_{x\to\infty}\frac{x^2+x-2}{2x^3-1}=\lim_{x\to\infty}\frac{\frac{1}{x}+\frac{1}{x^2}-\frac{2}{x^3}}{2-\frac{1}{x^3}}=\frac{0}{2}=0$$

一般地，对于$x\to\infty$时，$\frac{\infty}{\infty}$型的极限，对于有理函数$\frac{P_n(x)}{Q_m(x)}$求极限，可通过分子、分母同时除以分子、分母中的最高次幂，然后再求极限。规律如下：

$$\lim_{x\to\infty}\frac{P_n(x)}{Q_m(x)}=\lim_{x\to\infty}\frac{a_0x^n+a_1x^{n-1}+\cdots+a_n}{b_0x^m+b_1x^{m-1}+\cdots+b_m}=\begin{cases}\infty & m<n\\ \frac{a_0}{b_0} & m=n\\ 0 & m>n\end{cases}$$

【例 1-29】 求极限$\lim\limits_{x\to\infty}\frac{x^4-1}{2x^2+3x-2}$。

解：由于$\lim\limits_{x\to\infty}\frac{2x^2+3x-2}{x^4-1}=0$，即$\frac{2x^2+3x-2}{x^4-1}$在$x\to\infty$时是无穷小量，则$\frac{x^4-1}{2x^2+3x-2}$在$x\to\infty$时是无穷大量，所以

$$\lim_{x\to\infty}\frac{x^4-1}{2x^2+3x-2}=\infty$$

【例 1-30】 若$\lim\limits_{x\to\infty}\left(\frac{x^2+6}{x+2}-ax-b\right)=1$，求$a$、$b$的值。

解：对函数先通分，有

$$\lim_{x\to\infty}\left(\frac{x^2+6}{x+2}-ax-b\right)=\lim_{x\to\infty}\frac{x^2+6-(ax+b)(x+2)}{x+2}$$
$$=\lim_{x\to\infty}\frac{(1-a)x^2-(2a+b)x+6-2b}{x+2}$$

根据有理函数$\frac{P_n(x)}{Q_m(x)}$的极限规律，因为该函数存在极限，所以分子、分母的最高次幂是相同的，并且极限就等于分子、分母最高次幂系数之比。由此，

$$\begin{cases}1-a=0\\ \frac{-(2a+b)}{1}=1\end{cases}，\quad 故\begin{cases}a=1\\ b=-3\end{cases}$$

【能力训练 1.5】

基础练习

1. 求下列函数的极限。

(1) $\lim\limits_{x\to -1}(3x^2+2x-7)$　(2) $\lim\limits_{x\to -1}\left(1+\dfrac{4}{x+2}\right)$　(3) $\lim\limits_{x\to \infty}\dfrac{x^2+100}{x^2-2}$

(4) $\lim\limits_{x\to 1}\dfrac{x^2-2x+1}{x^2-1}$　(5) $\lim\limits_{x\to 0}\dfrac{x^3+x}{3x^2+x}$　(6) $\lim\limits_{h\to 0}\dfrac{(x+h)^3-x^3}{h}$

(7) $\lim\limits_{x\to \infty}\dfrac{x^2+x-1}{2x^2-3x+1}$　(8) $\lim\limits_{x\to 2}\dfrac{x-2}{x^3-8}$　(9) $\lim\limits_{x\to 1}\left(\dfrac{1}{x-1}-\dfrac{2}{x^2-1}\right)$

(10) $\lim\limits_{h\to 0}\dfrac{\sqrt{x+h}-\sqrt{x}}{h}$　(11) $\lim\limits_{x\to 0}\dfrac{\sqrt{1+x}-1}{x}$　(12) $\lim\limits_{x\to 1}\dfrac{4-\sqrt{15+x}}{x^2-1}$

2. 设函数 $f(x)=\begin{cases}e^x-1 & x\leqslant 0\\ 2x+b & x>0\end{cases}$,要使极限$\lim\limits_{x\to 0}f(x)$存在,则 b 应取何值?

3. 求极限 $\lim\limits_{n\to \infty}\left(\dfrac{1}{n^2}+\dfrac{2}{n^2}+\cdots+\dfrac{n}{n^2}\right)$。

提高练习

1. 求下列函数的极限。

(1) $\lim\limits_{x\to 1}\dfrac{x^2+2x-3}{x^2-3x+2}$　(2) $\lim\limits_{x\to 3}\dfrac{\sqrt{1+x}-2}{x-3}$

(3) $\lim\limits_{x\to 4}\dfrac{x^2-16}{\sqrt{x}-2}$　(4) $\lim\limits_{x\to +\infty}x(\sqrt{x^2+1}-x)$

2. 若 $\lim\limits_{n\to \infty}\dfrac{an^2+bn+5}{3n+2}=2$,求 a、b 的值。

3. 若 $\lim\limits_{x\to \infty}\left(\dfrac{x^2-2}{x-1}-ax+b\right)=-5$,求 a、b 的值。

1.6 两个重要极限公式及其应用

1.6.1 极限存在定理

定理 1.6 若极限 $\lim\limits_{x\to x_0}f(x)$存在,则它的极限值是唯一的。

定理 1.7 若 $g(x)\leqslant f(x)\leqslant h(x)$,且 $\lim\limits_{x\to x_0}g(x)=A$,$\lim\limits_{x\to x_0}h(x)=A$。

则 $\lim\limits_{x \to x_0} f(x)$存在,且等于 A。

注:此定理称为夹逼定理。

定理 1.8 单调有界的数列必有极限。

注:有极限的函数不一定单调有界。

【例 1-31】 求$\lim\limits_{n \to \infty}\left(\frac{1}{\sqrt{n^2+1}}+\frac{1}{\sqrt{n^2+2}}+\cdots+\frac{1}{\sqrt{n^2+n}}\right)$。

解:因为$\frac{n}{\sqrt{n^2+n}} \leqslant \frac{1}{\sqrt{n^2+1}}+\frac{1}{\sqrt{n^2+2}}+\cdots+\frac{1}{\sqrt{n^2+n}} \leqslant \frac{n}{\sqrt{n^2+1}}$

$$\lim_{n \to \infty} \frac{n}{\sqrt{n^2+n}}=\lim_{n \to \infty} \frac{n}{\sqrt{n^2+1}}=1$$

所以$\lim\limits_{n \to \infty}\left(\frac{1}{\sqrt{n^2+1}}+\frac{1}{\sqrt{n^2+2}}+\cdots+\frac{1}{\sqrt{n^2+n}}\right)=1$

1.6.2 第一个重要极限公式 $\lim\limits_{x \to 0}\frac{\sin x}{x}=1$

【例 1-32】 求$\lim\limits_{x \to 0}\frac{\sin 4x}{x}$。

解:因为$\frac{\sin 4x}{x}=4 \cdot \frac{\sin 4x}{4x}$,且 $x \to 0$ 时,$4x \to 0$,所以

$$\lim_{x \to 0}\frac{\sin 4x}{x}=\lim_{x \to 0}\left(4 \cdot \frac{\sin 4x}{4x}\right)=4\lim_{4x \to 0}\frac{\sin 4x}{4x}=4 \times 1=4$$

【例 1-33】 求$\lim\limits_{x \to 0}\frac{\tan x}{x}$。

解:$\lim\limits_{x \to 0}\frac{\tan x}{x}=\lim\limits_{x \to 0}\frac{\sin x}{x} \cdot \frac{1}{\cos x}=\lim\limits_{x \to 0}\frac{\sin x}{x} \cdot \lim\limits_{x \to 0}\frac{1}{\cos x}=1 \cdot 1=1$

【例 1-34】 求 $\lim\limits_{x \to \infty} x \cdot \sin\frac{1}{x}$。

解:当 $x \to \infty$ 时,可知$\frac{1}{x} \to 0$,所以可以把$\frac{1}{x}$看作一个变量,故有

$$\lim_{x \to \infty} x \cdot \sin\frac{1}{x}=\lim_{x \to \infty}\frac{\sin\frac{1}{x}}{\frac{1}{x}}=1$$

例 1-35

【例 1-35】 求$\lim\limits_{x \to 0}\frac{\sin(\sin x)}{\sin x}$。

解:当 $x \to 0$ 时,可知 $\sin x \to 0$,所以可以把 $\sin x$ 看作一个变量,故有

$$\lim_{x \to 0}\frac{\sin(\sin x)}{\sin x}=1$$

【例 1-36】 求$\lim\limits_{x\to 0}\dfrac{1-\cos x}{x^2}$。

解：$\lim\limits_{x\to 0}\dfrac{1-\cos x}{x^2}=\lim\limits_{x\to 0}\dfrac{2\sin^2\dfrac{x}{2}}{x^2}=\dfrac{1}{2}\lim\limits_{x\to 0}\left(\dfrac{\sin\dfrac{x}{2}}{\dfrac{x}{2}}\right)^2=\dfrac{1}{2}$

1.6.3 第二个重要极限公式 $\lim\limits_{x\to\infty}\left(1+\dfrac{1}{x}\right)^x=\mathrm{e}$

对这个公式，如果令 $t=\dfrac{1}{x}$，则当 $x\to\infty$ 时，$t\to 0$，原公式可表述成极限$\lim\limits_{t\to 0}(1+t)^{\frac{1}{t}}=\mathrm{e}$，也可以写作$\lim\limits_{x\to 0}(1+x)^{\frac{1}{x}}=\mathrm{e}$。

【例 1-37】 求$\lim\limits_{x\to\infty}\left(1+\dfrac{3}{x}\right)^x$。

解：因为当 $x\to\infty$ 时，有$\dfrac{x}{3}\to\infty$，所以

$$\lim_{x\to\infty}\left(1+\frac{3}{x}\right)^x=\lim_{\frac{x}{3}\to\infty}\left[\left(1+\frac{1}{\frac{x}{3}}\right)^{\frac{x}{3}}\right]^3=\mathrm{e}^3$$

【例 1-38】 求$\lim\limits_{x\to 0}(1-3x)^{\frac{1}{x}}$。

解：因为当 $x\to 0$ 时，$-3x\to 0$，所以

$$\lim_{x\to 0}(1-3x)^{\frac{1}{x}}=\lim_{-3x\to 0}\left[(1-3x)^{\frac{1}{-3x}}\right]^{-3}=\left[\lim_{-3x\to 0}(1-3x)^{\frac{1}{-3x}}\right]^{-3}=\mathrm{e}^{-3}$$

【例 1-39】 求$\lim\limits_{x\to\infty}\left(\dfrac{x-1}{x+1}\right)^x$。

解：$\lim\limits_{x\to\infty}\left(\dfrac{x-1}{x+1}\right)^x=\lim\limits_{x\to\infty}\left(\dfrac{1-\dfrac{1}{x}}{1+\dfrac{1}{x}}\right)^x=\lim\limits_{x\to\infty}\dfrac{\left(1-\dfrac{1}{x}\right)^x}{\left(1+\dfrac{1}{x}\right)^x}=\dfrac{\mathrm{e}^{-1}}{\mathrm{e}}=\mathrm{e}^{-2}$

【例 1-40】 求$\lim\limits_{x\to\infty}\left(1+\dfrac{2}{x}\right)^{3x}$。

解：$\lim\limits_{x\to\infty}\left(1+\dfrac{2}{x}\right)^{3x}=\lim\limits_{x\to\infty}\left(1+\dfrac{1}{\dfrac{x}{2}}\right)^{\frac{x}{2}\cdot 6}=\mathrm{e}^6$

通常地，可以推导出以下两个公式：$\lim\limits_{x\to\infty}\left(1+\dfrac{m}{x}\right)^{nx}=\mathrm{e}^{mn}$，$\lim\limits_{x\to 0}(1+mx)^{\frac{n}{x}}=\mathrm{e}^{mn}$，在以后极限简便计算过程中，可以直接使用这两个公式得出结果。

【能力训练 1.6】

基础练习

1. 求下列函数的极限。

(1) $\lim\limits_{x\to 0}\dfrac{\sin 6x}{3x}$　(2) $\lim\limits_{x\to 0}x\cdot\cot x$　(3) $\lim\limits_{x\to 0}\dfrac{\tan \pi x}{\sin x}$

(4) $\lim\limits_{x\to 2}\dfrac{\sin(x-2)}{x^2-4}$　(5) $\lim\limits_{x\to 0}\dfrac{x-\sin x}{x+\sin x}$　(6) $\lim\limits_{x\to \pi}\dfrac{\sin x}{x-\pi}$

2. 求下列函数的极限。

(1) $\lim\limits_{n\to\infty}\left(1+\dfrac{2}{n}\right)^{n+3}$　(2) $\lim\limits_{x\to\infty}\left(1+\dfrac{3}{x}\right)^{2x}$　(3) $\lim\limits_{x\to\infty}\left(1-\dfrac{1}{2x}\right)^{x+2}$

(4) $\lim\limits_{x\to 0}(1-x)^{\frac{2}{x}}$　(5) $\lim\limits_{x\to 0}\left(\dfrac{3-x}{3}\right)^{\frac{3}{x}}$　(6) $\lim\limits_{x\to\infty}\left(\dfrac{x-1}{x+1}\right)^{-x}$

提高练习

计算下列函数的极限。

(1) $\lim\limits_{x\to\infty}\left(\dfrac{x+1}{x}\right)^{2x}$　(2) $\lim\limits_{x\to\infty}\left(1+\dfrac{1}{ex}\right)^{x-e}$　(3) $\lim\limits_{x\to\infty}\left(\dfrac{2x+3}{2x+1}\right)^{x}$

(4) $\lim\limits_{x\to\frac{\pi}{2}}(1+\cos x)^{2\sec x}$　(5) $\lim\limits_{x\to 0}\dfrac{\tan(\sin x)}{\sin x}$　(6) $\lim\limits_{x\to 0}\dfrac{\sin 2x}{5x}$

1.7 连　　续

在现实生产和生活中，有很多过程都是连续变化的。例如，水位的涨落、植物的生长、某一不间断的生产流程等都是随着时间的变化而连续变化的。如何把这种连续变化的现象用数学方法描述出来是这一节将讨论的内容。

连续

1.7.1 连续的定义

定义 1.14 设函数 $y=f(x)$ 在 x_0 附近有定义，当自变量从 x_0 变化到 x 时，定义自变量的改变量为自变量的增量，记作 Δx，$\Delta x=x-x_0$。相应的函数 $y=f(x)$ 从 $f(x_0)$ 变化到 $f(x)$，定义函数的改变量为函数的增量，记作 Δy，$\Delta y=f(x)-f(x_0)$，如图 1-6 所示。

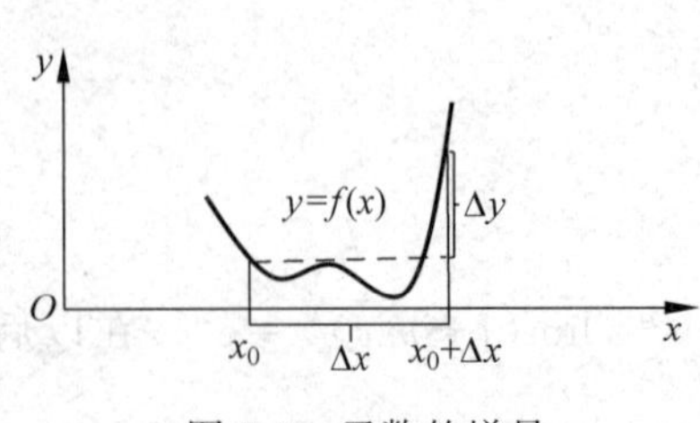

图 1-6　函数的增量

如果将一个连续变化的现象或者过程用数学方法描述，那么可以观察到如下的现象：当自变量发生改变时，如果函数是连续的，则当 $\Delta x \to 0$ 时，相应的 $\Delta y \to 0$，由此在数学上可以将连续量化成如下定义。

定义 1.15 设函数 $y=f(x)$ 在点 x_0 附近有定义，如果当 $\Delta x \to 0$ 时，有 $\Delta y \to 0$，即 $\lim\limits_{\Delta x \to 0} \Delta y = 0$ 成立，则称函数 $y=f(x)$ 在点 x_0 处连续。

因为 $\Delta x = x - x_0$，所以 $x = \Delta x + x_0$，当 $\Delta x \to 0$ 时，也可以表述为 $x \to x_0$。又由于 $\Delta y = f(x) - f(x_0)$，所以 $f(x) = f(x_0) + \Delta y$，所以 $\Delta y \to 0$，也可以表述为 $f(x) \to f(x_0)$。

定义 1.16 设函数 $y=f(x)$ 在点 x_0 附近有定义，如果当 $x \to x_0$ 时，有 $f(x) \to f(x_0)$，即 $\lim\limits_{x \to x_0} f(x) = f(x_0)$ 成立，则称函数 $y=f(x)$ 在点 x_0 处连续。

由函数连续定义可知，函数 $y=f(x)$ 在点 x_0 处连续必须满足三个充分条件。

(1) 函数 $y=f(x)$ 在点 x_0 处有定义。

(2) 函数 $y=f(x)$ 在点 x_0 处有极限。

(3) 函数 $y=f(x)$ 在点 x_0 处的极限值和函数值相等。

由函数连续定义 1.16 可知，求连续函数在某点的极限，只需要求出在该点的函数值即可。

1.7.2 函数的连续性

对于分段函数在分段点处连续的讨论，由于分段点处左右两边的函数关系不一致，则需要分成两部分来讨论完成。

定义 1.17 设函数 $y=f(x)$ 在点 x_0 附近有定义，如果当 $x \to x_0^+$（或 $x \to x_0^-$）时，有 $f(x) \to f(x_0)$，即 $\lim\limits_{x \to x_0^+} f(x) = f(x_0)$ $\left(\text{或} \lim\limits_{x \to x_0^-} f(x) = f(x_0)\right)$ 成立，则称函数 $y=f(x)$ 在点 x_0 处右连续（或左连续）。

定理 1.9 函数 $y=f(x)$ 在点 x_0 连续的充要条件是函数 $y=f(x)$ 在点 x_0 处既是左连续又是右连续。

一元连续函数的图像是平面直角坐标系下的一条连续不间断的曲线。

如果函数 $f(x)$ 在开区间 (a,b) 内每一点都连续，则称函数 $y=f(x)$ 在开区间 (a,b) 内连续；如果函数 $f(x)$ 在开区间 (a,b) 内每一点都连续，且在点 a 处右连续，在点 b 处左连续，则称函数 $y=f(x)$ 在闭区间 $[a,b]$ 上连续；使函数 $y=f(x)$ 连续的区间称为函数 $y=f(x)$ 的连续区间，如果函数在某区间上连续，则称在该区间上函数为连续函数。

【例 1-41】 判断函数 $f(x)=\begin{cases} x^2+1 & x<0 \\ 2x+1 & x \geqslant 0 \end{cases}$ 在 $x=0$ 处的连续性。

解：因为 $\lim\limits_{x \to 0^-} f(x) = \lim\limits_{x \to 0^-} (x^2+1) = 1 = f(0)$，$\lim\limits_{x \to 0^+} f(x) = \lim\limits_{x \to 0^+} (2x+1) = 1 = f(0)$

所以函数在 $x=0$ 处既是左连续又是右连续。

【例 1-42】 设函数 $f(x)=\begin{cases} x^2+A & x<0 \\ 2x+3 & x \geqslant 0 \end{cases}$ 在 $x=0$ 处是连续的，求 A 的值。

解：因为函数在 $x=0$ 处是连续的，所以函数在 $x=0$ 处既是左连续又是右连续，故应

有 $\lim\limits_{x\to 0^-} f(x)=\lim\limits_{x\to 0^-}(x^2+A)=A=f(0)$，而 $f(0)=3$，所以 $A=3$。

1.7.3 间断点

定义 1.18 函数 $y=f(x)$ 在 x_0 处不连续，则称 $y=f(x)$ 在 x_0 处间断，点 x_0 称为函数的一个间断点。

间断点的分类：间断点通常可以分为第一类间断点和第二类间断点。

设 x_0 是函数 $y=f(x)$ 的一个间断点，如果函数 $y=f(x)$ 在 x_0 处的左右极限都存在，则称 x_0 为函数 $y=f(x)$ 的第一类间断点。

其中，当左极限不等于右极限时称 x_0 为跳跃间断点，如图 1-7 所示。左右极限存在且相等，但不等于函数值或 $f(x_0)$ 不存在时，则称 x_0 为可去间断点，如图 1-8 所示。

如果函数 $y=f(x)$ 在 x_0 处的左右极限中至少有一个不存在，则称 x_0 为第二类间断点，如图 1-9 所示。

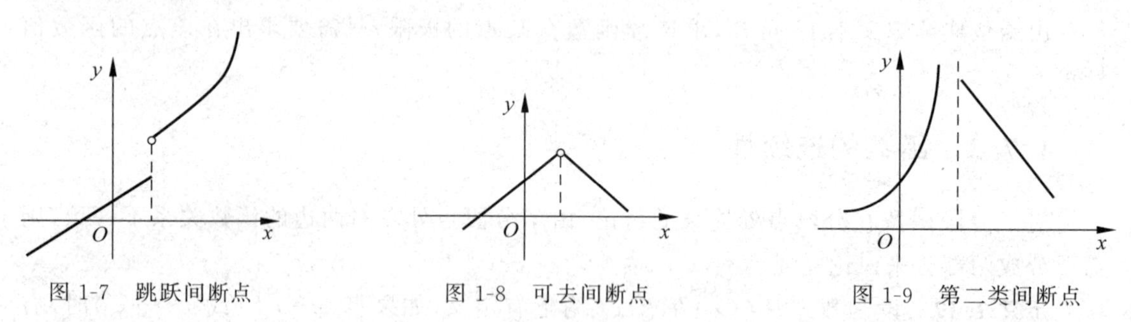

图 1-7　跳跃间断点　　图 1-8　可去间断点　　图 1-9　第二类间断点

【例 1-43】 讨论函数 $f(x)=\begin{cases} x^2 & x\leqslant 1 \\ x+1 & x>1 \end{cases}$ 在 $x=1$ 处的连续性，若不连续，指出间断点的类型。

解：函数的定义域是全体实数，因为 $\lim\limits_{x\to 1^+} f(x)=\lim\limits_{x\to 1^+}(x+1)=2$；$\lim\limits_{x\to 1^-} f(x)=\lim\limits_{x\to 1^-} x^2=1$，所以在 $x=1$ 处函数的左、右极限不相等，所以函数在 $x=1$ 处不连续，$x=1$ 是跳跃间断点。

【例 1-44】 讨论函数 $f(x)=\dfrac{\sin x}{x}$ 在点 $x=0$ 处的连续性，若不连续，指出间断点的类型。

解：函数 $f(x)=\dfrac{\sin x}{x}$，由于 $\lim\limits_{x\to 0} f(x)=1$，而函数在 $x=0$ 处无定义，所以 $x=0$ 是函数的可去间断点。

【例 1-45】 讨论 $f(x)=\sin\dfrac{1}{x}$ 在点 $x=0$ 处的连续性，若不连续，指出间断点的类型。

解：由于 $\lim\limits_{x\to 0}\sin\dfrac{1}{x}$ 不存在，所以函数 $f(x)=\sin\dfrac{1}{x}$ 在 $x=0$ 处不连续，$x=0$ 是函数的第二类间断点。

1.7.4 初等函数连续性

若两个函数在某点(或区间)上连续,则它们的和、差、积、商(分母不为零)函数在该点(或区间)上也连续;连续函数的复合函数仍是连续函数。一切初等函数在其定义域内都是连续的。

如果函数是连续的,则一定有 $\lim\limits_{x\to x_0} f(x)=f\left(\lim\limits_{x\to x_0} x\right)=f(x_0)$。换言之,如果函数是连续的,则函数运算和极限运算可以交换次序。可以利用函数的连续性求极限。

【例 1-46】 求 $\lim\limits_{x\to 0}\dfrac{\ln(1+x)}{x}$。

解:
$$\lim_{x\to 0}\frac{\ln(1+x)}{x}=\lim_{x\to 0}\ln(1+x)^{\frac{1}{x}}=\ln\lim_{x\to 0}(1+x)^{\frac{1}{x}}=\ln e=1$$

1.7.5 闭区间上连续函数的性质

定理 1.10 若函数 $y=f(x)$在闭区间$[a,b]$上连续,则函数在闭区间$[a,b]$上一定有最大值 M 和最小值 m,对于任意 $x\in[a,b]$,有 $m\leqslant f(x)\leqslant M$。

一般来说,开区间上的连续函数可能取不到最大值或最小值;在闭区间上不连续的函数也可能取不到最大值和最小值。

定理 1.11 若函数 $y=f(x)$在闭区间$[a,b]$上连续,则 $y=f(x)$在闭区间$[a,b]$上有界。

定理 1.12(零点定理) 若函数 $y=f(x)$在闭区间$[a,b]$上连续,且 $f(a)$与 $f(b)$异号,则在区间(a,b)内至少存在一点 ξ,使得 $f(\xi)=0$。

该定理的几何意义是:在闭区间$[a,b]$上有定义的连续曲线 $y=f(x)$的两个端点$(a,f(a))$与$(b,f(b))$分别在 x 轴的两侧,则此连续曲线至少与 x 轴有一个交点,如图 1-10 所示。

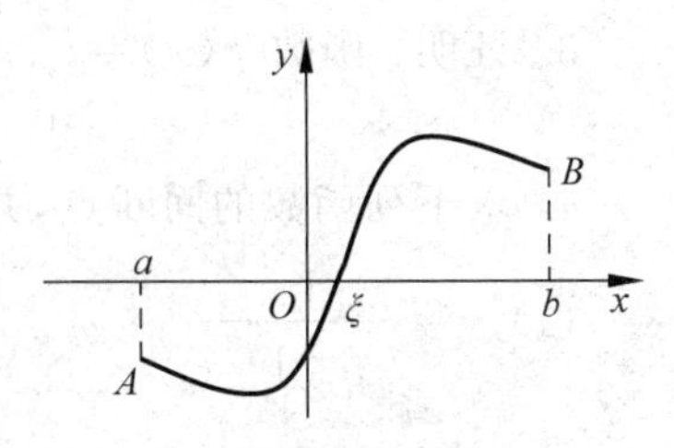

图 1-10 零点定理的几何意义

定理 1.13(介值定理) 若函数 $y=f(x)$在闭区间$[a,b]$上连续,m 与 M 分别是函数 $y=f(x)$在闭区间$[a,b]$上的最小值与最大值,C 是 m 与 M 之间的任意一个数,则在闭区间$[a,b]$上至少存在一点 ξ,使得 $f(\xi)=C$。

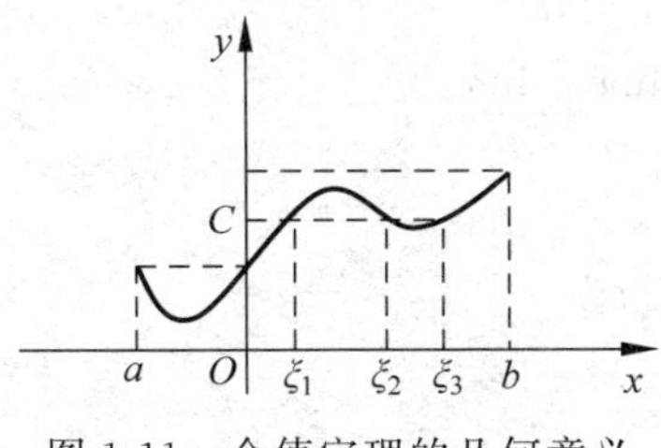

图 1-11 介值定理的几何意义

该定理的几何意义是:若 C 是 m 与 M 之间的任意一个数,那么连续函数 $y=f(x)$的图像与直线 $y=C$ 至少有一个交点,如图 1-11 所示。

【例 1-47】 证明:方程 $4x=2^x$ 在 $\left[0,\dfrac{1}{2}\right]$ 内至少存在一个实数根。

例 1-47

证明：令函数 $f(x)=4x-2^x$，显然函数在 $\left[0,\frac{1}{2}\right]$ 内连续，并且

$$f(0)=0-2^0=0-1=-1<0,\quad f\left(\frac{1}{2}\right)=2-2^{\frac{1}{2}}=2-\sqrt{2}>0。$$

所以，根据零点定理，在 $\left[0,\frac{1}{2}\right]$ 内至少存在一点 ξ，使得 $f(\xi)=0$，故方程在 $\left[0,\frac{1}{2}\right]$ 内至少存在一个实数根。

【能力训练 1.7】

基础练习

1. 判断题。

(1) 一切初等函数在其定义域内都是连续的。(　　)

(2) 函数 $y=f(x)$ 在点 x_0 处连续的充要条件是函数 $y=f(x)$ 在点 x_0 处既是左连续又是右连续。(　　)

(3) 函数 $y=f(x)$ 在点 x_0 处间断，其所有类型间断点都可以修复成连续点。(　　)

(4) 若点 x_0 是函数 $y=f(x)$ 的可去间断点，那么可通过重新定义函数 $y=f(x)$ 在点 x_0 处的函数值使其连续。(　　)

2. 若函数 $f(x)=\begin{cases}x^2+2, x\geqslant 0\\ a-e^x, x<0\end{cases}$ 在点 $x=0$ 处连续，则 a 为何值？

3. 证明：函数 $f(x)=\begin{cases}x\cdot\sin\frac{1}{x} & x\neq 0\\ 0 & x=0\end{cases}$ 在 $x=0$ 处连续。

4. 求下列函数的间断点，并指出其类型。

(1) $y=\frac{1}{(x-1)^2}$　　(2) $y=\frac{\sin x}{|x|}$

(3) $y=\cos\frac{1}{x}$　　(4) $y=3^x$

5. 求下列函数的极限。

(1) $\lim\limits_{x\to+\infty}\tan\frac{1}{2^x}$　　(2) $\lim\limits_{x\to+\infty}x[\ln(x+3)-\ln x]$

(3) $\lim\limits_{x\to 0}\frac{\ln(1-x)}{x}$　　(4) $\lim\limits_{x\to a^+}\frac{\ln x-\ln a}{x-a}$

6. 试证方程 $e^x\cos x=0$ 在 $[0,\pi]$ 上至少有一个实根。

提高练习

1. 设

$$f(x)=\begin{cases}\dfrac{\sin x}{x} & x<0\\ a & x=0\\ x\sin\dfrac{1}{x}+b & x>0\end{cases}$$

当函数 $f(x)$在点 $x=0$ 处连续时,求 a、b 的值。

2. 试证方程 $x-2\sin x=2$ 至少有一个正实根。

1.8 Matlab 软件及求极限

Matlab 是 MathWorks 公司推出的一套高性能的数值计算和可视化软件,Matlab 的含义是矩阵实验室(Matrix Laboratory),其基本元素是无须定义维数的矩阵。它不但具有以矩阵计算为基础的强大数学计算和分析能力,而且还具有丰富的可视化图形表现功能和方便的程序设计能力。Matlab 的应用领域极为广泛,除数学计算和分析外,还被广泛地应用于自动控制、系统仿真、数字信号处理、图形图像分析、数理统计、测试和测量、财务建模和分析以及计算生物学等领域。

Matlab 语言是一种交互性的数学脚本语言。Matlab 集数值分析、矩阵运算、信号处理和图形显示于一体,构成了一个方便的、界面友好的用户环境。Matlab 既是一种编程环境,又是一种程序设计语言。这种语言与 C、FORTRAN 等语言一样,有其内定的规则,但 Matlab 的规则更接近数学表示,可方便用户使用,大大节约设计时间,提高设计质量。

1.8.1 Matlab 开发环境

Matlab 的开发环境是 Matlab 语言的基础和核心部分,Matlab 语言的全部功能都是在 Matlab 的开发环境中实现的。因此掌握 Matlab 的开发环境是掌握 Matlab 语言的关键。

启动 Matlab 后,将显示包括命令窗口(Command Window)、启动按钮(Start)、工作空间窗口(Workspace Window)、命令历史窗口(Command History Window)和当前路径窗口(Current Directory Window)等窗口及主菜单组成的操作界面,如图 1-12 所示。

1. 命令窗口

Matlab 界面的右下边是命令窗口,如图 1-13 所示。命令窗口保留了 Matlab 传统的交互式的操作功能,在命令窗口中,用户可以在命令行提示符(>>)后输入一系列的命令,命令的执行和结果的反馈也是在这个窗口中实现的。

我们可以在命令行窗口的命令行上输入单个语句并查看生成的结果。

命令行窗口始终处于打开状态。要将命令行窗口还原到默认位置,转至主页选项卡,在环境部分中单击布局。然后,选择默认布局选项之一。

2. 命令历史窗口

命令历史窗口用于记录用户在命令窗口已执行过的命令,如图 1-14 所示。命令历史记录按操作系统的短日期格式列出每个会话的时间和日期,其后是该会话的语句。其顺序是

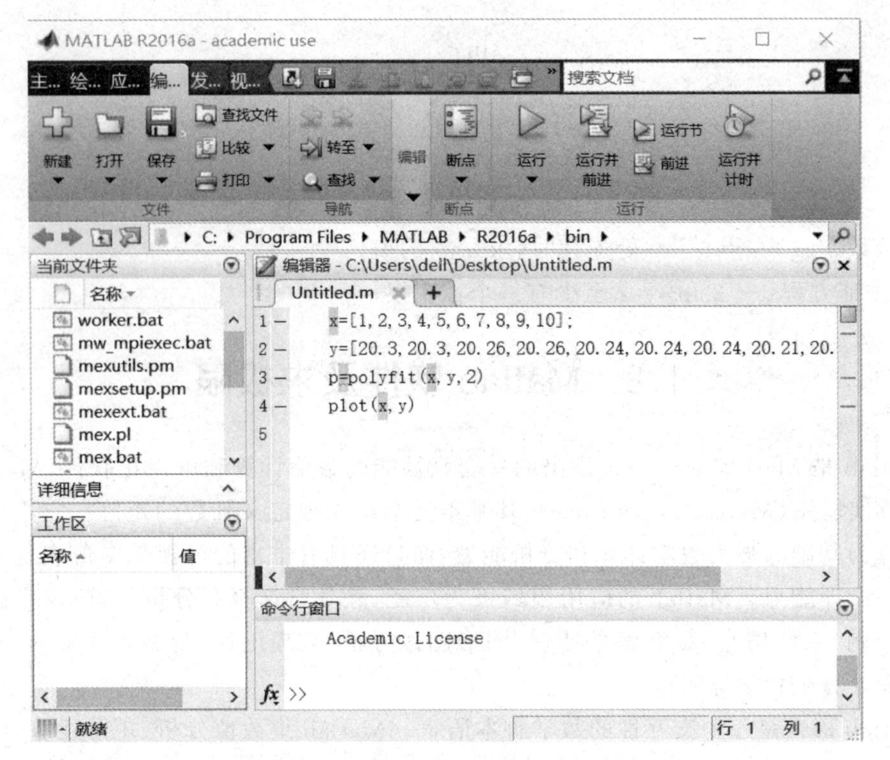

图 1-12　Matlab 操作界面

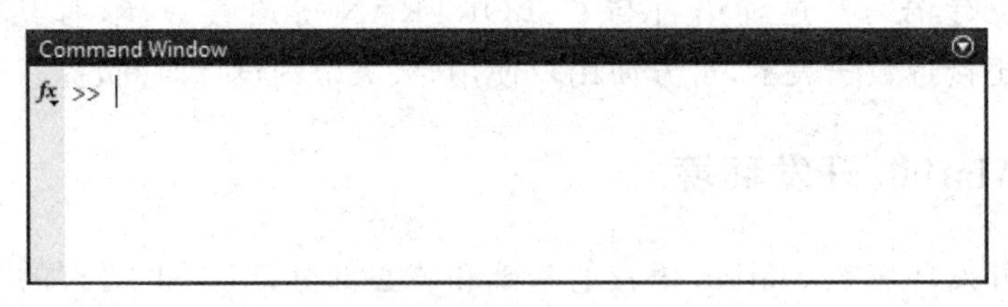

图 1-13　Matlab 命令窗口

按逆序排列的。即最早的命令排在最下面，最后的命令排在最上面。双击这些命令可使它再次执行。如要在命令历史窗口删除一个或多个命令，先选中这些命令，右击会弹出快捷菜单，选择 Delete Selection 选项，就可以删除选中的命令了。

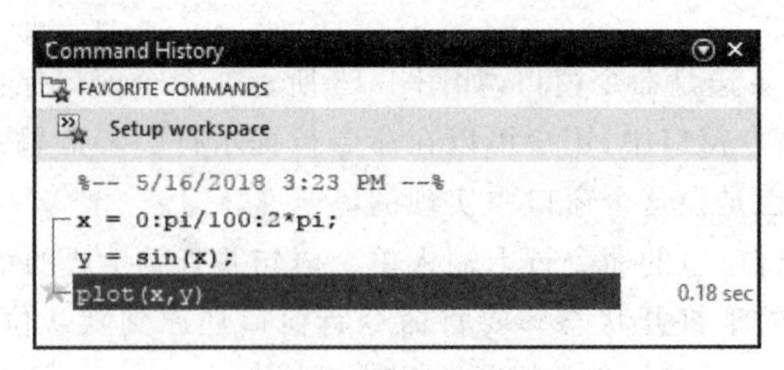

图 1-14　命令历史窗口

3. 工作空间窗口

工作空间窗口是 Matlab 的变量管理中心，如图 1-15 所示。可以显示变量的名称、大小、字节和类别等信息。

通过工作区浏览器可以在 Matlab 中查看和交互式管理工作区的内容。对于工作区中的每个变量或对象，工作区浏览器还可以在相关时显示统计量，例如最小值、最大值和均值。

可以在工作区浏览器中直接编辑标量(1×1)变量的内容。右击变量并选择编辑值。要编辑其他变量，需要在工作区浏览器中双击变量名称，以在变量编辑器中将其打开。

Workspace

Name	Value	Class	Min	Max	Mean
A	*4x4 double*	double	1	16	8.5000
B	[1;2;3;4]	double	1	4	2.5000
filename	'myfile.txt'	char			
patient	*1x1 struct*	struct			
t	'Hello'	char			
val1	*2x3 cell*	cell			
val2	[17,21,42]	double	17	42	26.6667
x	325	double	325	325	325
y	[9900,26025,39600]	uint32	9900	39600	
z	-Inf	double	-Inf	-Inf	-Inf

图 1-15　工作空间窗口

4. 当前路径窗口

当前路径窗口提供了当前路径下文件的操作，如图 1-16 所示。可以使用当前文件夹浏览器在 Matlab 中以交互方式管理文件和文件夹。可以使用当前文件夹浏览器查看、创建、打开、移动和重命名当前文件夹中的文件和文件夹。

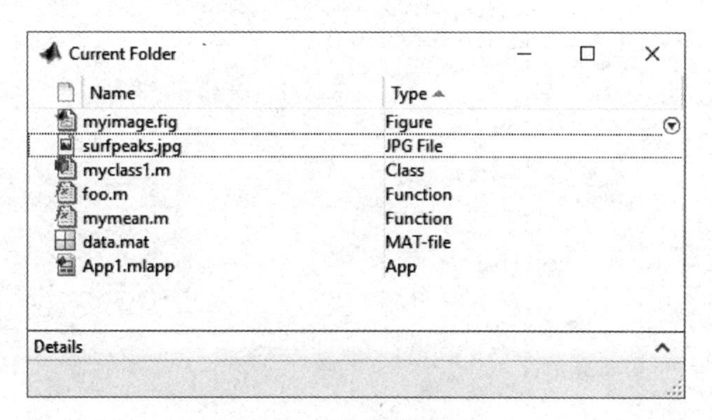

图 1-16　当前路径窗口

1.8.2　Matlab 极限运算 limit()函数用法

在 Matlab 中对函数进行极限运算的函数是 limit()。极限在很多方面有很多应用，极限分为左极限和右极限。如果两者相等，就称为极限存在；如果极限不存在，Matlab 就会返回 NaN。极限运算的格式说明见表 1-2。

表 1-2　极限运算的格式说明

数学运算	Matlab 命令
$\lim\limits_{x\to 0} f(x)$	limit(f)
$\lim\limits_{x\to a} f(x)$	limit(f,x,a)
$\lim\limits_{x\to a^-} f(x)$	limit(f,x,a,'left')
$\lim\limits_{x\to a^+} f(x)$	limit(f,x,a,'right')

注：inf 表示无穷。

例 1-48

【例 1-48】 求下列函数的极限。

(1) $\lim\limits_{x\to 0}(\cot x)^{\frac{1}{\ln x}}$　　(2) $\lim\limits_{x\to 0}\dfrac{\sin x}{x}$　　(3) $\lim\limits_{x\to 0^-}\dfrac{1}{x}$

解：由于变量都为 x，于是创建 m 文件一次性求解，输出结果分别为 $\dfrac{1}{\mathrm{e}}$、1、$-\infty$，如图 1-17 所示。

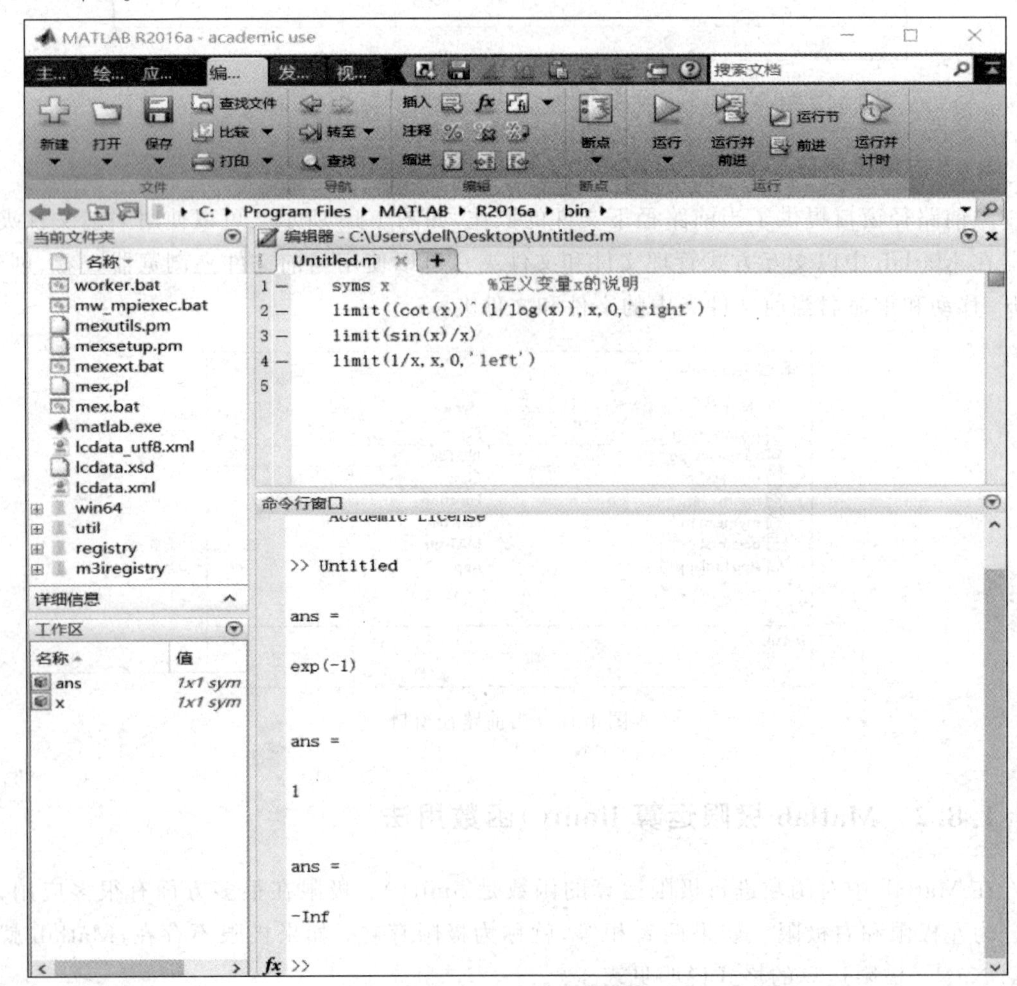

图 1-17　例 1-48 输出结果

【能力练习 1.8】

利用 Matlab 求解下列函数的极限。

(1) $\lim\limits_{x\to\infty}\left(1+\frac{2t}{x}\right)^{3x}$　　(2) $\lim\limits_{x\to 1}\arctan\frac{1}{1-x}$

本章思维导图

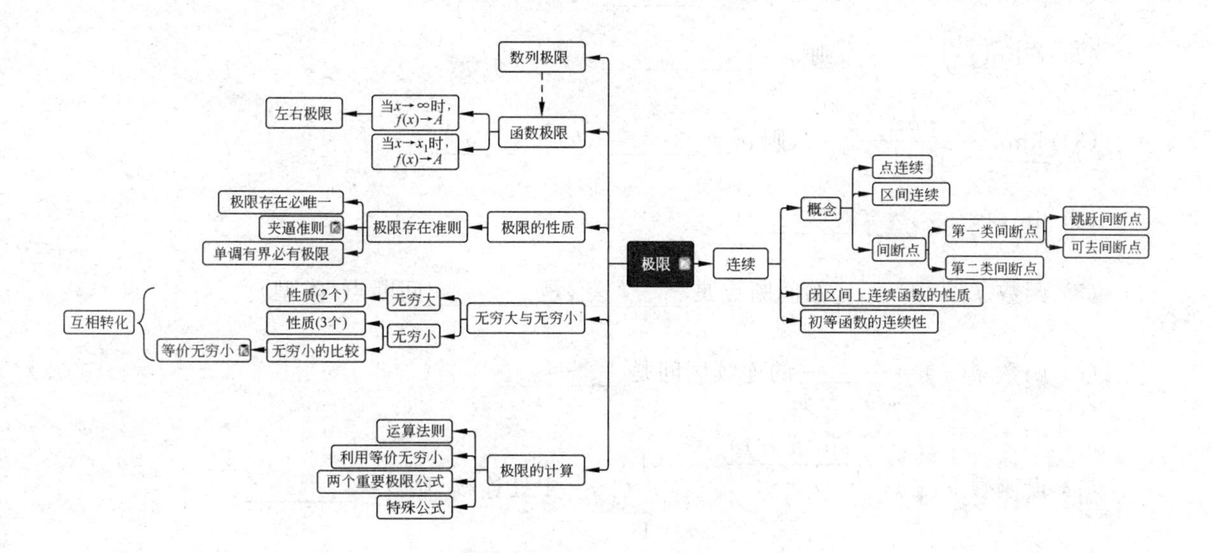

综合能力训练

基础训练

1. 判断题。

(1) 函数 $f(x)=\frac{x^2-4}{x+2}$ 和 $g(x)=x-2$ 是同一个函数关系。(　　)

(2) 任何两个函数关系都可以构成复合函数。(　　)

(3) 在自变量的同一种变化过程中，无穷大量的倒数是无穷小量。(　　)

(4) $\lim\limits_{x\to\infty}\cos\frac{1}{x}=0$。(　　)

(5) 当 $x\to 0$ 时，$1-\cos x$ 和 $x\sin x$ 是同阶无穷小。(　　)

(6) 无穷个无穷小量的和仍是无穷小量。(　　)

(7) $\lim\limits_{x\to 0}x\cos\frac{1}{x}$ 的极限不存在。(　　)

(8) 一切初等函数的连续区间就是其定义域区间。(　　)

(9) $\lim\limits_{x\to 0}\frac{|x|}{x}=1$。(　　)

(10) 连续函数在其连续区间上一定存在最大值和最小值。(　　)

(11) 函数 $f(x)=(2m-1)x+b$ 在 **R** 上是减函数，m 的取值范围是 $m<\frac{1}{2}$。(　　)

(12) 函数 $f(x)=\begin{cases}\sin x & x\geqslant 0\\ -x & x<0\end{cases}$，其定义域区间是 **R**。(　　)

2. 填空题。

(1) 函数 $y=\ln(x^2-2)$ 是由函数________复合而成的。

(2) 若 $\lim\limits_{x\to 0}\frac{\sin ax}{2x}=\frac{3}{2}$，则 $a=$________。

(3) $\lim\limits_{x\to\infty}\frac{ax^2+bx+2}{x-1}=2$，则 $a=$________，$b=$________。

(4) $\lim\limits_{x\to 0}(1+3x)^{\frac{1}{2x}}=$________。

(5) 函数 $f(x)=\frac{1}{x-1}$ 的间断点是________，是________间断点(类型)。

(6) 函数 $f(x)=\frac{1}{\sqrt{x^2-4}}$ 的连续区间是________。

(7) 设函数 $f(x)=\begin{cases}\frac{\sin(x-1)}{x^2-1} & x\neq 1\\ a & x=1\end{cases}$ 在 $x=1$ 处连续，则 $a=$________。

(8) 设函数 $f(x)=\frac{\sin 3x}{x}$，若补充 $f(0)=$________，那么就可以使函数在 $x=0$ 处连续。

(9) $\lim\limits_{x\to 0}\frac{\ln(1-x)}{x}=$ ________。

(10) 设 $\lim\limits_{x\to\infty}\left(1+\frac{2}{x}\right)^{kx}=\mathrm{e}^{-4}$，则 $k=$________。

(11) $\lim\limits_{x\to 0}\frac{\sin 3x}{\tan 4x}=$________。

(12) 函数 $y=f(x)$ 在 $x=x_0$ 处连续的充要条件是________。

3. 选择题。

(1) 函数 $f(x)=\sqrt{2^x-1}+\frac{1}{x-2}$ 的定义域是(　　)。

A. $[0,2)$　　B. $(2,+\infty)$

C. $(0,2)\cup(2,+\infty)$　　D. $[0,2)\cup(2,+\infty)$

(2) 已知函数 $y=f(x)$ 是定义在 **R** 上的奇函数，且当 $x>0$ 时，$f(x)=\frac{1}{x}+x^2$，则

$f(-1)$等于(　　)。

A. -2　　B. 0　　C. 1　　D. 2

(3) 当 $x\to1$ 时,$1-x$ 是 $1-x^2$ 的(　　)。

A. 高阶无穷小　　B. 低阶无穷小

C. 等价无穷小　　D. 同阶但不等价无穷小

(4) 下列函数极限存在的是(　　)。

A. $\lim\limits_{x\to\infty}3^x$　　B. $\lim\limits_{x\to0^+}\ln x$　　C. $\lim\limits_{x\to1}\cos\dfrac{1}{x-1}$　　D. $\lim\limits_{x\to\infty}\dfrac{x^2-9}{5x^3+1}$

(5) $\lim\limits_{x\to\infty}\dfrac{x+\sin x}{x}=$(　　)。

A. 1　　B. 0　　C. 不存在　　D. ∞

(6) $\lim\limits_{x\to\infty}\left(1+\dfrac{2}{x}\right)^{3x}=$(　　)。

A. 0　　B. 不存在　　C. e^6　　D. ∞

(7) $f(x)=\begin{cases}\dfrac{\sqrt{x+1}-\sqrt{1-x}}{x} & x\neq0\\ k & x=0\end{cases}$,若函数 $y=f(x)$在 $x=0$ 处连续,则 $k=$(　　)。

A. 0　　B. 2　　C. $\dfrac{1}{2}$　　D. 1

(8) $\lim\limits_{x\to+\infty}(\sqrt{x^2+x}-x)=$(　　)。

A. 0　　B. ∞　　C. $\dfrac{1}{2}$　　D. 2

(9) $x=0$ 是函数 $f(x)=\dfrac{\tan x}{x}$的(　　)。

A. 连续点　　B. 可去间断点　　C. 跳跃间断点　　D. 第二类间断点

(10) 已知 $f(x)=\dfrac{a^x-a^{-x}}{2}$,则函数是(　　)。

A. 奇函数　　B. 偶函数　　C. 非奇非偶函数　　D. 周期函数

(11) 函数 $f(x)=2^x$,$g(x)=\ln x$,则 $g(f(x))=$(　　)。

A. $2^{\ln x}$　　B. $2\ln x$　　C. $x\ln2$　　D. $\ln x\ln2$

(12) 设函数 $f(x)$的定义域是$[1,2]$,则函数 $f(x^2)$的定义域是(　　)。

A. $[1,2]$　　B. $[1,\sqrt{2}]$

C. $[-\sqrt{2},\sqrt{2}]$　　D. $[-\sqrt{2},-1]\cup[1,\sqrt{2}]$

4. 计算题。

(1) 求函数 $f(x)=\sqrt{4-x^2}+\arcsin\dfrac{x+1}{2}$的定义域。

(2) 求函数 $f(x)=\ln[\ln(\ln x)]$的定义域。

5. 求下列函数的极限。

(1) $\lim\limits_{x\to 1}\dfrac{x^4-1}{x^2-1}$

(2) $\lim\limits_{x\to 1}\dfrac{\sqrt{3-x}-\sqrt{1+x}}{x^2-1}$

(3) $\lim\limits_{n\to\infty}\left(\dfrac{1}{n^2}+\dfrac{2}{n^2}+\cdots+\dfrac{n}{n^2}\right)$

(4) $\lim\limits_{x\to\infty}\left(\dfrac{2x+1}{2x-1}\right)^x$

(5) $\lim\limits_{x\to 0}\dfrac{1-\cos x}{x\tan x}$

(6) $\lim\limits_{x\to 1}\dfrac{\sqrt{x}-1}{\sqrt[4]{x}-1}$

(7) $\lim\limits_{x\to\infty}\dfrac{x}{x^2+1}\cos x$

(8) $\lim\limits_{x\to 1}\left(\dfrac{2}{x^2-1}-\dfrac{1}{x-1}\right)$

(9) $\lim\limits_{n\to\infty}\left(\dfrac{1}{1\times 2}+\dfrac{1}{2\times 3}+\cdots+\dfrac{1}{(n-1)\times n}\right)$

(10) $\lim\limits_{x\to+\infty}\dfrac{2^x-1}{4^x-3}$

提高训练

1. 讨论函数 $f(x)=\begin{cases}\dfrac{\sin x}{|x|} & x\neq 0\\ 1 & x=0\end{cases}$ 在 $x=0$ 处的连续性。

2. 确定 A 的值，使函数 $f(x)=\begin{cases}\dfrac{x^2-16}{x-4} & x\neq 4\\ A & x=4\end{cases}$ 在 $x=4$ 处连续。

3. 证明：方程 $x^3+2x=6$ 在 1 和 3 之间至少有一个根。

4. 求下列函数的极限。

(1) $\lim\limits_{x\to 1}\left(\dfrac{3}{x^3-1}-\dfrac{1}{x-1}\right)$

(2) $\lim\limits_{x\to\infty}\dfrac{5x-\sin x}{x+\sin x}$

(3) $\lim\limits_{x\to 0}\dfrac{x^2\sin\dfrac{1}{x}}{\tan x}$

(4) $\lim\limits_{x\to\infty}\left(\dfrac{x-1}{x}\right)^{3x}$

(5) $\lim\limits_{n\to\infty}(\sqrt{n^2+n}-n)$

(6) $\lim\limits_{x\to\infty}\left(1+\dfrac{2}{x}\right)^{3x}$

第2章 导数与微分

【学习目标】

通过本章的学习，你应该能够：

(1) 理解导数的概念及其几何意义，了解函数可导与连续性的关系。

(2) 能够利用导数的物理意义和几何意义解决实际问题，求曲线的切线和法线方程。

(3) 掌握求导数的方法。

- 学会用基本初等函数求导公式、导数的四则运算法则和复合函数求导法则计算初等函数的导数；
- 学会求隐函数、参数方程所确定函数的导数；
- 学会取对数的求导方法。

(4) 了解高阶导数的概念，掌握求函数二阶导数的方法。

(5) 理解微分的概念，了解函数可微和可导的关系，掌握微分的计算方法。

陈景润：勇攀数学高峰

2.1 导数的概念

在解决实际问题时，除了需要了解变量之间的函数关系外，有时还需要研究变量变化快慢的程度，即函数的变化率。例如，物体运动的速度、城市人口增长的速度、国民经济发展的速度、劳动生产率等。这些问题在引入导数概念后，才能更好地说明这些量的变化情况。

2.1.1 引例

1. 速度问题

【应用实例 2-1 汽车行驶的速度】 高速公路上常设置区间测速系统，以监测超速行驶的车辆确保交通安全。区间测速是基于车辆通过前后两个监控点的时间来计算车辆在该路段上的平均速度，并依据该路段上的限速标准判定车辆是否超速违章，如图 2-1 所示。事实上，汽车在行驶过程中仪表显示的速度是不断变化的，如图 2-2 所示。汽车是做变速直线运动的，那么如何计算汽车行驶的瞬时速度呢？

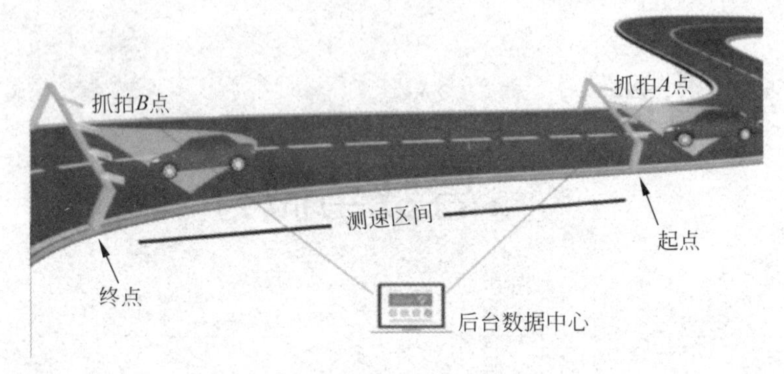

图 2-1　区间测速示意图

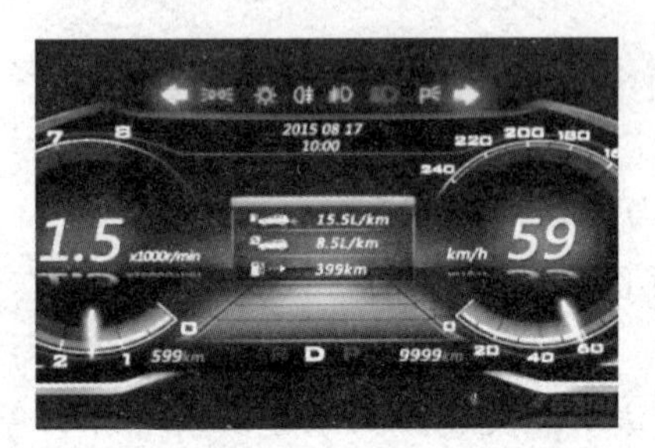

图 2-2　汽车仪表盘

平均速度的计算方法是已经熟知的，如果能建立起平均速度与瞬时速度之间的联系也许就能破解瞬时速度问题了。

假定物体做变速直线运动的路程函数为 $s=s(t)$（也称物体的运动方程），在 t_0 时刻的瞬时速度为 $v(t_0)$。

设物体在 t_0 时刻的位置为 $s(t_0)$，在 $t_0+\Delta t$ 时刻的位置为 $s(t_0+\Delta t)$，则物体在这段时间内所经过的路程为 $\Delta s=s(t_0+\Delta t)-s(t_0)$，物体的平均速度 $\bar{v}=\dfrac{\Delta s}{\Delta t}=\dfrac{s(t_0+\Delta t)-s(t_0)}{\Delta t}$。

由于速度是连续变化的，故当 $|\Delta t|$ 很小时，平均速度 $\bar{v}$ 可以作为物体在 t_0 时刻瞬时速度 $v(t_0)$ 的近似值，而且 $|\Delta t|$ 越小，近似程度越好。所以当 $\Delta t\to 0$ 时，若 $\bar{v}$ 趋向于一定值，则平均速度的极限就是物体在 t_0 时刻的瞬时速度，即

$$v(t_0)=\lim_{\Delta t\to 0}\bar{v}=\lim_{\Delta t\to 0}\frac{\Delta s}{\Delta t}=\lim_{\Delta t\to 0}\frac{s(t_0+\Delta t)-s(t_0)}{\Delta t}$$

2. 切线问题

【应用实例 2-2　平面曲线的切线斜率】 人们对平面曲线的切线认识经历了漫长的过程，其中古希腊欧几里得在《几何原本》中将圆的切线定义为：与圆相遇但延长后不与圆相交的直线。阿波罗尼斯的《圆锥曲线》中将圆锥曲线的切线看作与圆锥曲线只有一个公共点，且不穿过圆锥曲线的直线。莱布尼茨在其 1684 年发表的论文中将切线定义为“连接曲线上无限接近的两点的直线”或“曲线的内接无穷多边形的一条边的延长线”。那么一般平面曲线的切线如何定义呢？切线的斜率怎么求呢？

下面的方法是对法国数学家费马方法的改进。

(1) **切线的定义**。设平面内有一条连续曲线 C：$y=f(x)$。在曲线 C 上有定点 M_0，在

其邻近取点 M，连接两点得曲线 C 的割线 M_0M。当点 M 沿曲线 C 趋近于点 M_0 时，若割线 M_0M 存在极限位置 M_0T，则称直线 M_0T 为曲线 C 在点 M_0 处的切线。

(2) **切线的斜率**。求曲线 C：$y=f(x)$ 在点 M_0 处的切线斜率(图 2-3)。设 $M_0(x_0,y_0)$，$M(x_0+\Delta x,y_0+\Delta y)$，则割线 M_0M 的斜率为

$$\tan\beta=\frac{\Delta y}{\Delta x}=\frac{f(x_0+\Delta x)-f(x_0)}{\Delta x}$$

其中，β 为割线 M_0M 的倾斜角。

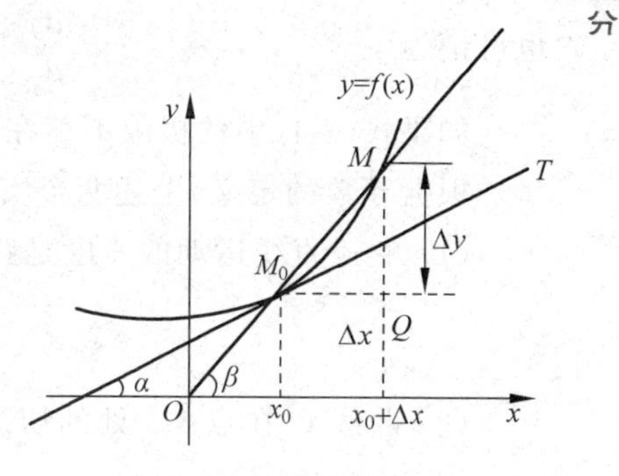

图 2-3　切线的斜率

动点 M 沿曲线 C 无限趋近于点 M_0，即当 $\Delta x\to 0$ 时，割线 M_0M 绕定点 M_0 转动且无限趋近于切线 M_0T，角 β 逐渐趋近于角 α(α 为切线 M_0T 的倾斜角)。因此曲线 C 在点 M_0 处的切线斜率 k 为

$$k=\tan\alpha=\lim_{\Delta x\to 0}\tan\beta=\lim_{\Delta x\to 0}\frac{\Delta y}{\Delta x}=\lim_{\Delta x\to 0}\frac{f(x_0+\Delta x)-f(x_0)}{\Delta x}$$

应用实例 2-1 和应用实例 2-2 中函数的具体含义虽不同，但得到的数学表达方式(数学模型)却是完全一样的：在自变量增量趋于零时，函数的增量与自变量的增量比值的极限。即对于函数 $y=f(x)$，要计算极限

$$\lim_{\Delta x\to 0}\frac{\Delta y}{\Delta x}=\lim_{\Delta x\to 0}\frac{f(x_0+\Delta x)-f(x_0)}{\Delta x}$$

其中，$\frac{\Delta y}{\Delta x}$ 的本质是函数在区间 $[x_0,x_0+\Delta x]$ 上的平均变化率，而 $\lim\limits_{\Delta x\to 0}\frac{\Delta y}{\Delta x}$ 的本质是函数在点 x_0 处的瞬时变化率，描述了函数在该点处变化的快慢程度。

在实际中，凡是考察一个变量随着另一个变量变化的变化率问题，都可以归结为计算上述类型的极限。例如，电流是电量增量与时间增量比值的极限；线密度是质量增量与长度增量比值的极限；加速度是速度增量与时间增量比值的极限；角速度是转角增量与时间增量比值的极限……

抛开以上问题的具体背景，抓住它们在数量上的这个共性——求增量比值的极限这个瞬时变化率的问题，就得到函数导数的概念。

2.1.2　导数的定义

1. 函数在点 x_0 处的导数

导数

定义 2.1　设函数 $y=f(x)$ 在点 x_0 附近有定义，当自变量 x 在点 x_0 处有增量 $\Delta x(\Delta x\neq 0)$ 时，相应地，函数有增量 $\Delta y=f(x_0+\Delta x)-f(x_0)$。如果极限 $\lim\limits_{\Delta x\to 0}\frac{\Delta y}{\Delta x}=\lim\limits_{\Delta x\to 0}\frac{f(x_0+\Delta x)-f(x_0)}{\Delta x}$ 存在，那么就称函数 $y=f(x)$ 在点 $\boldsymbol{x_0}$ 处**可导**，并称此极限值为函数 $y=f(x)$ 在 x_0 处的**导数**(或**微商**)，记作 $f'(x_0)$，即

$$f'(x_0)=\lim_{\Delta x\to 0}\frac{\Delta y}{\Delta x}=\lim_{\Delta x\to 0}\frac{f(x_0+\Delta x)-f(x_0)}{\Delta x} \tag{2-1}$$

也可记为 $y'\Big|_{x=x_0}$,$\dfrac{\mathrm{d}y}{\mathrm{d}x}\Big|_{x=x_0}$,$\dfrac{\mathrm{d}f}{\mathrm{d}x}\Big|_{x=x_0}$。

如果式(2-1)中的极限不存在,则称函数 $f(x)$ 在点 x_0 处不可导。

根据导数的定义,上述两个实际问题可描述如下。

(1) 变速直线运动的速度是路程函数 $s=s(t)$ 在 t_0 时刻的导数,即

$$v(t)=s'(t_0)=\frac{\mathrm{d}s}{\mathrm{d}t}\Big|_{t=t_0}$$

(2) 曲线 C 在点 M_0 处的切线斜率等于函数 $y=f(x)$ 在 x_0 处的导数,即

$$k=\tan\alpha=f'(x_0)$$

其实,这就是函数在某点处可导的几何意义。

那么,如果函数 $y=f(x)$ 在点 x_0 处可导,则曲线 $y=f(x)$ 在点 $(x_0,f(x_0))$ 处的切线方程为

$$y-f(x_0)=f'(x_0)(x-x_0)$$

曲线 $y=f(x)$ 在点 $(x_0,f(x_0))$ 处的法线方程为

$$y-f(x_0)=-\frac{1}{f'(x_0)}(x-x_0)\quad (f'(x_0)\neq 0)$$

有时为了方便,式(2-1)也可以写成其他形式。

如果令 $\Delta x=h$,则有

$$f'(x_0)=\lim_{h\to 0}\frac{f(x_0+h)-f(x_0)}{h} \tag{2-2}$$

如果令 $x_0+\Delta x=x$,则有

$$f'(x_0)=\lim_{x\to x_0}\frac{f(x)-f(x_0)}{x-x_0} \tag{2-3}$$

【例 2-1】 (1) 已知 $\lim\limits_{h\to 0}\dfrac{f(x_0-h)-f(x_0)}{h}=1$,求 $f'(x_0)$。

(2) 已知 $f'(x_0)=m$,求极限 $\lim\limits_{\Delta x\to 0}\dfrac{f(x_0+2\Delta x)-f(x_0)}{\Delta x}$。

解:(1)
$$f'(x_0)=\lim_{\Delta x\to 0}\frac{f(x_0+\Delta x)-f(x_0)}{\Delta x}=\lim_{-h\to 0}\frac{f(x_0-h)-f(x_0)}{-h}$$
$$=-\lim_{h\to 0}\frac{f(x_0-h)-f(x_0)}{h}=-1$$

(2)
$$\lim_{\Delta x\to 0}\frac{f(x_0+2\Delta x)-f(x_0)}{\Delta x}=2\lim_{\Delta x\to 0}\frac{f(x_0+2\Delta x)-f(x_0)}{2\Delta x}=2f'(x_0)=2m$$

只有真正理解导数的定义,才能知道上例中已知与所求之间的联系。

2. 函数在区间 (a,b) 内的导数——导函数

如果函数 $y=f(x)$ 在区间 (a,b) 内每一点都可导,则称函数 $y=f(x)$ 在区间 (a,b) 内

可导。

定义 2.2 若函数 $y=f(x)$在区间(a,b)内可导，则对区间(a,b)内的每一个确定的 x 值都有确定的导数值 $f'(x)$与之对应，于是建立了一个新函数，称其为函数的**导函数**，简称**导数**，记为 $f'(x)$，y'，$\frac{\mathrm{d}y}{\mathrm{d}x}$，$\frac{\mathrm{d}f}{\mathrm{d}x}$。即

$$f'(x)=\lim_{\Delta x\to 0}\frac{\Delta y}{\Delta x}=\lim_{\Delta x\to 0}\frac{f(x+\Delta x)-f(x)}{\Delta x} \tag{2-4}$$

显然，$y=f(x)$在 x_0 处的导数 $f'(x_0)$等于 $f'(x)$在点 x_0 处的函数值，即

$$f'(x_0)=f'(x)\Big|_{x=x_0}$$

【例 2-2】 设 $f(x)=x^2$，求 $f'(x)$和 $f'(2)$。

解：根据定义

$$f'(x)=\lim_{\Delta x\to 0}\frac{\Delta y}{\Delta x}=\lim_{\Delta x\to 0}\frac{(x+\Delta x)^2-x^2}{\Delta x}=\lim_{\Delta x\to 0}(2x+\Delta x)=2x$$

从而 $f'(2)=f'(x)\Big|_{x=2}=2\times 2=4$。

【例 2-3】 求 $y=\sin x$ 的导数。

解：
$$\lim_{\Delta x\to 0}\frac{\Delta y}{\Delta x}=\lim_{\Delta x\to 0}\frac{\sin(x+\Delta x)-\sin x}{\Delta x}=\lim_{\Delta x\to 0}\frac{2\cos\left(x+\frac{\Delta x}{2}\right)\sin\frac{\Delta x}{2}}{\Delta x}$$

$$=\lim_{\Delta x\to 0}\cos\left(x+\frac{\Delta x}{2}\right)\frac{\sin\frac{\Delta x}{2}}{\frac{\Delta x}{2}}=\lim_{\Delta x\to 0}\cos\left(x+\frac{\Delta x}{2}\right)\lim_{\Delta x\to 0}\frac{\sin\frac{\Delta x}{2}}{\frac{\Delta x}{2}}=\cos x$$

即

$$(\sin x)'=\cos x$$

利用导数的定义，可以推导出导数的若干基本公式（略去详细的推演过程），将其总结如下。

(1) $(C)'=0$　(2) $(x^\alpha)'=\alpha x^{\alpha-1}$　(3) $(\sin x)'=\cos x$

(4) $(\cos x)'=-\sin x$　(5) $(\log_a x)'=\frac{1}{x\ln a}$ $(a>0$，且 $a\neq 1)$　(6) $(\ln x)'=\frac{1}{x}$

【例 2-4】 求等边双曲线 $y=\frac{1}{x}$ 在点$\left(\frac{1}{2},2\right)$处的切线方程和法线方程。

解：等边双曲线的导数 $y'=-\frac{1}{x^2}$，所求切线及法线的斜率分别为

$$k_1=\left(-\frac{1}{x^2}\right)\Bigg|_{x=\frac{1}{2}}=-4,\quad k_2=-\frac{1}{k_1}=\frac{1}{4}$$

所求切线方程为 $y-2=-4\left(x-\frac{1}{2}\right)$，即 $4x+y-4=0$。

所求法线方程为 $y-2=\frac{1}{4}\left(x-\frac{1}{2}\right)$，即 $2x-8y+15=0$。

3. 单侧导数

根据函数 $f(x)$ 在点 x_0 处的导数定义，导数 $f'(x_0)$ 是一个极限，而极限存在左极限、右极限之分，自然就有左导数、右导数问题。若用 $f'_-(x_0)$ 和 $f'_+(x_0)$ 分别表示 $f(x)$ 在点 x_0 处的左导数和右导数，则有如下定义：

$$f'_-(x_0)=\lim_{\Delta x\to 0^-}\frac{\Delta y}{\Delta x}=\lim_{\Delta x\to 0^-}\frac{f(x_0+\Delta x)-f(x_0)}{\Delta x}=\lim_{x\to x_0^-}\frac{f(x)-f(x_0)}{x-x_0}$$

$$f'_+(x_0)=\lim_{\Delta x\to 0^+}\frac{\Delta y}{\Delta x}=\lim_{\Delta x\to 0^+}\frac{f(x_0+\Delta x)-f(x_0)}{\Delta x}=\lim_{x\to x_0^+}\frac{f(x)-f(x_0)}{x-x_0}$$

左导数和右导数统称为单侧导数。

由函数极限存在的充分必要条件可知，函数 $f(x)$ 在点 x_0 处的导数与在该点处的左、右导数有以下结论。

定理 2.1 函数 $f(x)$ 在点 x_0 处可导的**充分必要条件**是函数在该点处的左导数和右导数都存在，且相等，即 $f'_-(x_0)=f'_+(x_0)$。

若函数 $f(x)$ 在开区间 (a,b) 内可导，且 $f'_+(a)$ 及 $f'_-(b)$ 都存在，则称 $f(x)$ 在闭区间 $[a,b]$ 上可导。

【例 2-5】 讨论函数 $f(x)=\begin{cases}x^2 & x\geqslant 0\\ 2x & x<0\end{cases}$ 在点 $x=0$ 处的可导性。

解：这是讨论分段函数在分界点处的可导性。

当 $x<0$ 时，$f(x)=2x$，$f'_-(0)=\lim\limits_{x\to 0^-}\dfrac{f(x)-f(0)}{x-0}=\lim\limits_{x\to 0^-}\dfrac{2x}{x}=2$。

当 $x>0$ 时，$f(x)=x^2$，$f'_+(0)=\lim\limits_{x\to 0^+}\dfrac{f(x)-f(0)}{x-0}=\lim\limits_{x\to 0^+}\dfrac{x^2}{x}=0$。

函数在 $x=0$ 处左、右导数不相等，因此函数在该点处不可导。

【例 2-6】 设分段函数 $f(x)=\begin{cases}3x^2-2x & x<0\\ 0 & x=0\\ \sin ax & x>0\end{cases}$，问当 a 为何值时，$f(x)$ 在点 $x=0$ 处可导？

解：这是考察分段函数在分界点处的可导性。

当 $x<0$ 时，$f(x)=3x^2-2x$，$f'_-(0)=\lim\limits_{x\to 0^-}\dfrac{f(x)-f(0)}{x-0}=\lim\limits_{x\to 0^-}\dfrac{3x^2-2x-0}{x}=-2$。

当 $x>0$ 时，$f(x)=\sin ax$，$f'_+(0)=\lim\limits_{x\to 0^+}\dfrac{f(x)-f(0)}{x-0}=\lim\limits_{x\to 0^+}\dfrac{\sin ax}{x}=a$。

如果 $f'(0)$ 存在，则必有 $f'_-(0)=f'_+(0)$，由此得到 $a=-2$。因此，当 $a=-2$ 时，$f(x)$ 在点 $x=0$ 处可导。

2.1.3 函数可导与连续的关系

连续和可导是函数的两个重要特性，它们的关系如何？下面的定理给出了答案。

定理 2.2 如果函数 $y=f(x)$ 在点 x_0 处可导，则它在 x_0 处一定连续。

【例 2-7】 讨论函数 $f(x)=\begin{cases} x & x\geqslant 0 \\ x\mathrm{e}^x & x<0 \end{cases}$ 在点 $x=0$ 处的连续性与可导性。

解：因为 $f'_-(0)=\lim\limits_{x\to 0^-}\dfrac{f(x)-f(0)}{x-0}=\lim\limits_{x\to 0^-}\dfrac{x\mathrm{e}^x}{x}=\lim\limits_{x\to 0^-}\mathrm{e}^x=1$

$$f'_+(0)=\lim_{x\to 0^+}\frac{f(x)-f(0)}{x-0}=\lim_{x\to 0^-}\frac{x}{x}=1$$

所以函数在 $x=0$ 处可导，$f'(0)=1$。那么由定理 2.2 可知，函数在点 $x=0$ 处也是连续的。

【例 2-8】 设函数 $f(x)=\begin{cases} 2\sin x & x\leqslant 0 \\ a+bx & x>0 \end{cases}$，已知 $f(x)$ 在点 $x=0$ 处可导，试确定 a 和 b 的值。

解：由定理 2.2 可知 $f(x)$ 在点 $x=0$ 处必连续。

因为 $f(0)=2\sin 0=0$，由连续性的定义可知 $\lim\limits_{x\to 0^+}f(x)=\lim\limits_{x\to 0^+}(a+bx)=a=f(0)$，从而有 $a=0$。

又由 $f(x)$ 在点 $x=0$ 处可导，所以该函数在该点处的左、右导数都存在且相等。

$$f'_-(0)=\lim_{x\to 0^-}\frac{f(x)-f(0)}{x-0}=\lim_{x\to 0^-}\frac{2\sin x}{x}=2$$

$$f'_+(0)=\lim_{x\to 0^+}\frac{f(x)-f(0)}{x-0}=\lim_{x\to 0^+}\frac{bx}{x}=b$$

由此得到 $b=2$。

注：此定理的逆命题不成立，即函数 $y=f(x)$ 在点 x_0 处连续，但函数在点 x_0 处不一定可导。请看下面的例子。

【例 2-9】 讨论函数 $f(x)=|x|$ 在点 $x=0$ 处的可导性和连续性。

解：由 $\lim\limits_{\Delta x\to 0}\Delta y=\lim\limits_{\Delta x\to 0}|\Delta x|=0$，可知函数在 $x=0$ 处连续。

由于 $\dfrac{\Delta y}{\Delta x}=\dfrac{|0+\Delta x|-|0|}{\Delta x}=\dfrac{|\Delta x|}{\Delta x}$，显然 $\lim\limits_{\Delta x\to 0^-}\dfrac{\Delta y}{\Delta x}=-1$，$\lim\limits_{\Delta x\to 0^+}\dfrac{\Delta y}{\Delta x}=1$，于是 $\Delta\lim\limits_{x\to 0}\dfrac{\Delta y}{\Delta x}$ 不存在，即函数在 $x=0$ 处不可导。

【例 2-10】 讨论函数 $f(x)=\sqrt[3]{x}$ 在点 $x=0$ 处的连续性与可导性。

解：函数 $f(x)=\sqrt[3]{x}$ 的定义域为 $(-\infty,+\infty)$，因此在点 $x=0$ 处连续；

由于在点 $x=0$ 处 $\dfrac{\Delta y}{\Delta x}=\dfrac{\sqrt[3]{0+\Delta x}-\sqrt[3]{0}}{\Delta x}=\dfrac{1}{\sqrt[3]{(\Delta x)^2}}$，所以

$\lim\limits_{\Delta x\to 0}\dfrac{\Delta y}{\Delta x}=\lim\limits_{\Delta x\to 0}\dfrac{1}{\sqrt[3]{(\Delta x)^2}}=\infty$，从而 $f(x)=\sqrt[3]{x}$ 在点 $x=0$ 处不可导。

虽然函数在 $x=0$ 处不可导，但由于导数为无穷大，因此曲线在此处有垂直于 x 轴的切线（图 2-4）。

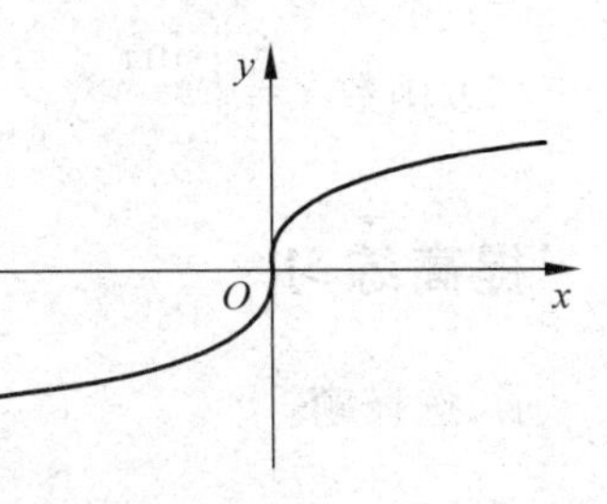

图 2-4 例 2-10 图

【能力训练 2.1】

基础练习

1. 判断题。

(1) 设函数 $y=f(x)$在点 x_0 处可导，则 $f'(x_0)=[f(x_0)]'$。(　　)

(2) 函数 $y=f(x)$在点 x_0 处不可导，则曲线 $y=f(x)$在点$(x_0,f(x_0))$处不存在切线。(　　)

(3) 因为$(\ln x)'=\frac{1}{x}$，所以$(\ln 5)'=\frac{1}{5}$。(　　)

(4) $\left(\frac{1}{x}\right)'=\frac{1}{x^2}$。(　　)

2. 填空题。

(1) 做变速直线运动物体的运动方程为 $s(t)=\cos t$，则其速度 $v(t)=$________。

(2) 函数 $f(x)=\sin x$ 在点 $x=\frac{\pi}{3}$处的法线斜率 $k=$________。

(3) 设函数 $y=f(x)$在点 x_0 处可导，则$\lim\limits_{h\to 0}\frac{f(x_0-3h)-f(x_0)}{h}=$________，$\lim\limits_{h\to 0}\frac{f(x_0+3h)-f(x_0-h)}{h}=$________。

(4) 设 $y=\frac{\sqrt[3]{x}}{\sqrt{x}}$，则 $y'=$________。

3. 根据导数定义求下列函数的导数。

(1) $y=\sqrt{x}$　　(2) $y=\log_a x(a>0$ 且 $a\neq 1)$

4. 求下列曲线在指定点处的切线方程和法线方程。

(1) $y=x^3$ 在点$(1,1)$　(2) $y=\ln x$ 在点$(\mathrm{e},1)$　(3) $y=\cos x$ 在点$\left(\frac{\pi}{3},\frac{1}{2}\right)$

5. 求解下面问题。

(1) 函数 $f(x)=\begin{cases}x+2 & 0\leqslant x<1\\ 3x-1 & x\geqslant 1\end{cases}$在点 $x=1$ 处是否可导？

(2) 函数 $y=\begin{cases}\sin x & x\geqslant 0\\ x & x<0\end{cases}$在点 $x=0$ 处的连续性和可导性如何？

提高练习

1. 选择题。

(1) 设函数 $y=f(x)$在点 $x=0$ 处可导，且 $f'(0)=2$，则$\lim\limits_{h\to 0}\frac{f(6h)-f(h)}{h}=$(　　)。

A. 2　　B. 8　　C. 10　　D. 12

(2) 设函数 $f(x)$ 在点 x_0 处不连续,则(　　)。

A. $f'(x_0)$ 存在　　B. $f'(x_0)$ 不存在

C. $\lim\limits_{x \to x_0} f(x)$ 存在　　D. $\lim\limits_{x \to x_0} f(x)$ 不存在

2. 若 $f(x)$ 在 $x=a$ 处可导,求 $\lim\limits_{x \to a} \dfrac{xf(a)-af(x)}{x-a}$ 的值。

3. 设函数 $f(x)=(x-1)\varphi(x)$,且 $\varphi(x)$ 在 $x=1$ 处连续,证明:函数 $f(x)$ 在 $x=1$ 处可导。

4. (1) 讨论 $f(x)=\begin{cases} x\sin\dfrac{1}{x} & x\neq 0 \\ 0 & x=0 \end{cases}$ 在点 $x=0$ 处的连续性与可导性。

(2) 设函数 $f(x)=\begin{cases} e^x & x<0 \\ a+bx & x\geqslant 0 \end{cases}$ 在点 $x=0$ 处连续且可导,求常数 a、b 的值。

2.2 求导法则

求已知函数 $f(x)$ 的导数 $f'(x)$ 的运算,称为微分运算。通过上一节的学习,认识了导数的定义,知道求导数的方法和步骤,原则上可以解决函数的导数计算问题。但实际上,使用导数的定义求其导数并不容易,尤其当函数较复杂时就更困难了。因此,需要建立一些基本的求导公式和求导法则,并运用它们进行求导运算。

由于基本初等函数的导数公式是进行导数运算的基础,为了便于学习,先将其全部列出。表2-1中,有的公式已由上一节导数的定义求得;有的公式将随着导数运算法则的学习逐渐求得。

表 2-1　基本初等函数的导数公式

常值函数的导数	(1) $(C)'=0$(C 为任意常数)	
幂函数的导数	(2) $(x^a)'=ax^{a-1}$(a 为任意实数)	
指数函数的导数	(3) $(a^x)'=a^x\ln a\,(a>0,a\neq 1)$	(4) $(e^x)'=e^x$
对数函数的导数	(5) $(\log_a x)'=\dfrac{1}{x\ln a}\,(a>0,a\neq 1)$	(6) $(\ln x)'=\dfrac{1}{x}$
三角函数的导数	(7) $(\sin x)'=\cos x$	(8) $(\cos x)'=-\sin x$
	(9) $(\tan x)'=\dfrac{1}{\cos^2 x}=\sec^2 x$	(10) $(\cot x)'=-\dfrac{1}{\sin^2 x}=-\csc^2 x$
	(11) $(\sec x)'=\sec x\tan x$	(12) $(\csc x)'=-\csc x\cot x$
反三角函数的导数	(13) $(\arcsin x)'=\dfrac{1}{\sqrt{1-x^2}}$	(14) $(\arccos x)'=-\dfrac{1}{\sqrt{1-x^2}}$
	(15) $(\arctan x)'=\dfrac{1}{1+x^2}$	(16) $(\text{arccot}\,x)'=-\dfrac{1}{1+x^2}$

2.2.1　导数的四则运算法则

利用导数的定义,可以证明导数的四则运算法则。

定理 2.3 设函数 $u=u(x)$，$v=v(x)$ 在 x 处可导，则其和、差、积、商(除分母为零的点外)在 x 处也可导，且有

(1) $(u\pm v)'=u'\pm v'$。

(2) $(u\cdot v)'=u'v+uv'$，特别地，$(Cv)'=Cv'$(C 为常数)。

(3) $\left(\dfrac{u}{v}\right)'=\dfrac{u'v-uv'}{v^2}(v\neq 0)$，特别地，$\left(\dfrac{1}{v}\right)'=-\dfrac{v'}{v^2}$。

法则(1)和(2)都可以推广到有限个函数的情形。例如，若 u、v、w 都是可导函数，则

$$(uvw)'=u'vw+uv'w+uvw'$$

【例 2-11】 设 $f(x)=x^3+4\cos x-\sin\dfrac{\pi}{2}$，求 $f'\left(\dfrac{\pi}{2}\right)$。

解：$f'(x)=\left(x^3+4\cos x-\sin\dfrac{\pi}{2}\right)'=(x^3)'+4(\cos x)'-\left(\sin\dfrac{\pi}{2}\right)'=3x^2-4\sin x$

所以 $f'\left(\dfrac{\pi}{2}\right)=3\times\left(\dfrac{\pi}{2}\right)^2-4\sin\dfrac{\pi}{2}=\dfrac{3\pi^2}{4}-4$。

【例 2-12】 求函数 $y=x^4\ln x$ 的导数。

解：$y'=(x^4\ln x)'=(x^4)'\ln x+x^4(\ln x)'=4x^3\ln x+x^4\cdot\dfrac{1}{x}=x^3(4\ln x+1)$

【例 2-13】 设 $y=\mathrm{e}^x(1+x^2)\cos x$，求 y'。

解：$y'=[\mathrm{e}^x(1+x^2)\cos x]'$

$=(\mathrm{e}^x)'(1+x^2)\cos x+\mathrm{e}^x(1+x^2)'\cos x+\mathrm{e}^x(1+x^2)(\cos x)'$

$=\mathrm{e}^x(1+x^2)\cos x+2x\mathrm{e}^x\cos x-\mathrm{e}^x(1+x^2)\sin x$

【例 2-14】 证明：若 $y=\tan x$，则 $y'=\dfrac{1}{\cos^2 x}=\sec^2 x$。

证明：$y'=(\tan x)'=\left(\dfrac{\sin x}{\cos x}\right)'=\dfrac{(\sin x)'\cos x-\sin x(\cos x)'}{\cos^2 x}$

$=\dfrac{\cos^2 x+\sin^2 x}{\cos^2 x}=\dfrac{1}{\cos^2 x}=\sec^2 x$

同理可得余切函数的求导公式为 $(\cot x)'=-\csc^2 x$。

【例 2-15】 证明：若 $y=\sec x$，则 $y'=\tan x\sec x$。

证明：$y'=(\sec x)'=\left(\dfrac{1}{\cos x}\right)'=\dfrac{-(\cos x)'}{\cos^2 x}=\dfrac{\sin x}{\cos^2 x}=\tan x\sec x$

同理可得余割函数的求导公式为 $(\csc x)'=-\cot x\csc x$。

【例 2-16】 设 $y=\dfrac{x\sin x}{1+\cos x}$，求 y'。

解：$y'=\left(\dfrac{x\sin x}{1+\cos x}\right)'=\dfrac{(x\sin x)'(1+\cos x)-x\sin x(1+\cos x)'}{(1+\cos x)^2}$

$=\dfrac{(\sin x+x\cos x)(1+\cos x)+x\sin^2 x}{(1+\cos x)^2}$

$=\dfrac{(1+\cos x)(x+\sin x)}{(1+\cos x)^2}=\dfrac{x+\sin x}{1+\cos x}$

2.2.2 反函数的求导法则

定理 2.4 如果单调连续函数 $x=\varphi(y)$ 在点 y 处可导，而且 $\varphi'(y)\neq 0$，则它的反函数 $y=f(x)$ 在对应的点 x 处也可导，且有

$$f'(x)=\frac{1}{\varphi'(y)} \quad 或 \quad \frac{\mathrm{d}y}{\mathrm{d}x}=\frac{1}{\frac{\mathrm{d}x}{\mathrm{d}y}}$$

前面已经得到了对数函数和三角函数的导数公式，作为此定理的应用，可推导出指数函数和反三角函数的求导公式。

【例 2-17】 求 $y=a^x(a>0,a\neq 1)$ 的导数。

解：$y=a^x$ 是 $x=\log_a y$ 的反函数，且 $x=\log_a y$ 在 $(0,+\infty)$ 内单调可导，又因为 $\frac{\mathrm{d}x}{\mathrm{d}y}=\frac{1}{y\ln a}\neq 0$，所以

$$y'=\frac{1}{\frac{\mathrm{d}x}{\mathrm{d}y}}=y\ln a=a^x\ln a$$

即
$$(a^x)'=a^x\ln a$$

特别地
$$(\mathrm{e}^x)'=\mathrm{e}^x$$

【例 2-18】 求 $y=\arcsin x$ 的导数。

解：$y=\arcsin x$ 是 $x=\sin y$ 的反函数，$x=\sin y$ 在区间 $\left(-\frac{\pi}{2},\frac{\pi}{2}\right)$ 内单调可导，且 $\frac{\mathrm{d}x}{\mathrm{d}y}=\cos y>0$，所以

$$y'=\frac{1}{\frac{\mathrm{d}x}{\mathrm{d}y}}=\frac{1}{\cos y}=\frac{1}{\sqrt{1-\sin^2 y}}=\frac{1}{\sqrt{1-x^2}}$$

即
$$(\arcsin x)'=\frac{1}{\sqrt{1-x^2}}$$

类似地
$$(\arccos x)'=-\frac{1}{\sqrt{1-x^2}}$$

对于 $y=\arctan x$ 及 $y=\operatorname{arccot} x$ 的导数，留给大家自行练习。

2.2.3 复合函数的求导法则

定理 2.5 如果函数 $u=\varphi(x)$ 在点 x 处可导，$y=f(u)$ 在对应的点 u 处可导，则复合函数 $y=f(\varphi(x))$ 也在点 x 处可导，且有

$$\frac{\mathrm{d}y}{\mathrm{d}x}=\frac{\mathrm{d}y}{\mathrm{d}u}\cdot\frac{\mathrm{d}u}{\mathrm{d}x} \quad 或 \quad y'_x=y'_u\cdot u'_x$$

上式表明，复合函数的导数等于已知函数对中间变量的导数乘以中间变量对自变量的

导数，这一法则一环扣一环，又称**链式法则**。

复合函数的求导法则可以推广到有限次复合的复合函数的情形，即如果 $y=f(u)$，$u=\varphi(v)$，$v=\phi(x)$，则有

$$\frac{dy}{dx}=\frac{dy}{du}\cdot\frac{du}{dv}\cdot\frac{dv}{dx} \quad 或 \quad y'_x=y'_u\cdot u'_v\cdot v'_x$$

【例 2-19】 求下列函数的导数。

(1) $y=(1-2x)^7$　　(2) $y=\sin^2 x$

解：(1) 函数 $y=(1-2x)^7$ 是由 $y=u^7$ 和 $u=1-2x$ 两个函数复合而成的，而 $y'_u=(u^7)'=7u^6$，$u'_x=(1-2x)'=-2$，因此

$$y'=y'_u\cdot u'_x=7u^6\cdot(-2)=-14(1-2x)^6$$

(2) 函数 $y=\sin^2 x$ 是由函数 $y=u^2$ 和 $u=\sin x$ 两个函数复合而成的，而 $y'_u=(u^2)'=2u$，$u'_x=(\sin x)'=\cos x$，因此

$$y'=y'_u\cdot u'_x=2u\cdot\cos x=2\sin x\cdot\cos x=\sin 2x$$

对复合函数的分解过程掌握熟练之后，就不必再写出中间变量，只要按照函数的复合次序由外及里逐层求导，按照链式法则直接写出结果即可。

例 2-20

【例 2-20】 求下列函数的导数。

(1) $y=\ln\cos e^x$　　(2) $y=e^{\arctan\sqrt{x}}$

解：(1) $y'=\dfrac{1}{\cos e^x}\cdot(-\sin e^x)\cdot e^x=-e^x\tan e^x$

(2) $y'=e^{\arctan\sqrt{x}}\cdot\dfrac{1}{1+(\sqrt{x})^2}\cdot\dfrac{1}{2\sqrt{x}}=\dfrac{e^{\arctan\sqrt{x}}}{2\sqrt{x}(1+x)}$

【例 2-21】 已知 $y=\sin\dfrac{3x}{1+x^2}$，求$\dfrac{dy}{dx}$。

解：$\dfrac{dy}{dx}=\cos\dfrac{3x}{1+x^2}\cdot\left(\dfrac{3x}{1+x^2}\right)'=\dfrac{3(1-x^2)}{(1+x^2)^2}\cdot\cos\dfrac{3x}{1+x^2}$

【例 2-22】 已知 $y=f(\sin x)$，且 f 可导，求 y'。

解：$y'=[f(\sin x)]'=f'(\sin x)\cdot(\sin x)'=f'(\sin x)\cdot\cos x$

2.2.4 隐函数的导数

如果在方程 $F(x,y)=0$ 中，当 x 取某区间内的任一值时，相应地总有满足该方程的唯一的 y 值存在，那么就说方程 $F(x,y)=0$ 在该区间内确定了一个**隐函数**。如方程 $2x-3y-1=0$，$e^y=xy+\sin(x+y)$都是隐函数。之前，因变量和自变量分列在等号两边，形如 $y=f(x)$形式的函数对应称为**显函数**。

如何解决隐函数的求导问题？最容易想到的方法是把隐函数化成显函数，然后再求其导数。然而，有时隐函数化成显函数是有困难的，甚至是不可能的。因此，需要有一种方法可以直接通过方程来确定隐函数的导数，且与隐函数是否能化成显函数无关。下面举例说明隐函数求导的一般过程。

【例 2-23】 求由方程 $e^x-e^y-xy=0$ 确定的隐函数 $y=f(x)$的导数 y'。

解：方程两边同时对 x 求导，得

$$e^x - e^y \cdot y' - (y + xy') = 0$$

整理得

$$(e^y + x)y' = e^x - y$$

解得

$$y' = \frac{e^x - y}{e^y + x}$$

从上例看出,隐函数的求导过程如下。

(1) 将 $F(x,y)=0$ 中的 y 看作 x 的函数 $y=f(x)$,于是得恒等式 $F[x,y(x)]=0$,利用复合函数的链式求导法,在上式两边同时对 x 求导。

(2) 解出 y',得到所求隐函数的导数。

【例 2-24】 求曲线 $x^2+xy+y^2=9$ 在 $(3,-3)$ 处的切线方程。

解:方程两边同时对 x 求导,得

$$2x + y + xy' + 2yy' = 0$$

解出 y',得

$$y' = -\frac{2x + y}{x + 2y}$$

由 $y'\Big|_{\substack{x=3\\y=-3}}=1$ 得曲线在点 $(3,-3)$ 处的切线方程为

$$y - (-3) = 1 \cdot (x - 3)$$

即

$$x - y - 6 = 0$$

2.2.5 对数求导法

在某些显函数的求导中,使用对数求导法求导数比通常的方法简便些。这种方法是先在 $y=f(x)$ 的两边取对数,然后再求出 y 的导数。下面通过例子说明这种方法。

例 2-25

【例 2-25】 求 $y=x^{\sin x}(x>0)$ 的导数。

分析:这种形如 $[f(x)]^{g(x)}$ 的函数称为**幂指函数**,此种函数既不是指数函数,也不是幂函数,故不能直接求导。可以采用取对数的办法,将不会求导的幂指关系变为会求导的乘积关系,再使用隐函数求导法则求出函数的导数。

解:两边取自然对数,得

$$\ln y = \sin x \ln x$$

两边对 x 求导,得

$$\frac{1}{y}y' = \frac{\sin x}{x} + \cos x \ln x$$

所以

$$y' = x^{\sin x}\left(\frac{\sin x}{x} + \cos x \ln x\right)$$

【例 2-26】 设 $y=(x-1)\sqrt[3]{(3x+1)^2(x-2)}$,求 y'。

分析:如果直接求导,将会很烦琐,使用对数求导法解决其求导问题。

解:先在等式两边取绝对值,再取对数,得

$$\ln|y| = \ln|x-1| + \frac{2}{3}\ln|3x+1| + \frac{1}{3}\ln|x-2|$$

两边对 x 求导,得

$$\frac{1}{y}\cdot y'=\frac{1}{x-1}+\frac{2}{3}\cdot\frac{3}{3x+1}+\frac{1}{3}\cdot\frac{1}{x-2}$$

所以

$$y'=(x-1)\sqrt[3]{(3x+1)^2(x-2)}\cdot\left(\frac{1}{x-1}+\frac{2}{3x+1}+\frac{1}{3x-6}\right)$$

以后解题时，为了方便起见，取绝对值可以略去。

由例 2-26 可见，对数求导法可以大大简化由多个因子通过乘（除）、乘方、开方所构成的复杂函数的求导运算。

2.2.6 由参数方程所确定的函数求导法

在平面解析几何中，参数方程的一般形式为

$$\begin{cases}x=\varphi(t)\\ y=\psi(t)\end{cases}\quad a\leqslant t\leqslant b, t\text{ 为参数}$$

由于对于参数 t 的每一个值都对应着一点 (x,y)，因此参数方程就确定了 y 与 x 之间的函数关系。

在实际问题中，需要计算由参数方程所确定的函数的导数，但从中消去参数 t 有时会有困难。因此，如同隐函数的导数一样，也需要一种方法可以直接由参数方程算出它所确定的函数的导数。

对于给定的参数方程，如果函数 $x=\varphi(t)$ 具有连续的反函数 $t=\varphi^{-1}(x)$，那么可以这样认为：$y=\psi(t)$ 是 t 的函数，$t=\varphi^{-1}(x)$ 是 x 的函数，则 y 是 x 的复合函数 $y=\psi(\varphi^{-1}(x))$。若函数 $x=\varphi(t)$，$y=\psi(t)$ 都是可导函数且 $\varphi'(t)\neq 0$，则由复合函数和反函数的求导法则，可得

$$\frac{\mathrm{d}y}{\mathrm{d}x}=\frac{\mathrm{d}y}{\mathrm{d}t}\cdot\frac{\mathrm{d}t}{\mathrm{d}x}=\frac{\mathrm{d}y}{\mathrm{d}t}\cdot\frac{1}{\frac{\mathrm{d}x}{\mathrm{d}t}}=\frac{\frac{\mathrm{d}y}{\mathrm{d}t}}{\frac{\mathrm{d}x}{\mathrm{d}t}}$$

或写作

$$\frac{\mathrm{d}y}{\mathrm{d}x}=\frac{\psi'(t)}{\varphi'(t)}$$

上式就是由参数方程所确定的函数 $y=f(x)$ 的导数公式。注意，这里的导数仍然是通过参数 t 表达出来的。

【例 2-27】 设由参数方程（摆线）$\begin{cases}x=a(t-\sin t)\\ y=a(1-\cos t)\end{cases}$ $(0<t<2\pi)$ 确定的函数 $y=f(x)$，求 $\frac{\mathrm{d}y}{\mathrm{d}x}$。

解：$\frac{\mathrm{d}y}{\mathrm{d}x}=\frac{\frac{\mathrm{d}y}{\mathrm{d}t}}{\frac{\mathrm{d}x}{\mathrm{d}t}}=\frac{[a(1-\cos t)]'}{[a(t-\sin t)]'}=\frac{a\sin t}{a(1-\cos t)}=\frac{\sin t}{1-\cos t}$

【例 2-28】 试求椭圆 $\begin{cases}x=a\cos t\\ y=b\sin t\end{cases}$ 在 $t=\frac{\pi}{4}$ 处的切线方程和法线方程。

解：将 $t=\frac{\pi}{4}$ 代入椭圆方程，得曲线上对应的点 $\left(\frac{a}{\sqrt{2}},\frac{b}{\sqrt{2}}\right)$。由于

$$(a\cos t)'\Big|_{t=\frac{\pi}{4}}=-a\sin t\Big|_{t=\frac{\pi}{4}}=-\frac{a}{\sqrt{2}}$$

$$(b\sin t)'\Big|_{t=\frac{\pi}{4}}=b\cos t\Big|_{t=\frac{\pi}{4}}=\frac{b}{\sqrt{2}}$$

故切线斜率

$$k=\frac{\frac{b}{\sqrt{2}}}{-\frac{a}{\sqrt{2}}}=-\frac{b}{a}$$

从而所求切线方程为 $y-\frac{b}{\sqrt{2}}=-\frac{b}{a}\left(x-\frac{a}{\sqrt{2}}\right)$，即 $bx+ay=\sqrt{2}ab$。

所求法线方程为 $y-\frac{b}{\sqrt{2}}=\frac{a}{b}\left(x-\frac{a}{\sqrt{2}}\right)$，即 $ax-by=\frac{1}{\sqrt{2}}(a^2-b^2)$。

【能力训练 2.2】

基础练习

1. 求下列函数的导数。

1)(1) $y=\frac{x^2}{2}+\frac{2}{x^2}-5$　　(2) $y=(\sqrt{x}+1)\left(\frac{1}{\sqrt{x}}-1\right)$

(3) $y=\frac{x^5+\sqrt{x}+1}{x^3}$　　(4) $y=3^x 2^{2x}$

(5) $y=2^x\log_2 x$　　(6) $y=\tan x\sec x$

(7) $y=\arcsin x\arccos x$　　(8) $y=\frac{\arcsin x}{x^2}$

(9) $y=\frac{x+1}{x-1}$　　(10) $y=\frac{1+\cos x}{1+\sin x}$

(11) $y=(1+x^2)\sin x$　　(12) $\rho=\varphi\sin\varphi+\cos\varphi$

(13) $y=\frac{\sin x}{x}+\frac{x}{\sin x}$　　(14) $y=x\sin x\ln x$

(15) $y=x^2\ln x-\sqrt{x}$　　(16) $y=u\tan u+\frac{\sec u}{u}$

2)(1) $y=(3x+1)^5$　　(2) $y=\sqrt{1-x^2}$

(3) $y=\ln(1+x^2)$　　(4) $y=\cos(3x^2-1)$

(5) $y=e^{\frac{1}{x}}$　　(6) $y=\arctan\sqrt{x}$

(7) $y=\arcsin(\ln x)$　　(8) $y=\sin^2\frac{x}{2}$

(9) $y=e^{\sqrt{\cos 3x}}$　　(10) $y=\ln[\ln(\ln x)]$

3)(1) $y=5^{\frac{1}{x}}-\ln 3$　　(2) $y=\sin ax+\tan bx$

(3) $y=\ln x^2+(\ln x)^2$　　(4) $y=2^{\frac{x}{\ln x}}$

(5) $y=x^2\sin\frac{1}{x}$　　(6) $y=\sin^2 x\cos 2x$

(7) $y=e^{-x^2}\sin 4x$　　(8) $y=\frac{\arcsin x}{\sqrt{1-x^2}}$

(9) $y=\frac{x}{\sqrt{1+x^2}}$　　(10) $y=\sqrt{1+\ln^2 x}$

(11) $y=\ln(x+\sqrt{a^2+x^2})$　　(12) $y=\sqrt{x}+e^{-2x}\sin x$

(13) $y=x^2\sin\frac{1}{x}+\frac{2x}{1-x^2}$　　(14) $y=\frac{1}{2}\ln(1+e^{2x})-x+e^{-x}\arctan e^x$

2. 求下列方程所确定的隐函数 $y=f(x)$的导数。

(1) $x^3+6xy+5y^3=3$　　(2) $\frac{y^2}{x+y}=1-x^2$

(3) $xy=e^{x+y}$　　(4) $\cos(x^2+y)=x$

3. 求下列函数的导数 y'。

(1) $y=\left(\frac{x}{1+x}\right)^x$　　(2) $y=\frac{\sqrt{(x+2)(x-1)}}{(x+3)(x+1)}$

(3) $y=\sqrt{x\sin x\sqrt{1-e^x}}$　　(4) $y=x+x^x$

(5) $y=x^{x^2}+e^{\sin x}+\ln(1+a^{x^2})$

4. 求下列参数方程所确定的函数的导数。

(1) $\begin{cases}x=\theta(1-\sin\theta)\\ y=\theta\cos\theta\end{cases}$。

(2) 已知$\begin{cases}x=e^t\sin t\\ y=e^t\cos t\end{cases}$，求 $t=\frac{\pi}{3}$时$\frac{dy}{dx}$的值。

提高练习

1. 已知 f 可导，求下列函数的导数。

(1) $y=\ln f(e^x)$　　(2) $y=f^2(e^x\sin x)$

(3) $y=f(1-2x)+e^{f(x)}$

2. 求下列函数的导数。

(1) $y=\frac{(2x+1)\sqrt[3]{1+x^2}}{x^2\cos x}$　　(2) $x^y=y^x$

3. 设由方程 $e^y+\sin(xy^2)=x+y$ 确定 y 是 x 的函数，求 y'。

4. 求曲线$\begin{cases}x=\frac{3at}{1+t^2}\\ y=\frac{3at^2}{1+t^2}\end{cases}$在 $t=2$ 处的切线和法线方程。

5. 设 $f(0)=1, f'(0)=2$，求极限 $\lim\limits_{x\to 1}\dfrac{f(\ln x)-1}{1-x}$。

2.3 高阶导数

【应用实例 2-3 加速度的表示】 变速直线运动的速度 $v(t)$ 是路程函数 $s(t)$ 对时间 t 的导数，即

$$v=\frac{\mathrm{d}s}{\mathrm{d}t} \quad 或 \quad v=s'(t)$$

而速度 $v=s'(t)$ 也是时间 t 的函数，它对时间 t 的导数是物体在时刻 t 时速度的变化率，也就是加速度 a，即

$$a=\frac{\mathrm{d}v}{\mathrm{d}t}=\frac{\mathrm{d}}{\mathrm{d}t}\left(\frac{\mathrm{d}s}{\mathrm{d}t}\right) \quad 或 \quad a=v'=[s'(t)]'$$

这种导数的导数 $\dfrac{\mathrm{d}}{\mathrm{d}t}\left(\dfrac{\mathrm{d}s}{\mathrm{d}t}\right)$ 或 $[s'(t)]'$ 叫作 s 对 t 的二阶导数，记作 $\dfrac{\mathrm{d}^2 s}{\mathrm{d}t^2}$ 或 $s''(t)$，所以物体运动的加速度就是路程函数 s 对时间 t 的二阶导数。

一般地，对函数 $y=f(x)$ 求导后，得到的仍然是关于 x 的一个函数，对其再求导，得到的结果称为 $y=f(x)$ 的**二阶导数**；二阶导数的导数称为 $y=f(x)$ 的**三阶导数**；以此类推，函数 $y=f(x)$ 的 $n-1$ 阶导数的导数称为 $y=f(x)$ 的 n **阶导数**。即

$$y'=f'(x)=\frac{\mathrm{d}y}{\mathrm{d}x} \qquad 一阶导数$$

$$y''=(y')'=f''(x)=\frac{\mathrm{d}^2 y}{\mathrm{d}x^2} \qquad 二阶导数$$

$$y'''=(y'')'=f'''(x)=\frac{\mathrm{d}^3 y}{\mathrm{d}x^3} \qquad 三阶导数$$

$$\vdots$$

$$y^{(n)}=[y^{(n-1)}]'=f^{(n)}(x)=\frac{\mathrm{d}^n y}{\mathrm{d}x^n} \qquad n\ 阶导数$$

二阶及二阶以上的导数统称为**高阶导数**。

关于高阶导数的计算，分两种情况：①具体阶数的高阶导数的求法；②一般 n 阶导数的求法。

【例 2-29】 求函数 $y=\cos^2\dfrac{x}{2}$ 的二阶导数。

解：$y'=\left(\cos^2\dfrac{x}{2}\right)'=2\cos\dfrac{x}{2}\cdot\left(-\sin\dfrac{x}{2}\right)\cdot\dfrac{1}{2}=-\dfrac{1}{2}\sin x$

$y''=\left(-\dfrac{1}{2}\sin x\right)'=-\dfrac{1}{2}\cos x$

【例 2-30】 设 $y=\ln(1+x^2)$，求 $y''|_{x=1}$。

解：$y'=[\ln(1+x^2)]'=\dfrac{2x}{1+x^2}$，$y''=\left(\dfrac{2x}{1+x^2}\right)'=\dfrac{2(1+x^2)-2x\cdot 2x}{(1+x^2)^2}=\dfrac{2(1-x^2)}{(1+x^2)^2}$

$$y''|_{x=1}=\left.\frac{2(1-x^2)}{(1+x^2)^2}\right|_{x=1}=0$$

【例 2-31】 求下列函数的 n 阶导数。

(1) $y=x^n$（n 为正整数） (2) $y=\mathrm{e}^{ax}$ (3) $y=\sin x$

解：(1) $y'=nx^{n-1}$，$y''=n(n-1)x^{n-2}$，$y'''=n(n-1)(n-2)x^{n-3}$，…，$y^{(n)}=n!$

(2) $y'=a\mathrm{e}^{ax}$，$y''=a^2\mathrm{e}^{ax}$，…，$y^{(n)}=a^n\mathrm{e}^{ax}$

(3) $y'=\cos x=\sin\left(x+\dfrac{\pi}{2}\right)$

$$y''=\left[\sin\left(x+\frac{\pi}{2}\right)\right]'=\cos\left(x+\frac{\pi}{2}\right)=\sin\left(x+\frac{\pi}{2}+\frac{\pi}{2}\right)=\sin\left(x+\frac{2\pi}{2}\right)$$

$$y'''=\left[\sin\left(x+\frac{2\pi}{2}\right)\right]''=\cos\left(x+\frac{2\pi}{2}\right)=\sin\left(x+\frac{2\pi}{2}+\frac{\pi}{2}\right)=\sin\left(x+\frac{3\pi}{2}\right)$$

以此类推，可得

$$y^{(n)}=\sin\left(x+\frac{n\pi}{2}\right)\quad n\in\mathbf{N}_+$$

同理，可以得到

$$\cos^{(n)}x=\cos\left(x+\frac{n\pi}{2}\right)$$

求函数的 n 阶导数，往往要归纳得到函数的导数规律。因此，对每次求导的结果，不要进行化简，以便寻找规律。但最后 n 阶导数的结果还是要保留最简。

【例 2-32】 求由方程 $x-y+\dfrac{1}{2}\sin y=0$ 所确定的隐函数的二阶导数$\dfrac{\mathrm{d}^2y}{\mathrm{d}x^2}$。

解：方程两边对 x 求导，得

$$1-\frac{\mathrm{d}y}{\mathrm{d}x}+\frac{1}{2}\cos y\cdot\frac{\mathrm{d}y}{\mathrm{d}x}=0$$

于是

$$\frac{\mathrm{d}y}{\mathrm{d}x}=\frac{2}{2-\cos y}$$

上式两边再对 x 求导，得

$$\frac{\mathrm{d}^2y}{\mathrm{d}x^2}=\frac{-2\sin y\cdot\dfrac{\mathrm{d}y}{\mathrm{d}x}}{(2-\cos y)^2}=\frac{-4\sin y}{(2-\cos y)^3}$$

【能力训练 2.3】

基础练习

1. 求下列函数的二阶导数。

(1) $y=2x^2+\ln x$　　(2) $y=e^{2x-1}$

(3) $y=e^{-x}\sin x$　　(4) $y=\sin^4 x+\cos^4 x$

(5) $y=x\arctan x$　　(6) $y=x\sqrt{x^2+1}$

2. 求由方程所确定的隐函数的二阶导数。

(1) $y=1+xe^y$　　(2) $x^2+y^2=1$

提高练习

1. 求下列函数的 n 阶导数。

(1) $y=\ln(1+x)$　　(2) $y=x\ln x$

(3) $y=\dfrac{1-x}{1+x}$

2. 已知 f 的二阶导数存在,求下列函数的二阶导数$\dfrac{d^2y}{dx^2}$。

(1) $y=\ln[f(x)]$　　(2) $y=f(\sin^2 x)$

3. 求参数方程$\begin{cases}x=2t-t^2\\y=3t-t^3\end{cases}$所确定的函数的二阶导数。

2.4　函数的微分

导数可以用来计算函数在一点的瞬间变化率,在实际应用中,有时除了需要知道函数的变化率外,还需要知道函数变化的多少,即变化量。例如,计算机主机内的线路板,上面布满密密麻麻的电阻,日常生活中所用的电压是一定的,电流随着电阻的变化而变化,而计算机使用的稳定性和寿命受电流的大小的直接影响。当电阻发生微小变化时,电流的变化是多少?

2.4.1　微分的概念及表示法

现在学习"微分"的概念,它描述的正是函数的变化量。在此,你是否有疑问,函数的变化量为 $\Delta y=f(x+\Delta x)-f(x)$,微分也表示变化量,那么二者相同吗?若相同,为何用两个概念?若不同,两者有何区别呢?为搞明白这一问题,依然从增量概念入手,用实例引出微分的概念。

【应用实例 2-4】 一个边长为 x 的正方形,其面积为边长的函数 $S=S(x)=x^2$,若边长 x 产生增量 Δx,则面积 S 相应地得到一个增量

$$\Delta S=(x+\Delta x)^2-x^2=2x\Delta x+(\Delta x)^2$$

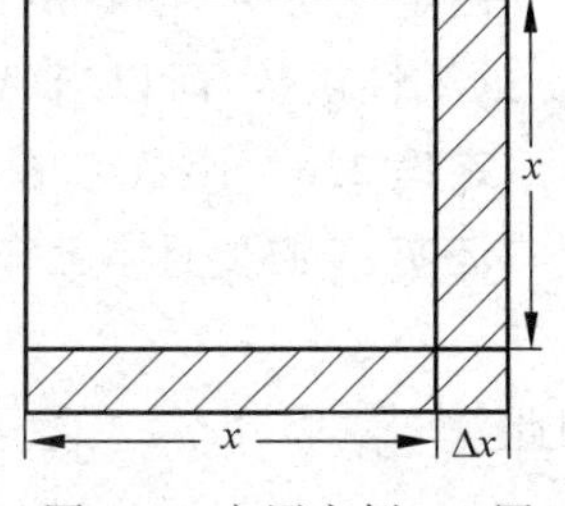

图 2-5　应用实例 2-4 图

结合图 2-5 分析 ΔS 表达式的结构,第一部分 $2x\Delta x$ 为 Δx 的线性函数,在图中是两个矩形的面积之和;第二部分 $(\Delta x)^2$,是在

$\Delta x\to 0$ 时比 Δx 高阶的无穷小量，在图中是小正方形的面积。

可以看到，当 $\Delta x\to 0$ 时，第二部分 $(\Delta x)^2=o(\Delta x)$，此时面积函数的增量 ΔS 可近似地用第一部分 $2x\Delta x$ 即 Δx 的线性函数来代替。例如，假设 $x=1\text{m}$，则当 $\Delta x=0.001\text{m}$ 时，$(\Delta x)^2=10^{-6}\text{m}^2$ 已很小，因此

$$\Delta S\approx 2x\cdot\Delta x=0.002\text{m}^2$$

【应用实例 2-5】 城市的景观摩天轮（图 2-6）布置了两层装饰灯带，已知内围半径为 r，内外两层灯带相距 Δr，那该如何表示这两层灯带所围成的环形的面积呢？

图 2-6 摩天轮

环形面积即为半径为 r 内圆半径产生增量 Δr 时对应的面积增量 ΔS，根据圆的面积公式 $S=S(r)=\pi r^2$，可得环形的面积为

$$\Delta S=\pi(r+\Delta r)^2-\pi r^2=2\pi r\Delta r+\pi(\Delta r)^2$$

面积增量 ΔS 的第一部分 $2\pi r\Delta r$ 为 Δr 的线性函数，第二部分 $\pi(\Delta r)^2$ 是在 $\Delta r\to 0$ 时比 Δr 高阶的无穷小量，与应用实例 2-4 具有相同的结构。

经过数学家深入观察、分析与研究，发现对于众多函数，函数增量的上述拆分结构具有普遍性，即如果函数 $y=f(x)$ 满足一定条件，则函数增量 Δy 可表示为

$$\Delta y=A\Delta x+o(\Delta x)$$

其中，A 是不依赖于 Δx 的常数，因此 $A\Delta x$ 是 Δx 的线性函数，且它与 Δy 之差

$$\Delta y-A\Delta x=o(\Delta x)$$

是比 Δx 高阶的无穷小。所以，当 $A\neq 0$，且 $|\Delta x|$ 很小时，就可以用 Δx 的线性函数 $A\Delta x$ 来近似代替 Δy。于是抽象出一个基本概念——微分。

定义 2.3 设函数 $y=f(x)$ 在某区间有定义，x 和 $x+\Delta x$ 在该区间内，如果函数在点 x 处的增量

$$\Delta y=f(x+\Delta x)-f(x)$$

可表示为

$$\Delta y=A\Delta x+o(\Delta x)\tag{2-5}$$

其中，A 是不依赖于 Δx 的常数，则称 $y=f(x)$ 在点 x 处**可微**，$A\Delta x$ 叫作函数在点 x 处相应于自变量增量 Δx 的**微分**。记作

$$\text{d}y-A\Delta x\quad 或\quad \text{d}f(x)=A\Delta x$$

由定义可见，函数的微分 $\text{d}y$ 与增量 Δy 仅相差一个关于 Δx 的高阶无穷小，且 $\text{d}y$ 是 Δx 的线性函数，所以当 $A\neq 0$ 时，也就是说微分 $\text{d}y$ 是增量 Δy 的**线性主部**。

定理 2.6 函数 f 在点 x 处可微的充要条件是 f 在点 x 处可导，且 $A=f'(x)$。

证明：[必要性] 已知函数 $y=f(x)$ 在点 x 处可微，则由式(2-5)

$$\Delta y=A\Delta x+o(\Delta x)$$

因此

$$f'(x)=\lim_{\Delta x\to 0}\frac{\Delta y}{\Delta x}=\lim_{\Delta x\to 0}\frac{A\Delta x+o(\Delta x)}{\Delta x}=\lim_{\Delta x\to 0}\left[A+\frac{o(\Delta x)}{\Delta x}\right]=A$$

充分性证明在此省略。

此定理不仅说明了可微与可导的关系，也明确了微分定义中的 A 正是函数在点 x 处的导数，从而更进一步揭示了导数与微分的紧密联系，即

$$dy=f'(x)\Delta x$$

【例 2-33】 求函数 $y=x^2+3x+5$ 当 $x=1,\Delta x$ 分别等于 0.1、0.01 时的 dy 与 Δy。

解：因为

$dy=(x^2+3x+5)'\cdot\Delta x=(2x+3)\cdot\Delta x$

$\Delta y=[(x+\Delta x)^2+3(x+\Delta x)+5]-(x^2+3x+5)=(2x+3)\cdot\Delta x+(\Delta x)^2$

所以，当 $x=1,\Delta x=0.1$ 时，

$$dy\Big|_{\substack{x=1\\ \Delta x=0.1}}=(2x+3)\Delta x\Big|_{\substack{x=1\\ \Delta x=0.1}}=0.5$$

$$\Delta y\Big|_{\substack{x=1\\ \Delta x=0.1}}=[(2x+3)\cdot\Delta x+(\Delta x)^2]\Big|_{\substack{x=1\\ \Delta x=0.1}}=0.5+0.01=0.51$$

当 $x=1,\Delta x=0.01$ 时，

$$dy\Big|_{\substack{x=1\\ \Delta x=0.01}}=(2x+3)\Delta x\Big|_{\substack{x=1\\ \Delta x=0.01}}=0.05$$

$$\Delta y\Big|_{\substack{x=1\\ \Delta x=0.01}}=[(2x+3)\cdot\Delta x+(\Delta x)^2]\Big|_{\substack{x=1\\ \Delta x=0.01}}=0.05+0.0001=0.0501$$

【例 2-34】 求函数 $y=x^3$ 在 $x=1$ 和 $x=3$ 处的微分。

解：$y=x^3$ 在 $x=1$ 处的微分为

$$dy=(x^3)'\big|_{x=1}\Delta x=3\Delta x$$

由定理 2.6 可知，如果函数 $y=f(x)$ 在区间 I 内每一点 x 可导，则 $y=x^3$ 在 $x=3$ 处的微分为

$$dy=(x^3)'\big|_{x=3}\Delta x=27\Delta x$$

如果 $y=f(x)$ 在区间 I 上每一点都可微，则称 $y=f(x)$ 在区间 I 上可微，$f(x)$ 为 I 上的可微函数，函数 $y=f(x)$ 在 I 上任一点 x 处的微分记作

$$dy=f'(x)\Delta x\quad x\in I \tag{2-6}$$

它不仅依赖于 Δx，而且也依赖于 x。

特别当 $y=x$ 时，

$$dy=dx=\Delta x$$

这表示自变量的微分 dx 就等于自变量的增量 Δx，于是可将式(2-6)改写为

$$dy=f'(x)dx \tag{2-7}$$

即函数的微分等于函数的导数与自变量微分的积。如果把式(2-7)改写成

$$\frac{dy}{dx}=f'(x)$$

那么函数的导数就等于函数的微分与自变量微分的商。因此，导数也常称为**微商**。在这之前，总把$\frac{dy}{dx}$作为一个运算记号的整体来看待，有了微分概念之后，也不妨把它看作一个分式了。

2.4.2 微分的几何意义

为了对微分有更为直观的了解，我们结合几何图形来阐述微分的意义。

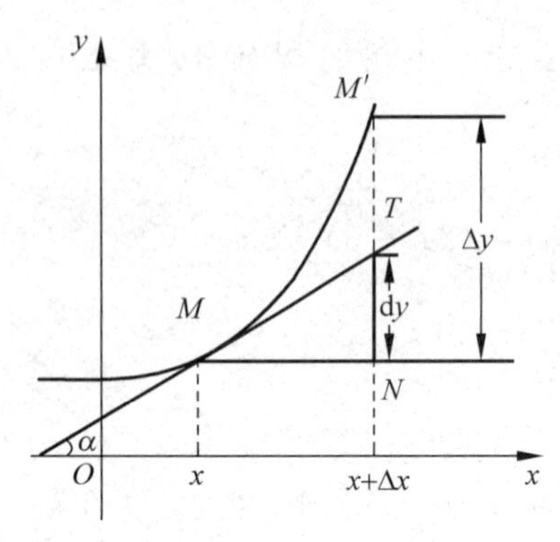

图 2-7 微分的意义

在直角坐标系中，函数 $y=f(x)$ 的图形是一条曲线，对于固定的 x 值，曲线上对应确定点 $M(x,y)$，当自变量有增量 Δx 时，就得到曲线上另一对应点 $M'(x+\Delta x, y+\Delta y)$，从图 2-7 可知：

$$MN=\Delta x$$

$$M'N=\Delta y$$

过点 M 作曲线的切线 MT，其倾角为 α，则

$$NT=MN\cdot\tan\alpha=\Delta x\cdot f'(x)=\mathrm{d}y$$

由此可知，微分 $\mathrm{d}y=f'(x)\Delta x$ 在几何上表示自变量在 x 取得增量 Δx 时，$y=f(x)$ 在点 $M(x,y)$ 处的切线的纵坐标的增量。用 $\mathrm{d}y$ 近似代替 Δy，即用点 $M(x,f(x))$ 处的切线的纵坐标增量 NT 来近似代替曲线 $y=f(x)$ 上对应的纵坐标增量 $M'N$，且有 $|\Delta y-\mathrm{d}y|=M'T$。当 $\Delta x\to 0$ 时，$M'T\to 0$，即 $|\Delta y-\mathrm{d}y|\to 0$，且比 Δx 小得多（$o(\Delta x)$）。因此在点 M 附近，可以用切线段来近似代替曲线段。在局部范围内用线性函数近似代替非线性函数，在几何上就是局部用切线段近似代替曲线段，又称为**"以直代曲"**。这在数学上称为非线性函数的局部线性化，这是微分学的基本思想方法之一。此法在自然科学和工程问题的研究中是经常采用的。

2.4.3 基本初等函数的微分公式与微分运算法则

根据微分的表达式

$$\mathrm{d}y=f'(x)\mathrm{d}x$$

可知，计算函数的微分，只要计算函数的导数，再乘自变量的微分。因此可得如下微分公式和微分运算法则。

1. 基本初等函数的微分公式

由基本初等函数求导公式，可直接写出基本初等函数的微分公式，见表 2-2。

表 2-2 基本初等函数的微分公式

导数公式	微分公式
$(x^a)'=ax^{a-1}$	$\mathrm{d}(x^a)=ax^{a-1}\mathrm{d}x$
$(a^x)'=a^x\ln a\,(a>0$ 且 $a\neq 1)$	$\mathrm{d}(a^x)=a^x\ln a\,\mathrm{d}x\,(a>0$ 且 $a\neq 1)$
$(\mathrm{e}^x)'=\mathrm{e}^x$	$\mathrm{d}(\mathrm{e}^x)=\mathrm{e}^x\mathrm{d}x$
$(\log_a x)'=\dfrac{1}{x\ln a}\,(a>0$ 且 $a\neq 1)$	$\mathrm{d}(\log_a x)=\dfrac{1}{x\ln a}\mathrm{d}x\,(a>0$ 且 $a\neq 1)$
$(\ln x)'=\dfrac{1}{x}$	$\mathrm{d}(\ln x)=\dfrac{1}{x}\mathrm{d}x$
$(\sin x)'=\cos x$	$\mathrm{d}(\sin x)=\cos x\,\mathrm{d}x$

续表

导数公式	微分公式
$(\cos x)'=-\sin x$	$d(\cos x)=-\sin x dx$
$(\tan x)'=\sec^2 x$	$d(\tan x)=\sec^2 x dx$
$(\cot x)'=-\csc^2 x$	$d(\cot x)=-\csc^2 x dx$
$(\sec x)'=\sec x\tan x$	$d(\sec x)=\sec x\tan x$
$(\csc x)'=-\csc x\cot x$	$d(\csc x)=-\csc x\cot x dx$
$(\arcsin x)'=\frac{1}{\sqrt{1-x^2}}$	$d(\arcsin x)=\frac{1}{\sqrt{1-x^2}}dx$
$(\arccos x)'=-\frac{1}{\sqrt{1-x^2}}$	$d(\arccos x)=-\frac{1}{\sqrt{1-x^2}}dx$
$(\arctan x)'=\frac{1}{1+x^2}$	$d(\arctan x)=\frac{1}{1+x^2}dx$
$(\text{arccot} x)'=-\frac{1}{1+x^2}$	$d(\arctan x)=-\frac{1}{1+x^2}dx$

2. 函数和、差、积、商的微分法则

根据函数和、差、积、商的求导法则和微分公式，可推得相应的微分法则，对照表见表 2-3（表中 $u=u(x)$，$v=v(x)$都可导）。

表 2-3　函数和、差、积、商的微分法则

函数和、差、积、商的求导法则	函数和、差、积、商的微分法则
$(u\pm v)'=u'\pm v'$	$d(u\pm v)=du\pm dv$
$(uv)'=u'v+uv'$	$d(uv)=vdu+udv$
$\left(\frac{u}{v}\right)'=\frac{u'v-uv'}{v^2}$	$d\left(\frac{u}{v}\right)=\frac{vdu-udv}{v^2}$

3. 复合函数的微分法则

设 $y=f(u)$，$u=g(x)$都可导，则复合函数 $y=f(g(x))$的微分为

$$dy=y'_x dx=f'(u)g'(x)dx$$

由于 $g'(x)dx=du$，所以复合函数 $y=f(g(x))$的微分公式也可以写成

$$dy=f'(u)du \quad 或 \quad dy=y'_u du$$

由此可见，无论 u 是自变量还是中间变量，微分形式 $dy=f'(u)du$ 保持不变。这一性质称为**一阶微分形式不变性**。这性质表示，当变换自变量时，微分形式 $dy=f'(u)du$ 并不改变。

【例 2-35】　$y=\ln(1+e^x)$，求 dy。

解：令 $u=1+e^x$，则

$$dy=d(\ln u)=\frac{1}{u}du=\frac{1}{1+e^x}d(1+e^x)=\frac{e^x}{1+e^x}dx$$

求复合函数导数时，可以不写出中间变量。在求复合函数的微分时，类似地也可不写出中间变量。

【例 2-36】　$y=e^{1-3x}\cos 2x$，求 dy。

解：$\mathrm{d}y=\mathrm{d}(\mathrm{e}^{1-3x}\cos 2x)=\cos 2x\,\mathrm{d}(\mathrm{e}^{1-3x})+\mathrm{e}^{1-3x}\,\mathrm{d}(\cos 2x)$

$=(\cos 2x)\mathrm{e}^{1-3x}(-3\mathrm{d}x)+\mathrm{e}^{1-3x}(-\sin 2x)(2\mathrm{d}x)$

$=-3\cos 2x\,\mathrm{e}^{1-3x}\,\mathrm{d}x-2\mathrm{e}^{1-3x}\sin 2x\,\mathrm{d}x$

【例 2-37】 (1) $\mathrm{d}(\quad)=x^2\mathrm{d}x$ (2) $\mathrm{d}(\quad)=\sin 3x\,\mathrm{d}x$

(3) $\mathrm{d}(x^4)=(\quad)\mathrm{d}x^2=(\quad)\mathrm{d}x$ (4) $\mathrm{d}(\cos^4 x)=(\quad)\mathrm{d}(\cos x)=(\quad)\mathrm{d}x$

解：(1) 已知 $\mathrm{d}(x^3)=3x^2\mathrm{d}x$，因此 $x^2\mathrm{d}x=\frac{1}{3}\mathrm{d}(x^3)=\mathrm{d}\left(\frac{1}{3}x^3\right)$，即

$$\mathrm{d}\left(\frac{1}{3}x^3\right)=x^2\mathrm{d}x$$

一般地，有

$$\mathrm{d}\left(\frac{1}{3}x^3+C\right)=x^2\mathrm{d}x\quad(C\text{ 为任意常数})$$

例 2-37

(2) 因为 $\mathrm{d}(-\cos 3x)=3\sin 3x\,\mathrm{d}x$，因此

$$\sin 3x\,\mathrm{d}x=\frac{1}{3}\mathrm{d}(-\cos 3x)=\mathrm{d}\left(-\frac{1}{3}\cos 3x\right)$$

即

$$\mathrm{d}\left(-\frac{1}{3}\cos 3x\right)=\sin 3x\,\mathrm{d}x$$

因此

$$\mathrm{d}\left(-\frac{1}{3}\cos 3x+C\right)=\sin 3x\,\mathrm{d}x$$

(3) $\mathrm{d}(x^4)=(x^4)'\mathrm{d}x=4x^3\mathrm{d}x$

令 $u=x^2$，则 $x^4=u^2$，且 $\mathrm{d}(u^2)=2u\,\mathrm{d}u$，所以 $\mathrm{d}(x^4)=2x^2\mathrm{d}x^2$。

注：本题第二空的求解也可不作换元，只需将 x^2 看作整体变量即可。

(4) $\mathrm{d}(\cos^4 x)=(4\cos^3 x)\mathrm{d}(\cos x)=4\cos^3 x\cdot(-\sin x)\mathrm{d}x=-2\cos^2 x\sin 2x\,\mathrm{d}x$

2.4.4 微分在近似计算中的应用

在工程问题中，经常涉及一些较为复杂的计算公式，如果直接用这些公式进行计算会十分费力，利用微分往往可以将一些复杂的计算公式用简单的近似公式来代替。

如前所述，若函数 $y=f(x)$ 在 x_0 处的导数 $f'(x_0)\neq 0$，且 $|\Delta x|$ 很小时，有

$$\Delta y\approx \mathrm{d}y=f'(x_0)\Delta x$$

即

$$f(x_0+\Delta x)-f(x_0)\approx f'(x_0)\Delta x \tag{2-8}$$

或

$$f(x_0+\Delta x)\approx f(x_0)+f'(x_0)\Delta x \tag{2-9}$$

在式(2-9)中令 $x=x_0+\Delta x$，即 $\Delta x=x-x_0$，则式(2-9)可改写为

$$f(x)\approx f(x_0)+f'(x_0)(x-x_0) \tag{2-10}$$

如果 $f(x_0)$ 与 $f'(x_0)$ 都容易计算，那么可利用式(2-8)来近似计算 Δy，利用式(2-9)来

近似计算 $f(x_0+\Delta x)$，利用式(2-10)近似计算 $f(x)$。这种近似计算的实质是用 $f(x)$ 的线性函数 $f(x_0)+f'(x_0)(x-x_0)$ 来近似表达函数 $f(x)$。结合导数的几何意义可知，这是用曲线 $y=f(x)$ 在点 $(x_0,f(x_0))$ 处的切线（就切点临近部分来说）来近似代替该曲线。

【例 2-38】 一批半径为 1cm 的铁球，为了防止生锈，在铁球表面镀一层 0.01cm 厚的铜，为节能减排，需估计铜的近似用量，铜的密度 $\rho=8.9\text{g/cm}^3$，计算一个铁球需镀多少克铜？

解：$V=\frac{4}{3}\pi r^3$，由于 $\Delta r=0.01$，所以

$$\Delta V\approx \mathrm{d}V=V'(r)\Delta r=4\pi r^2\Delta r=4\pi\cdot 1^2\cdot 0.01\approx 0.12566(\text{cm}^3)$$

因此

$$W=0.12566\cdot 8.9=1.118(\text{g})$$

即一个铁球约需镀铜 1.118g。

【例 2-39】 利用微分计算 $\sin 30°30'$ 的近似值。注意，三角函数求近似值时，单位以弧度计。

解：$30°30'=\frac{\pi}{6}+\frac{\pi}{360}$

设 $f(x)=\sin x$，取 $x_0=\frac{\pi}{6}$，$\Delta x=\frac{\pi}{360}$，则 $f'(x_0)=\cos\frac{\pi}{6}=\frac{\sqrt{3}}{2}$，

因此

$$\sin 30°30'=\sin\left(\frac{\pi}{6}+\frac{\pi}{360}\right)\approx\sin\frac{\pi}{6}+\cos\frac{\pi}{6}\cdot\frac{\pi}{360}$$

$$=\frac{1}{2}+\frac{\sqrt{3}}{2}\cdot\frac{\pi}{360}\approx 0.5+0.0076=0.5076$$

【能力训练 2.4】

基础练习

1. 填空题。

(1) 在下列括号中填入适当的函数，使等号成立。

① $\mathrm{d}(\quad)=x\,\mathrm{d}x$　　② $\mathrm{d}(\quad)=\cos 3t\,\mathrm{d}t$

③ $\mathrm{d}(\quad)=\frac{1}{3+x}\mathrm{d}x$　　④ $\mathrm{d}(\quad)=\mathrm{e}^{-3x}\mathrm{d}x$

⑤ $\mathrm{d}(\quad)=\frac{1}{\sqrt{x}}\mathrm{d}x$　　⑥ $\mathrm{d}(\quad)=\sec^2 2x\,\mathrm{d}x$

⑦ $\mathrm{d}(\quad)=\mathrm{e}^{x^2}\mathrm{d}(x^2)$　　⑧ $\mathrm{d}(\quad)=\frac{1}{1+(3x)^2}\mathrm{d}(3x)$

⑨ $\mathrm{d}(\ln(3x+4))=(\quad)\mathrm{d}(3x+4)=(\quad)\mathrm{d}x$

⑩ $\mathrm{d}(\tan^2 x)=(\quad)\mathrm{d}(\tan x)=(\quad)\mathrm{d}x$

(2) 函数 $y=f(x)$ 在 x_0 处可导是在该点处可微的________（填“充分”“必要”“充要”）

条件。

(3) 设 $y=e^{-\frac{x}{2}}\cos 3x$，则 $dy=$________。

(4) 设 $y=f(\ln x)e^{f(x)}$，其中 f 可微，则 $dy=$________。

(5) 设函数 $f(u)$ 可导，$y=f(x^2)$ 当自变量 x 在 $x=-1$ 处取得增量 $\Delta x=-0.1$ 时，相应的函数增量 Δy 的线性主部为 0.1，则 $f'(1)=$________。

2. 简答题。

(1) 已知函数 $y=x^2-x$，求在 $x=2$ 处，当 Δx 分别等于 1、0.1、0.01 时的 Δy 和 dy。

(2) 求下列函数的微分。

① $y=x+\sqrt{x}$　　② $y=x\cos 3x$

③ $y=\dfrac{x}{\sqrt{x^2+1}}$　　④ $y=\tan^2(1+x^2)$

⑤ $y=e^x\sin(3-2x)$　　⑥ $y=\arctan\dfrac{1-x^2}{1+x^2}$

⑦ $y=1+xe^y$　　⑧ $\arctan(x+y)=\ln(x^2+y^2)$

3. 应用题。

安全责任重于泰山，用电是现代社会的日常，用电安全更是安全工作中极其重要的一环，常见的用电事故大多是由于负载功率过大导致的。假设一家庭电路电阻负载 $R=25\Omega$，现负载功率从 400W 变到 401W，近似计算负载两端电流 I 的增量。

提高练习

1. 计算下列函数的微分。

(1) $y=\dfrac{\ln(x+\sqrt{1-x^2})}{\sqrt{1-x^2}}$　　(2) $y=\sqrt{x^2+1}+\ln(x+\sqrt{x^2+1})$

(3) $y=e^{1+\sin x}+\arctan\sqrt{x^2+1}$　　(4) $y=\arcsin(x^3-2x+1)$

2. 计算下列各式的近似值。

(1) $\cos 59^\circ$　　(2) $\arcsin 0.5002$

(3) $\sqrt[3]{996}$

3. 应用题。

(1) 一只机械挂钟钟摆的周期为 1s，在冬季，摆长因热胀冷缩而缩短了 0.01cm，已知单摆的周期为 $T=2\pi\sqrt{\dfrac{l}{g}}$，其中 $g=980\text{cm/s}$，问这只钟每秒大约快或慢多少？

*(2) 圆柱的高 h 与底面半径相等，要使计算此圆柱体积时达到误差不超过真值 1% 的精度，则在测量 h 时容许的最大误差是多少？

2.5 Matlab求解导数

2.5.1 微分运算函数diff()的用法

在Matlab中求函数导数和微分的运算函数是diff(),可以用diff()函数对所求函数指定的自变量进行任意阶的求导和微分,默认自变量为x。其调用格式如下。

- diff(f(x)):求函数$f(x)$对x的一阶导数$f'(x)$。
- diff(f(x),n):求函数$f(x)$对x的n阶导数$f^{(n)}(x)$(n是具体整数)。

2.5.2 求解函数导数示例

1. 一般函数的导数

例2-40和例2-41

【例2-40】 已知函数$f=\cos ax$,求f对变量x的一阶导数,对变量a的一阶导数,对变量x的二阶导数,对变量a的二阶导数。

解:Matlab命令为

```
>> syms x a                        %定义符号变量x a
>> f = cos(a * x);                 %定义函数f
>> df = diff(f)                    %求函数f对变量x的一阶导数
      ■  df =  - a * sin(a * x)
>> df = diff(f,a)                  %求函数f对变量a的一阶导数
      ■  df =  - x * sin(a * x)
>> df = diff(f,a,2)                %求函数f对变量a的二阶导数
      ■  df =  - x^2 * cos(a * x)
>> df = diff(f,2)                  %求函数f对变量x的二阶导数
      ■  df =  - a^2 * cos(a * x)
```

2. 由参数方程所确定的函数的导数

设参数方程$\begin{cases}x=\varphi(t)\\y=\psi(t)\end{cases}$,确定变量$x$和$y$之间的关系,当$\varphi'(t)\neq 0$时,$y$关于$x$的导数$\dfrac{\mathrm{d}y}{\mathrm{d}x}=\dfrac{\psi'(t)}{\varphi'(t)}$。

【例2-41】 已知函数$\begin{cases}x=a(t-\sin t)\\y=a(1-\cos t)\end{cases}$,求$\dfrac{\mathrm{d}^2 y}{\mathrm{d}x^2}$。

解:Matlab命令为

```
>> syms x y t a                            %定义符号变量x y t a
>> x = a * (t - sin(t))
>> y = a * (1 - cos(t))
>> df1 = diff(y,t)/diff(x,t)               %求函数y对变量x的一阶导数
      ■  df1 =  - sin(t)/(cos(t) - 1)
>> df2 = diff(df1,t)/diff(x,t)             %求函数y对变量x的二阶导数
      ■  df2 = (sin(t)^2/(cos(t) - 1)^2 +
```

```
    cos(t)/(cos(t) - 1))/(a * (cos(t) - 1))
>> df2 = simple(df2)                          % 用 simplify 函数简化上述结果
       ■  df2 = -1/(a * (cos(t) - 1)^2)
```

即二阶导数为$\dfrac{d^2y}{dx^2}=-\dfrac{1}{a(1-\cos t)^2}$。

3. 由隐函数所确定函数的导数

设函数 $F(x,y)$ 在点 $P(x_0,y_0)$ 的某一邻域内具有连续偏导数，且 $F(x_0,y_0)=0$，$F_y(x_0,y_0)\neq 0$，则方程 $F(x,y)=0$ 在 (x_0,y_0) 的某一邻域内恒能唯一确定一个连续且具有连续导数的函数 $y=f(x)$，它满足条件 $y_0=f(x_0)$，并有$\dfrac{dy}{dx}=-\dfrac{F'_x}{F'_y}$。

【例 2-42】 设 $xy-e^x+e^y=0$，求$\dfrac{dy}{dx}$。

解：Matlab 命令为

```
>> syms x y                               % 定义符号变量 x y t
>> F = x * y - exp(x) + exp(x);           % 定义函数 F
>> dF_dx = diff(F,x);                     % 求函数 F 对变量 x 的一阶导数
>> dF_dy = diff(F,y);                     % 求函数 F 对变量 y 的一阶导数
>> dy_dx = ( - diff(F,x)/diff(F,y))       % 求函数 y 对变量 x 的一阶导数
    ■  dy_dx = -(y - exp(x))/(x + exp(y))
```

即隐函数的导数为$\dfrac{dy}{dx}=\dfrac{e^x-y}{x+e^y}(x+e^y\neq 0)$。

4. 高阶导数

【例 2-43】 求下列函数的 6 阶导数。

(1) $y=e^{-2x}$　　　　(2) $y=t^6$

解：(1) Matlab 命令为

```
>> syms x                                 % 定义符号变量 x
>> y = exp( - 2 * x);                     % 定义函数 y
>> diff(y,x,6)                            % 求函数 y 对变量 x 的六阶导数
    ans = 64 * exp( - 2 * x)
```

即 $y^{(6)}=64e^{-2x}$。

(2) Matlab 命令为

```
>> syms t                                 % 定义符号变量 t
>> y = t^6;                               % 定义函数 y
>> diff(y,6)                              % 求函数 y 对变量 t 的 6 阶导数
    ans = 720
```

即 $y^{(6)}=720$。

5. 实际案例分析

某厂家打算生产一批商品投放市场。已知该商品的需求函数为

$$p=p(x)=10e^{-\frac{x}{2}}$$

且最大需求量为6，其中x表示需求量，p表示价格。试求：

(1) 商品的收益函数与边际收益函数。

(2) 使收益最大的产量、最大收益和相应的价格。

【能力练习2.5】

(1) 求下列函数的一阶导数。

① $y=\sqrt{x+\sqrt{x+\sqrt{x}}}$　　② $y=x\cos2x\cos3x$

③ $y=2^{\frac{x}{\ln x}}$

(2) 求函数 $y=x^4\cos7x$ 的30阶导数。

(3) 求参数方程$\begin{cases}x=\ln(1+t^2)\\y=t-\arctan t\end{cases}$确定函数的导数$\frac{\mathrm{d}y}{\mathrm{d}x}$。

(4) 设 $\sin y+e^x-xy^2=0$，求$\frac{\mathrm{d}y}{\mathrm{d}x}$。

本章思维导图

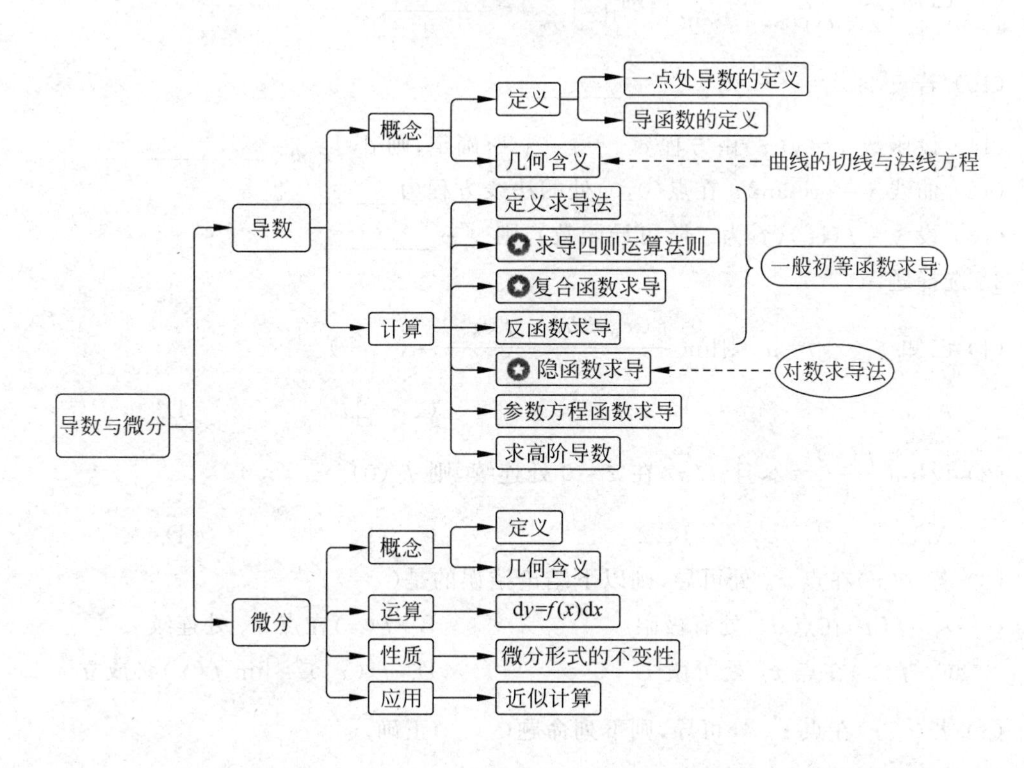

综合能力训练

1. 填空题。

(1) 已知 $f(x)$ 在 x_0 处可导，且 $\lim\limits_{x\to 0}\dfrac{x}{f(x_0-2x)-f(x_0)}=\dfrac{1}{2}$，则 $f'(x_0)=$________。

(2) 设 $f(x)=x(x-1)(x-2)\cdots(x-100)$，则 $f'(1)=$________。

(3) 曲线 $y=x\ln x$ 平行于直线 $x-y+1=0$ 的切线方程为________。

(4) 设 $f(x)=e^x+x^e$，则 $f'(x)=$________。

(5) 设 $y=e^{-\frac{x}{2}}\cos 3x$，则 $dy=$________。

(6) 若 $f'(x)$ 存在，且 $y=f(\ln x)e^{f(x)}$，则 $\dfrac{dy}{dx}=$________。

(7) 曲线 $y=\dfrac{x}{2}-\dfrac{1}{x}$ 在点 $(\sqrt{2},0)$ 处的切线方程为________。

(8) 设 $f(x)=\begin{cases}\dfrac{e^x-1}{x} & x\neq 0\\ 1 & x=0\end{cases}$，则 $f'(0)=$________。

(9) 已知 $\begin{cases}x=a(\sin t-t\cos t)\\ y=a(\cos t+t\sin t)\end{cases}$，则 $\left.\dfrac{dy}{dx}\right|_{t=\frac{3\pi}{4}}=$________。

(10) 若 $y^{(n-2)}=\dfrac{x}{\ln x}$，则 $y^{(n)}=$________。

(11) 设函数 $y=y(x)$ 由方程 $e^{xy}=x-y$ 所确定，则 $dy|_{x=0}=$________。

(12) 曲线 $y=\arctan 2x$ 在点 $(0,0)$ 处的法线方程为________。

(13) 设 $y=f(e^x)$（f 为二阶可导函数），则 $y''=$________。

2. 选择题。

(1) 已知 $f'(x_0)=a$，则 $\lim\limits_{h\to 0}\dfrac{f(x_0-h)-f(x_0)}{h}=$（　　）。

A. a　　B. $-a$　　C. $-2a$　　D. 0

(2) 设 $\lim\limits_{x\to 0}\dfrac{f(x)}{x}=2$，且 $f(x)$ 在 $x=0$ 处连续，则 $f'(0)=$（　　）。

A. 1　　B. 2　　C. 0　　D. ∞

(3) 若 $f(x)$ 在点 x_0 处可导，则以下结论错误的是（　　）。

A. $f(x)$ 在点 x_0 处有极限　　B. $f(x)$ 在点 x_0 处连续

C. $f(x)$ 在点 x_0 处可微　　D. $f'(x_0)=\lim\limits_{x\to x_0}f(x)$ 必成立

(4) 若 $f(x)$ 在点 x_0 处可导，则下列命题（　　）正确。

A. $\lim\limits_{x\to x_0}\dfrac{f(x)-f(x_0)}{x-x_0}=f'(x_0)$

B. $\lim\limits_{\Delta x \to 0} \dfrac{f(x_0+2\Delta x)-f(x_0)}{\Delta x}=f'(x_0)$

C. $\lim\limits_{\Delta x \to 0} \dfrac{f(x_0)-f(x_0-\Delta x)}{-\Delta x}=f'(x_0)$

D. $\lim\limits_{x \to x_0^+} \dfrac{f(x)-f(x_0)}{x-x_0}$可能不存在

(5) 设 $y=(x+3)^n$(n 为正整数),则 $y^{(n)}(1)=$(　　)。

A. 5^n　　B. $n!$　　C. $5^n n$　　D. n

(6) 设 $f(t)=\dfrac{t}{t^2-1}$,则 $f'(t)=$(　　)。

A. $\dfrac{1}{2t}$　　B. $\dfrac{-1-t^2}{(t^2-1)^2}$　　C. $\dfrac{3t^2-1}{(t^2-1)^2}$　　D. $\dfrac{-1-t^2}{t^2-1}$

(7) 下列等式中成立的是(　　)。

A. $(\ln 4x)'=\dfrac{1}{x}$　　B. $(2^x)'=\dfrac{2^x}{\ln 2}$

C. $(e^x+e^2)'=e^x+2e$　　D. $(\cos 3x)'=3\sin 3x$

(8) 设 $f(x)$可导,则 $df(\cos 2x)=$ (　　)。

A. $2f'(\cos 2x)dx$　　B. $-2f'(\cos 2x)dx$

C. $2\sin 2x f'(\cos 2x)dx$　　D. $-2\sin 2x f'(\cos 2x)dx$

(9) 已知 $f'(x)=g(x)$,$h(x)=x^2$,则$\dfrac{d}{dx}f(h(x))=$(　　)。

A. $g(x^2)$　　B. $2xg(x)$　　C. $x^2g(x^2)$　　D. $2xg(x^2)$

(10) 设 $y=(1+x)^{\frac{1}{x}}$,则 $y'(1)=$(　　)。

A. 2　　B. e　　C. $\dfrac{1}{2}-\ln 2$　　D. $1-\ln 4$

(11) 过椭圆 $x^2+2y^2=27$ 上横坐标、纵坐标相等的点的切线斜率为(　　)。

A. -1　　B. $-\dfrac{1}{2}$　　C. $\dfrac{1}{2}$　　D. 1

(12) 函数 $f(x)=\begin{cases} x+2 & x<1 \\ 3x-1 & x\geqslant 1 \end{cases}$,在点 $x=1$ 处(　　)。

A. 可导　　B. 连续但不可导　　C. 不连续　　D. 无定义

(13) 若 $f(x)=x^2\ln x$,则 $f'''(2)=$(　　)。

A. $\ln 2$　　B. $4\ln 2$　　C. 2　　D. 1

3. 判断题。

(1) 若 $y=f(x)$在点 x_0 处可导,则在该点也连续。(　　)

(2) 设函数 $f(x)$在点 x_0 处可导,则 $f'(x_0)=[f(x_0)]'$。(　　)

(3) 函数 $y=f(x)$在点 x_0 处可导的充分必要条件是 $y=f(x)$在点 x_0 处既存在右导数,又存在左导数。(　　)

(4) $(x^x)'=x\cdot x^{x-1}$。(　　)

(5) 若 $y=x\ln y$,则 $y'=\ln y+\dfrac{x}{y}$。(　　)

(6) 函数 $y=\sqrt[3]{x}$ 在 $x=0$ 处连续且导数不存在。(　　)

(7) 函数 $f(x)=\begin{cases}x & x<0\\ x\cdot e^x & x\geqslant 0\end{cases}$ 在 $x=0$ 处是可微的。(　　)

(8) 若 $f(x)=e^{\sqrt[3]{x}}\cdot\sin 3x$,则 $f'(0)=3$。(　　)

(9) $(x^a+a^a)'=ax^{a-1}+aa^{a-1}$。(　　)

(10) $y=\tan\left(\dfrac{\pi}{2}x\right)$,则 $\mathrm{d}y=\dfrac{1}{1+\left(\dfrac{\pi}{2}x\right)^2}\cdot\dfrac{\pi}{2}\mathrm{d}x$。(　　)

(11) 若 $f(x)$在点 x_0 处可导,则 $f'(x_0)=\lim\limits_{x\to x_0}f(x)$必成立。(　　)

(12) 若 $e^y-xy=e$,则 $\mathrm{d}y|_{x=0}=\dfrac{1}{e}$。(　　)

4. 计算题。

(1) 求下列函数的导数。

① $y=\ln(1+e^{x^2})$　　② $x^y=y^x$

③ $y=1+xe^y$　　④ $y=\sqrt{\dfrac{x(x-1)}{x^2+1}}$

(2) 求下列函数的微分。

① $y=\ln[\arctan(1-x)]$　　② $\sin(x+y^2)+3xy=1$

(3) 设 $y=x\sqrt{a^2-x^2}+a^2\arcsin\dfrac{x}{a}(a>0)$,求 y''。

(4) 求由参数方程 $\begin{cases}x=a\cos^3 t\\ y=a\sin^3 t\end{cases}$ 所确定的函数的一阶导数 $\dfrac{\mathrm{d}y}{\mathrm{d}x}$ 和二阶导数 $\dfrac{\mathrm{d}^2y}{\mathrm{d}x^2}$。

5. 解答题。

(1) 设函数 $f(x)=\begin{cases}x^2-1 & x>2\\ ax+b & x\leqslant 2\end{cases}$,若 $f'(2)$存在,求 a、b 的值。

(2) 若曲线 $y=x^2+ax+b$ 与 $2y=-1+xy^3$ 在点(1,−1)处相切,求常数 a、b。

6. 证明题。

(1) 证明:曲线 $y=\dfrac{1}{x}$ 上任一点处切线与 x 轴和 y 轴构成的三角形面积为常数。

(2) 设 $f(x)$在区间$(-l,l)$上为奇函数且可导,求证在区间$(-l,l)$上 $f'(x)$为偶函数。

第3章 导数的应用

【学习目标】

通过本章的学习,你应该能够:

(1) 理解微分中值定理的内容,会用定理解决相关问题;

(2) 掌握用洛必达法则求$\frac{0}{0}$、$\frac{\infty}{\infty}$型极限的方法;

(3) 掌握用导数判断函数单调性与凹凸性;

(4) 掌握用导数求函数极值、最值的方法;

(5) 能求出函数的渐近线。

数学:思维的体操

3.1 微分中值定理

导数是函数的变化率,利用它可以直接研究函数在一点的变化性态,例如切线斜率、瞬时速度等。实际应用中也需要利用导数来研究函数在一个区间上的变化性态,这就需要建立起函数在一个区间上的整体性质与函数在某一点的导数之间的关系。微分中值定理是沟通一个函数在一个区间上的变化性态与导数之间关系的桥梁,是应用导数解决应用问题的理论基础,又是解决微分学自身发展的一种理论模型。

本节内容主要包含微分中值定理中的三大定理:罗尔(Rolle)定理、拉格朗日(Lagrange)中值定理和柯西(Cauchy)中值定理。

3.1.1 罗尔定理

为了利用函数的导数研究函数的性质,先介绍几个重要定理。

定理 3.1(罗尔定理) 设函数 $f(x)$满足:

(1) 在闭区间$[a,b]$上连续;

(2) 在开区间(a,b)内可导；

(3) 在两个端点处函数值相等，即 $f(a)=f(b)$，则至少存在一点 $\xi\in(a,b)$，使得 $f'(\xi)=0$。

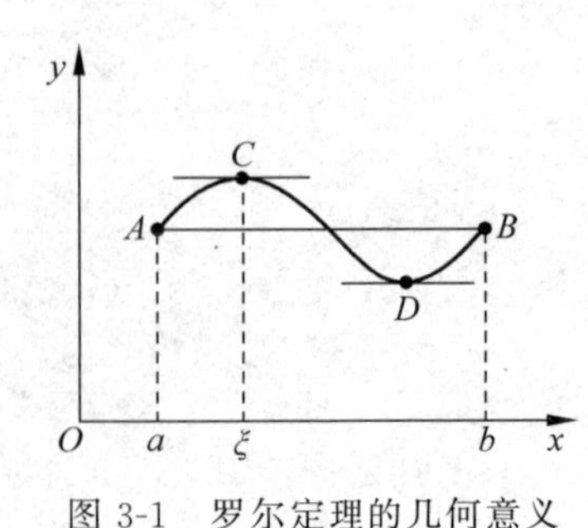

图 3-1 罗尔定理的几何意义

这个定理的几何意义非常明显，如图 3-1 所示，$y=f(x)$所表示的曲线是连续不断的，而且在每一点都可作曲线的切线。$A(a,f(a))$、$B(b,f(b))$两点的连线 AB 是水平的。罗尔定理的结论是：在这曲线段上至少有一点的切线是水平的。

【例 3-1】 验证函数 $f(x)=\sin^2 x$ 在区间$[0,\pi]$上罗尔定理的正确性。

证明：显然 $f(x)$在$[0,\pi]$上连续，在$(0,\pi)$内可导，且 $f(0)=f(\pi)=0$，在$(0,\pi)$内确实存在一点 $\xi=\dfrac{\pi}{2}$，使 $f'\left(\dfrac{\pi}{2}\right)=(2\sin x\cos x)\Big|_{x=\frac{\pi}{2}}=0$。

【例 3-2】 设实数 $a_0,a_1,\cdots,a_n$ 满足 $a_0+\dfrac{a_1}{2}+\dfrac{a_2}{3}+\cdots+\dfrac{a_n}{n+1}=0$，证明多项式函数

$$f(x)=a_0+a_1x+a_2x^2+\cdots+a_nx^n$$

在$(0,1)$内至少有一个零点。

证明：令
$$F(x)=a_0x+\frac{a_1}{2}x^2+\frac{a_2}{3}x^3+\cdots+\frac{a_n}{n+1}x^{n+1}$$

$F(x)$在$[0,1]$上连续，在$(0,1)$内可导，$F(0)=0$。又因为 $a_0+\dfrac{a_1}{2}+\dfrac{a_2}{3}+\cdots+\dfrac{a_n}{n+1}=0$，故 $F(1)=0$。因此，由罗尔定理可知，至少存在一点 $\xi\in(0,1)$，使得 $F'(\xi)=0$，即

$$a_0+a_1\xi+a_2\xi^2+\cdots+a_n\xi^n=0$$

即多项式函数 $f(x)=a_0+a_1x+a_2x^2+\cdots+a_nx^n$ 在$(0,1)$内至少有一个零点。

例 3-3

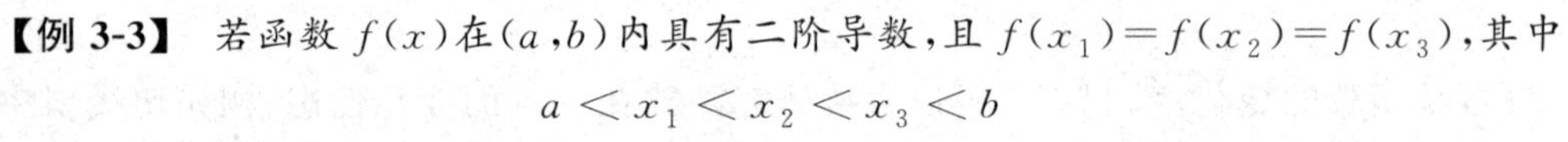

【例 3-3】 若函数 $f(x)$在(a,b)内具有二阶导数，且 $f(x_1)=f(x_2)=f(x_3)$，其中

$$a<x_1<x_2<x_3<b$$

证明在(x_1,x_3)内至少有一点 ξ，使得 $f''(\xi)=0$。

证明：由于 $f(x)$在(a,b)内具有二阶导数，因此 $f(x)$在$[x_1,x_2]$上连续，在(x_1,x_2)内可导，又由于 $f(x_1)=f(x_2)$，由罗尔定理得，至少存在一点 $\xi_1\in(x_1,x_2)$，使得 $f'(\xi_1)=0$。

同理，在$[x_2,x_3]$上对 $f(x)$使用罗尔定理得，至少存在一点 $\xi_2\in(x_2,x_3)$，使得 $f'(\xi_2)=0$。

对于函数 $f'(x)$，由已知，$f'(x)$在$[\xi_1,\xi_2]$上连续，在(ξ_1,ξ_2)内可导，且 $f'(\xi_1)=f'(\xi_2)=0$，由罗尔定理知，至少存在一点 $\xi\in(\xi_1,\xi_2)\subset(x_1,x_3)$，使得 $f''(\xi)=0$。

3.1.2 拉格朗日中值定理

罗尔定理中，$f(a)=f(b)$这个条件是相当特殊的，它使罗尔定理的应用受到了限制，拉格朗日在罗尔定理的基础上做了进一步研究，取消了罗尔定理中这个苛刻的条件，仍保

留其余两个条件，得到了在微分学中具有重要地位的拉格朗日中值定理。

定理 3.2(拉格朗日中值定理) 设 $f(x)$满足：

(1) 在闭区间$[a,b]$上连续；

(2) 在开区间(a,b)内可导，

则至少有一点 $\xi\in(a,b)$，使

$$f(b)-f(a)=f'(\xi)(b-a) \tag{3-1}$$

式(3-1)称为拉格朗日公式，这一定理又称为微分中值定理。

下面来分析一下定理的几何意义。式(3-1)可改写成

$$f'(\xi)=\frac{f(b)-f(a)}{b-a} \tag{3-2}$$

如图 3-2 所示，$\frac{f(b)-f(a)}{b-a}$为弦AB 的斜率，而 $f'(\xi)$为曲线在点 C 处的切线的斜率。因此，拉格朗日中值定理表明，在 $y=f(x)$所表示的曲线上至少有一条切线平行于 $(a,f(a))$、$(b,f(b))$两点的连线。

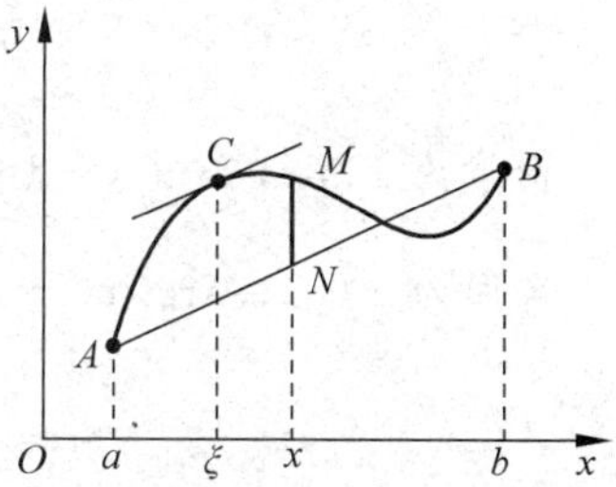

图 3-2 拉格朗日中值定理的几何意义

罗尔定理可以看成是拉格朗日中值定理当 $f(a)=f(b)$时的特例。由于拉格朗日中值定理中的 ξ 介于 a、b 之间，结论又与导数有关，故通常称之为**微分中值定理**。

式(3-1)对于 $b<a$ 也成立，式(3-1)叫作拉格朗日中值公式。

设 x 为区间$[a,b]$内一点，$x+\Delta x$ 为该区间内的另外一点($\Delta x>0$ 或 $\Delta x<0$)，则式(3-1)在区间$[x,x+\Delta x]$(当 $\Delta x>0$ 时)或在区间$[x+\Delta x,x]$(当 $\Delta x<0$ 时)上就成为

$$f(x+\Delta x)-f(x)=f'(x+\theta\Delta x)\cdot\Delta x \quad (0<\theta<1) \tag{3-3}$$

这里数值 θ 在 0 与 1 之间，所以 $x+\theta\Delta x$ 是在 x 与 $x+\Delta x$ 之间。

如果记 $f(x)$为 y，则式(3-3)又可写成

$$\Delta y=f'(x+\theta\Delta x)\cdot\Delta x \quad (0<\theta<1)$$

由 2.5 节可知，函数的微分 $dy=f'(x)\cdot\Delta x$ 是函数的增量 Δy 的近似表达式，一般地，以 dy 近似代替 Δy 时产生的误差只有当 $\Delta x\to 0$ 时才趋于零；而式(3-3)却给出了自变量取得有限增量 Δx($|\Delta x|$不一定很小)时函数增量 Δy 的准确表达式。因此这个定理也叫作有限增量定理，式(3-3)称为有限增量公式。在某些问题中，当自变量 x 取得有限增量 Δx 而需要函数增量的准确表达式时，拉格朗日中值定理就显示出它的价值了。

作为拉格朗日中值定理的一个应用，我们导出积分学中很有用的一个定理。我们知道，常数的导数等于零；但反过来，导数为零的函数是否为常数呢？回答是肯定的，现在就用拉格朗日中值定理来证明其正确性。

推论 1 设 $f(x)$在区间 I 上连续，I 内可导且导数恒为零，那么 $f(x)$在区间 I 上是一个常数。

证明：在 I 上任取两点 x_1、x_2($x_1<x_2$)，在区间$[x_1,x_2]$上应用拉格朗日中值理，由式(3-1)得 $f(x_2)-f(x_1)=f'(\xi)(x_2-x_1)$($x_1<\xi<x_2$)。

由假定，$f'(\xi)=0$，所以 $f(x_2)-f(x_1)=0$，即 $f(x_2)=f(x_1)$。

因为 x_1、x_2 是 I 上任意两点，因此 $f(x)$在区间 I 上的值总是相等的，即 $f(x)$在区间 I 上是一个常数。

由以上论证可以看出，虽然拉格朗日中值定理中 ξ 的准确数值不知道，但是在此并不影响其使用。

推论 2 设 $f(x)$与 $g(x)$在区间 I 上连续，I 内可导且 $f'(x)=g'(x)$，则在区间 I 上

$$f(x)=g(x)+C \quad (C\text{ 为常数})$$

【例 3-4】 证明：恒等式 $\arcsin x+\arccos x=\frac{\pi}{2}(-1\leqslant x\leqslant 1)$。

证明：令 $f(x)=\arcsin x+\arccos x$，$f(x)$在$[-1,1]$上连续，在$(-1,1)$内可导，且

$$f'(x)=\frac{1}{\sqrt{1-x^2}}-\frac{1}{\sqrt{1-x^2}}=0$$

由推论 1，$f(x)\equiv C(-1\leqslant x\leqslant 1)$。

又因为 $f(0)=\arcsin 0+\arccos 0=\frac{\pi}{2}$，故 $f(x)\equiv\frac{\pi}{2}(-1\leqslant x\leqslant 1)$，即

$$\arcsin x+\arccos x=\frac{\pi}{2} \quad (-1\leqslant x\leqslant 1)$$

【例 3-5】 证明：当 $x>0$ 时，

$$\frac{x}{1+x}<\ln(1+x)<x$$

证明：设 $f(t)=\ln(1+t)$，$f(t)$在区间$[0,x]$上连续，在$(0,x)$内可导，由拉格朗日中值定理，有

$$f(x)-f(0)=f'(\xi)(x-0) \quad (0<\xi<x)$$

由于 $f(0)=0$，$f'(t)=\frac{1}{1+t}$，因此上式即为

$$\ln(1+x)=\frac{x}{1+\xi}$$

又由 $0<\xi<x$，有

$$\frac{x}{1+x}<\frac{x}{1+\xi}<x$$

即

$$\frac{x}{1+x}<\ln(1+x)<x \quad (x>0)$$

*3.1.3 柯西中值定理

定理 3.3(柯西中值定理) 假设函数 $f(x)$与 $g(x)$满足下列条件：

(1) 在闭区间$[a,b]$上连续；

(2) 在开区间(a,b)内可导；

(3) 在开区间(a,b)内使$g'(x)\neq 0$，则至少有一点$\xi\in(a,b)$，使

$$\frac{f(b)-f(a)}{g(b)-g(a)}=\frac{f'(\xi)}{g'(\xi)} \tag{3-4}$$

在柯西中值定理中，如果取$g(x)=x$，则$g(b)-g(a)=b-a$，$g'(x)=1$，即得拉格朗日中值定理，因此柯西中值定理是拉格朗日中值定理的推广，故柯西中值定理又称为**广义中值定理**。

【能力训练3.1】

基础练习

1. 填空题。

(1) 函数$f(x)=x\sqrt{1-x}$在$[0,1]$上满足罗尔定理的$\xi=$________。

(2) 函数$f(x)=\sqrt{x-1}$在$[5,10]$上满足拉格朗日中值定理的$\xi=$________。

(3) 函数$f(x)=\ln x$与$g(x)=x^2$在区间$[1,\mathrm{e}]$上满足柯西中值定理的$\xi=$________。

2. 选择题。

(1) 下列函数中，在$[-1,1]$上满足罗尔定理条件的是(　　)。

A. $y=\dfrac{1}{x^2}$　　B. $y=x^{\frac{1}{2}}$　　C. $y=x|x|$　　D. $y=x^2$

(2) 下列函数中，(　　)在$[-1,1]$上满足拉格朗日中值定理条件。

A. $y=1-\sqrt[3]{x^2}$　　B. $y=(x-1)(x-2)$

C. $y=\dfrac{1}{x}$　　D. $y=\dfrac{1}{x-1}$

(3) 设函数$f(x)=x(x-1)(x-2)$，则方程$f'(x)=0$有(　　)个实根。

A. 0　　B. 1　　C. 3　　D. 2

3. 证明题。

(1) 设$f(x)$在区间$[0,a]$上连续，在$(0,a)$内可导，且$f(a)=0$，证明：在$(0,a)$内至少存在一点ξ，使$f(\xi)+\xi f'(\xi)=0$。

(2) 设$f(x)$在区间$[0,1]$上连续，在$(0,1)$内可导，且$f(0)=f(1)=0$，$f\left(\dfrac{1}{2}\right)=1$，证明：在$(0,1)$内至少存在一点$\xi$，使$f'(\xi)=1$。

(3) 若方程$a_0x^n+a_1x^{n-1}+\cdots+a_{n-1}x=0$有一个正根$x=x_0$，证明方程

$$a_0nx^{n-1}+a_1(n-1)x^{n-2}+\cdots+a_{n-1}=0$$

必有一个小于x_0的正根。

(4) 设$f(x)$在区间$[a,b]$上连续，在(a,b)内可导，证明在(a,b)内至少存在一点ξ，使

$$\frac{bf(b)-af(a)}{b-a}=f(\xi)+\xi f'(\xi)$$

(5) 证明恒等式：$\arctan x+\operatorname{arccot} x=\frac{\pi}{2}$。

(6) 设 $a>b>0, n>1$，证明下列不等式：

① $nb^{n-1}(a-b)<a^n-b^n<na^{n-1}(a-b)$。

② $\frac{a-b}{a}<\ln\frac{a}{b}<\frac{a-b}{b}$。

③ $|\arctan a-\arctan b|<|a-b|$。

(7) 证明 $f(x)=\left(1+\frac{1}{x}\right)^x$ 在$(0,+\infty)$上单调增加。

提高练习

1. 若函数 $f(x)$在区间$[a,b]$上连续，在区间(a,b)内可导，则(　　)。

A. 存在 $\theta\in(0,1)$，使得 $f(b)-f(a)=f'(\theta(b-a))(b-a)$

B. 存在 $\theta\in(0,1)$，使得 $f(b)-f(a)=f'(a+\theta(b-a))(b-a)$

C. 存在 $\theta\in(0,1)$，使得 $f(b)-f(a)=f'(\theta)(b-a)$

D. 存在 $\theta\in(0,1)$，使得 $f(b)-f(a)=f'(\theta(b-a))$

2. 不用求出函数 $f(x)=(x-1)(x-2)(x-3)(x-4)$的导数，说明方程 $f'(x)=0$ 有几个实根，并指出它们所在的区间。

3. 证明题。

(1) 证明当 $x>0$ 时，$\frac{x}{1+x^2}<\arctan x<x$。

(2) 证明多项式函数 $f(x)=x^3-3x+a$ 在$[0,1]$上不可能有两个零点。并讨论 a 为何值时，$f(x)=x^3-3x+a$ 在$(0,1)$内存在零点。

3.2 洛必达法则

如果当 $x\to a$(或 $x\to\infty$)时，两个函数 $f(x)$与 $g(x)$都趋于零或都趋于无穷大，那么极限 $\lim\limits_{\substack{x\to a\\(x\to\infty)}}\frac{f(x)}{g(x)}$可能存在，也可能不存在。通常把这种极限叫作未定式，并分别简记为$\frac{0}{0}$型或$\frac{\infty}{\infty}$型。第 1 章讨论过的$\lim\limits_{x\to 0}\frac{\sin x}{x}$就是未定式$\frac{0}{0}$型的一个例子，对于这类极限，即使存在，也不能用“商的极限等于极限的商”这一法则。本节介绍的洛必达法则是一种用导数简化极限计算的重要方法，这一法则由法国数学家洛必达(L’Hospital，1661—1704)在他的《无穷小分析》(1696)一书中给出，是解决未定式计算问题的“法宝”。

3.2.1 $\frac{0}{0}$型或$\frac{\infty}{\infty}$型未定式的洛必达法则

定理 3.4 设函数 $f(x)$、$g(x)$满足：

(1) $\lim\limits_{x\to x_0} f(x)=0$，$\lim\limits_{x\to x_0} g(x)=0$；

(2) 在 x_0 附近，$f'(x)$、$g'(x)$存在，且 $g'(x)\neq 0$；

(3) $\lim\limits_{x\to x_0}\dfrac{f'(x)}{g'(x)}$存在或者为$\infty$，则

$$\lim_{x\to x_0}\frac{f(x)}{g(x)}=\lim_{x\to x_0}\frac{f'(x)}{g'(x)}$$

也就是说，当$\lim\limits_{x\to x_0}\dfrac{f'(x)}{g'(x)}$存在时，$\lim\limits_{x\to x_0}\dfrac{f(x)}{g(x)}$也存在，且等于$\lim\limits_{x\to x_0}\dfrac{f'(x)}{g'(x)}$；当$\lim\limits_{x\to x_0}\dfrac{f'(x)}{g'(x)}$为无穷大时，$\lim\limits_{x\to x_0}\dfrac{f(x)}{g(x)}$也是无穷大。这种在一定条件下通过分子分母分别求导再求极限来确定未定式的值的方法称为洛必达法则。

除$\dfrac{0}{0}$型未定式，洛必达法则还适用于$\dfrac{\infty}{\infty}$型未定式。下面给出$\dfrac{\infty}{\infty}$型未定式的洛必达法则。

定理 3.5 设函数 $f(x)$、$g(x)$满足：

(1) $\lim\limits_{x\to x_0} f(x)=\infty$，$\lim\limits_{x\to x_0} g(x)=\infty$；

(2) 在 x_0 附近，$f'(x)$、$g'(x)$存在，且 $g'(x)\neq 0$；

(3) $\lim\limits_{x\to x_0}\dfrac{f'(x)}{g'(x)}$存在或者为$\infty$，则

$$\lim_{x\to x_0}\frac{f(x)}{g(x)}=\lim_{x\to x_0}\frac{f'(x)}{g'(x)}$$

在使用洛必达法则求极限时需要注意以下几点。

(1) 若将定理 3.4 和定理 3.5 中 $x\to x_0$ 换成 $x\to x_0^+$、$x\to x_0^-$、$x\to\pm\infty$、$x\to\infty$，只要相应修正条件(2)中的区域，也有同样的结论。

【例 3-6】 求$\lim\limits_{x\to a}\dfrac{\sin x-\sin a}{x-a}$。

解：这是$\dfrac{0}{0}$型未定式，由洛必达法则，可得

$$\lim_{x\to a}\frac{\sin x-\sin a}{x-a}=\lim_{x\to a}\frac{\cos x}{1}=\cos a$$

【例 3-7】 求$\lim\limits_{x\to+\infty}\dfrac{\ln x}{x^n}(n>0)$。

解：这是$\dfrac{\infty}{\infty}$型未定式，由洛必达法则，可得

$$\lim_{x\to+\infty}\frac{\ln x}{x^n}=\lim_{x\to+\infty}\frac{\frac{1}{x}}{nx^{n-1}}=\lim_{x\to+\infty}\frac{1}{nx^n}=0$$

(2) 在同一个计算中可以多次使用洛必达法则，但每次都必须检查定理中的条件是否满足。

【例 3-8】 求 $\lim\limits_{x\to+\infty}\dfrac{x^n}{e^{\lambda x}}$（$n$ 为正整数，$\lambda>0$）。

解：这是 $\dfrac{\infty}{\infty}$ 型未定式，相继使用洛必达法则 n 次，可得

$$\lim_{x\to+\infty}\frac{x^n}{e^{\lambda x}}=\lim_{x\to+\infty}\frac{nx^{n-1}}{\lambda e^{\lambda x}}=\lim_{x\to+\infty}\frac{n(n-1)x^{n-2}}{\lambda^2 e^{\lambda x}}=\cdots=\lim_{x\to+\infty}\frac{n!}{\lambda^n e^{\lambda x}}=0$$

事实上，例 3-8 中的 n 不是正整数而是任何正数，那么极限仍为零。

例 3-7、例 3-8 表明对数函数 $\ln x$、幂函数 x^n（$n>0$）、指数函数 $e^{\lambda x}$（$\lambda>0$）均为当 $x\to+\infty$ 时的无穷大，但从例 3-7、例 3-8 的结果可以看出，这三个函数增大的“速度”是很不同的，幂函数的增大“速度”比对数函数快得多，而指数函数增大的“速度”又比幂函数快得多。

【例 3-9】 求 $\lim\limits_{x\to1}\dfrac{x^3-3x+2}{x^3-x^2-x+1}$。

解：$\lim\limits_{x\to1}\dfrac{x^3-3x+2}{x^3-x^2-x+1}=\lim\limits_{x\to1}\dfrac{3x^2-3}{3x^2-2x-1}=\lim\limits_{x\to1}\dfrac{6x}{6x-2}=\dfrac{3}{2}$

注意：如果 $\lim\limits_{x\to x_0}\dfrac{f'(x)}{g'(x)}$ 仍是 $\dfrac{0}{0}$ 型未定式，只要 $f'(x)$、$g'(x)$ 仍满足定理条件，就可对此极限再次使用洛必达法则。本题中 $\lim\limits_{x\to1}\dfrac{6x}{6x-2}$ 已不是未定式，不能对其使用洛必达法则，否则就会导致错误的结果。以后使用洛必达法则时要注意这一点，即不是未定式就不能使用洛必达法则。

(3) $\lim\dfrac{f'(x)}{g'(x)}$ 不存在且不为 ∞ 时，不能简单地认为 $\lim\dfrac{f(x)}{g(x)}$ 不存在，这时候洛必达法则失效，需选用其他方法。

【例 3-10】 求 $\lim\limits_{x\to\infty}\dfrac{x+\sin x}{x}$。

解：这是 $\dfrac{\infty}{\infty}$ 型未定式，如果用洛必达法则

$$\lim_{x\to\infty}\frac{x+\sin x}{x}=\lim_{x\to\infty}\frac{1+\cos x}{1}=\lim_{x\to\infty}(1+\cos x)$$

由于 $\lim\limits_{x\to\infty}(1+\cos x)$ 不存在也不是无穷大，不符合洛必达法则的条件(3)，此时不能下结论说原极限不存在。事实上，此时洛必达法则失效，这个极限是存在的。请看

$$\lim_{x\to\infty}\frac{x+\sin x}{x}=\lim_{x\to\infty}\left(1+\frac{\sin x}{x}\right)=1+\lim_{x\to\infty}\frac{1}{x}\sin x=1+0=0$$

(4) 洛必达法则使用时涉及求导，为避免求导复杂，应与求极限的其他方法综合起来使用，比如等价无穷小代换等，做到“先化简，后用洛必达”，使得计算过程尽量简洁。

【例 3-11】 求 $\lim\limits_{x\to0}\dfrac{e^x-1-x}{x(e^x-1)}$。

解：$\lim\limits_{x\to0}\dfrac{e^x-1-x}{x(e^x-1)}=\lim\limits_{x\to0}\dfrac{e^x-1-x}{x^2}=\lim\limits_{x\to0}\dfrac{e^x-1}{2x}=\lim\limits_{x\to0}\dfrac{x}{2x}=\dfrac{1}{2}$

其中第1步、第3步用了等价无穷小代换：$e^x-1\sim x(x\to 0)$。

不作等价无穷小代换会怎样？请看

$$\lim_{x\to 0}\frac{e^x-1-x}{x(e^x-1)}=\lim_{x\to 0}\frac{e^x-1}{e^x-1+xe^x}=\lim_{x\to 0}\frac{e^x}{e^x+e^x+xe^x}=\frac{1}{2}$$

计算量大了很多，因此处理未定式极限时一定要注意"化简先行"。

3.2.2 其他五类未定式的极限

其他类型未定式包括 $0\cdot\infty$、$\infty-\infty$、0^0、∞^0、1^∞ 型未定式，这些类型的未定式可以转化为商的形式，进而通过$\frac{0}{0}$型或$\frac{\infty}{\infty}$型未定式来计算。

1. $0\cdot\infty$型未定式(乘积的极限)

如果$\lim f(x)=0$，$\lim g(x)=\infty$，则称$\lim f(x)g(x)$为$0\cdot\infty$型未定式。处理方法是将乘积的极限化为商的极限，将$0\cdot\infty$型未定式转化为$\frac{0}{0}$型或$\frac{\infty}{\infty}$型未定式，即

$$\lim f(x)g(x)=\lim\frac{f(x)}{\frac{1}{g(x)}}\quad 或\quad \lim f(x)g(x)=\lim\frac{g(x)}{\frac{1}{f(x)}}$$

【例 3-12】 求$\lim\limits_{x\to 0^+}x^\mu\ln x(\mu>0)$。

解：$\lim\limits_{x\to 0^+}x^\mu\ln x=\lim\limits_{x\to 0^+}\dfrac{\ln x}{x^{-\mu}}=\lim\limits_{x\to 0^+}\dfrac{\frac{1}{x}}{-\mu x^{-\mu-1}}=-\dfrac{1}{\mu}\lim\limits_{x\to 0^+}x^\mu=0$

注意：选择作为分母的函数要适当，通常选择其倒数形式求导简单的函数作为分母。

2. $\infty-\infty$型未定式(差的极限)

如果$\lim f(x)=\infty$，$\lim g(x)=\infty$，则称$\lim(f(x)-g(x))$为$\infty-\infty$型未定式。解决办法是通过通分转化为商的极限。

【例 3-13】 求$\lim\limits_{x\to 0}\left(\dfrac{1}{\sin x}-\dfrac{1}{x}\right)$。

解：$\lim\limits_{x\to 0}\left(\dfrac{1}{\sin x}-\dfrac{1}{x}\right)=\lim\limits_{x\to 0}\dfrac{x-\sin x}{x\sin x}=\lim\limits_{x\to 0}\dfrac{x-\sin x}{x^2}=\lim\limits_{x\to 0}\dfrac{1-\cos x}{2x}=\lim\limits_{x\to 0}\dfrac{\frac{1}{2}x^2}{2x}=0$

3. 0^0、∞^0、1^∞型未定式(幂指函数的极限)

这三种类型都属于幂指函数 $u(x)^{v(x)}$ 的极限。可对幂指函数变形，再用洛必达法则求解。即

$$\lim_{x\to a}u(x)^{v(x)}=\lim_{x\to a}e^{v(x)\ln u(x)}=e^{\lim\limits_{x\to a}v(x)\ln u(x)}$$

或者设 $y=u(x)^{v(x)}$，再取对数

$$\ln y=v(x)\ln u(x)$$

求出$\lim\limits_{x\to a}\ln y$，然后$\lim\limits_{x\to a}u(x)^{v(x)}=e^{\lim\limits_{x\to a}\ln y}$。

【例 3-14】 求 $\lim\limits_{x\to 0^+}x^x$。

例 3-14

解：$\lim\limits_{x\to 0^+}x^x=\lim\limits_{x\to 0^+}e^{x\ln x}=e^{\lim\limits_{x\to 0^+}\frac{\ln x}{\frac{1}{x}}}=e^{\lim\limits_{x\to 0^+}\frac{\frac{1}{x}}{-\frac{1}{x^2}}}=e^{\lim\limits_{x\to 0^+}(-x)}=e^0=1$

【例 3-15】 求 $\lim\limits_{x\to 0^+}\left(\frac{1}{x}\right)^{\tan x}$。

例 3-15

解：令 $y=\left(\frac{1}{x}\right)^{\tan x}$，则

$$\ln y=\tan x\ln\frac{1}{x}=-\tan x\ln x$$

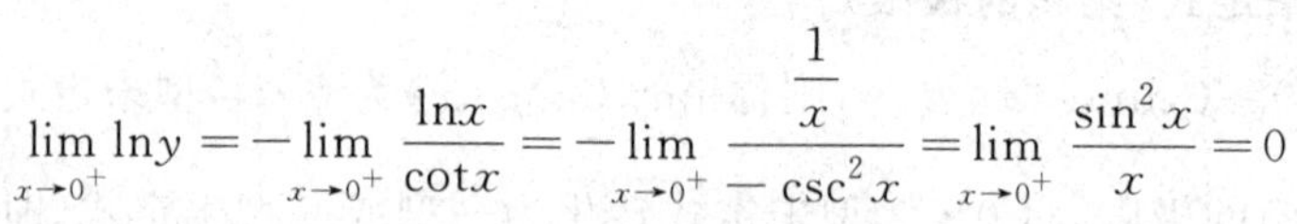

$$\lim_{x\to 0^+}\ln y=-\lim_{x\to 0^+}\frac{\ln x}{\cot x}=-\lim_{x\to 0^+}\frac{\frac{1}{x}}{-\csc^2 x}=\lim_{x\to 0^+}\frac{\sin^2 x}{x}=0$$

故 $\lim\limits_{x\to 0^+}\left(\frac{1}{x}\right)^{\tan x}=e^0=1$。

综合以上：$0\cdot\infty$、$\infty-\infty$、0^0、∞^0、1^∞ 这五种类型的未定式最终都可以用洛必达法则来求极限，但都需要通过变形转化为$\frac{0}{0}$型或$\frac{\infty}{\infty}$型未定式来求解，只有这两种未定式才可以直接使用洛必达法则。

【能力训练 3.2】

基础练习

1. 判断题。

(1) $\lim\limits_{x\to\infty}\frac{1-\cos x}{1+\cos x}=\lim\limits_{x\to\infty}\frac{\sin x}{-\sin x}=-1$(　　)

(2) $\lim\limits_{x\to 2}\frac{x-2}{x^2-2}=\lim\limits_{x\to 2}\frac{1}{2x}=\frac{1}{4}$(　　)

(3) $\lim\limits_{x\to 2}\frac{x-2}{x^2-2}=\frac{0}{2}=0$(　　)

2. 求下列函数的极限。

(1) $\lim\limits_{x\to 0}\frac{e^x-e^{-x}}{\sin x}$　　(2) $\lim\limits_{x\to\pi}\frac{\sin 3x}{\tan 5x}$

(3) $\lim\limits_{x\to 0}\frac{\tan x-x}{x-\sin x}$　　(4) $\lim\limits_{x\to a}\frac{x^m-a^m}{x^n-a^n}(a\neq 0)$

(5) $\lim\limits_{x\to 0}\frac{1-\cos^2 x}{x(1-e^x)}$　　(6) $\lim\limits_{x\to 0^+}\frac{\ln\tan 7x}{\ln\tan 2x}$

(7) $\lim\limits_{x\to+\infty}\dfrac{\ln\left(1+\dfrac{1}{x}\right)}{\operatorname{arccot}x}$　　(8) $\lim\limits_{x\to\infty}\dfrac{x^3}{e^{x^2}}$

(9) $\lim\limits_{x\to0}x\cot2x$　　(10) $\lim\limits_{x\to0}x^2e^{\frac{1}{x^2}}$

(11) $\lim\limits_{x\to1}\left(\dfrac{2}{x^2-1}-\dfrac{1}{x-1}\right)$　　(12) $\lim\limits_{x\to0}\left(\cot x-\dfrac{1}{x}\right)$

(13) $\lim\limits_{x\to\frac{\pi}{2}}(\sec x-\tan x)$　　(14) $\lim\limits_{x\to1}x^{\frac{1}{1-x}}$

(15) $\lim\limits_{x\to0^+}x^{\sin x}$　　(16) $\lim\limits_{x\to\infty}(1+x^2)^{\frac{1}{x}}$

提高练习

求下列函数的极限。

(1) $\lim\limits_{x\to0}\dfrac{\ln(1+x^2)}{\sec x-\cos x}$　　(2) $\lim\limits_{x\to1}\left(\dfrac{1}{\ln x}-\dfrac{1}{x-1}\right)$

(3) $\lim\limits_{x\to\frac{\pi}{4}}\tan x^{\frac{1}{\cos x-\sin x}}$　　(4) $\lim\limits_{x\to+\infty}(x+\sqrt{1+x^2})^{\frac{1}{x}}$

(5) $\lim\limits_{x\to\frac{\pi}{2}}\dfrac{\ln\sin x}{(\pi-2x)^2}$　　(6) $\lim\limits_{x\to0^+}\left(\dfrac{\sin x}{x}\right)^{\frac{1}{1-\cos x}}$

3.3 函数的单调性与极值

3.3.1 函数的单调性

中学就学过单调性，它既决定着函数递增和递减的状况，又可以帮助研究函数的极值问题。在高等数学中，常以导数为工具研究函数的单调性问题。

由拉格朗日中值定理可以得到函数单调性的一个判定法(证明从略)。

定理 3.6 设 $f(x)$在区间$[a,b]$上连续，在区间(a,b)内可导。

(1) 如果在(a,b)内 $f'(x)>0$，那么函数在区间(a,b)内单调增加。

(2) 如果在(a,b)内 $f'(x)<0$，那么函数在区间(a,b)内单调减少。

注：将定理中的闭区间换成其他各种区间(包括无限区间)，定理的结论仍然成立，使定理结论成立的区间，就是函数的单调区间。

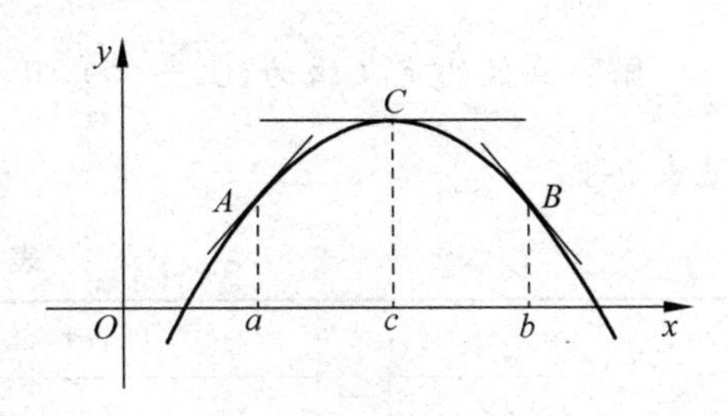

图 3-3　函数的单调性

定理的直观意义是十分明显的，如图 3-3 所示，在(a,c)内，切线斜率为正即导数为正，函数是单调增加的；在(c,b)内，切线斜率为负即导数为负，函数是单调减少的。那么函数的单调增加区间就是(a,c)，单调减少区间就是(c,b)。

【例 3-16】 判定函数 $y=2x+\cos x$ 在区间$[0,2\pi]$上的单调性。

解：函数在$(0,2\pi)$内连续、可导，且 $y'=2-\sin x>0$，所以函数 $y=2x+\cos x$ 在$[0,2\pi]$上单调增加。

【例 3-17】 讨论函数 $y=x^3$ 的单调性。

解：函数的定义域为$(-\infty,+\infty)$。函数的导数为 $y'=3x^2$，当 $x\neq0$ 时，$y'>0$，所以函数在$(-\infty,0]$和$[0,+\infty)$上都是单调增加的。又因为函数在点 $x=0$ 处连续，所以在 $y=x^3$ 整个定义域$(-\infty,+\infty)$内是单调增加的。

从上例可以看出，函数在有限个点处 $f'(x)=0$ 不影响在该区间的单调性。因此，有一般性的**结论**：若函数在某区间内可导，$f'(x)\geqslant0$ 或 $f'(x)\leqslant0$（等号仅在有限个点中成立），则函数在该区间内单调增加或单调减少（判断函数单调性的充要条件）。

一般情况下，函数在其整个定义域上的单调性具有不同状态。所谓研究函数的单调性，就是确定函数的单调区间。那么，哪些可能是单调性的分界点呢？

我们注意到，图 3-3 中 C 点处切线是水平的（即导数为 0），这样的点很重要。

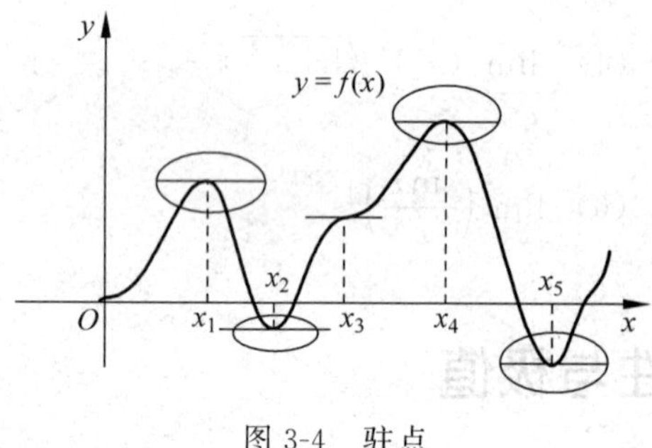

图 3-4　驻点

把方程 $f'(x)=0$ 的根称为函数 $y=f(x)$ 的**驻点**。

显然驻点可能是单调性的分界点。如图 3-4 中的 x_1、x_2、x_3、x_4、x_5 都是驻点，其中 x_1、x_2、x_4、x_5 就是单调区间的分界点，但 x_3 点却不是。

事实上，连续不可导的点也可能是单调性的分界点。如 $x=0$ 就是函数 $y=|x|$ 单调增加和单调减少区间的分界点。因此，求函数单调区间的一般步骤如下。

(1) 确定函数的定义域。

(2) 求函数的一阶导数，令 $f'(x)=0$ 求函数的驻点，并找出函数连续不可导的点。

(3) 这些点将函数的定义域分成若干子区间，在每个区间上分析导函数的符号，导数取正的区间为函数的单调增区间，导数取负的区间为函数的单调减区间。此步骤一般列表讨论。

【例 3-18】 讨论函数 $f(x)=\dfrac{\ln x}{x}$ 的单调性。

解：函数的定义域为$(0,+\infty)$，且 $f'(x)=\dfrac{1-\ln x}{x^2}$。令 $f'(x)=0$，得 $x=\mathrm{e}$。列表讨论，见表 3-1。

表 3-1　例 3-18 列表

x	$(0,\mathrm{e})$	e	$(\mathrm{e},+\infty)$
$f'(x)$	+	0	−
$f(x)$	↗		↘

因此，函数 $f(x)$ 在区间 $(0,\mathrm{e})$ 内单调递增，在区间 $(\mathrm{e},+\infty)$ 内单调递减。

函数的单调性可以用来证明不等式。

【例 3-19】 证明：当 $x>0$ 时，$\ln(1+x)>x-\frac{1}{2}x^2$。

证明：令 $f(x)=\ln(1+x)-x+\frac{x^2}{2}$，则

$$f'(x)=\frac{1}{1+x}-1+x=\frac{x^2}{1+x}>0 \quad (x>0)$$

故当 $x\geqslant 0$ 时，$f(x)$ 是单调增加的函数。由于 $f(0)=0$，因此当 $x>0$ 时，$f(x)>f(0)=0$。即

$$\text{当 } x>0 \text{ 时，}\quad \ln(1+x)>x-\frac{1}{2}x^2$$

3.3.2 函数的极值

函数的极值不仅是函数形态的重要特征，而且在实际问题中有着广泛的应用，下面我们用求导的方法来讨论函数的极值问题。

定义 3.1 设函数 $f(x)$ 在点 x_0 的某邻域内有定义，对该邻域内(除 x_0 外)的任意 x，如果都有 $f(x)<f(x_0)$ (或 $f(x)>f(x_0)$)，那么就称 $f(x_0)$ 是函数 $f(x)$ 的一个**极大值**(或极小值)，称 x_0 是函数的**极大值点**(或极小值点)。

极大值和极小值统称为**极值**，极大值点和极小值点统称为**极值点**。

注：

(1) 函数的极值只是局部性的概念，它只是函数在某个区间上的最值，未必是整个函数在定义域上的最值。

(2) 函数的极值点不能在区间的端点取得。

(3) 函数在定义域内可以有多个极值点。

(4) 极小值不一定小于每一个极大值，同样极大值也不一定大于每一个极小值。

定理 3.7(极值的必要条件) 设函数 $f(x)$ 在 x_0 处取得极值，且在该点处可导，则 $f'(x_0)=0$。

定理 3.7 告诉我们，可导函数的极值点一定是驻点，但反之不一定成立。如图 3-4 中，x_3 是函数的驻点，但不是极值点。同时，应当指出的是，函数不可导的点有些是其极值点，有些则不是。如 $y=|x|$ 在 $x=0$ 处不可导，$x=0$ 是其极小值点。而 $y=\sqrt[3]{x}$ 在 $x=0$ 处的切线垂直于 x 轴，$f'(0)=\infty$，点 $x=0$ 却不是函数的极值点。

由此得到可能的极值点为：驻点和一阶导数不存在的点。

如何确定它们是极值点呢？我们注意到，极值点一定是函数单调区间的分界点，结合函数单调性的判定方法，下面给出函数极值的判别方法。

定理 3.8(极值的第一充分条件) 设函数 $f(x)$ 在点 x_0 处连续，且在 x_0 的附近可导，则

(1) 当 $x<x_0$ 时，$f'(x)>0$；当 $x>x_0$ 时，$f'(x)<0$，则函数 $f(x)$ 在 x_0 处取得极大值。

(2) 当 $x<x_0$ 时，$f'(x)<0$；当 $x>x_0$ 时，$f'(x)>0$，则函数 $f(x)$ 在 x_0 处取得极小值。

【例 3-20】 求函数 $y=\dfrac{x^3}{3}-2x^2+3x+2$ 的极值。

解：函数的定义域为$(-\infty,+\infty)$，且 $y'=x^2-4x+3=(x-3)(x-1)$。

令 $y'=0$，得 $x_1=1,x_2=3$。列表讨论，见表 3-2。

表 3-2 例 3-20 列表

x	$(-\infty,1)$	1	$(1,3)$	3	$(3,+\infty)$
y'	+	0	−	0	+
$f(x)$	↗	极大值	↘	极小值	↗

所以，当 $x=1$ 时，有极大值 $y=\dfrac{10}{3}$；当 $x=3$ 时，有极小值 $y=2$。

【例 3-21】 确定函数 $f(x)=(2x-5)x^{\frac{2}{3}}$ 的极值。

解：函数的定义域为$(-\infty,+\infty)$，且 $f'(x)=2x^{\frac{2}{3}}+\dfrac{2}{3}(2x-5)x^{-\frac{1}{3}}=\dfrac{10(x-1)}{3\sqrt[3]{x}}$。

令 $f'(x)=0$，得 $x_1=1$；当 $x_2=0$ 时导数不存在。列表讨论，见表 3-3。

表 3-3 例 3-21 列表

x	$(-\infty,0)$	0	$(0,1)$	1	$(1,+\infty)$
$f'(x)$	+	不存在	−	0	+
$f(x)$	↗	极大值	↘	极小值	↗

所以，函数 $f(x)$ 的极大值为 $f(0)=0$，极小值为 $f(1)=-3$。

定理 3.9（极值的第二充分条件） 设函数 $f(x)$ 在点 x_0 处具有二阶导数且 $f'(x_0)=0,f''(x_0)\neq 0$，则

(1) 当 $f''(x_0)<0$ 时，函数 $f(x)$ 在 x_0 处取得极大值。

(2) 当 $f''(x_0)>0$ 时，函数 $f(x)$ 在 x_0 处取得极小值。

注：①若 x_0 是驻点且 $f''(x_0)\neq 0$，则 x_0 一定是极值点；②当 $f''(x_0)=0$ 时第二充分条件失效，仍然需要用第一充分条件。例如，$f_1(x)=x^3,f_2(x)=x^4$。

【例 3-22】 求函数 $f(x)=(x^2-1)^3+1$ 的极值。

解：$f'(x)=6x(x^2-1)^2$。令 $f'(x)=0$，求得驻点 $x_1=-1,x_2=0,x_3=1$。

$$f''(x)=6(x^2-1)(5x^2-1)$$

因 $f''(0)=6>0$，故 $f(x)$ 在 $x=0$ 处取得极小值，极小值为 $f(0)=0$。因 $f''(-1)=f''(1)=0$，根据一阶导数 $f'(x)$ 用定理 3.8 判断：

当 x 取 -1 左侧邻近的值时，$f'(x)<0$；当 x 取 -1 右侧邻近的值时，$f'(x)<0$；因为

$f'(x)$的符号没有改变，所以$f(x)$在$x=-1$处没有极值。

同理，$f(x)$在$x=1$处也没有极值，如图3-5所示。

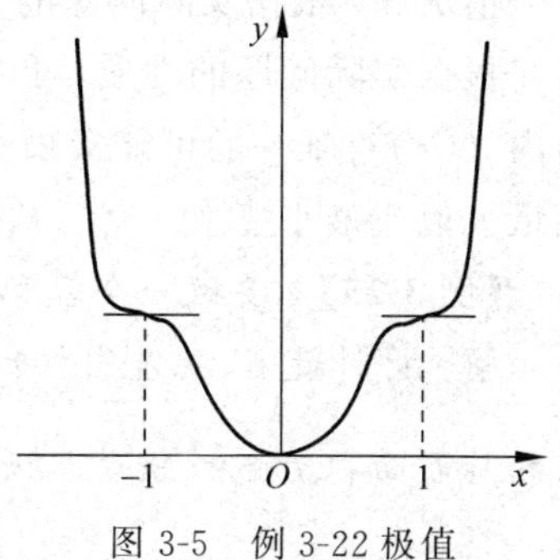

图3-5 例3-22极值

3.3.3 函数的最值

在工农业生产、工程技术及科学实验中，常常会遇到这样一类问题：在一定条件下，怎样使“产品最多”“用料最省”“成本最低”“效率最高”等问题，这类问题在数学上有时可归结为求某一函数(通常称为目标函数)的最大值或最小值问题。

极值可看成局部的最值，那么能不能通过它们求最值？通过分析极值来确定最值，将分三种情况进行讨论。

情况1 闭区间上的连续函数。

设$f(x)$是闭区间$[a,b]$上的连续函数，则函数的最大值和最小值一定存在。而最大值点、最小值点必定是$f(x)$在(a,b)内的驻点、导数不存在的点或区间的端点。根据最大值和最小值的概念，可以得出它们的求法如下。

(1) 求出函数在(a,b)内的驻点及不可导点。

(2) 计算出驻点、不可导点及区间端点的函数值。

(3) 比较这些点函数值的大小，最大的就是最大值，最小的就是最小值。

【例3-23】 求例3-22中函数$f(x)=(x^2-1)^3+1$在区间$[0,2]$上的最值。

解：上面已经求得驻点$x_1=-1$(舍去)，$x_2=0$，$x_3=1$。因为$f(0)=0$，$f(1)=1$，$f(2)=28$，所以函数在$[0,2]$上的最大值为$f(2)=28$，最小值为$f(0)=0$。

情况2 函数$f(x)$在一般区间(包括无穷区间)上连续，且有唯一极值点x_0。

若x_0是函数$f(x)$的极大(小)值点，则这时x_0也是$f(x)$的最大(小)值点。

【例3-24】 求$y=\frac{1}{\sqrt{2\pi}}e^{-\frac{x^2}{2}}$在其定义域上的最值。

解：函数定义域为$(-\infty,+\infty)$。令$f'(x)=-\frac{1}{\sqrt{2\pi}}xe^{-\frac{x^2}{2}}=0$，得$x=0$，则$f''(x)=\frac{1}{\sqrt{2\pi}}e^{-\frac{x^2}{2}}(x^2-1)$，得$f''(0)<0$，所以$f(0)$是极大值。

在$(-\infty,+\infty)$内函数只有一个极大值，即最大值。因此函数在其定义域的最大值为$f(0)=\frac{1}{\sqrt{2\pi}}$，如图3-6所示。

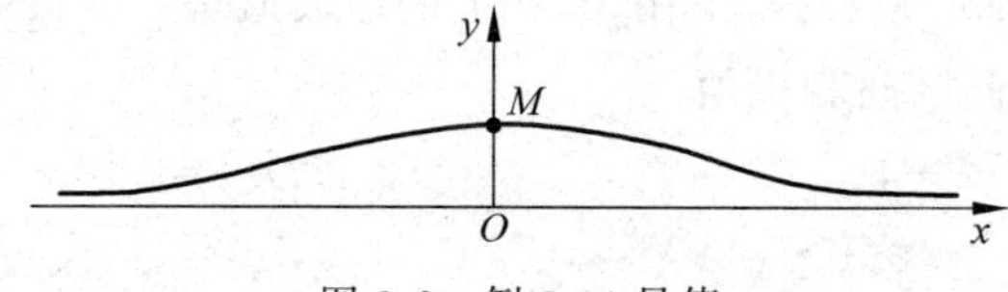

图3-6 例3-34最值

情况 3　根据实际问题的性质，直接判定。

根据实际问题的性质，可以断定函数在定义区间内一定取得最大(小)值，而在定义区间内 $f(x)$ 有唯一的可能极值点 x_0，那么不必讨论 $f(x_0)$ 是否是极值，就可以断定 $f(x_0)$ 是最大值或最小值。

【例 3-25】　要做一个容积为 V 的圆柱形罐头筒，怎样设计才能使所用的材料最省？

解：材料最省，就是圆柱形罐头筒的总表面积最小。设罐头筒的底半径为 r，高为 h，则它的总表面积为 $S=2\pi r^2+2\pi rh$。由体积公式 $V=\pi r^2h$，可得 $h=\dfrac{V}{\pi r^2}$，所以

$$S=2\pi r^2+\frac{2V}{r}\quad(0<r<+\infty)$$

令 $S'=4\pi r-\dfrac{2V}{r^2}=\dfrac{2(2\pi r^3-V)}{r^2}=0$，得唯一驻点 $r_0=\sqrt[3]{\dfrac{V}{2\pi}}$。

实际问题中用料最省的设计确实存在，所以当 $r=\sqrt[3]{\dfrac{V}{2\pi}}$ 时，表面积 S 取得最小值，此时

$$h=\frac{V}{\pi\sqrt[3]{\left(\dfrac{V}{2\pi}\right)^2}}=2\sqrt[3]{\frac{V}{2\pi}}=2r$$

因此，当罐头筒的底半径为 $\sqrt[3]{\dfrac{V}{2\pi}}$，高是罐头筒底面半径的两倍时用料最省。

【能力训练 3.3】

基础练习

1. 判断题。

(1) 闭区间 $[a,b]$ 上的连续函数 $y=f(x)$ 的最值可以在区间端点或区间内部取得。(　　)

(2) 函数 $y=f(x)$ 在 x_0 处有 $f'(x_0)=0$，则 x_0 是极值点。(　　)

(3) 若连续函数 $f(x)$ 在 x_0 点处附近的左右两侧单调性相反，则 x_0 一定是函数的极值点。(　　)

2. 填空题。

(1) 函数 $y=2x^3-9x^2-12$ 的单调减区间是________。

(2) 函数 $y=x^3-6x^2+9x-3$ 的极大值是________，极小值是________。

(3) 函数 $y=2x^3-9x^2+12x+1$ 在 $[0,2]$ 上的最大值是________。

3. 求下列函数的单调区间和极值。

(1) $y=x^3-6x^2+9x-4$　　　　(2) $y=x^3(x-5)^2$

(3) $y=(x-4)\sqrt[3]{(x+1)^2}$

4. 求下列函数的最值。

(1) $y=2x^3-3x^2, x\in[-1,1]$　　　　(2) $y=x+\sqrt{1-x}, x\in[0,1]$

提高练习

1. 选择题。

(1) 设函数 $y=f(x)$在区间(a,b)内可导,则在(a,b)内 $f'(x)>0$ 是函数在(a,b)内单调增加的。(　　)

A. 必要条件　　B. 充分条件　　C. 充分必要条件　　D. 无关条件

(2) 当 $x<x_0$ 时,$f'(x)>0$; 当 $x>x_0$ 时,$f'(x)<0$,则(　　)。

A. x_0 必定是 $f(x)$的驻点　　B. x_0 必定是 $f(x)$的极大值点

C. x_0 必定是 $f(x)$的极小值点　　D. 不能判定 x_0 属于以上哪一种情况

2. 试问 a 为何值时,$f(x)=a\sin x+\frac{1}{3}\sin 3x$ 在 $x=\frac{\pi}{3}$处取得极值?它是极大值还是极小值?并求此极值。

3. 某车间靠墙壁要盖一间长方形小屋,现有存砖只够砌 20m 长的墙壁,问应围成怎样的长方形才能使这间小屋的面积最大?

4. 证明下列不等式。

(1) 证明:当 $x>0$ 时,$e^x>1+x$。

(2) 证明:当 $x>0$ 时,$\ln(1+x)>\frac{\arctan x}{1+x}$。

3.4　曲线的凹凸性与拐点

上一节研究了函数的单调性。函数的单调性反映在图形上,就是曲线的上升和下降。但是曲线在上升或下降的过程中,常常会有一个弯曲方向的问题,例如,在图 3-7 中的两条线,虽然同为上升的,但弯曲方向的不同使它们看起来有显著的区别。这一节将从曲线的弯曲方向上进一步讨论曲线的特征。这对科学、准确地做出函数的图像十分重要。

3.4.1　曲线的凹向与拐点

下面来观察两类曲线。一类曲线在它每一点处的切线的上方,如图 3-8(a)所示;而另一类曲线在它每一点处的切线的下方,如图 3-8(b)所示。

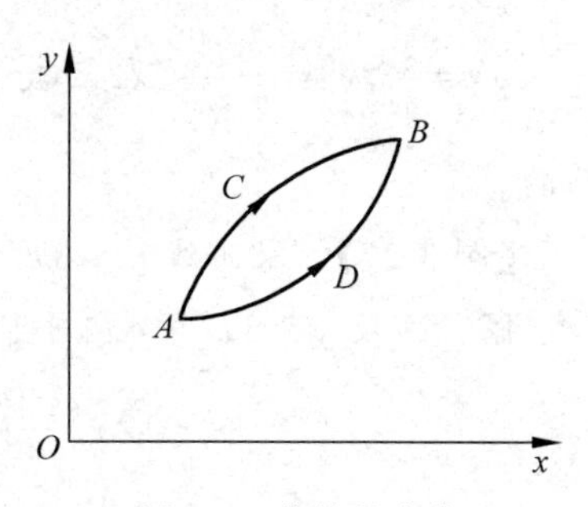

图 3-7　曲线的弯曲

定义 3.2　设函数 $y=f(x)$在开区间 I 上可导(即每一点处的切线都存在,且切线不垂直于 x 轴),如果函数的曲线始终位于其上每一点切线的上(下)方,则称该曲线在开区间 I 上是凹(凸)的。开区间 I 称为曲线的凹(凸)区间。连续曲线上凹弧与凸弧的分界点称为该曲线的**拐点**。

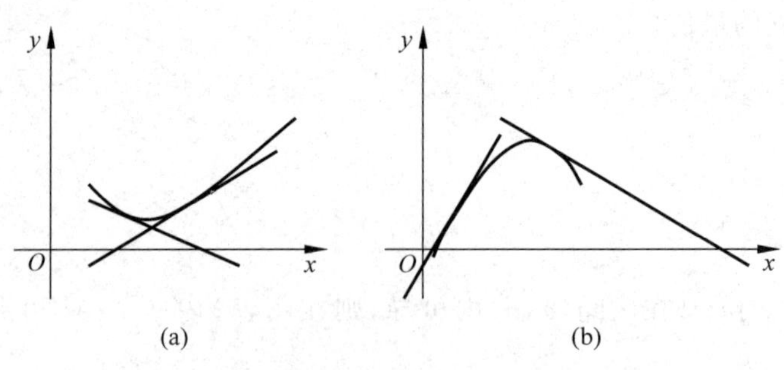

图 3-8　两类曲线

显然,图 3-8(a)中的曲线是凹的,并且当 x 逐渐增加时,其上每一点切线的斜率是逐渐增加的,也就是导函数 $f'(x)$是单调增加函数;图 3-8(b)中的曲线是凸的,并且当 x 逐渐增加时,其上每一点切线的斜率是逐渐减少的,也就是导函数 $f'(x)$是单调减少函数。于是有下面定理。

定理 3.10　设 $f(x)$在$[a,b]$上连续,在(a,b)内具有一阶和二阶导数,那么

(1) 若在(a,b)内 $f''(x)>0$,则 $f(x)$在$[a,b]$上的图形是凹的。

(2) 若在(a,b)内 $f''(x)<0$,则 $f(x)$在$[a,b]$上的图形是凸的。

注:

(1) 定理中的条件"在(a,b)内具有一阶和二阶导数,在(a,b)内 $f''(x)>0$($f''(x)<0$)"可以改成"在(a,b)内除个别点二阶导数为零或不存在外,都有 $f''(x)>0$ ($f''(x)<0$)"。

(2) 定理中的开区间可以换成其他各种区间。

由定理 3.10 可得,确定曲线 $y=f(x)$的凹凸区间和拐点的步骤如下。

(1) 确定函数 $y=f(x)$的定义域。

(2) 求出二阶导数 $f''(x)$。

(3) 求二阶导数为零的点和二阶导数不存在的点。

(4) 列表判断,确定出曲线凹凸区间和拐点。

【例 3-26】　判断曲线 $y=\ln x$ 的凹凸性。

解: 函数 $y=\ln x$ 的定义域为$(0,+\infty)$。

$y'=\dfrac{1}{x}$,$y''=-\dfrac{1}{x^2}$,在函数 $y=\ln x$ 的定义域$(0,+\infty)$内,$y''<0$,所以曲线 $y=\ln x$ 是凸的。

【例 3-27】　求曲线 $y=3x^4-4x^3+1$ 的拐点及凹凸区间。

解: 函数 $y=3x^4-4x^3+1$ 的定义域为$(-\infty,+\infty)$。

$$y'=12x^3-12x^2,\quad y''=36x^2-24x=36x\left(x-\frac{2}{3}\right)$$

令 $y''=0$,得 $x_1=0$,$x_2=\dfrac{2}{3}$,列表见表 3-4。

表 3-4 例 3-27 列表

x	$(-\infty,0)$	0	$\left(0,\frac{2}{3}\right)$	$\frac{2}{3}$	$\left(\frac{2}{3},+\infty\right)$
y''	+	0	−	0	+
y	∪	1	∩	$\frac{11}{27}$	∪

在区间$(-\infty,0)$和$\left(\frac{2}{3},+\infty\right)$上曲线是凹的，在区间$\left[0,\frac{2}{3}\right]$上曲线是凸的。点$(0,1)$和$\left(\frac{2}{3},\frac{11}{27}\right)$是曲线的拐点。

【例 3-28】 曲线 $y=\sqrt[3]{x-4}+2$ 的凹凸区间和拐点。

解：函数 $y=\sqrt[3]{x-4}+2$ 的定义域为$(-\infty,+\infty)$。

$$y'=\frac{1}{3}(x-4)^{-\frac{2}{3}}, \quad y''=-\frac{2}{9}(x-4)^{-\frac{5}{3}}$$

$x=4$ 是使 y'' 不存在的点。列表见表 3-5。

表 3-5 例 3-28 列表

x	$(-\infty,4)$	4	$(4,+\infty)$
y''	+	不存在	−
y	∪	2	∩

在区间$(-\infty,4)$上曲线是凹的，在区间$(4,+\infty)$上曲线是凸的。点$(4,2)$是曲线的拐点。

3.4.2 曲线的水平渐近线和垂直渐近线

定义 3.3 如果当自变量 $x\to\infty$（$+\infty$或$-\infty$）时，函数 $f(x)$ 以常量 b 为极限，即

$$\lim_{\substack{x\to\infty \\ \left(\substack{x\to+\infty \\ x\to-\infty}\right)}} f(x)=b$$

则称直线 $y=b$ 为曲线 $f(x)$ 的水平渐近线。

定义 3.4 如果当自变量 $x\to x_0$（或 $x\to x_0^+$，或 $x\to x_0^-$）时，函数 $f(x)$ 为无穷大，即

$$\lim_{\substack{x\to x_0 \\ \left(\substack{x\to x_0^+ \\ x\to x_0^-}\right)}} f(x)=\infty(+\infty,-\infty)$$

则称直线 $x=x_0$ 叫作曲线 $f(x)$ 的垂直渐近线。

如曲线 $y=\arctan x$，因为 $\lim\limits_{x\to-\infty}\arctan x=-\frac{\pi}{2}$，$\lim\limits_{x\to+\infty}\arctan x=\frac{\pi}{2}$，所以直线 $y=-\frac{\pi}{2}$ 和 $y=\frac{\pi}{2}$ 是曲线 $y=\arctan x$ 的两条水平渐近线。

又如曲线 $y=\ln(x-1)$，因为 $\lim\limits_{x\to1^+}\ln(x-1)=-\infty$，所以直线 $x=1$ 是曲线 $y=\ln(x-1)$ 的垂直渐近线。

【例 3-29】 求下列曲线的水平渐近线或垂直渐近线。

(1) $y=\frac{1}{\sqrt{2\pi}}e^{-\frac{x^2}{2}}$　　(2) $y=\frac{e^x}{1+x}$

解：(1) 因为 $\lim\limits_{x\to\infty}\frac{1}{\sqrt{2\pi}}e^{-\frac{x^2}{2}}=0$，所以直线 $y=0$ 是曲线 $y=\frac{1}{\sqrt{2\pi}}e^{-\frac{x^2}{2}}$ 的水平渐近线。

(2) 因为 $\lim\limits_{x\to-\infty}\frac{e^x}{1+x}=0$，所以 $y=0$ 是曲线的一条水平渐近线。

又因为 $x=-1$ 是函数的间断点，且 $\lim\limits_{x\to-1}\frac{e^x}{1+x}=\infty$，故 $x=-1$ 是曲线的一条垂直渐近线。

【能力训练 3.4】

基础练习

1. 判断题。

(1) 函数在某点的二阶导数为零，则该点一定是拐点。(　　)

(2) 在拐点两侧函数的单调性不一定相反。(　　)

2. 求函数 $y=x^3-3x^2+3x+5$ 的凹凸区间和拐点。

3. 求曲线的渐近线。

(1) $y=x+\frac{1}{x}$　　(2) $y=\frac{2x+1}{3x+2}$

提高练习

1. 求下列函数的凹凸区间和拐点。

(1) $y=\ln(x^2+1)$　　(2) $y=(x-2)^{\frac{5}{3}}-\frac{5}{9}x^2$

2. 试确定曲线 $y=ax^3+bx^2$ 中的 a、b，使得(1,3)为拐点。

3.5　Matlab 求解极值和最值

用 Matlab 求函数极值的命令为 fminbnd()函数，该函数是求指定区间上的函数的局部最优，其调用格式如下。

fminbnd(f,x1,x2)：求函数 f 在区间$[x_1,x_2]$上的极小值点，其中 f 是用来求极值点的函数，是函数名，或者是函数表达式。

在 Matlab 中没有专门提供求极大值点的函数，因此通过求函数 $-f$ 的极小值点确定函数 f 的极大值点，进而求得其极大值。

【例 3-30】 求函数 $f(x)=\sin x+\cos x$ 在$[0,2\pi]$上的极值。

解：Matlab 命令如下。

```
>> syms x
>> x = 0: 0.1: 2 * pi;
>> y = sin(x) + cos(x);
>> plot(x,y)                                        % 画函数 f 的曲线图
```

如图 3-9 所示，函数 $f(x)$在$[0,2\pi]$上有极大值和极小值。求函数 $f(x)$的极小值点的 Matlab 命令如下：

```
>> xmin = fminbnd('sin(x) + cos(x)',0,2 * pi)   % 求函数 f 在[0,2π]上的极小值点
   ■  xmin  =  3.9270                           % 返回 x 的单位是弧度
>> ymin = sin(xmin) + cos(xmin)
   ■  ymin  = - 1.4142                          % 返回函数 f 的极小值
```

因此，函数 $f(x)$在$[0,2\pi]$上的极小值为-1.4142。

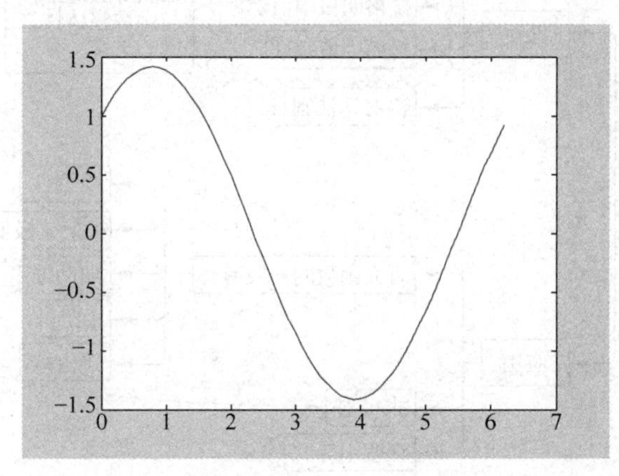

图 3-9　例 3-30 曲线图

求函数 $f(x)$的极大值点的 Matlab 命令如下：

```
>> xmax = fminbnd('- sin(x) - cos(x)',0,2 * pi)  % 求函数 f 在[0,2π]上的极大值点
   ■  xmax  =  0.7854
>> ymax = sin(xmax) + cos(xmax)
   ■  ymax  = 1.4142                              % 返回函数 f 的极大值
```

因此，函数 $f(x)$在$[0,2\pi]$上的极大值为 1.4142。

【例 3-31】 求函数 $f(x)=x-\dfrac{1}{x}+5$ 在区间$(-10,1)$和$(1,10)$上的最小值点。

解：Matlab 命令如下。

```
>> syms x
>> xmin = fminbnd('x - 1/x + 5', - 10,1)
   ■  xmin = - 9.9999
>> xmin = fminbnd('x - 1/x + 5',1,10)
   ■  xmin = 1.0001
```

【例 3-32】 做一个容积为 $300\mathrm{m}^3$ 的无盖圆柱形水池，如图 3-10 所示，已知池底单位造价为侧面单位造价的两倍，问水池尺寸怎样设计才能使总造价最低？

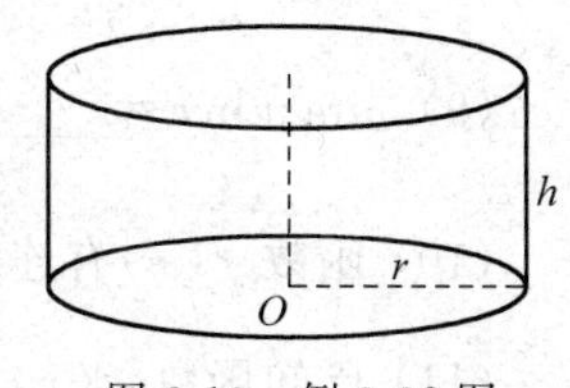

图 3-10　例 3-32 图

例 3-30 和
例 3-32

【能力练习 3.5】

求下列函数的极值。

（1）$y=x^3-6x^2+9x-4$　　（2）$y=\ln x-\arctan x$

本章思维导图

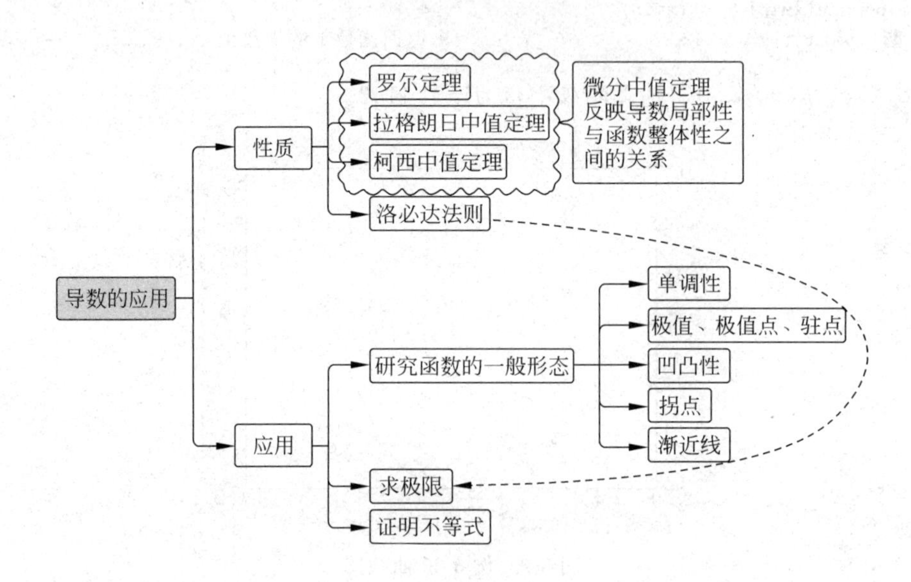

综合能力训练

1. 填空题。

（1）函数 $y=2x^2+ax+3$ 在点 $x=1$ 处取得极小值，则 $a=$________。

（2）函数 $y=2x^3-9x^2+12x+1$ 在区间$[0,2]$上的最大值点是________。

（3）函数 $y=2x^2-\ln x$ 的递减区间为________。

（4）曲线 $y=x\cdot 2^{-x}$ 的凸区间是________。

（5）曲线 $y=x\mathrm{e}^{-3x}$ 的拐点为________。

（6）曲线 $y=ax^3+bx^2$ 的拐点是$(1,-2)$，则 $a=$________，$b=$________。

（7）函数 $y=1-x^2$ 在$[-1,3]$上满足拉格朗日中值定理的点 $\xi=$________。

（8）极限$\lim\limits_{x\to 0}\dfrac{x-\sin x}{x^3}=$________。

（9）$\lim\limits_{x\to 0^+}x\ln x=$________。

（10）函数 $f(x)$有连续二阶导数且 $f(0)=0,f'(0)=1$，则$\lim\limits_{x\to 0}\dfrac{f(x)-2x}{x}=$________。

（11）已知函数 $f(x)$在点 x_0 处可导且取得极值，则 $f'(x_0)=$________。

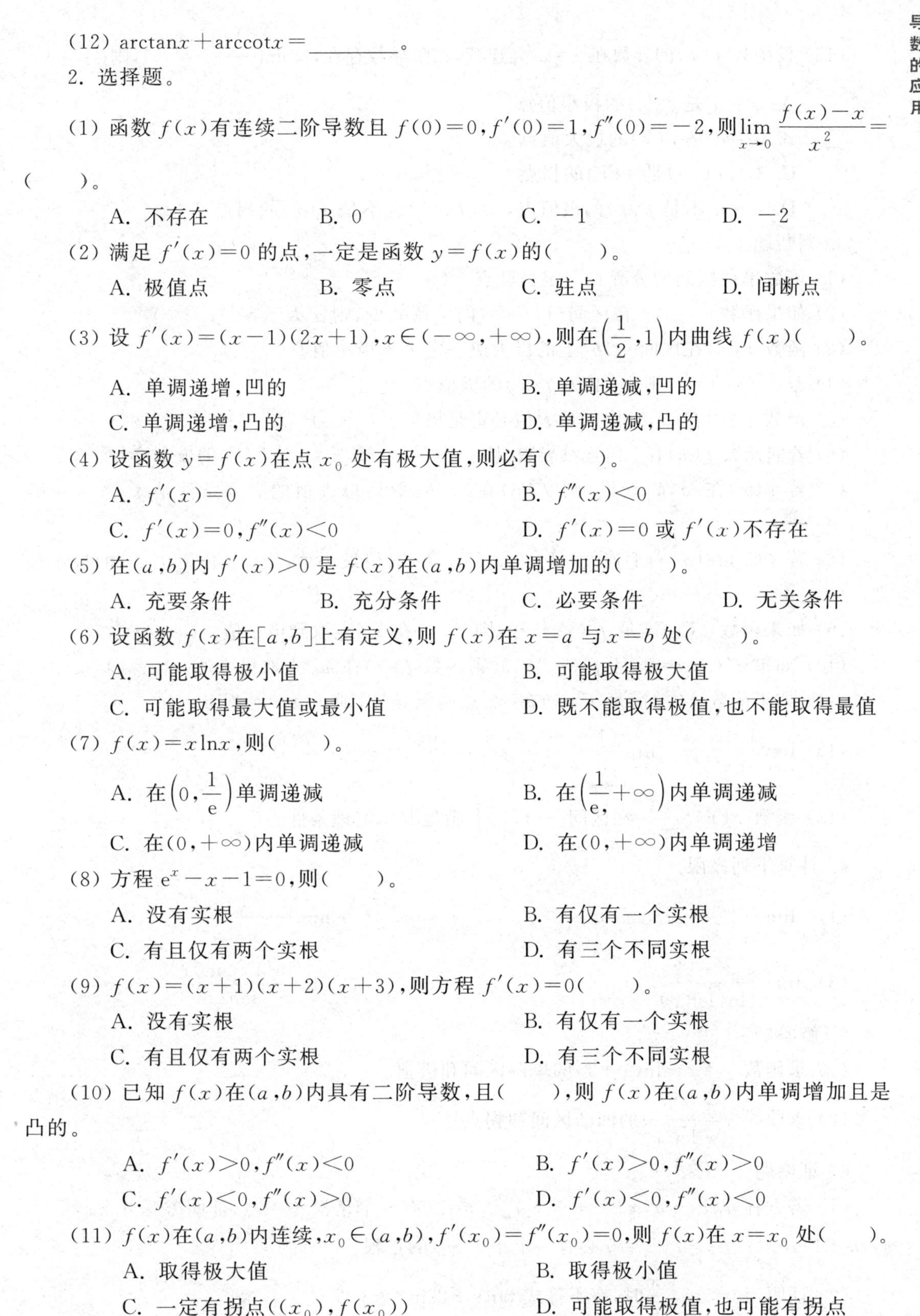

(12) $\arctan x+\operatorname{arccot} x=$ ________。

2. 选择题。

(1) 函数 $f(x)$ 有连续二阶导数且 $f(0)=0, f'(0)=1, f''(0)=-2$，则 $\lim\limits_{x\to 0}\dfrac{f(x)-x}{x^2}=$ (　　)。

A. 不存在　　B. 0　　C. -1　　D. -2

(2) 满足 $f'(x)=0$ 的点，一定是函数 $y=f(x)$ 的(　　)。

A. 极值点　　B. 零点　　C. 驻点　　D. 间断点

(3) 设 $f'(x)=(x-1)(2x+1), x\in(-\infty,+\infty)$，则在 $\left(\dfrac{1}{2},1\right)$ 内曲线 $f(x)$(　　)。

A. 单调递增，凹的　　B. 单调递减，凹的

C. 单调递增，凸的　　D. 单调递减，凸的

(4) 设函数 $y=f(x)$ 在点 x_0 处有极大值，则必有(　　)。

A. $f'(x)=0$　　B. $f''(x)<0$

C. $f'(x)=0, f''(x)<0$　　D. $f'(x)=0$ 或 $f'(x)$ 不存在

(5) 在 (a,b) 内 $f'(x)>0$ 是 $f(x)$ 在 (a,b) 内单调增加的(　　)。

A. 充要条件　　B. 充分条件　　C. 必要条件　　D. 无关条件

(6) 设函数 $f(x)$ 在 $[a,b]$ 上有定义，则 $f(x)$ 在 $x=a$ 与 $x=b$ 处(　　)。

A. 可能取得极小值　　B. 可能取得极大值

C. 可能取得最大值或最小值　　D. 既不能取得极值，也不能取得最值

(7) $f(x)=x\ln x$，则(　　)。

A. 在 $\left(0,\dfrac{1}{\mathrm{e}}\right)$ 单调递减　　B. 在 $\left(\dfrac{1}{\mathrm{e}},+\infty\right)$ 内单调递减

C. 在 $(0,+\infty)$ 内单调递减　　D. 在 $(0,+\infty)$ 内单调递增

(8) 方程 $\mathrm{e}^x-x-1=0$，则(　　)。

A. 没有实根　　B. 有仅有一个实根

C. 有且仅有两个实根　　D. 有三个不同实根

(9) $f(x)=(x+1)(x+2)(x+3)$，则方程 $f'(x)=0$(　　)。

A. 没有实根　　B. 有仅有一个实根

C. 有且仅有两个实根　　D. 有三个不同实根

(10) 已知 $f(x)$ 在 (a,b) 内具有二阶导数，且(　　)，则 $f(x)$ 在 (a,b) 内单调增加且是凸的。

A. $f'(x)>0, f''(x)<0$　　B. $f'(x)>0, f''(x)>0$

C. $f'(x)<0, f''(x)>0$　　D. $f'(x)<0, f''(x)<0$

(11) $f(x)$ 在 (a,b) 内连续，$x_0\in(a,b)$，$f'(x_0)=f''(x_0)=0$，则 $f(x)$ 在 $x=x_0$ 处(　　)。

A. 取得极大值　　B. 取得极小值

C. 一定有拐点 $((x_0), f(x_0))$　　D. 可能取得极值，也可能有拐点

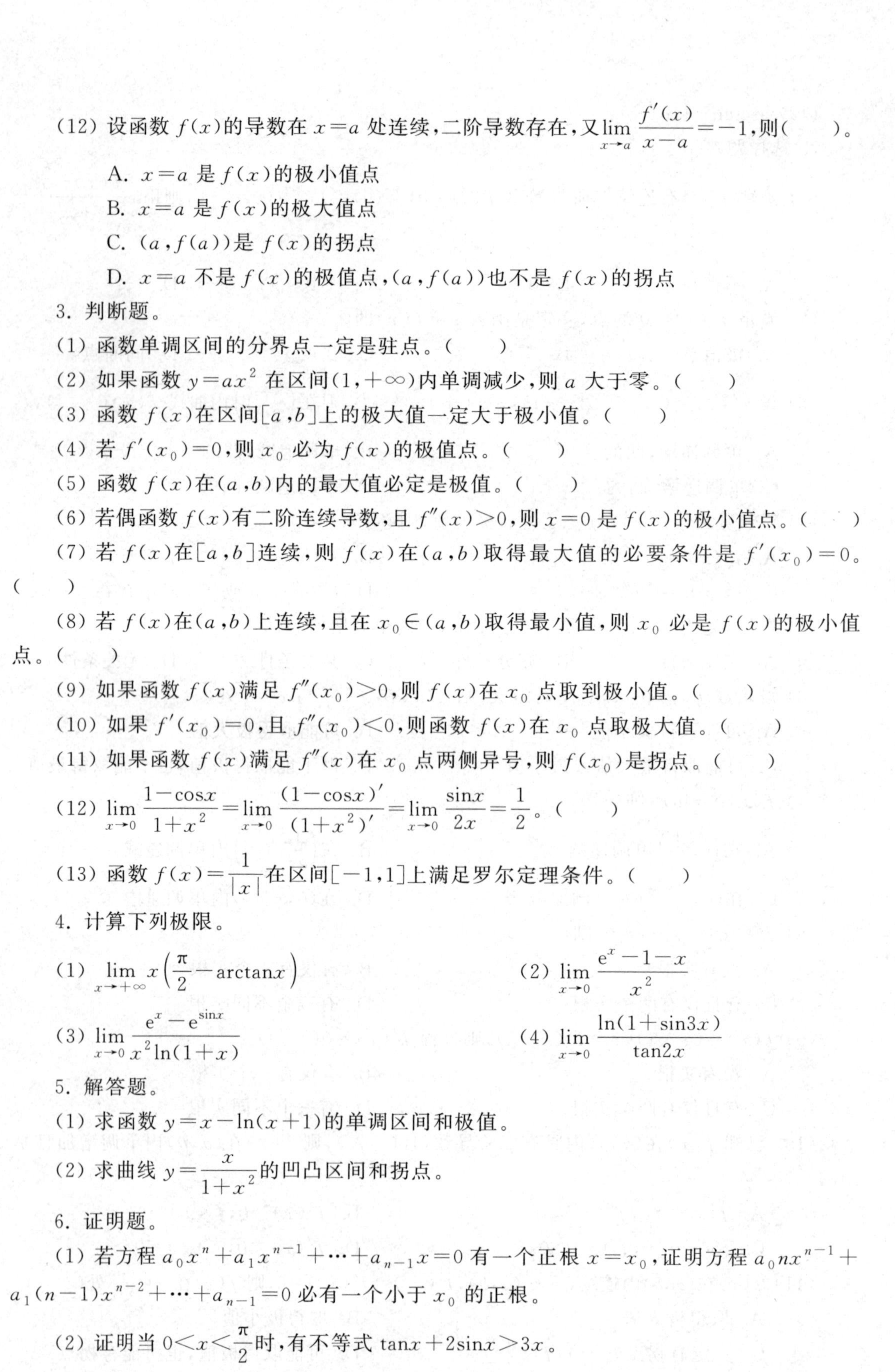

(12) 设函数 $f(x)$ 的导数在 $x=a$ 处连续，二阶导数存在，又 $\lim\limits_{x\to a}\dfrac{f'(x)}{x-a}=-1$，则(　　)。

A. $x=a$ 是 $f(x)$ 的极小值点

B. $x=a$ 是 $f(x)$ 的极大值点

C. $(a,f(a))$ 是 $f(x)$ 的拐点

D. $x=a$ 不是 $f(x)$ 的极值点，$(a,f(a))$ 也不是 $f(x)$ 的拐点

3. 判断题。

(1) 函数单调区间的分界点一定是驻点。(　　)

(2) 如果函数 $y=ax^2$ 在区间 $(1,+\infty)$ 内单调减少，则 a 大于零。(　　)

(3) 函数 $f(x)$ 在区间 $[a,b]$ 上的极大值一定大于极小值。(　　)

(4) 若 $f'(x_0)=0$，则 x_0 必为 $f(x)$ 的极值点。(　　)

(5) 函数 $f(x)$ 在 (a,b) 内的最大值必定是极值。(　　)

(6) 若偶函数 $f(x)$ 有二阶连续导数，且 $f''(x)>0$，则 $x=0$ 是 $f(x)$ 的极小值点。(　　)

(7) 若 $f(x)$ 在 $[a,b]$ 连续，则 $f(x)$ 在 (a,b) 取得最大值的必要条件是 $f'(x_0)=0$。(　　)

(8) 若 $f(x)$ 在 (a,b) 上连续，且在 $x_0\in(a,b)$ 取得最小值，则 x_0 必是 $f(x)$ 的极小值点。(　　)

(9) 如果函数 $f(x)$ 满足 $f''(x_0)>0$，则 $f(x)$ 在 x_0 点取到极小值。(　　)

(10) 如果 $f'(x_0)=0$，且 $f''(x_0)<0$，则函数 $f(x)$ 在 x_0 点取极大值。(　　)

(11) 如果函数 $f(x)$ 满足 $f''(x)$ 在 x_0 点两侧异号，则 $f(x_0)$ 是拐点。(　　)

(12) $\lim\limits_{x\to 0}\dfrac{1-\cos x}{1+x^2}=\lim\limits_{x\to 0}\dfrac{(1-\cos x)'}{(1+x^2)'}=\lim\limits_{x\to 0}\dfrac{\sin x}{2x}=\dfrac{1}{2}$。(　　)

(13) 函数 $f(x)=\dfrac{1}{|x|}$ 在区间 $[-1,1]$ 上满足罗尔定理条件。(　　)

4. 计算下列极限。

(1) $\lim\limits_{x\to+\infty}x\left(\dfrac{\pi}{2}-\arctan x\right)$

(2) $\lim\limits_{x\to 0}\dfrac{e^x-1-x}{x^2}$

(3) $\lim\limits_{x\to 0}\dfrac{e^x-e^{\sin x}}{x^2\ln(1+x)}$

(4) $\lim\limits_{x\to 0}\dfrac{\ln(1+\sin 3x)}{\tan 2x}$

5. 解答题。

(1) 求函数 $y=x-\ln(x+1)$ 的单调区间和极值。

(2) 求曲线 $y=\dfrac{x}{1+x^2}$ 的凹凸区间和拐点。

6. 证明题。

(1) 若方程 $a_0x^n+a_1x^{n-1}+\cdots+a_{n-1}x=0$ 有一个正根 $x=x_0$，证明方程 $a_0nx^{n-1}+a_1(n-1)x^{n-2}+\cdots+a_{n-1}=0$ 必有一个小于 x_0 的正根。

(2) 证明当 $0<x<\dfrac{\pi}{2}$ 时，有不等式 $\tan x+2\sin x>3x$。

7. 应用题。

(1) 欲建造一个容积为 $50m^3$ 的圆柱形锅炉，问锅炉的高和底半径取多大值时用料最省？

(2) 长为 l 的丝切成两段，一段围成正方形，一段围成圆形，问这两段铁丝各为多长时，正方形与圆的面积之和最小？

第4章 不定积分

【学习目标】

通过本章的学习,你应该能够:

(1) 理解原函数与不定积分的概念,不定积分与导数(微分)的关系;

(2) 掌握不定积分的性质,理解其几何意义;

(3) 熟记基本积分公式;

(4) 学会第一换元积分法和第二换元积分法;

(5) 学会分部积分法;

(6) 灵活运用积分方法解决不定积分问题。

数学星空下的"千年谜题"

4.1 不定积分的概念与性质

积分学是微积分的另一个重要组成部分,而一元函数积分学又是积分学的基础。一元函数积分学分为不定积分和定积分,本章主要学习不定积分的概念、性质和计算方法。

4.1.1 原函数与不定积分

1. 原函数

在微分学中,若已知曲线方程 $y=f(x)$,则可求出该曲线在任一点 x 处的切线斜率为 $k=f'(x)$;例如,曲线 $y=x^3$ 在 x 处切线的斜率为 $k=3x^2$。那么,它的**逆问题**应该如何解决呢?即已知曲线上任一点 x 处切线的斜率,求该曲线方程。为此,我们引入原函数的概念。

定义 4.1 设 I 是一个区间,且 $F(x)$和 $f(x)$都在区间 I 上有定义,且满足

$$F'(x)=f(x) \quad 或 \quad \mathrm{d}F(x)=f(x)\mathrm{d}x$$

则称函数 $F(x)$是函数 $f(x)$在该区间上的一个原函数。

例如，因为函数$(x^3)'=3x^2$，所以x^3是$3x^2$的一个原函数；$\sin x$和$\sin x+1$的导数都是$\cos x$，所以$\sin x$和$\sin x+1$都是$\cos x$的原函数，这说明**一个函数的原函数不是唯一的**。事实上，如果$F(x)$是$f(x)$在区间I上的一个原函数，则有$[F(x)+C]'=f(x)$(C为任意常数)。那么，$F(x)+C$也是$f(x)$在区间I上的原函数。

另外，设$F(x)$和$G(x)$都是$f(x)$的原函数，则

$$[F(x)-G(x)]'=F'(x)-G'(x)=f(x)-f(x)=0$$

即$F(x)-G(x)=C$(C为任意常数)，这说明一个函数的任意两个原函数之间相差一个常数。

综上可知，若函数$F(x)$是函数$f(x)$的一个原函数，即$F'(x)=f(x)$，则

(1) 对任意的常数C，函数$F(x)+C$也是函数$f(x)$的原函数。

(2) 若$G(x)$也是$f(x)$的一个原函数，则有$G(x)=F(x)+C$，即函数$f(x)$的任意两个原函数之间仅相差一个常数。

原函数的性质表明，若函数$f(x)$有原函数存在，则它必有无穷多个原函数，而且若其中一个函数为$F(x)$，则这无穷多个原函数都可写成$F(x)+C$的形式，即$F(x)+C$表示$f(x)$的全体原函数，称$F(x)+C$是$f(x)$的**原函数族**。

关于原函数的存在性，不加证明地给出如下结论。

定理 4.1(原函数存在定理)　如果函数$f(x)$在区间I上连续，那么区间I上存在可导函数$F(x)$，使得对任意的$x\in I$，都有$F'(x)=f(x)$。

简单地说，连续函数一定有原函数。因此，**初等函数在其定义区间内一定有原函数**。

2. 不定积分

定义 4.2

定义 4.2　若函数$F(x)$是$f(x)$在某区间I上的一个原函数，则称$f(x)$的全体原函数$F(x)+C$(C为任意常数)为$f(x)$在区间I上的**不定积分**，记作$\int f(x)\mathrm{d}x$，即

$$\int f(x)\mathrm{d}x=F(x)+C$$

其中，$\int$称为**积分号**，$f(x)$称为**被积函数**，$f(x)\mathrm{d}x$称为**被积表达式**，x称为**积分变量**，C称为**积分常数**。

由定义4.2可知，求$f(x)$的不定积分，就是求$f(x)$的所有原函数。所以只要求出$f(x)$的一个原函数$F(x)$，再加上常数C即可。

【例 4-1】　求下列不定积分。

(1) $\int x^3\mathrm{d}x$　　　　(2) $\int\frac{1}{1+x^2}\mathrm{d}x$

解：(1) 因为$\left(\frac{1}{4}x^4\right)'=x^3$，所以$\left(\frac{1}{4}x^4\right)'$是$x^3$的一个原函数，所以

$$\int x^3\mathrm{d}x=\frac{1}{4}x^4+C\quad(C\text{ 是任意常数})$$

(2) 因为$(\arctan x)'=\frac{1}{1+x^2}$，所以$\arctan x$是$\frac{1}{1+x^2}$的一个原函数，所以

$$\int \frac{1}{1+x^2}\mathrm{d}x = \arctan x + C \quad (C\text{ 是任意常数})$$

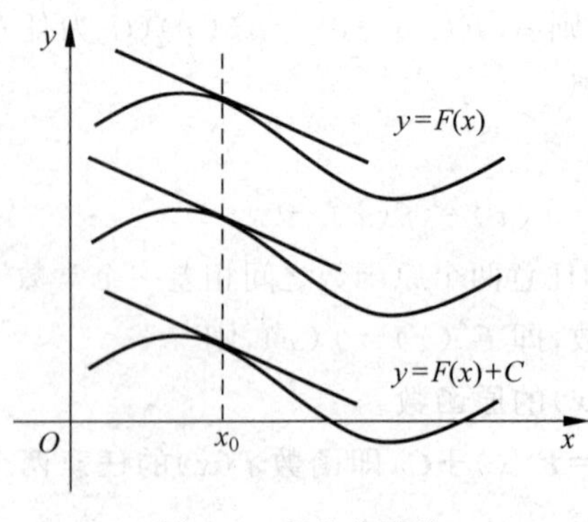

图 4-1　积分曲线族

3. 不定积分的几何意义

若 $F(x)$ 是 $f(x)$ 的一个原函数，则 $F(x)$ 在直角坐标系中就确定一条曲线，我们通常把这条曲线叫作 $f(x)$ 的**一条积分曲线**。那么 $f(x)$ 的不定积分 $\int f(x)\mathrm{d}x$（即 $F(x)+C$）的图像可以看成是由积分曲线 $F(x)$ 沿 y 轴正、负方向平移 $|C|$ 个单位所得的一族积分曲线，称为 $f(x)$ 的**积分曲线族**，如图 4-1 所示。

所以，不定积分 $\int f(x)\mathrm{d}x$ 在几何上就表示 $f(x)$ 的积分曲线族；而且在每一条积分曲线上相同的点 x_0 处作切线，这些切线互相平行，其斜率都是 $f'(x_0)$。

在 $f(x)$ 的积分曲线族中确定其中某条曲线的条件是曲线通过点 (x_0, y_0)，这样的条件称为**初始条件**。

【例 4-2】　已知曲线过点(1,2)，且在任一点处的切线斜率为 $3x^2$，求此曲线的方程。

解：设曲线方程为 $y=f(x)$，由题意可知 $\frac{\mathrm{d}y}{\mathrm{d}x}=3x^2$，所以

$$y=\int 3x^2\mathrm{d}x = x^3+C$$

又因为曲线过点(1,2)，所以有 $2=1^3+C$，解得 $C=1$，所以曲线方程为

$$y=x^3+1$$

4.1.2　不定积分的性质

性质 1　(1) $\left[\int f(x)\mathrm{d}x\right]'=f(x)$ 或 $\mathrm{d}\left[\int f(x)\mathrm{d}x\right]=f(x)\mathrm{d}x$；

(2) $\int F'(x)\mathrm{d}x=F(x)+C$ 或 $\int \mathrm{d}F(x)=F(x)+C$。

这个性质说明**微分运算与积分运算是互逆的**。

性质 2　求不定积分时，非零常数因子可提到积分号外面，即

$$\int kf(x)\mathrm{d}x = k\int f(x)\mathrm{d}x \quad (k\neq 0)$$

性质 3　求两函数代数和的不定积分时，等于它们各自积分的代数和，即

$$\int [f(x)\pm g(x)]\mathrm{d}x = \int f(x)\mathrm{d}x \pm \int g(x)\mathrm{d}x$$

【例 4-3】　求不定积分 $\int (3\cos x + 2\mathrm{e}^x)\mathrm{d}x$。

解：$\int (3\cos x + 2\mathrm{e}^x)\mathrm{d}x = \int 3\cos x\,\mathrm{d}x + \int 2\mathrm{e}^x\,\mathrm{d}x = 3\int \cos x\,\mathrm{d}x + 2\int \mathrm{e}^x\,\mathrm{d}x = 3\sin x + 2\mathrm{e}^x + C$

【能力训练 4.1】

基础练习

1. 判断题。

(1) 若函数 $f(x)$存在原函数,则原函数唯一。(　　)

(2) 若 $F(x)$和 $G(x)$均为 $f(x)$的原函数,则 $G(x)=F(x)+C$。(　　)

(3) $\left[\int F(x)\mathrm{d}x\right]'=F(x)+C$。(　　)

2. 填空题。

(1) $f(x)$的________称为 $f(x)$的不定积分。

(2) $\int \mathrm{d}(\sin x)=$________。

(3) d________$=3x^2\mathrm{d}x$；$\int 3x^2\mathrm{d}x=$________。

3. 写出下列各式的结果。

(1) $\int \mathrm{d}\left(\frac{1}{\arcsin x}\right)$　　(2) $\mathrm{d}\left(\int \frac{1}{1+x^3}\mathrm{d}x\right)$　　(3) $\int (x\cos x\ln x)'\mathrm{d}x$

4. 已知曲线上任一点的切线斜率为 $3x^2$,且过点(1,3),求此曲线的方程。

提高练习

1. 选择题。

(1) 若$\int f(x)\mathrm{d}x=x^2\mathrm{e}^{2x}+C$,则 $f(x)=$(　　)。

A. $2x\mathrm{e}^{2x}$　　B. $4x\mathrm{e}^{2x}$　　C. $2x^2\mathrm{e}^{2x}$　　D. $2x\mathrm{e}^{2x}(x+1)$

(2) 设函数 $f(x)$的一个原函数为$\frac{1}{x}$,则 $f'(x)=$(　　)。

A. $-\frac{1}{x^2}$　　B. $\frac{2}{x^3}$　　C. $\frac{1}{x}$　　D. $\ln|x|$

2. 已知$\int f(x+1)x\,\mathrm{d}x=x^2\sin(x+1)+C$,求函数 $f(x)$。

4.2　直接积分法

4.2.1　基本积分公式

根据不定积分的定义,由导数或微分基本公式,就可以得到不定积分的基本公式。下面列出基本积分公式表。这些公式必须熟记,因为许多不定积分最终将归结为这些基本积分公式。

(1) $\int k\mathrm{d}x = kx + C$（$k$ 是常数）

(2) $\int x^{a}\mathrm{d}x = \dfrac{1}{a+1}x^{a+1} + C(a \neq -1)$

(3) $\int \dfrac{1}{x}\mathrm{d}x = \ln|x| + C(x \neq 0)$

(4) $\int a^{x}\mathrm{d}x = \dfrac{1}{\ln a}a^{x} + C$（$a > 0$ 且 $a \neq 1$）

(5) $\int \mathrm{e}^{x}\mathrm{d}x = \mathrm{e}^{x} + C$

(6) $\int \sin x\mathrm{d}x = -\cos x + C$

(7) $\int \cos x\mathrm{d}x = \sin x + C$

(8) $\int \sec^{2}x\mathrm{d}x = \int \dfrac{1}{\cos^{2}x}\mathrm{d}x = \tan x + C$

(9) $\int \csc^{2}x\mathrm{d}x = \int \dfrac{1}{\sin^{2}x}\mathrm{d}x = -\cot x + C$

(10) $\int \sec x\tan x\mathrm{d}x = \sec x + C$

(11) $\int \csc x\cot x\mathrm{d}x = -\csc x + C$

(12) $\int \dfrac{1}{\sqrt{1-x^{2}}}\mathrm{d}x = \arcsin x + C$

(13) $\int \dfrac{1}{1+x^{2}}\mathrm{d}x = \arctan x + C$

4.2.2 直接积分法的定义与运用

直接利用或者对被积函数进行恒等变形后再利用不定积分性质和基本积分公式求解积分的方法，叫作直接积分法。

1. 直接运用公式

【例 4-4】 求不定积分：(1) $\int 3\mathrm{e}^{x}\mathrm{d}x$；(2) $\int (x^{3} + \cos x + 2^{x})\mathrm{d}x$。

思路：根据不定积分的运算性质，对(1)将非零因子提到积分号外，对(2)进行逐项积分。

解：(1) $\int 3\mathrm{e}^{x}\mathrm{d}x = 3\int \mathrm{e}^{x}\mathrm{d}x = 3\mathrm{e}^{x} + C$

(2) $\int (x^{3} + \cos x + 2^{x})\mathrm{d}x = \int x^{3}\mathrm{d}x + \int \cos x\mathrm{d}x + \int 2^{x}\mathrm{d}x$

$$= \frac{1}{4}x^{4} + \sin x + \frac{2^{x}}{\ln 2} + C$$

注：每个积分号都含有一个任意常数，而这些任意常数的和还是任意常数，因此只要总的写出一个任意常数 C 即可。

【例 4-5】 求不定积分 $\int \frac{x^2+x\sqrt{x}+1}{\sqrt{x}}\mathrm{d}x$。

思路：对某些分式或根式函数求积分，可先把它们化为 x^a 的形式，再利用幂函数的积分公式求积分。

解：$\int \frac{x^2+x\sqrt{x}+1}{\sqrt{x}}\mathrm{d}x=\int\left(x^{\frac{3}{2}}+x+x^{-\frac{1}{2}}\right)\mathrm{d}x=\frac{2}{5}x^{\frac{5}{2}}+\frac{1}{2}x^2+2x^{\frac{1}{2}}+C$

2. 通过代数恒等变形把被积函数化为基本积分公式表中的形式

当被积函数是一个比较复杂的函数时，常把被积函数拆成几个简单函数和的形式，再进行逐项积分。

例 4-6(1)

【例 4-6】 求不定积分：(1) $\int \frac{x^4}{x^2+1}\mathrm{d}x$；(2) $\int \frac{2}{x^2(x^2+1)}\mathrm{d}x$。

思路：变形分子拆分被积函数。

解：(1) $\int \frac{x^4}{x^2+1}\mathrm{d}x=\int \frac{x^4-1+1}{x^2+1}\mathrm{d}x=\int\left(x^2-1+\frac{1}{1+x^2}\right)\mathrm{d}x$

$$=\frac{1}{3}x^3-x+\arctan x+C$$

(2) $\int \frac{2}{x^2(x^2+1)}\mathrm{d}x=2\int\left(\frac{1}{x^2}-\frac{1}{1+x^2}\right)\mathrm{d}x=-2\left(\frac{1}{x}+\arctan x\right)+C$

【例 4-7】 求不定积分：(1) $\int \frac{x-9}{\sqrt{x}-3}\mathrm{d}x$；(2) $\int \frac{\mathrm{e}^{2x}-1}{\mathrm{e}^x+1}\mathrm{d}x$。

思路：利用平方差公式化简分母。

解：(1) $\int \frac{x-9}{\sqrt{x}-3}\mathrm{d}x=\int \frac{(\sqrt{x}+3)(\sqrt{x}-3)}{\sqrt{x}-3}\mathrm{d}x=\int(\sqrt{x}+3)\mathrm{d}x=\frac{2}{3}x^{\frac{3}{2}}+3x+C$

(2) $\int \frac{\mathrm{e}^{2x}-1}{\mathrm{e}^x+1}\mathrm{d}x=\int \frac{(\mathrm{e}^x+1)(\mathrm{e}^x-1)}{\mathrm{e}^x+1}\mathrm{d}x=\int(\mathrm{e}^x-1)\mathrm{d}x=\mathrm{e}^x-x+C$

3. 利用三角公式把被积函数化为基本积分公式表中的形式

当被积函数中含有三角函数时，经常需要利用三角公式对被积函数做适当变形，再计算积分。

例 4-8(1)

【例 4-8】 求不定积分：(1) $\int \frac{\sin 2x}{\cos x}\mathrm{d}x$；(2) $\int \tan^2 x\,\mathrm{d}x$。

解：(1) $\int \frac{\sin 2x}{\cos x}\mathrm{d}x=\int \frac{2\sin x\cos x}{\cos x}\mathrm{d}x=2\int \sin x\,\mathrm{d}x=-2\cos x+C$

(2) $\int \tan^2 x\,\mathrm{d}x=\int(\sec^2 x-1)\mathrm{d}x=\int \sec^2 x\,\mathrm{d}x-\int \mathrm{d}x=\tan x-x+C$

注：不定积分的结果中一定含有任意常数 C。在检验结果是否正确时，只要把结果求

导，看它是否等于被积函数即可。

【能力训练4.2】

基础练习

计算下列不定积分。

(1) $\int (x^2+x+\sqrt{x})\mathrm{d}x$

(2) $\int 2^x \mathrm{e}^x \mathrm{d}x$

(3) $\int (\mathrm{e}^x-3\cos x)\mathrm{d}x$

(4) $\int \frac{(x-1)^3}{x^2}\mathrm{d}x$

(5) $\int \frac{x^2+\sqrt{x^3}+3}{\sqrt{x}}\mathrm{d}x$

(6) $\int \frac{(\sqrt{x}+1)(2x-3)}{x}\mathrm{d}x$

(7) $\int \sqrt{x}(x^2-5)\mathrm{d}x$

(8) $\int \frac{\cos 2t}{\sin^2 t}\mathrm{d}t$

(9) $\int \sin^2 \frac{x}{2}\mathrm{d}x$

(10) $\int \frac{1-\cos^2 x}{\sin^2 \frac{x}{2}}\mathrm{d}x$

提高练习

计算下列不定积分。

(1) $\int \frac{2x^2+1}{x^2(x^2+1)}\mathrm{d}x$

(2) $\int \frac{2x^4}{x^2+1}\mathrm{d}x$

(3) $\int (\sqrt{x}+1)(x-\sqrt{x}+1)\mathrm{d}x$

(4) $\int \frac{1+x+x^2}{x(1+x^2)}\mathrm{d}x$

(5) $\int \left(\frac{2}{1+x^2}-\frac{1}{\sqrt{1-x^2}}\right)\mathrm{d}x$

(6) $\int \frac{3x^4+2x^2}{x^2+1}\mathrm{d}x$

(7) $\int \frac{x^2+\sin^2 x}{x^2\sin^2 x}\mathrm{d}x$

(8) $\int [\sin x(\sin x+1)+\cos x(\cos x+1)]\mathrm{d}x$

4.3 换元积分法

利用直接积分法只能计算一些较为简单的积分，而对某些函数的积分则需要寻求其他方法解决。

4.3.1 第一换元积分法

为求复合函数 $y=\sin 3x$ 的导数，可以设 $y=\sin u$，$u=3x$，则

$$(\sin 3x)'=(\sin u)'=(\sin u)'\cdot u'=\cos 3x\cdot(3x)'=3\cos 3x$$

根据上式对 $3\cos 3x$ 取不定积分，有

$$\int 3\cos 3x\,dx=\int \cos 3x\cdot(3x)'\,dx=\int \cos 3x\,d(3x)$$

$$\xlongequal[\text{令 } u=3x]{\text{变量代换}}\int \cos u\,du \xlongequal{\text{积分公式}} \sin u+C$$

$$\xlongequal{\text{变量还原}} \sin 3x+C$$

现将 $y=\sin 3x$ 换成一般复合函数形式，即 $y=F(\varphi(x))$，为求其导数，设 $y=F(u)$，$u=\varphi(x)$，若 $F'(u)=f(u)$，则

$$[F(\varphi(x))]'=[F(u)]'=F'(u)u'=f(u)\varphi'(x)=f(\varphi(x))\varphi'(x)$$

若想求 $f(\varphi(x))\varphi'(x)$的不定积分，根据上式有

$$\int f(\varphi(x))\varphi'(x)\,dx=\int f(\varphi(x))\,d\varphi(x) \xlongequal[\text{令 } \varphi(x)=u]{\text{变量代换}} \int f(u)\,du$$

$$\xlongequal{\text{积分公式}} F(u)+C \xlongequal{\text{变量还原}} F(\varphi(x))+C$$

这就是第一换元积分法公式，也是第一换元积分法求不定积分的过程。

定理 4.2 设 $f(u)$具有原函数 $F(u)$，且 $u=\varphi(x)$具有连续的导数，则有换元公式

$$\int f(\varphi(x))\varphi'(x)\,dx=F(\varphi(x))+C$$

这样的积分方法称为第一换元积分法，又称凑微分法。

使用第一换元积分法的前提是 $f(u)$存在原函数 $F(u)$，其关键是被积表达式应具有 $f(\varphi(x))\varphi'(x)\,dx$ 形式，或 $f(\varphi(x))\,d(\varphi(x))$形式。具体应用步骤如下。

(1) 凑微分，即 $\int f[\varphi(x)]\varphi'(x)\,dx=\int f(\varphi(x))\,d\varphi(x)$。

(2) 作变量代换，令 $u=\varphi(x)$，有$\int f(\varphi(x))\,d\varphi(x)=\int f(u)\,du$。

(3) 利用基本积分公式求出 $f(u)$的原函数 $F(u)$，得 $\int f(u)\,du=F(u)+C$。

(4) 代回原来的变量，将 $u=\varphi(x)$ 代入，得 $\int f(\varphi(x))\varphi'(x)\,dx=F(\varphi(x))+C$。

【例 4-9】 求不定积分$\int (2x+3)^{10}\,dx$。

解：$\int (2x+3)^{10}\,dx=\int (2x+3)^{10}\,\frac{1}{2}(2x+3)'\,dx=\frac{1}{2}\int (2x+3)^{10}\,d(2x+3)$

$$\xlongequal[2x+3=u]{\text{换元}} \frac{1}{2}\int u^{10}\,du \xlongequal{\text{利用公式}} \frac{1}{2}\cdot\frac{u^{11}}{11}+C$$

$$\xlongequal[u=2x+3]{\text{回代}} \frac{1}{22}(2x+3)^{11}+C$$

注：一般地，有$\int f(ax+b)\,dx=\frac{1}{a}\int f(ax+b)\,d(ax+b)$。

【例 4-10】 求不定积分 $\int x\sqrt{x^2+1}\,dx$。

解：$\int x\sqrt{x^2+1}\,dx=\frac{1}{2}\int \sqrt{x^2+1}\cdot(x^2+1)'\,dx$

$$=\frac{1}{2}\int\sqrt{x^2+1}\,\mathrm{d}(x^2+1) \qquad （换元，令 u=x^2+1）$$

$$=\frac{1}{2}\int\sqrt{u}\,\mathrm{d}u=\frac{1}{3}u^{\frac{3}{2}}+C \qquad （积分）$$

$$=\frac{1}{3}(x^2+1)^{\frac{3}{2}}+C \qquad （回代）$$

注：一般地，有$\int f(ax^n+b)x^{n-1}\mathrm{d}x=\frac{1}{na}\int f(ax^n+b)\mathrm{d}(ax^n+b)$；也可根据微分基本公式找到更多的凑微分形式，具体见表 4-1。

表 4-1　常用凑微分公式

方　法	积分类型	换元公式
第一换元积分法	$\int f(ax+b)\mathrm{d}x=\frac{1}{a}\int f(ax+b)\mathrm{d}(ax+b)$	$u=ax+b$
	$\int f(ax^n+b)x^{n-1}\mathrm{d}x=\frac{1}{na}\int f(ax^n+b)\mathrm{d}(ax^n+b)$	$u=ax^n+b$
	$\int f(\ln x)\frac{\mathrm{d}x}{x}=\int f(\ln x)\mathrm{d}(\ln x)$	$u=\ln x$
	$\int f(\mathrm{e}^x)\mathrm{e}^x\mathrm{d}x=\int f(\mathrm{e}^x)\mathrm{d}(\mathrm{e}^x)$	$u=\mathrm{e}^x$
	$\int f(a^x)a^x\mathrm{d}x=\frac{1}{\ln a}\int f(a^x)\mathrm{d}(a^x)$	$u=a^x$
	$\int f(\sin x)\cos x\mathrm{d}x=\int f(\sin x)\mathrm{d}(\sin x)$	$u=\sin x$
	$\int f(\cos x)\sin x\mathrm{d}x=-\int f(\cos x)\mathrm{d}(\cos x)$	$u=\cos x$
	$\int f(\tan x)\sec^2x\mathrm{d}x=\int f(\tan x)\mathrm{d}(\tan x)$	$u=\tan x$
	$\int f(\cot x)\csc^2x\mathrm{d}x=-\int f(\cot x)\mathrm{d}(\cot x)$	$u=\cot x$
	$\int f(\arcsin x)\frac{1}{\sqrt{1-x^2}}\mathrm{d}x=\int f(\arcsin x)\mathrm{d}(\arcsin x)$	$u=\arcsin x$
	$\int f(\arctan x)\frac{1}{1+x^2}\mathrm{d}x=\int f(\arctan x)\mathrm{d}(\arctan x)$	$u=\arctan x$

对变量代换比较熟练后，可省去换元和回代的过程。

【例 4-11】 求不定积分：(1) $\int\tan x\,\mathrm{d}x$；(2) $\int\frac{1}{x\sqrt{1-\ln^2x}}\mathrm{d}x$。

解：(1) $\int\tan x\,\mathrm{d}x=\int\frac{\sin x}{\cos x}\mathrm{d}x=-\int\frac{1}{\cos x}\mathrm{d}(\cos x)=-\ln|\cos x|+C$

同理可得

$$\int\cot x\,\mathrm{d}x=\ln|\sin x|+C$$

例 4-12

(2) $\int \frac{1}{x\sqrt{1-\ln^2 x}}\mathrm{d}x = \int \frac{1}{\sqrt{1-\ln^2 x}}\mathrm{d}(\ln x) = \arcsin\ln x + C$

【例 4-12】 求不定积分$\int \frac{1}{a^2+x^2}\mathrm{d}x$。

解：观察基本积分公式$\int \frac{1}{1+x^2}\mathrm{d}x = \arctan x + C$，因$\frac{1}{a^2+x^2} = \frac{1}{a^2\left[1+\left(\frac{x}{a}\right)^2\right]}$，且$\left(\frac{x}{a}\right)' = \frac{1}{a}$，于是有

$$\int \frac{1}{a^2+x^2}\mathrm{d}x = \frac{1}{a^2}\int \frac{\mathrm{d}x}{1+\left(\frac{x}{a}\right)^2} = \frac{1}{a}\int \frac{1}{1+\left(\frac{x}{a}\right)^2}\mathrm{d}\left(\frac{x}{a}\right) = \frac{1}{a}\arctan\frac{x}{a} + C$$

类似地，可以得到$\int \frac{1}{\sqrt{a^2-x^2}}\mathrm{d}x = \arcsin\frac{x}{a} + C(a>0)$。

【例 4-13】 求不定积分：(1) $\int \sin^2 x\,\mathrm{d}x$；(2) $\int \sin^2 x\cos^3 x\,\mathrm{d}x$。

解：(1) $\int \sin^2 x\,\mathrm{d}x = \int \frac{1-\cos 2x}{2}\mathrm{d}x = \frac{1}{2}\int \mathrm{d}x - \frac{1}{2}\int \cos 2x\,\mathrm{d}x$

$$= \frac{1}{2}x - \frac{1}{2}\cdot\frac{1}{2}\int \cos 2x\,\mathrm{d}(2x) = \frac{1}{2}x - \frac{1}{4}\sin 2x + C$$

(2) $\int \sin^2 x\cos^3 x\,\mathrm{d}x = \int \sin^2 x\cdot\cos^2 x\cdot\cos x\,\mathrm{d}x$

$$= \int \sin^2 x(1-\sin^2 x)\mathrm{d}(\sin x)$$

$$= \int (\sin^2 x - \sin^4 x)\mathrm{d}(\sin x)$$

$$= \int \sin^2 x\,\mathrm{d}(\sin x) - \int \sin^4 x\,\mathrm{d}(\sin x)$$

$$= \frac{1}{3}\sin^3 x - \frac{1}{5}\sin^5 x + C$$

注：对于$\int \sin^m x\cos^n x\,\mathrm{d}x$型不定积分，若$m$、$n$都是偶数或其中之一为零时，用半角公式通过降幂的方法来计算，如本例中的(1)；若m、n至少有一个为奇数，则拆开奇次项凑微分，如本例中的(2)。

【例 4-14】 求不定积分$\int \frac{1}{a^2-x^2}\mathrm{d}x$。

解：$\int \frac{1}{a^2-x^2}\mathrm{d}x = \int \frac{1}{(a-x)(a+x)}\mathrm{d}x = \frac{1}{2a}\int\left(\frac{1}{a+x} + \frac{1}{a-x}\right)\mathrm{d}x$

$$= \frac{1}{2a}\left[\int \frac{1}{a+x}\mathrm{d}(a+x) - \int \frac{1}{a-x}\mathrm{d}(a-x)\right]$$

$$= \frac{1}{2a}[\ln|a+x| - \ln|a-x|] + C = \frac{1}{2a}\ln\left|\frac{a+x}{a-x}\right| + C$$

4.3.2 第二换元积分法

如果不定积分$\int f(x)\mathrm{d}x$ 用直接积分法或第一换元积分法不易求得，但是做适当的变量代换 $x=\psi(t)$ 后，所得到的关于新积分变量 t 的不定积分$\int f(\psi(t))\psi'(t)\mathrm{d}t$ 容易算出，则可解决$\int f(x)\mathrm{d}x$ 的计算问题，这就是**第二换元积分法**。

定理 4.3 设函数 $x=\psi(t)$ 单调、可导，且 $\psi'(t)\neq 0$，若 $f(\psi(t))\psi'(t)$ 具有原函数 $F(t)$，则

$$\int f(x)\mathrm{d}x=\int f(\psi(t))\psi'(t)\mathrm{d}t=F(t)+C=F(\psi^{-1}(x))+C$$

把这样的积分方法称为第二换元积分法，其中 $\psi^{-1}(x)$ 是 $x=\psi(t)$ 的反函数。

【例 4-15】 求不定积分：(1) $\int\frac{1}{1+\sqrt{x}}\mathrm{d}x$；(2) $\int\frac{1}{\sqrt[3]{x}+\sqrt{x}}\mathrm{d}x$。

解：(1) 令$\sqrt{x}=t$，则 $x=t^2$，$\mathrm{d}x=2t\mathrm{d}t$，所以有

$$\begin{aligned}\int\frac{1}{1+\sqrt{x}}\mathrm{d}x&=2\int\frac{t}{1+t}\mathrm{d}t=2\int\frac{t+1-1}{1+t}\mathrm{d}t=2\int\left(1-\frac{1}{1+t}\right)\mathrm{d}t\\&=2\left(\int\mathrm{d}t-\int\frac{1}{1+t}\mathrm{d}t\right)=2t-2\ln|1+t|+C\\&=2\sqrt{x}-2\ln|1+\sqrt{x}|+C\end{aligned}$$

例 4-15(2)

(2) 令$\sqrt[6]{x}=t$，则 $x=t^6$，$\sqrt[3]{x}=t^2$，$\sqrt{x}=t^3$，所以有

$$\begin{aligned}\int\frac{1}{\sqrt[3]{x}+\sqrt{x}}\mathrm{d}x&=\int\frac{1}{t^2+t^3}\mathrm{d}t^6=\int\frac{6t^5}{t^2+t^3}\mathrm{d}t\\&=6\int\frac{t^3}{1+t}\mathrm{d}t=6\int\frac{t^3+1-1}{1+t}\mathrm{d}t\\&=6\int\left(t^2-t+1-\frac{1}{1+t}\right)\mathrm{d}t\\&=6\left(\frac{t^3}{3}-\frac{t^2}{2}+t-\ln|1+t|\right)+C\\&=2\sqrt{x}-3\sqrt[3]{x}+6\sqrt[6]{x}-6\ln|1+\sqrt[6]{x}|+C\end{aligned}$$

注：被积函数中若含有形如$\sqrt[n]{ax+b}$ 的表达式，通常作变换 $t=\sqrt[n]{ax+b}$，如例 4-15 中的(1)；若被积函数含有异次根式 $\sqrt[m]{x}\cdots\sqrt[l]{x}$，则令 $x=t^n$，其中 n 为 $m\cdots l$ 的最小公倍数，如例 4-15 中的(2)。

另外，若被积函数中含有下列二次根式，可通过三角代换消除被积函数中的根式：

(1) 含形如$\sqrt{a^2-x^2}$ $(a>0)$的根式，设 $x=a\sin t$，则

$$\sqrt{a^2-x^2}=\sqrt{a^2-a^2\sin^2 t}=a\cos t$$

(2) 含形如$\sqrt{a^2+x^2}(a>0)$的根式，设 $x=a\tan t$，则

$$\sqrt{a^2+x^2}=\sqrt{a^2\tan^2 t+a^2}=a\sec t$$

(3) 含形如$\sqrt{x^2-a^2}(a>0)$的根式，设 $x=a\sec t$，则

$$\sqrt{x^2-a^2}=\sqrt{a^2\sec^2 t-a^2}=a\tan t$$

【例 4-16】 求不定积分：(1) $\int\sqrt{a^2-x^2}\,\mathrm{d}x\ (a>0)$；(2) $\int\frac{\mathrm{d}x}{\sqrt{a^2+x^2}}(a>0)$。

解：(1) 令 $x=a\sin t\ \left(-\frac{\pi}{2}<t<\frac{\pi}{2}\right)$，则 $\mathrm{d}x=a\cos t\,\mathrm{d}t$，于是

$$\begin{aligned}\int\sqrt{a^2-x^2}\,\mathrm{d}x&=\int\sqrt{a^2-(a\sin t)^2}\,a\cos t\,\mathrm{d}t=a^2\int\cos^2 t\,\mathrm{d}t\\&=a^2\int\frac{1+\cos 2t}{2}\mathrm{d}t=\frac{a^2}{2}\left[\int\mathrm{d}t+\frac{1}{2}\int\cos 2t\,\mathrm{d}(2t)\right]\\&=\frac{a^2}{2}\left(t+\frac{1}{2}\sin 2t\right)+C\\&=\frac{a^2}{2}t+\frac{a^2}{2}\sin t\cos t+C\end{aligned}$$

变量换元时可借助直角三角形，如图 4-2 所示，由于 $x=a\sin t$，

所以 $t=\arcsin\frac{x}{a}$，$\cos t=\frac{\sqrt{a^2-x^2}}{a}$ 于是

$$\int\sqrt{a^2-x^2}\,\mathrm{d}x=\frac{a^2}{2}\arcsin\frac{x}{a}+\frac{x}{2}\sqrt{a^2-x^2}+C$$

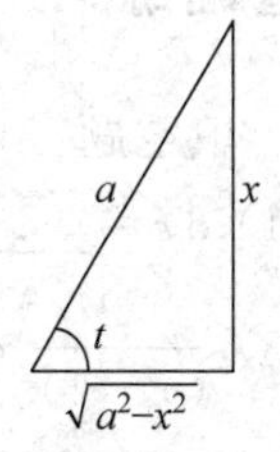

图 4-2 例 4-16(1)借助直角三角形

(2) 令 $x=a\tan t\left(-\frac{\pi}{2}<t<\frac{\pi}{2}\right)$，则 $\mathrm{d}x=a\sec^2 t\,\mathrm{d}t$，于是

$$\int\frac{\mathrm{d}x}{\sqrt{a^2+x^2}}=\int\frac{a\sec^2 t}{a\sec t}\mathrm{d}t=\int\sec t\,\mathrm{d}t=\ln|\sec t+\tan t|+C_1$$

借助直角三角形(图 4-3)，由于 $x=a\tan t$，所以

$$\sec t=\sqrt{1+\tan^2 t}=\sqrt{1+\left(\frac{x}{a}\right)^2}=\frac{\sqrt{a^2+x^2}}{a}$$

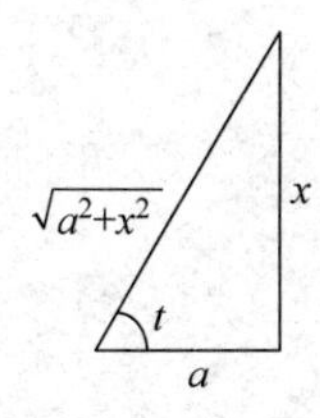

图 4-3 例 4-16(2)借助直角三角形

于是

$$\begin{aligned}\int\frac{\mathrm{d}x}{\sqrt{a^2+x^2}}&=\ln\left|\frac{\sqrt{a^2+x^2}}{a}+\frac{x}{a}\right|+C_1\\&=\ln|x+\sqrt{a^2+x^2}|+C\ (\text{其中 } C=C_1-\ln a)\end{aligned}$$

本节的一些例题结果以后会经常用到，所以它们通常也被当作公式使用。常用的公式除了基本积分公式外，还有以下几个。

(1) $\int\tan x\,\mathrm{d}x=-\ln|\cos x|+C$

(2) $\int\cot x\,\mathrm{d}x=\ln|\sin x|+C$

(3) $\int \sec x\,dx = \ln|\sec x + \tan x| + C$

(4) $\int \csc x\,dx = \ln|\csc x - \cot x| + C$

(5) $\int \frac{1}{x^2+a^2}dx = \frac{1}{a}\arctan\frac{x}{a} + C$

(6) $\int \frac{1}{a^2-x^2}dx = \frac{1}{2a}\ln\left|\frac{a+x}{a-x}\right| + C$

(7) $\int \frac{dx}{\sqrt{a^2-x^2}} = \arcsin\frac{x}{a} + C(a>0)$

(8) $\int \frac{dx}{\sqrt{x^2 \pm a^2}} = \ln|x+\sqrt{x^2 \pm a^2}| + C(a>0)$

(9) $\int \sqrt{a^2-x^2}\,dx = \frac{a^2}{2}\arcsin\frac{x}{a} + \frac{x}{2}\sqrt{a^2-x^2} + C(a>0)$

【能力训练 4.3】

基础练习

1. 填空题。

(1) $dx =$ ________ $d(3x)$

(2) $x^2 dx =$ ________ $d(4-7x^3)$

(3) $\frac{2}{(x-1)^2}dx =$ ________ $d\left(\frac{1}{x-1}\right)$

(4) $\frac{1}{1-2x}dx =$ ________ $d\ln(1-2x)$

2. 计算下列不定积分(第一类换元法)。

(1) $\int \frac{1}{(2x+3)^9}dx$

(2) $\int \sin(\alpha t+\beta)dt$（$\alpha$、$\beta$ 是常数且 $\alpha \neq 0$）

(3) $\int \frac{x}{1+2x^2}dx$

(4) $\int \frac{x}{3-2x^2}dx$

(5) $\int \frac{x}{(1+3x^2)^2}dx$

(6) $\int \frac{1}{x\ln x}dx$

(7) $\int \frac{1}{\sqrt{4-x^2}\arcsin\frac{x}{2}}dx$

(8) $\int \frac{1}{\sqrt{t}\sin^2\sqrt{t}}dt$

(9) $\int e^x\sqrt{3+2e^x}\,dx$

(10) $\int \cos^3 x\,dx$

3. 计算下列不定积分(第二类换元法)。

(1) $\int \frac{1}{1+\sqrt{1+x}}dx$

(2) $\int \frac{1}{1+\sqrt[3]{x}}dx$

(3) $\int \frac{1}{1+\sqrt{x}}dx$

(4) $\int \frac{1}{\sqrt[4]{x}+\sqrt{x}}dx$

(5) $\int \frac{x+2}{\sqrt{2x+1}}\mathrm{d}x$　　(6) $\int \sqrt{4-x^2}\,\mathrm{d}x$

提高练习

1. 选择题。

(1) 计算 $\int f'(2x)\mathrm{d}x=($　　$)$。

A. $\frac{1}{2}f(2x)+1$　　B. $f(2x)+1$

C. $\frac{1}{2}f(2x)+C$　　D. $f(2x)+C$

(2) 若 $\int f(x)\mathrm{d}x=x+C$，则 $\int f(1-x)\mathrm{d}x=($　　$)$。

A. $1-x+C$　　B. $-x+C$

C. $x+C$　　D. $\frac{1}{2}(1-x)^2+C$

2. 填空题。

(1) 已知 $f(\mathrm{e}^x)=x+1$，则 $\int \frac{f(x)}{x}\mathrm{d}x=$________。

(2) 已知 $f(\ln x)=x$，则 $\int f(x)\mathrm{d}x=$________。

3. 计算下列不定积分。

(1) $\int \sqrt{\frac{\arcsin x}{1-x^2}}\,\mathrm{d}x$　　(2) $\int x\sqrt[3]{3-2x^2}\,\mathrm{d}x$

(3) $\int \cos x\sin^5 x\,\mathrm{d}x$　　(4) $\int\left(\sqrt{\frac{1-x}{1+x}}+\sqrt{\frac{1+x}{1-x}}\right)\mathrm{d}x$

(5) $\int \frac{1}{(1-x^2)^{\frac{3}{2}}}\mathrm{d}x$　　(6) $\int \frac{1}{\sqrt{1+\mathrm{e}^x}}\mathrm{d}x$

4.4 分部积分法

换元积分法虽然可以解决许多积分的计算问题，但有些积分$\left(如\int x\mathrm{e}^x\mathrm{d}x、\int x\cos x\mathrm{d}x等\right)$利用换元法就不能得以解决，为此我们介绍另一种积分方法——分部积分法。

设函数 $u=u(x)$ 和 $v=v(x)$ 具有连续导数，则 $\mathrm{d}(uv)=v\mathrm{d}u+u\mathrm{d}v$，移项得到

$$u\mathrm{d}v=\mathrm{d}(uv)-v\mathrm{d}u$$

两边积分所以有

$$\int u\mathrm{d}v=uv-\int v\mathrm{d}u \tag{4-1}$$

$$\int uv'\mathrm{d}x=uv-\int u'v\mathrm{d}x \tag{4-2}$$

式(4-1)或式(4-2)称为**分部积分公式**。

分部积分法实质上就是两函数乘积导数(微分)的逆运算，利用该方法计算不定积分的关键是如何将所给积分$\int f(x)\mathrm{d}x$ 转化为$\int u\mathrm{d}v$ 形式。转化过程中常常需要凑微分，例如：

$$\int x\mathrm{e}^x\mathrm{d}x=\int x\mathrm{d}\mathrm{e}^x=x\cdot\mathrm{e}^x-\int\mathrm{e}^x\mathrm{d}x=x\mathrm{e}^x-\mathrm{e}^x+C$$

$$\downarrow\ \downarrow\qquad\downarrow\ \downarrow\qquad\downarrow\ \downarrow$$

与公式的对照关系 $$\int u\cdot\mathrm{d}v=u\cdot v-\int v\cdot\mathrm{d}u$$

利用分部积分法计算不定积分，选择好 u、v 非常关键，选择不当会使积分的计算变得更加复杂，例如$\int x\mathrm{e}^x\mathrm{d}x$，若选取 $u=\mathrm{e}^x$，$x\mathrm{d}x=\mathrm{d}v$，则根据分部积分法有

$$\int x\mathrm{e}^x\mathrm{d}x=\int\mathrm{e}^x\mathrm{d}\left(\frac{x^2}{2}\right)=\frac{x^2}{2}\mathrm{e}^x-\int\frac{x^2}{2}\mathrm{d}\mathrm{e}^x=\frac{x^2}{2}\mathrm{e}^x-\int\frac{x^2}{2}\mathrm{e}^x\mathrm{d}x$$

很明显越积越复杂。下面通过例题介绍分部积分应如何选取 u、v。

【例 4-17】 求不定积分$\int x^2\mathrm{e}^x\mathrm{d}x$。

解：令 $u=x^2$，$\mathrm{e}^x\mathrm{d}x=\mathrm{d}\mathrm{e}^x=\mathrm{d}v$，则

$$\begin{aligned}\int x^2\mathrm{e}^x\mathrm{d}x&=\int x^2\mathrm{d}\mathrm{e}^x=x^2\mathrm{e}^x-\int\mathrm{e}^x\mathrm{d}x^2=x^2\mathrm{e}^x-2\int x\mathrm{e}^x\mathrm{d}x\\&=x^2\mathrm{e}^x-2\int x\mathrm{d}\mathrm{e}^x\text{（再次使用分部积分法）}\\&=x^2\mathrm{e}^x-2\left(x\mathrm{e}^x-\int\mathrm{e}^x\mathrm{d}x\right)\\&=x^2\mathrm{e}^x-2(x\mathrm{e}^x-\mathrm{e}^x)+C=\mathrm{e}^x(x^2-2x+2)+C\end{aligned}$$

注：若被积函数是幂函数(指数为正整数)与指数函数或正(余)弦函数的乘积，可设幂函数为 u，而将其余部分凑微分成 $\mathrm{d}v$，使得应用分部积分后，幂函数的次数降低一次。

【例 4-18】 求不定积分：(1) $\int x\arctan x\mathrm{d}x$；(2) $\int\ln x\mathrm{d}x$。

解：(1) 令 $u=\arctan x$，$x\mathrm{d}x=\mathrm{d}\dfrac{x^2}{2}=\mathrm{d}v$，则

$$\begin{aligned}\int x\arctan x\mathrm{d}x&=\int\arctan x\mathrm{d}\frac{x^2}{2}=\frac{x^2}{2}\arctan x-\int\frac{x^2}{2}\mathrm{d}(\arctan x)\\&=\frac{x^2}{2}\arctan x-\int\frac{x^2}{2}\cdot\frac{1}{1+x^2}\mathrm{d}x\\&=\frac{x^2}{2}\arctan x-\int\frac{1}{2}\cdot\left(1-\frac{1}{1+x^2}\right)\mathrm{d}x\\&=\frac{x^2}{2}\arctan x-\frac{1}{2}\cdot(x-\arctan x)+C\end{aligned}$$

(2) 令 $u=\ln x$，$\mathrm{d}x=\mathrm{d}v$，即 $v=x$，则

$$\int\ln x\mathrm{d}x=x\ln x-\int x\mathrm{d}(\ln x)=x\ln x-\int x\cdot\frac{1}{x}\mathrm{d}x=x\ln x-x+C$$

注：若被积函数是幂函数与对数函数或反三角函数的乘积，可设对数函数或反三角函数为 u，而将幂函数凑微分成 $\mathrm{d}v$，使得应用分部积分后，对数函数或反三角函数消失。

从例 4-17 和例 4-18 中可以看出，在 u 的选取上其优先顺序一般为反（反三角函数）、对（对数函数）、幂（幂函数）、指（指数函数）、三（三角函数）。灵活运用分部积分法，可以解决许多不定积分的计算问题。

例 4-19

【例 4-19】 求不定积分 $\int e^x \sin x \, dx$。

解：令 $u=\sin x$，$e^x dx = dv$，则

$$\begin{aligned}\int e^x \sin x \, dx &= \int \sin x \, de^x = e^x \sin x - \int e^x \, d\sin x \\ &= e^x \sin x - \int e^x \cos x \, dx = e^x \sin x - \int \cos x \, de^x \\ &= e^x \sin x - \left(e^x \cos x - \int e^x \, d\cos x\right) \\ &= e^x \sin x - e^x \cos x - \int e^x \sin x \, dx\end{aligned}$$

即

$$\int e^x \sin x \, dx = e^x \sin x - e^x \cos x - \int e^x \sin x \, dx$$

移项得

$$\int e^x \sin x \, dx = \frac{1}{2} e^x (\sin x - \cos x) + C$$

注：若被积函数是指数函数与正（余）弦函数的乘积，u、dv 可随意选取，但在每次应用分部积分时，必须选用同类型的 u，以便产生循环式，从而解出所求积分。

【例 4-20】 求不定积分 $\int e^{\sqrt{x}} dx$。

解：令 $t=\sqrt{x}$，则 $x=t^2$，$dx=2t\,dt$，则

$$\begin{aligned}\int e^{\sqrt{x}} dx &= 2\int e^t t \, dt = 2\int t \, de^t = 2\left(t e^t - \int e^t \, dt\right) \\ &= 2te^t - 2e^t + C = 2e^t(t-1) + C = 2e^{\sqrt{x}}(\sqrt{x}-1) + C\end{aligned}$$

【例 4-21】 已知的 $f(x)$ 的一个原函数是 e^{-x^2}，求 $\int x f'(x) dx$。

解：利用分部积分公式

$$\int x f'(x) dx = \int x \, df(x) = x f(x) - \int f(x) dx$$

根据题意得 $\int f(x) dx = e^{-x^2} + C$，两边同时对 x 求导，得

$$f(x) = -2x e^{-x^2}$$

所以

$$\int x f'(x) dx = x f(x) - \int f(x) dx = -2x^2 e^{-x^2} - e^{-x^2} + C$$

【能力训练 4.4】

基础练习

1. 填空题。

(1) 求不定积分 $\int x^2 \ln x \, dx$ 时，$u=$ ________，$dv=$ ________。

(2) $\int x\,\mathrm{d}(\sin x)=$ ________。

2. 求下列不定积分。

(1) $\int x\ln x\,\mathrm{d}x$　　(2) $\int x\sin x\,\mathrm{d}x$

(3) $\int x^2\cos x\,\mathrm{d}x$　　(4) $\int x\mathrm{e}^{-x}\,\mathrm{d}x$

(5) $\int (x+1)\sin x\,\mathrm{d}x$　　(6) $\int \mathrm{e}^{2x}\cos x\,\mathrm{d}x$

(7) $\int \arctan x\,\mathrm{d}x$　　(8) $\int \cos(\ln x)\,\mathrm{d}x$

3. 已知 $f(\ln x)=x$，试求 $\int xf(x)\,\mathrm{d}x$。

提高练习

1. 选择题。

(1) 若 $f(x)$ 的一个原函数是 $\sin x$，则 $\int xf'(x)\,\mathrm{d}x=$（　　）。

A. $x\sin x+\cos x+C$　　B. $-x\sin x-\cos x+C$

C. $x\cos x-\sin x+C$　　D. $x\cos x+\sin x+C$

(2) 若 $f''(x)$ 连续，则 $\int xf''(x)\,\mathrm{d}x=$（　　）。

A. $xf'(x)-f(x)+C$　　B. $f(x)-xf'(x)+C$

C. $xf'(x)-\int f(x)\,\mathrm{d}x$　　D. $xf'(x)-f'(x)+C$

2. 填空题。

(1) 已知 $f(x)$ 的一个原函数为 $\ln x$，则 $\int xf'(x)\,\mathrm{d}x=$ ________。

(2) $\int \operatorname{arccot} x\,\mathrm{d}x=$ ________。

3. 计算下列不定积分。

(1) $\int x\sin^2 x\,\mathrm{d}x$　　(2) $\int \frac{x}{\sin^2 x}\mathrm{d}x$

(3) $\int \frac{\ln(1+x)}{\sqrt{x}}\mathrm{d}x$　　(4) $\int x\sec^2 x\,\mathrm{d}x$

(5) $\int \arctan\sqrt{x}\,\mathrm{d}x$　　(6) $\int \frac{\mathrm{e}^{\sqrt{x}}\sin\sqrt{x}}{2\sqrt{x}}\mathrm{d}x$

4.5 Matlab 求解不定积分

在 Matlab 中实现不定积分运算的函数是 int()，使用 int() 函数找出被积分函数的一个原函数。默认积分变量为 x，也可以通过 int(f,v) 形式指定积分变量 v。具体调用格式如下。

- int(f)：求函数 f 关于变量 x 的不定积分。
- int(f,v)：求函数 f 关于变量 v 的不定积分。

【例 4-22】 求下列函数的不定积分。

(1) $\int \frac{1}{1+x^2}\mathrm{d}x$　　(2) $\int \frac{\cos(\sqrt{x}+2)}{\sqrt{x}}\mathrm{d}x$

例 4-22

解：(1)
```
>> syms x
>> int(1/(1+x^2))
   ans = atan(x)
```

即 $\int \frac{1}{1+x^2}\mathrm{d}x = \arctan x + C$。

(2)
```
>> syms x
>> int(cos(sqrt(x)+2)/sqrt(x))
   ans = 2*sin(x^(1/2) + 2)
```

即 $\int \frac{\cos(\sqrt{x}+2)}{\sqrt{x}}\mathrm{d}x = 2\sin(x^{\frac{1}{2}}+2)+C$。

注：用 Matlab 求不定积分时，不自动添加积分常数 C。

【能力训练 4.5】

求下列函数的不定积分。

(1) $\int (x^2-3x+2)\mathrm{d}x$　　(2) $\int 2^x \mathrm{e}^x \mathrm{d}x$　　(3) $\int \frac{1}{\sqrt[3]{1+x^3}}\mathrm{d}x$

本章思维导图

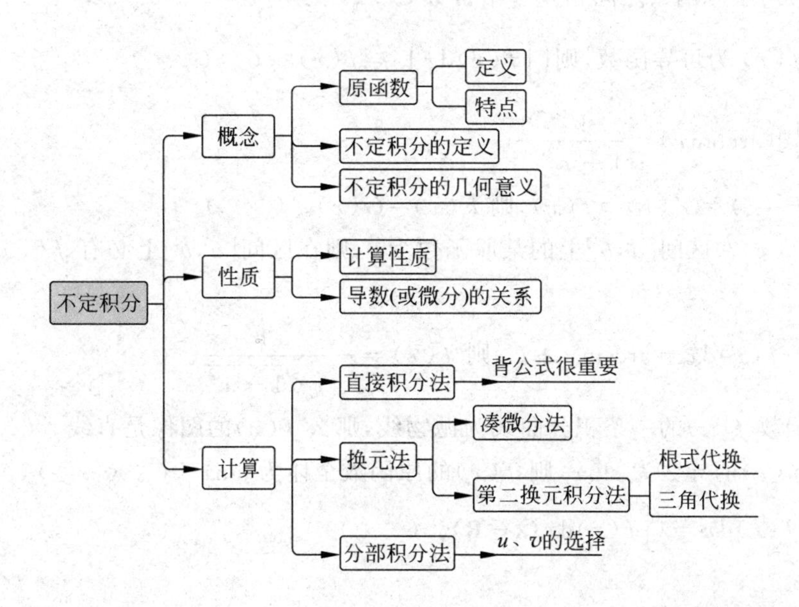

综合能力训练

1. 填空题。

(1) $\int \mathrm{d}f(x)=$________；$\mathrm{d}\left[\int f(x)\mathrm{d}x\right]=$________。

(2) 设 $f(x)$、$g(x)$ 均可导，且同为 $F(x)$ 的原函数，且有 $f(0)=5$，$g(0)=2$，则 $f(x)-g(x)=$________。

(3) 积分曲线族 $\int \frac{\mathrm{d}x}{x\sqrt{x}}$ 中，过点(1,1)的积分曲线 $y=$________。

(4) $F'(x)=f(x)$，则 $\int f(ax+b)\mathrm{d}x=$________；$\int f'(ax+b)\mathrm{d}x=$________。

(5) 设 $\int f(x)\mathrm{d}x=\frac{1}{2}\sin 2x+C$，则 $f(x)=$________。

(6) 若 $f'(\sin^2 x)=\cos^2 x$，则 $f(x)=$ ________。

(7) 若 $\left(\int f(x)\mathrm{d}x\right)'=\sqrt{1+x^2}$，则 $f'(1)=$________。

(8) 不定积分 $\int \cos x\,\mathrm{d}(\mathrm{e}^{\cos x})=$________。

(9) 若 $\int f(x)\mathrm{d}x=-\cos x+C$，则 $f^{(n)}(x)=$________。

(10) 已知 $\int f(x)\mathrm{d}x=F(x)+C$，则 $\int F(x)f(x)\mathrm{d}x=$________。

2. 判断题。

(1) 若 $F(x)$ 为 $f(x)$ 的原函数，则 $F(\mathrm{e}^x)$ 为 $f(\mathrm{e}^x)$ 的原函数。(　　)

(2) 任意两个原函数之间相差一个常数 C。(　　)

(3) 设 $f(x)$ 为可导函数，则 $\left(\int f(x)\mathrm{d}x\right)'=f(x)+C$。(　　)

(4) $\frac{\mathrm{d}}{\mathrm{d}x}\int \mathrm{d}(\arctan x)=\frac{1}{1+x^2}$。(　　)

(5) 如 $F'(x)=G'(x)=f(x)$，则 $F(x)=G(x)$。(　　)

(6) 若 $f(x)$ 在区间 $[a,b]$ 上的某原函数为 0，则在区间 $[a,b]$ 上必有 $f(x)$ 的不定积分恒等于 0。(　　)

(7) 若 $\int xf(x)\mathrm{d}x=\arcsin x+C$，则 $f(x)=-\frac{1}{x\sqrt{1-x^2}}$。(　　)

(8) 若函数 $f(x)$ 的一条积分曲线为抛物线，那么 $f(x)$ 的图像是直线。(　　)

(9) 设 $f(x)$ 的导数为 $\sin x$，则 $f(x)$ 的原函数全体为 $\sin x+C$。(　　)

(10) $\int \lambda f(x)\mathrm{d}x=\lambda\int f(x)\mathrm{d}x\ (\lambda\in\mathbf{R})$。(　　)

3. 选择题。

(1) 下列各式正确的是(　　)。

A. $\left[\int f(x)\mathrm{d}x\right]'=f(x)$　　B. $\mathrm{d}\left[\int f(x)\mathrm{d}x\right]=f(x)$

C. $\int F'(x)\mathrm{d}x=f(x)$　　D. $\mathrm{d}\left[\int f(x)\mathrm{d}x\right]=f(x)+C$

(2) 若 $f(x)$在区间(a,b)内连续,则在区间(a,b)内 $f(x)$(　　)。

A. 必有导函数　　B. 必有原函数　　C. 必有界　　D. 必有极限

(3) 可积函数 $f(x)$的积分曲线族中,每一条曲线在横坐标相同的点处的切线(　　)。

A. 一定平行于 x 轴　　B. 一定平行于 y 轴

C. 相互平行　　D. 相互垂直

(4) 若 $F'(x)=G'(x)=f(x)$,则$\int f(x)\mathrm{d}x=$(　　)。

A. $F(x)$　　B. $G(x)$

C. $G(x)+C$　　D. $F(x)+G(x)+C$

(5) 若 $\int f(x)\mathrm{d}x=x^2\mathrm{e}^{2x}+C$,则 $f(x)=$(　　)。

A. $2x\mathrm{e}^{2x}$　　B. $4x\mathrm{e}^{2x}$　　C. $2x^2\mathrm{e}^{2x}$　　D. $2x\mathrm{e}^{2x}(x+1)$

(6) 设 $f(x)=\mathrm{e}^{-x}$,则 $\int \frac{f'(\ln x)}{x}\mathrm{d}x=$(　　)。

A. $-\frac{1}{x}+C$　　B. $-\ln x+C$　　C. $\frac{1}{x}+C$　　D. $\ln x+C$

(7) 若 $a>0$,则$\int \frac{1}{\sqrt{a^2-x^2}}\mathrm{d}x=$(　　)。

A. $\arctan x+1$　　B. $\arctan x+C$　　C. $\arcsin \frac{x}{a}+1$　　D. $\arcsin \frac{x}{a}+C$

(8) $\int \mathrm{e}^x\mathrm{d}x=$(　　)。

A. $\mathrm{e}^x+\frac{C}{2}$　　B. e^x+C^2　　C. $\mathrm{e}^x+\sqrt{C}$　　D. $\mathrm{e}^x+\frac{1}{C}$

(9) $2\int \sec^2 2x\,\mathrm{d}x=$(　　)。

A. $\tan 2x+C$　　B. $\tan 2x$　　C. $\tan x$　　D. $\tan x+C$

(10) 已知函数 $f(x)$在$(-\infty,+\infty)$内可导,且恒有 $f'(x)=0$,又有 $f(-1)=1$,则函数 $f(x)=$(　　)。

A. -1　　B. 1　　C. 0　　D. x

4. 求下列不定积分。

(1) $\int (x^2-3x+2)\mathrm{d}x$　　(2) $\int \frac{\mathrm{d}x}{x^2}$

(3) $\int \frac{x^2}{1+x^2}\mathrm{d}x$　　(4) $\int \sqrt{x\sqrt{x\sqrt{x}}}\,\mathrm{d}x$

(5) $\int\left(1-\frac{1}{x^2}\right)\sqrt{x\sqrt{x}}\,\mathrm{d}x$　　(6) $\int\frac{\mathrm{d}x}{\sqrt[3]{2-3x}}$

(7) $\int\frac{\sin\sqrt{x}}{\sqrt{x}}\mathrm{d}x$　　(8) $\int\frac{1}{x\ln x\ln(\ln x)}\mathrm{d}x$

(9) $\int\frac{\mathrm{d}x}{1+\mathrm{e}^x}$　　(10) $\int\frac{1}{\sin x\cos x}\mathrm{d}x$

(11) $\int\tan^3x\sec x\,\mathrm{d}x$　　(12) $\int\frac{x^3}{9+x^2}\mathrm{d}x$

(13) $\int\frac{1}{1+\sqrt{3x}}\mathrm{d}x$　　(14) $\int\frac{\sqrt{x^2-4}}{x}\mathrm{d}x$

(15) $\int x^2\cos x\,\mathrm{d}x$

5. 若$\int xf(x)\mathrm{d}x=\arcsin x+C$，求$I=\int\frac{1}{f(x)}\mathrm{d}x$。

6. 已知$\int f(x)\mathrm{e}^x\,\mathrm{d}x=\mathrm{e}^{2x}+C$，求$\int xf(x)\mathrm{e}^x\,\mathrm{d}x$。

第5章 定积分及其应用

【学习目标】

通过本章的学习,你应该能够:

(1) 理解定积分的概念与性质。

(2) 掌握微积分基本定理,掌握变上限定积分函数求导数的方法。

(3) 掌握牛顿-莱布尼茨公式。

(4) 掌握定积分的换元积分法和分部积分法。

(5) 掌握定积分的几何应用。

- 计算平面图形的面积;
- 计算旋转体的体积。

(6) 理解无穷区间上广义积分的概念,掌握其计算方法。

数学如诗,境界为上

5.1 定积分的概念与性质

第4章讨论了积分学中的第一个问题——不定积分。本章将研究积分学中的第二个问题——定积分。我们先从实例出发总结出定积分的概念,然后讨论它的性质与计算方法,再用定积分解决一些简单的应用问题,并简要介绍广义积分的概念。

5.1.1 定积分的起源与发展简史

定积分的思想在古代数学家的工作中有了萌芽。例如,古希腊时期的阿基米德在公元前约240年就曾用求和的方法计算过抛物线、弓形等图形的面积。公元263年,魏晋时期的数学家刘徽所著的《九章算术注》中提出的割圆术也是同一思想。在历史上,积分观念的形成比微分要早。微积分这门科学于17世纪末形成。牛顿和莱布尼茨被认为是微积分的奠基人,他们的成就是把解决相关问题的方法统一成微分法和积分法,牛顿-莱布尼茨公式的建立,使计算有了明确的步骤,微分法和积分法互为逆运算。因为运算的完整性和应用的广泛性,微积分成了当时解决问题的重要工具。

5.1.2 引例

1. 曲边梯形的面积

在平面几何中,我们学过一些规则图形面积的计算,但现实中还存在许多以曲线为边界的不规则平面图形,对于这些任意形状闭曲线所围成的平面图形,它们面积应该如何计算呢?

把由连续曲线 $y=f(x)(f(x)\geqslant 0)$ 与三条直线 $x=a$、$x=b$、$y=0$ 所围成的平面图形称为曲边梯形,如图 5-1 所示。

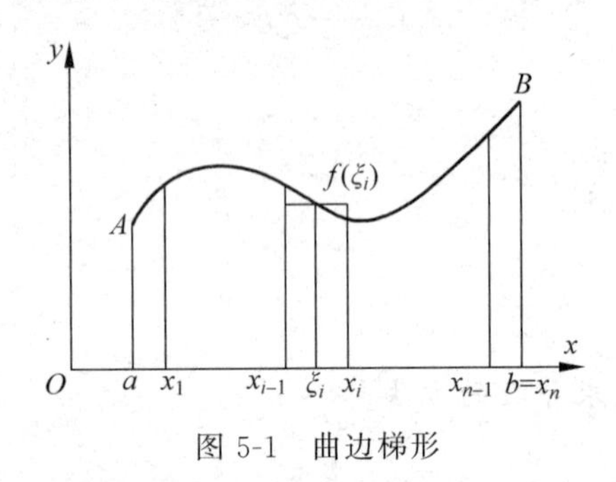

图 5-1　曲边梯形

因为曲边梯形底边上各点处的高 $f(x)$ 在区间 $[a,b]$ 上是变化的,所以不能直接用矩形的面积公式计算。

因为曲边梯形的高 $f(x)$ 在区间 $[a,b]$ 上连续,所以在非常小的一段区间上可以看成近似不变。因此,如果把区间 $[a,b]$ 划分成许多的小区间,再在每个小区间上用其中某个点处的高来近似代替同一个小区间上的窄曲边梯形变化的高,那么每一个窄曲边梯形就可以近似地看成是一个窄矩形。再把所有的窄矩形的面积加起来,就可以作为曲边梯形面积的近似值。区间 $[a,b]$ 分得越细,窄矩形的面积之和就越接近曲边梯形的面积。把区间 $[a,b]$ 无限细分下去,使每个小区间的长度都趋于零,这时所有窄矩形面积之和的极限就是曲边梯形的面积。按照这个方法计算曲边梯形的面积的具体做法如下。

1) 分割

在区间 $[a,b]$ 内插入 $n-1$ 个分点,

$$a=x_0<x_1<x_2<\cdots<x_{i-1}<x_i<\cdots<x_n=b$$

可以把区间 $[a,b]$ 分成 n 个小区间,即

$$[x_0,x_1],[x_1,x_2],\cdots,[x_{i-1},x_i],\cdots,[x_{n-1},x_n]$$

每个小区间的长度依次为

$$\Delta x_1=x_1-x_0,\Delta x_2=x_2-x_1,\cdots,\Delta x_i=x_i-x_{i-1},\cdots,\Delta x_n=x_n-x_{n-1}$$

过每个分点 $x_i(i=1,2,\cdots,n)$ 作平行于 y 轴的直线段,把曲边梯形分成 n 个窄曲边梯形。

2) 近似代替(以直代曲)

在每个小区间 $[x_{i-1},x_i]$ 上任取一点 $\xi_i(i=1,2,\cdots,n)$,用以 $f(\xi_i)$ 为高、Δx_i 为底的窄矩形面积 $f(\xi_i)\Delta x_i$ 近似代替第 i 个窄曲边梯形的面积,即

$$\Delta S_i\approx f(\xi_i)\Delta x_i\quad(i=1,2,\cdots,n)$$

分点越多,Δx_i 就越小,上式的近似程度就越高。

3）求和

将所有的窄矩形的面积相加，就得到曲边梯形面积的近似值，即

$$S=\sum_{i=1}^{n}\Delta S_i \approx \sum_{i=1}^{n} f(\xi_i)\Delta x_i$$

4）取极限

显然，分割越细，误差越小。为了保证所有小区间的长度都无限缩小，使所有小区间长度中的最大者趋于零，记为

$$\lambda=\max\{\Delta x_1,\Delta x_2,\cdots,\Delta x_n\}$$

若当 $\lambda\to 0$ 时，$\sum\limits_{i=1}^{n} f(\xi_i)\Delta x_i$ 的极限存在，则此极限值为曲边梯形的面积，即

$$S=\lim_{\lambda\to 0}\sum_{i=1}^{n} f(\xi_i)\Delta x_i$$

由此把曲边梯形的面积归结为一个和式的极限问题。

2. 变速直线运动的路程

假设某物体做变速直线运动，已知速度 $v=v(t)(v(t)\geqslant 0)$ 是时间间隔 $[T_1,T_2]$ 上的连续函数，求这段时间内该物体所经过的路程 s。

变速直线运动的速度是随时间变化而变化的，所以也可以采用处理曲边梯形面积的方法来讨论。

1）分割

在区间 $[T_1,T_2]$ 内插入 $n-1$ 个分点，把区间 $[T_1,T_2]$ 分成 n 个小区间

$$[t_0,t_1],[t_1,t_2],\cdots,[t_{i-1},t_i],\cdots,[t_{n-1},t_n]$$

每个小区间的长度依次为

$$\Delta t_1=t_1-t_0,\Delta t_2=t_2-t_1,\cdots,\Delta t_i=t_i-t_{i-1},\cdots,\Delta t_n=t_n-t_{n-1}$$

相应地，在各时间段内物体经过的路程可表示为 $\Delta s_i(i=1,2,\cdots,n)$。

2）取近似

在时间间隔 $[t_{i-1},t_i]$ 上任取一点 $\xi_i(i=1,2,\cdots,n)$，以 ξ_i 时的速度来代替时间间隔 $[t_{i-1},t_i]$ 上各个时刻的速度，得到此时间段内路程的近似值 $\Delta s_i\approx v(\xi_i)\Delta t_i(i=1,2,\cdots,n)$。

3）求和

$$s=\sum_{i=1}^{n}\Delta s_i \approx \sum_{i=1}^{n} v(\xi_i)\Delta t_i$$

4）取极限

令 $\lambda=\max\{\Delta t_1,\Delta t_2,\cdots,\Delta t_n\}$，则当 $\lambda\to 0$ 时，$\sum\limits_{i=1}^{n} v(\xi_i)\Delta t_i$ 的极限值为变速直线运动的路程，即

$$s=\lim_{\lambda\to 0}\sum_{i=1}^{n} v(\xi_i)\Delta t_i$$

5.1.3 定积分的定义

5.1.2 小节中的两个实例,虽然实际意义不同,但是它们的计算思路是相同的,都可以概括成:化整为零(分割)→取近似(求积)→积零为整(求和)→取极限。抛开问题的实际意义,抓住它们的共性,可以抽象出定积分的概念。

定义 5.1 设函数 $y=f(x)$ 在区间 $[a,b]$ 上有界。

1. 分割

在区间 $[a,b]$ 中任意插入 $n-1$ 个分点

$$a=x_0<x_1<x_2<\cdots<x_{i-1}<x_i<\cdots<x_n=b$$

定义 5.1 定积分的概念

把区间 $[a,b]$ 分成 n 个子区间

$$[x_0,x_1],[x_1,x_2],\cdots,[x_{i-1},x_i],\cdots,[x_{n-1},x_n]$$

每个子区间的长度依次为

$$\Delta x_1=x_1-x_0,\Delta x_2=x_2-x_1,\cdots,\Delta x_i=x_i-x_{i-1},\cdots,\Delta x_n=x_n-x_{n-1}$$

2. 近似代替

在每个子区间 $[x_{i-1},x_i]$ 内任取一点 $\xi_i(i=1,2,\cdots,n)$,求积 $f(\xi_i)\Delta x_i$。

3. 求和

$$\sum_{i=1}^{n}f(\xi_i)\Delta x_i$$

4. 取极限

令 $\lambda=\max\{\Delta x_1,\Delta x_2,\cdots,\Delta x_n\}$,当 $\lambda\to 0$ 时,若极限 $\lim\limits_{\lambda\to 0}\sum\limits_{i=1}^{n}f(\xi_i)\Delta x_i$ 存在,则称函数 $y=f(x)$ 在区间 $[a,b]$ 上可积,并称这个极限值为函数 $y=f(x)$ 在区间 $[a,b]$ 上的定积分,记作 $\int_a^b f(x)\mathrm{d}x$,即

$$\int_a^b f(x)\mathrm{d}x=\lim_{\lambda\to 0}\sum_{i=1}^{n}f(\xi_i)\Delta x_i$$

其中,$f(x)$ 称为被积函数;$f(x)\mathrm{d}x$ 称为被积表达式;x 称为积分变量;a 称为积分下限;b 称为积分上限;$[a,b]$ 称为积分区间。

关于定积分的定义需要注意以下几个问题。

(1) 极限 $\lim\limits_{\lambda\to 0}\sum\limits_{i=1}^{n}f(\xi_i)\Delta x_i$ 存在,则函数 $f(x)$ 在区间 $[a,b]$ 上可积,它的结果只与被积函数 $f(x)$ 和积分区间 $[a,b]$ 有关,与积分变量的字母无关,与区间 $[a,b]$ 的分割方法和 ξ_i 的取法无关,即

$$\int_a^b f(x)\mathrm{d}x=\int_a^b f(t)\mathrm{d}t=\int_a^b f(u)\mathrm{d}u$$

(2) 定积分与不定积分的显著区别:定积分是一个确定的常数,而不定积分是一个函数族。

(3) 为了讨论方便，我们做如下规定：

① $\int_a^b f(x)\mathrm{d}x=-\int_b^a f(x)\mathrm{d}x$，即定积分的积分上、下限可以互换，定积分变号。

② $\int_a^a f(x)\mathrm{d}x=0$。

利用定积分的定义，引例中所讨论的面积问题可表述如下。

由连续曲线 $y=f(x)(f(x)\geqslant 0)$ 与三条直线 $x=a$，$x=b$，$y=0$ 所围成的曲边梯形的面积 S 等于函数 $y=f(x)$ 在区间 $[a,b]$ 上的定积分，即

$$S=\int_a^b f(x)\mathrm{d}x$$

那么函数 $y=f(x)$ 在区间 $[a,b]$ 上满足什么样的条件，才能使它在区间 $[a,b]$ 上一定可积呢？下面给出两个充分条件。

定理 5.1 设 $f(x)$ 在区间 $[a,b]$ 上连续，则 $f(x)$ 在区间 $[a,b]$ 上可积。

定理 5.2 设 $f(x)$ 在区间 $[a,b]$ 上有界，且只包含有限个间断点，则 $f(x)$ 在区间 $[a,b]$ 上可积。

【例 5-1】 利用定义计算定积分 $\int_0^1 x^2\mathrm{d}x$。

解：被积函数 $f(x)=x^2$ 在积分区间 $[0,1]$ 上连续，所以定积分存在。因为定积分的值与区间 $[0,1]$ 的分法和点 ξ_i 的取法无关，所以为了便于计算，把区间 $[0,1]$ 分成 n 等份，分点分别是 $x_i=\frac{i}{n}(i=1,2,\cdots,n-1)$，每个小区间的长度可表示成 $\Delta x_i=\frac{1}{n}(i=1,2,\cdots,n)$，取每个小区间的右端点作为 ξ_i，即 $\xi_i=x_i(i=1,2,\cdots,n)$。于是得和式

$$\begin{aligned}\sum_{i=1}^{n} f(\xi_i)\Delta x_i&=\sum_{i=1}^{n}\xi_i^2\cdot\Delta x_i=\sum_{i=1}^{n}x_i^2\cdot\Delta x_i=\sum_{i=1}^{n}\left(\frac{i}{n}\right)^2\cdot\frac{1}{n}=\frac{1}{n^3}\cdot\sum_{i=1}^{n}i^2\\&=\frac{1}{n^3}\cdot\frac{1}{6}n(n+1)(2n+1)=\frac{n(n+1)(2n+1)}{6n^3}\end{aligned}$$

当 $n\to\infty$ 时，

$$\lim_{n\to\infty}\frac{n(n+1)(2n+1)}{6n^3}=\frac{1}{3}$$

由定积分的定义，可知

$$\int_0^1 x^2\mathrm{d}x=\frac{1}{3}$$

5.1.4 定积分的几何意义

在区间 $[a,b]$ 上，当 $f(x)\geqslant 0$ 时，定积分 $\int_a^b f(x)\mathrm{d}x$ 在几何上表示曲线 $y=f(x)$ 与直线 $x=a$、$x=b$ 及 x 轴所围成的曲边梯形的面积，即

$$\int_a^b f(x)\mathrm{d}x=S$$

在区间 $[a,b]$ 上，当 $f(x)<0$ 时，曲线 $y=f(x)$ 与直线 $x=a$、$x=b$ 及 x 轴所围成的曲边梯形在 x 轴的下方，此时定积分 $\int_a^b f(x)\mathrm{d}x$ 在几何上表示曲边梯形面积的相反数，即

$$\int_a^b f(x)\mathrm{d}x = -S$$

在区间$[a,b]$上，当$f(x)$有正有负时，定积分$\int_a^b f(x)\mathrm{d}x$在几何上表示x轴上方的面积减去x轴下方的面积，如图5-2所示，即

$$\int_a^b f(x)\mathrm{d}x = S_1 - S_2 + S_3$$

【例5-2】 利用定积分的几何意义，计算$\int_{-1}^2 x\mathrm{d}x$。

解： 定积分$\int_{-1}^2 x\mathrm{d}x$的几何意义是曲线$y=x$与直线$x=-1$、$x=2$及x轴所围成的平面图形在x轴上方的面积减去x轴下方的面积，如图5-3所示，所以

$$\int_{-1}^2 x\mathrm{d}x = \frac{1}{2}\cdot 2\cdot 2 - \frac{1}{2}\cdot 1\cdot 1 = \frac{3}{2}$$

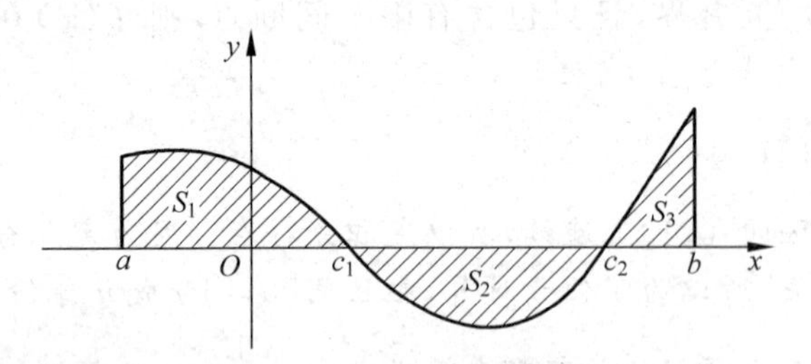

图5-2 定积分的几何意义

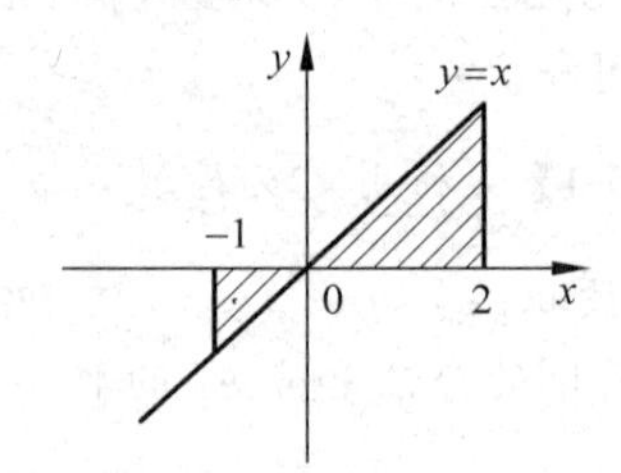

图5-3 例5-2定积分的几何意义

5.1.5 定积分的性质

假设下列性质中的函数在积分区间上可积，积分上限不一定大于积分下限。

性质1 $\int_a^b [f(x)\pm g(x)]\mathrm{d}x = \int_a^b f(x)\mathrm{d}x \pm \int_a^b g(x)\mathrm{d}x$。

性质2 $\int_a^b kf(x)\mathrm{d}x = k\int_a^b f(x)\mathrm{d}x\ (k\in \mathbf{R})$。

性质3 $\int_a^b k\mathrm{d}x = k(b-a)$（$k$是常数）。

性质4 a、b、c为常数，则

$$\int_a^b f(x)\mathrm{d}x = \int_a^c f(x)\mathrm{d}x + \int_c^b f(x)\mathrm{d}x$$

性质4称为**积分区间的可加性**。

性质5 在区间$[a,b]$上，若$f(x)\leqslant g(x)$，则有

$$\int_a^b f(x)\mathrm{d}x \leqslant \int_a^b g(x)\mathrm{d}x$$

性质6 在区间$[a,b]$上，$f(x)$有最大值M和最小值m，则有

$$m(b-a)\leqslant \int_a^b f(x)\mathrm{d}x \leqslant M(b-a)$$

性质6称为**积分估值定理**。

性质7 设函数$f(x)$在闭区间$[a,b]$上连续，则在区间$[a,b]$上至少存在一点ξ，使

$$\int_a^b f(x)\mathrm{d}x = f(\xi)(b-a) \quad (\xi \in [a,b])$$

性质 7 称为**积分中值定理**，其中 $f(\xi)=\frac{1}{b-a}\int_a^b f(x)\mathrm{d}x$ 为函数 $f(x)$ 在区间$[a,b]$上的平均值。

【例 5-3】 利用定积分的性质，比较下列各组积分值的大小。

(1) $\int_1^2 \mathrm{e}^{x^2}\mathrm{d}x$ 和 $\int_1^2 \mathrm{e}^{x^3}\mathrm{d}x$；(2) $\int_0^{\frac{\pi}{2}} \sin x\mathrm{d}x$ 和 $\int_0^{\frac{\pi}{2}} \sin^2 x\mathrm{d}x$

解：(1) 因为当 $x\in[1,2]$时，$\mathrm{e}^{x^2}\leqslant \mathrm{e}^{x^3}$，所以由性质 5 可知，

$$\int_1^2 \mathrm{e}^{x^2}\mathrm{d}x \leqslant \int_1^2 \mathrm{e}^{x^3}\mathrm{d}x$$

(2) 因为当 $x\in\left[0,\frac{\pi}{2}\right]$时，$\sin x\geqslant \sin^2 x$，所以由性质 5 可知，

$$\int_0^{\frac{\pi}{2}} \sin x\mathrm{d}x \geqslant \int_0^{\frac{\pi}{2}} \sin^2 x\mathrm{d}x$$

【例 5-4】 利用定积分的性质，估计定积分$\int_1^3 (x^2+1)\mathrm{d}x$ 的值。

解：因为当 $x\in[1,3]$时，$2\leqslant x^2\leqslant 10$，所以由性质 6 可知，

$$2\times 2 \leqslant \int_1^2 (x^2+1)\mathrm{d}x \leqslant 2\times 10$$

$$4 \leqslant \int_1^2 (x^2+1)\mathrm{d}x \leqslant 20$$

【能力训练 5.1】

基础练习

1. 填空题。

(1) $f(x)$在区间$[a,b]$上连续是 $f(x)$在区间$[a,b]$上可积的________条件。

(2) 由定积分的几何意义可知$\int_{-\pi}^{\pi} \sin x\mathrm{d}x=$________。

(3) 定积分$\int_{-1}^2 f(x)\mathrm{d}x+\int_2^{-1} f(x)\mathrm{d}x+\int_2^5 \mathrm{d}x=$________。

2. 比较下列各组积分值的大小。

(1) $\int_1^2 \ln x\mathrm{d}x$ 和 $\int_1^2 \ln^2 x\mathrm{d}x$　　(2) $\int_0^{\frac{\pi}{4}} \sin x\mathrm{d}x$ 和 $\int_0^{\frac{\pi}{4}} \cos x\mathrm{d}x$

3. 设$\int_{-1}^1 3f(x)\mathrm{d}x=18$，$\int_{-1}^3 f(x)\mathrm{d}x=4$，$\int_{-1}^3 g(x)\mathrm{d}x=3$，求下列定积分。

(1) $\int_{-1}^1 f(x)\mathrm{d}x$　　(2) $\int_1^3 f(x)\mathrm{d}x$

(3) $\int_3^{-1} g(x)\mathrm{d}x$　　(4) $\int_{-1}^3 \frac{1}{5}[4f(x)+3g(x)]\mathrm{d}x$

提高练习

1. 填空题。

(1) 设函数 $f(x)$在区间$[a,b]$上连续,则曲线 $y=f(x)$与直线 $x=a$、$x=b$ 及 x 轴所围成的曲边梯形面积为________。

(2) 函数 $y=\dfrac{3}{1+x^2}$在区间$[0,1]$上的平均值为________。

(3) $\dfrac{\mathrm{d}}{\mathrm{d}x}\displaystyle\int_2^3(\sin x+x^2+1)\mathrm{d}x=$________。

2. 利用定积分的几何意义,求下列定积分。

(1) $\displaystyle\int_{-a}^{a}\sqrt{a^2-x^2}\,\mathrm{d}x$　　(2) $\displaystyle\int_0^2\sqrt{4-x^2}\,\mathrm{d}x$

(3) $\displaystyle\int_{-\pi}^{\pi}(3\sin x+2\cos x)\mathrm{d}x$

3. 下列哪些命题是正确的?

(1) 若 $f(x)$在区间$[a,b]$上连续,则$\displaystyle\int_a^b f(x)\mathrm{d}x$ 一定存在。

(2) 若 $f(x)$在区间$[a,b]$上可导,则$\displaystyle\int_a^b f(x)\mathrm{d}x$ 一定存在。

(3) 若$\displaystyle\int_a^b f(x)\mathrm{d}x$ 存在,则 $f(x)$在区间$[a,b]$上一定连续。

(4) 若$\displaystyle\int_a^b f(x)\mathrm{d}x$ 存在,则 $f(x)$在区间$[a,b]$上一定可导。

5.2 微积分基本公式

在 5.1 节中利用定积分定义进行计算时,可以看出直接用这种方法计算定积分并非易事。因此,需要找到计算定积分的新方法。

5.2.1 变速直线运动中路程与速度的关系

5.1 节中提到过变速直线运动的路程。其中,变速直线运动的物体,从时刻 T_1 到时刻 T_2 所经过的路程 s 等于函数 $v=v(t)$在区间$[T_1,T_2]$上的定积分,即

$$s=\int_{T_1}^{T_2}v(t)\mathrm{d}t$$

而这段时间的路程又可以表示成函数 $s=s(t)$在区间$[T_1,T_2]$上的增量,即

$$s=s(T_2)-s(T_1)$$

由此可见,路程函数 $s=s(t)$与速度函数 $v=v(t)$之间有如下关系:

$$\int_{T_1}^{T_2}v(t)\mathrm{d}t=s(T_2)-s(T_1)$$

这一结论在一定条件下具有普遍性。本小节将重点讨论这个问题。

5.2.2 积分函数及其导数

设函数 $f(x)$ 在区间 $[a,b]$ 上连续，且 x 为区间 $[a,b]$ 上的任意一点，则 $f(x)$ 在区间 $[a,x]$ 上也连续，所以它在 $[a,x]$ 上的定积分存在，即 $\int_a^x f(x)\mathrm{d}x$ 存在。因为定积分与积分变量的字母无关，所以为了表述清晰，可将积分变量的字母 x 换成其他字母。在此用 t 表示，则该定积分可以表示成

$$\int_a^x f(t)\mathrm{d}t$$

因为 x 是区间 $[a,b]$ 上的任意一点，所以对于 x 的每一个值，该定积分都有唯一的值与之对应，因此它可表示成区间上的一个函数，记作 $\Phi(x)$，即

$$\Phi(x)=\int_a^x f(t)\mathrm{d}t \quad (x\in[a,b])$$

这个函数称为**变上限积分函数**。由定积分的几何意义可知，如果假设 $f(x)\geqslant 0$，则变上限积分函数可表示成在区间 $[a,x]$ 上的曲边梯形的面积，如图 5-4 所示。

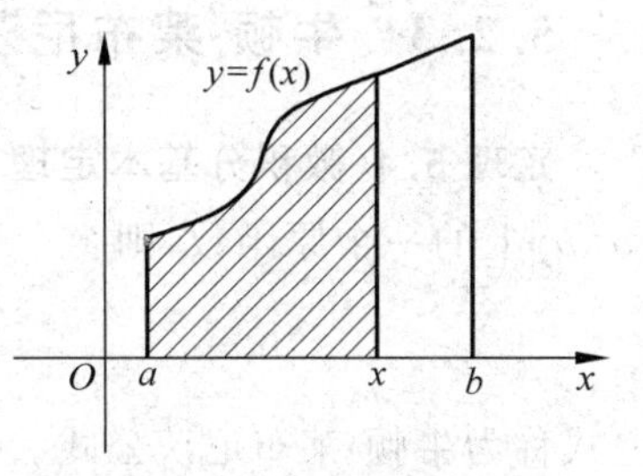

图 5-4 变上限积分函数的几何意义

变上限积分函数 $\Phi(x)$ 有如下性质。

定理 5.3 如果函数 $f(x)$ 在区间 $[a,b]$ 上连续，则变上限积分函数

$$\Phi(x)=\int_a^x f(t)\mathrm{d}t$$

在区间 $[a,b]$ 上可导，且

$$\Phi'(x)=\left(\int_a^x f(t)\mathrm{d}t\right)'=\frac{\mathrm{d}}{\mathrm{d}x}\left[\int_a^x f(t)\mathrm{d}t\right]=f(x) \quad (x\in[a,b])$$

由定理 5.3 可知，连续函数一定有原函数，变上限积分函数 $\Phi(x)$ 就是连续函数 $f(x)$ 在区间 $[a,b]$ 上的一个原函数，而且这初步揭示了积分学中定积分与原函数之间的关系，因此我们就有可能通过原函数来计算定积分。

若函数 $f(x)$ 连续，函数 $\varphi(x)$ 可导，由定积分的性质及复合函数的求导法则可以推出：

$$\left(\int_x^b f(t)\mathrm{d}t\right)'=\frac{\mathrm{d}}{\mathrm{d}x}\left[\int_x^b f(t)\mathrm{d}t\right]=-f(x) \quad x\in[a,b]$$

$$\left(\int_a^{\varphi(x)} f(t)\mathrm{d}t\right)'=\frac{\mathrm{d}}{\mathrm{d}x}\left[\int_a^{\varphi(x)} f(t)\mathrm{d}t\right]=f[\varphi(x)]\varphi'(x)$$

$$\left(\int_{\varphi_1(x)}^{\varphi_2(x)} f(t)\mathrm{d}t\right)'=\frac{\mathrm{d}}{\mathrm{d}x}\left[\int_{\varphi_1(x)}^{\varphi_2(x)} f(t)\mathrm{d}t\right]=f[\varphi_2(x)]\varphi'_2(x)-f[\varphi_1(x)]\varphi'_1(x)$$

【例 5-5】 设 $\Phi(x)=\int_a^x \sin^2 t\,\mathrm{d}t$，求 $\Phi'\left(\frac{\pi}{2}\right)$。

解：由定理 5.3 可知，$\Phi'(x)=\sin^2 x$，所以 $\Phi'\left(\frac{\pi}{2}\right)=1$。

例 5-7

【例 5-6】 求$\frac{\mathrm{d}}{\mathrm{d}x}\left(\int_0^{x^3} t\mathrm{e}^t \mathrm{d}t\right)$。

解：$\frac{\mathrm{d}}{\mathrm{d}x}\left(\int_0^{x^3} t\mathrm{e}^t \mathrm{d}t\right)=x^3\mathrm{e}^{x^3}\cdot(x^3)'=x^3\mathrm{e}^{x^3}\cdot 3x^2=3x^5\mathrm{e}^{x^3}$

【例 5-7】 求极限$\lim\limits_{x\to 0}\frac{\int_0^x \ln(1+t)\mathrm{d}t}{x\sin x}$。

解：因为当 $x\to 0$ 时，$\int_0^x \ln(1+t)\mathrm{d}t\to 0$，所以该极限是$\frac{0}{0}$型未定式，因此可使用洛必达法则求极限，有

$$\lim_{x\to 0}\frac{\int_0^x \ln(1+t)\mathrm{d}t}{x\sin x}=\lim_{x\to 0}\frac{\int_0^x \ln(1+t)\mathrm{d}t}{x^2}=\lim_{x\to 0}\frac{\ln(1+x)}{2x}=\frac{1}{2}$$

5.2.3 牛顿-莱布尼茨公式

定理 5.4（微积分基本定理） 设函数 $f(x)$在区间$[a,b]$上连续，$F(x)$是 $f(x)$在区间$[a,b]$上的一个原函数，则

$$\int_a^b f(x)\mathrm{d}x=F(b)-F(a)$$

上式称为牛顿-莱布尼茨公式。

为了书写方便，将 $F(b)-F(a)$写成 $F(x)\Big|_a^b$ 或$[F(x)]_a^b$，因此牛顿-莱布尼茨公式又可写成

$$\int_a^b f(x)\mathrm{d}x=F(x)\Big|_a^b=[F(x)]_a^b$$

定理 5.4 进一步揭示了定积分与被积函数原函数之间的内在联系，它为定积分的计算提供了一种有效的方法，它将定积分的计算转化成先求被积函数原函数的问题。

【例 5-8】 利用牛顿-莱布尼茨公式计算 5.1 节的例 5-1，即$\int_0^1 x^2\mathrm{d}x$ 的值。

解：$\int_0^1 x^2\mathrm{d}x=\frac{1}{3}x^3\Big|_0^1=\frac{1}{3}$

【例 5-9】 计算$\int_0^{\frac{\pi}{3}}\tan^2 x\,\mathrm{d}x$。

解：$\int_0^{\frac{\pi}{3}}\tan^2 x\,\mathrm{d}x=\int_0^{\frac{\pi}{3}}(\sec^2 x-1)\mathrm{d}x=(\tan x-x)\Big|_0^{\frac{\pi}{3}}=\sqrt{3}-\frac{\pi}{3}$

【例 5-10】 计算$\int_0^3 |2-x|\,\mathrm{d}x$。

解：因为被积函数里有绝对值符号，所以不能直接用基本积分公式，可先利用定积分的积分区间可加性将绝对值符号去掉再计算。

$$\int_0^3 |2-x|\,\mathrm{d}x=\int_0^2(2-x)\mathrm{d}x+\int_2^3(x-2)\mathrm{d}x=\left(2x-\frac{x^2}{2}\right)\Big|_0^2+\left(\frac{x^2}{2}-2x\right)\Big|_2^3=\frac{5}{2}$$

注：在运用牛顿-莱布尼茨公式时，函数 $f(x)$ 在区间 $[a,b]$ 上必须是连续的，否则会出现错误。例如，

$$\int_{-1}^{1}\frac{1}{x^2}dx=-\frac{1}{x}\bigg|_{-1}^{1}=-2$$

这种解法显然是错误的。因为当 $x\in[-1,1]$ 时，被积函数 $f(x)=\dfrac{1}{x^2}$ 在 $x=0$ 点无定义，所以它在该点不连续，又因为当 $x\in[-1,0)\cup(0,1]$ 时，$f(x)=\dfrac{1}{x^2}>0$，所以函数图像在 x 轴的上方，根据定积分的几何意义可知，该定积分的值一定是正的。

【应用实例 5-1】 汽车以 36km/h 的速度行驶，到某处需要减速停车。设汽车以等加速度 $a=-5\text{m/s}^2$ 刹车，问从开始刹车到停止，汽车走了多远？

解：先计算从开始刹车到停车所需要的时间。当 $t=0$ 时，汽车的速度为

$$v_0=36\text{km/h}=\frac{36\times1000}{3600}\text{m/s}=10\text{m/s}$$

刹车后 t 时刻，汽车的速度为

$$v(t)=v_0+at=10-5t$$

当汽车停止时，速度 $v(t)=0$，则

$$v(t)=10-5t=0$$

得 $t=2$。

所以，汽车从开始刹车到停车所走过的距离为

$$s=\int_0^2 v(t)dx=\int_0^2(10-5t)dt=\left(10t-\frac{5}{2}t^2\right)\bigg|_0^2=10(\text{m})$$

即刹车后，汽车需走过 10m 才能停住。

【能力训练 5.2】

基础练习

1. 填空题。

(1) $\left(\int_0^x t\sin t\,dt\right)'=$ ________　　(2) $\left(\int_{-x}^{1}e^{t^2}dt\right)'=$ ________

(3) $\dfrac{d}{dx}\int_x^{x^2}f(t)dt=$ ________　　(4) $\dfrac{d}{dx}\int_1^3\dfrac{\ln t^2}{\sin t}dt=$ ________

2. 计算下列极限。

(1) $\lim\limits_{x\to0}\dfrac{\int_0^x\sin t^2dt}{x^3}$　　(2) $\lim\limits_{x\to1}\dfrac{\int_1^x\sin(\pi t)dt}{1+\cos\pi x}$

3. 计算下列定积分。

(1) $\int_0^3(x^2+2x+5)dx$　　(2) $\int_0^1 x(x+\sqrt{x})dx$

(3) $\int_{-1}^{1} \frac{1}{1+x^2}\mathrm{d}x$　　(4) $\int_{0}^{\frac{\pi}{2}} |\sin x - \cos x|\mathrm{d}x$

提高练习

1. 选择题。

(1) 设 $\Phi(x)=\int_{x}^{2}\sqrt{1+3t^2}\,\mathrm{d}t$，则 $\Phi'(1)=($　　$)$。

A. -1　　B. -2　　C. 0　　D. 2

(2) 设函数 $y=\int_{0}^{x}(t-1)\mathrm{d}t$，则 y 有（　　）。

A. 极小值$\frac{1}{2}$　　B. 极小值$-\frac{1}{2}$　　C. 极大值$\frac{1}{2}$　　D. 极大值$-\frac{1}{2}$

(3) 设$\int_{0}^{x}f(t)\mathrm{d}t=\frac{1}{3}\mathrm{e}^{3x}-\frac{1}{3}$，则 $f(x)=($　　$)$。

A. e^{3x}　　B. $\mathrm{e}^{\frac{x}{3}}$　　C. $\frac{1}{3}\mathrm{e}^{x}$　　D. $\frac{1}{3}\mathrm{e}^{3x}$

2. 计算下列极限。

(1) $\lim\limits_{x\to 0}\frac{\int_{0}^{x}(\mathrm{e}^{t}-1)\mathrm{d}t}{\sin^2 x}$　　(2) $\lim\limits_{x\to 0}\frac{\int_{0}^{x}t(t-\sin t)\mathrm{d}t}{\int_{0}^{x}2t^4\mathrm{d}t}$

3. 计算下列定积分。

(1) $\int_{0}^{\frac{\pi}{2}}\frac{\cos 2x}{\cos x+\sin x}\mathrm{d}x$　　(2) $\int_{0}^{\pi}\sqrt{1+\cos 2x}\,\mathrm{d}x$

(3) $f(x)=\begin{cases}x-1 & x\leqslant 2\\ x^2-3 & x>2\end{cases}$，求$\int_{-1}^{4}f(x)\mathrm{d}x$　　(4) $\int_{0}^{\frac{\pi}{2}}\cos^2\frac{x}{2}\mathrm{d}x$

4. 试求由$\int_{0}^{y}\mathrm{e}^{t}\mathrm{d}t+\int_{0}^{x}\sin t\,\mathrm{d}t=0$ 所确定的隐函数 $y=f(x)$的导数$\frac{\mathrm{d}y}{\mathrm{d}x}$。

5. 当 $x>0$ 时，连续函数 $f(x)$ 满足$\int_{0}^{x^2}f(t)\mathrm{d}t=x$，求 $f(4)$。

5.3　定积分的计算

在 5.2 节中学习了牛顿-莱布尼茨公式，知道了计算定积分首先要求出被积函数的原函数。在第 4 章中，知道可以用换元法和分部积分法计算一些函数的原函数，因此在本节中将讨论如何用这两种方法计算定积分。

5.3.1　定积分的换元积分法

定理 5.5　设函数 $f(x)$在区间$[a,b]$上连续，函数 $x=\varphi(t)$满足：

(1) $\varphi(t)$在区间$[\alpha,\beta]$(或$[\beta,\alpha]$)上有连续的导数;

(2) $\varphi(\alpha)=a,\varphi(\beta)=b$;

(3) $f[\varphi(t)]$在区间$[\alpha,\beta]$(或$[\beta,\alpha]$)上连续,则

$$\int_a^b f(x)\mathrm{d}x=\int_\alpha^\beta f[\varphi(t)]\varphi'(t)\mathrm{d}t$$

上式称为定积分的换元积分公式。

定理5.5

应用定积分的换元积分公式时需要注意以下两点。

(1)"换元的同时要换限",在把原来的变量x替换成新的变量t时,积分区间也要换成新变量的取值范围,并且要满足积分上限对应积分上限,积分下限对应积分下限。这里的积分下限不一定小于积分上限。为了书写简便,换元换限的过程可表示如下:

原积分变量	下限→上限
新积分变量	下限→上限

(2) 定积分应用换元法后,因为积分区间已经改变,所以不需要像不定积分那样,代回成原来的积分变量,只需要对新的积分变量直接应用牛顿-莱布尼茨公式即可。

【例5-11】 计算$\int_1^4 \frac{\mathrm{e}^{\sqrt{x}}}{\sqrt{x}}\mathrm{d}x$。

解:令$\sqrt{x}=t$,则$x=t^2$,$\mathrm{d}x=2t\mathrm{d}t$,且$\begin{array}{c|c} x & 1\to4 \\ \hline t & 1\to2 \end{array}$,则

$$\int_1^4 \frac{\mathrm{e}^{\sqrt{x}}}{\sqrt{x}}\mathrm{d}x=\int_1^2 \frac{\mathrm{e}^t}{t}\cdot 2t\mathrm{d}t=2\int_1^2 \mathrm{e}^t\mathrm{d}t=2\mathrm{e}^t\Big|_1^2=2\mathrm{e}^2-2\mathrm{e}$$

【例5-12】 计算$\int_0^{\frac{\pi}{2}}\sin^2x\cdot\cos x\mathrm{d}x$。

例5-12

解:解法1 令$\sin x=t$,则$\mathrm{d}t=\cos x\mathrm{d}x$,且$\begin{array}{c|c} x & 0\to\frac{\pi}{2} \\ \hline t & 0\to1 \end{array}$,则

$$\int_0^{\frac{\pi}{2}}\sin^2x\cdot\cos x\mathrm{d}x=\int_0^1 t^2\mathrm{d}t=\frac{1}{3}t^3\Big|_0^1=\frac{1}{3}$$

解法2 利用不定积分凑微分法的思路,本题的解题过程还可以写成:

$$\int_0^{\frac{\pi}{2}}\sin^2x\cdot\cos x\mathrm{d}x=\int_0^{\frac{\pi}{2}}\sin^2x\mathrm{d}\sin x=\frac{1}{3}\sin^3x\Big|_0^{\frac{\pi}{2}}=\frac{1}{3}$$

【例5-13】 计算$\int_0^1\sqrt{1-x^2}\mathrm{d}x$。

解:令$x=\sin t$,则$\mathrm{d}x=\cos t\mathrm{d}t$,且$\begin{array}{c|c} x & 0\to1 \\ \hline t & 0\to\frac{\pi}{2} \end{array}$,则

$$\int_0^1\sqrt{1-x^2}\mathrm{d}x=\int_0^{\frac{\pi}{2}}\cos^2t\mathrm{d}t=\frac{1}{2}\int_0^{\frac{\pi}{2}}(1+\cos2t)\mathrm{d}t=\frac{1}{2}\left(t+\frac{1}{2}\sin2t\right)\Big|_0^{\frac{\pi}{2}}=\frac{\pi}{4}$$

定积分还有两个特性，可作为结论直接应用。

(1) 已知函数 $f(x)$ 在闭区间 $[-a,a]$ 上连续，则

① 当 $f(x)$ 为奇函数时，$\int_{-a}^{a} f(x)\mathrm{d}x = 0$。

② 当 $f(x)$ 为偶函数时，$\int_{-a}^{a} f(x)\mathrm{d}x = 2\int_{0}^{a} f(x)\mathrm{d}x$。

【例 5-14】 计算 $\int_{-\frac{\pi}{3}}^{\frac{\pi}{3}} \frac{1+x}{\cos^2 x}\mathrm{d}x$。

解：因为在区间 $\left[-\frac{\pi}{3},\frac{\pi}{3}\right]$ 上 $\frac{1}{\cos^2 x}$ 是偶函数，$\frac{x}{\cos^2 x}$ 是奇函数，所以

$$\int_{-\frac{\pi}{3}}^{\frac{\pi}{3}} \frac{1+x}{\cos^2 x}\mathrm{d}x = \int_{-\frac{\pi}{3}}^{\frac{\pi}{3}} \frac{1}{\cos^2 x}\mathrm{d}x + \int_{-\frac{\pi}{3}}^{\frac{\pi}{3}} \frac{x}{\cos^2 x}\mathrm{d}x = \int_{-\frac{\pi}{3}}^{\frac{\pi}{3}} \frac{1}{\cos^2 x}\mathrm{d}x$$

$$= 2\int_{0}^{\frac{\pi}{3}} \frac{1}{\cos^2 x}\mathrm{d}x = 2\tan x \Big|_{0}^{\frac{\pi}{3}} = 2\sqrt{3}$$

(2) 已知函数 $f(x)$ 是以 T 为周期的连续函数，则对于任意的常数 a，有

$$\int_{a}^{a+T} f(x)\mathrm{d}x = \int_{0}^{T} f(x)\mathrm{d}x$$

【例 5-15】 计算 $\int_{-\frac{\pi}{5}}^{\frac{9\pi}{5}} \sin x\,\mathrm{d}x$。

解：因为 $\sin x$ 是周期为 2π 的周期函数，所以

$$\int_{-\frac{\pi}{5}}^{\frac{9\pi}{5}} \sin x\,\mathrm{d}x = \int_{0}^{2\pi} \sin x\,\mathrm{d}x = -\cos x \Big|_{0}^{2\pi} = 0$$

5.3.2 定积分的分部积分法

设函数 $u(x)$、$v(x)$ 在区间 $[a,b]$ 上有连续的导数，则由不定积分的分部积分法可得

$$\int_{a}^{b} uv'\mathrm{d}x = \int_{a}^{b} u\,\mathrm{d}v = uv\Big|_{a}^{b} - \int_{a}^{b} v\,\mathrm{d}u$$

上式称为定积分的分部积分公式。

定积分分部积分法的使用情况和不定积分分部积分法相似，在这里需要注意的是定积分的计算不要忘记积分区间。

【例 5-16】 计算 $\int_{0}^{\pi} x^2\cos x\,\mathrm{d}x$。

解：$\int_{0}^{\pi} x^2\cos x\,\mathrm{d}x = \int_{0}^{\pi} x^2\mathrm{d}\sin x = x^2\sin x\Big|_{0}^{\pi} - \int_{0}^{\pi}\sin x\,\mathrm{d}x^2$

$$= x^2\sin x\Big|_{0}^{\pi} - 2\int_{0}^{\pi} x\sin x\,\mathrm{d}x$$

$$= x^2\sin x\Big|_{0}^{\pi} + 2\int_{0}^{\pi} x\,\mathrm{d}\cos x$$

$$= x^2\sin x\Big|_{0}^{\pi} + 2x\cos x\Big|_{0}^{\pi} - \int_{0}^{\pi}\cos x\,\mathrm{d}x$$

$$= -2\pi$$

【例 5-17】 计算 $\int_{0}^{1} \arctan x\,\mathrm{d}x$。

解：$\int_0^1 \arctan x\,dx = x\arctan x\Big|_0^1 - \int_0^1 x\,d\arctan x$

$$= x\arctan x\Big|_0^1 - \int_0^1 \frac{x}{1+x^2}dx$$

$$= x\arctan x\Big|_0^1 - \frac{1}{2}\int_0^1 \frac{1}{1+x^2}d(1+x^2)$$

$$= \frac{\pi}{4} - \frac{1}{2}\ln 2$$

【例 5-18】 计算$\int_0^9 e^{\sqrt{x}}\,dx$。

解：令$\sqrt{x}=t$，则 $x=t^2$，$dx=2t\,dt$ 且 $\begin{array}{c|c} x & 0\to 9 \\ \hline t & 0\to 3 \end{array}$，则

$$\int_0^9 e^{\sqrt{x}}\,dx = 2\int_0^3 t\,e^t\,dt = 2\int_0^3 t\,de^t = 2te^t\Big|_0^3 - 2\int_0^3 e^t\,dt$$

$$= 2te^t\Big|_0^3 - 2e^t\Big|_0^3 = 4e^3 + 2。$$

【能力训练 5.3】

基础练习

1. 用换元法计算下列定积分。

(1) $\int_0^4 \frac{x+2}{\sqrt{2x+1}}dx$　　(2) $\int_1^5 \frac{\sqrt{x-1}}{x}dx$

(3) $\int_1^e \frac{2+\ln x}{x}dx$　　(4) $\int_0^1 \sqrt{4-x^2}\,dx$

2. 用分部积分法计算下列定积分。

(1) $\int_0^1 x\,e^{-x}\,dx$　　(2) $\int_1^e x^2\ln x\,dx$

(3) $\int_0^1 \arcsin x\,dx$　　(4) $\int_0^\pi e^x\cos x\,dx$

3. 计算下列定积分。

(1) $\int_{-1}^1 x\,e^{|x|}\,dx$　　(2) $\int_{-1}^1 (x^2+2x+x\cos x)\,dx$

(3) $\int_{\frac{\pi}{7}}^{\frac{15\pi}{7}} \sin x\,dx$

提高练习

1. 计算下列定积分。

(1) $\int_0^3 \frac{x}{1+\sqrt{x+1}}dx$　　(2) $\int_0^\pi \sqrt{\sin^3 x - \sin^5 x}\,dx$

(3) $\int_{-1}^{1}\frac{x}{\sqrt{5-4x}}\mathrm{d}x$ (4) $\int_{\ln3}^{\ln8}\sqrt{1+\mathrm{e}^{x}}\,\mathrm{d}x$

(5) $\int_{-\frac{\pi}{2}}^{\frac{\pi}{2}}(x+\cos x)\sin^{2}x\,\mathrm{d}x$ (6) $\int_{\frac{1}{\mathrm{e}}}^{\mathrm{e}}|\ln x|\,\mathrm{d}x$

(7) $\int_{0}^{\sqrt{3}}2x\arctan x\,\mathrm{d}x$ (8) $\int_{0}^{\frac{\pi}{2}}\mathrm{e}^{2x}\cos x\,\mathrm{d}x$

(9) $\int_{0}^{10\pi}|\sin x|\,\mathrm{d}x$

2. 设 $f(x)$是连续的偶函数，证明函数$\int_{0}^{x}f(t)\mathrm{d}t$ 是奇函数。

3. 已知 $f(x)$的一个原函数是$(\sin x)\ln x$，求$\int_{1}^{\pi}xf'(x)\mathrm{d}x$。

5.4 反常积分

前几节讨论定积分时，总是假设积分区间$[a,b]$是有限区间，被积函数在积分区间上是有界的。但是在实际应用过程中，经常会遇到积分区间是无穷区间，或者被积函数是无界函数的情况。这些已经不属于前面所说的定积分的范畴了，因此对定积分做了如下推广，从而形成反常积分的概念。

定义 5.2
无穷区间上的反常积分

5.4.1 无穷区间上的反常积分

定义 5.2 (1) 设函数 $f(x)$在区间$[a,+\infty)$上连续，任取 $t>a$，作定积分$\int_{a}^{t}f(x)\mathrm{d}x$，则称式子 $\lim\limits_{t\to+\infty}\int_{a}^{t}f(x)\mathrm{d}x$ 为 $f(x)$ 在无穷区间$[a,+\infty)$上的反常积分，记作$\int_{a}^{+\infty}f(x)\mathrm{d}x$。即

$$\int_{a}^{+\infty}f(x)\mathrm{d}x=\lim_{t\to+\infty}\int_{a}^{t}f(x)\mathrm{d}x$$

若极限存在，则称反常积分$\int_{a}^{+\infty}f(x)\mathrm{d}x$ 收敛(此时的极限值为该反常积分的值)；若极限不存在，那么称反常积分$\int_{a}^{+\infty}f(x)\mathrm{d}x$ 发散。

(2) 类似地可定义函数 $f(x)$在无穷区间$(-\infty,b]$上的反常积分 $\int_{-\infty}^{b}f(x)\mathrm{d}x=\lim\limits_{t\to-\infty}\int_{t}^{b}f(x)\mathrm{d}x$ 以及$\int_{-\infty}^{b}f(x)\mathrm{d}x$ 收敛与发散的概念。

(3) 若函数 $f(x)$在区间$(-\infty,+\infty)$上连续，则反常积分$\int_{-\infty}^{a}f(x)\mathrm{d}x$ 与反常积分$\int_{a}^{+\infty}f(x)\mathrm{d}x$(其中 $a\in\mathbf{R}$)之和称为函数 $f(x)$ 在无穷区间上的反常积分，即

$$\int_{-\infty}^{+\infty} f(x)\mathrm{d}x=\int_{-\infty}^{a} f(x)\mathrm{d}x+\int_{a}^{+\infty} f(x)\mathrm{d}x$$

上式右端两个反常积分同时收敛,则反常积分$\int_{-\infty}^{+\infty} f(x)\mathrm{d}x$ 收敛,此时$\int_{-\infty}^{+\infty} f(x)\mathrm{d}x$ 的值等于$\int_{-\infty}^{a} f(x)\mathrm{d}x$ 的值与$\int_{a}^{+\infty} f(x)\mathrm{d}x$ 的值之和。若右端两个反常积分至少有一个发散,则反常积分$\int_{-\infty}^{+\infty} f(x)\mathrm{d}x$ 发散。

以上三种反常积分统称为无穷区间上的反常积分。

计算无穷区间上的反常积分时,为了书写方便,实际运算过程中通常省略极限符号,形式上还是利用牛顿-莱布尼茨公式的格式。

设 $F(x)$为连续函数 $f(x)$的一个原函数,则

$$\int_{a}^{+\infty} f(x)\mathrm{d}x=F(x)\Big|_{a}^{+\infty}=F(+\infty)-F(a)=\lim_{x\to+\infty} F(x)-F(a)$$

$$\int_{-\infty}^{b} f(x)\mathrm{d}x=F(x)\Big|_{-\infty}^{b}=F(b)-F(-\infty)=F(b)-\lim_{x\to-\infty} F(x)$$

$$\int_{-\infty}^{+\infty} f(x)\mathrm{d}x=F(x)\Big|_{-\infty}^{+\infty}=F(+\infty)-F(-\infty)=\lim_{x\to+\infty} F(x)-\lim_{x\to-\infty} F(x)$$

所以,反常积分$\int_{a}^{+\infty} f(x)\mathrm{d}x$ 和$\int_{-\infty}^{b} f(x)\mathrm{d}x$ 的敛散性取决于$F(+\infty)$和$F(-\infty)$的极限是否存在,$\int_{-\infty}^{+\infty} f(x)\mathrm{d}x$ 的敛散性取决于$F(+\infty)$和$F(-\infty)$的极限是否同时存在。

【例 5-19】 计算反常积分$\int_{0}^{+\infty} \mathrm{e}^{-2x}\mathrm{d}x$。

解:$\int_{0}^{+\infty} \mathrm{e}^{-2x}\mathrm{d}x=\lim\limits_{t\to+\infty}\int_{0}^{t} \mathrm{e}^{-2x}\mathrm{d}x=-\dfrac{1}{2}\lim\limits_{t\to+\infty}\int_{0}^{t} \mathrm{e}^{-2x}\mathrm{d}(-2x)$

$$=-\frac{1}{2}\lim_{t\to+\infty}(\mathrm{e}^{-2x})\Big|_{0}^{t}=-\frac{1}{2}(0-1)=\frac{1}{2}$$

本题的解题过程还可写成

$$\int_{0}^{+\infty} \mathrm{e}^{-2x}\mathrm{d}x=-\frac{1}{2}\int_{0}^{+\infty} \mathrm{e}^{-2x}\mathrm{d}(-2x)=-\frac{1}{2}\mathrm{e}^{-2x}\Big|_{0}^{+\infty}=\frac{1}{2}$$

【例 5-20】 计算反常积分$\int_{-\infty}^{0} x\mathrm{e}^{x}\mathrm{d}x$。

例 5-20

解:$\int_{-\infty}^{0} x\mathrm{e}^{x}\mathrm{d}x=\int_{-\infty}^{0} x\mathrm{d}\mathrm{e}^{x}=x\mathrm{e}^{x}\Big|_{-\infty}^{0}-\int_{-\infty}^{0} \mathrm{e}^{x}\mathrm{d}x=x\mathrm{e}^{x}\Big|_{-\infty}^{0}-\mathrm{e}^{x}\Big|_{-\infty}^{0}=-1$

【例 5-21】 计算反常积分$\int_{-\infty}^{+\infty} \dfrac{1}{1+x^2}\mathrm{d}x$。

解:$\int_{-\infty}^{+\infty} \dfrac{1}{1+x^2}\mathrm{d}x=\arctan x\Big|_{-\infty}^{+\infty}=\dfrac{\pi}{2}-\left(-\dfrac{\pi}{2}\right)=\pi$

【例 5-22】 证明反常积分$\int_{1}^{+\infty} \dfrac{1}{x^p}\mathrm{d}x\,(p>0)$,当 $p>1$ 时收敛;当 $0<p\leqslant 1$ 时发散。

证明：当 $p=1$ 时，$\int_1^{+\infty}\frac{1}{x}\mathrm{d}x=\ln x\Big|_1^{+\infty}=+\infty$；

当 $p\neq 1$ 时，$\int_1^{+\infty}\frac{1}{x^p}\mathrm{d}x=\frac{x^{1-p}}{1-p}\Big|_1^{+\infty}=\begin{cases}+\infty & 0<p<1\\ \frac{1}{p-1} & p>1\end{cases}$。

所以，反常积分 $\int_1^{+\infty}\frac{1}{x^p}\mathrm{d}x$，当 $p>1$ 时收敛，其值为 $\frac{1}{p-1}$；当 $0<p\leqslant 1$ 时发散。

5.4.2 无界函数的反常积分

定义 5.3 (1) 设函数 $f(x)$ 在区间 $(a,b]$ 上连续，$\lim\limits_{x\to a^+}f(x)=\infty$，点 a 称为 $f(x)$ 的瑕点，任取 $\varepsilon>0$，作定积分 $\int_{a+\varepsilon}^{b}f(x)\mathrm{d}x$，则称 $\lim\limits_{\varepsilon\to 0^+}\int_{a+\varepsilon}^{b}f(x)\mathrm{d}x$ 为 $f(x)$ 在区间 $(a,b]$ 上的反常积分，记作 $\int_{a^+}^{b}f(x)\mathrm{d}x$。即

$$\int_{a^+}^{b}f(x)\mathrm{d}x=\lim_{\varepsilon\to 0^+}\int_{a+\varepsilon}^{b}f(x)\mathrm{d}x$$

若极限存在，则称反常积分 $\int_{a^+}^{b}f(x)\mathrm{d}x$ 收敛（此时的极限值为该反常积分的值）；若极限不存在，那么称反常积分 $\int_{a^+}^{b}f(x)\mathrm{d}x$ 发散。

(2) 类似地，若函数 $f(x)$ 在无穷区间 $[a,b)$ 上连续，$\lim\limits_{x\to b^-}f(x)=\infty$，点 b 称为 $f(x)$ 的瑕点，可以定义 $f(x)$ 在区间 $[a,b)$ 上的反常积分 $\int_{a}^{b^-}f(x)\mathrm{d}x=\lim\limits_{\varepsilon\to 0^+}\int_{a}^{b-\varepsilon}f(x)\mathrm{d}x$ 以及 $\int_{a}^{b^-}f(x)\mathrm{d}x$ 收敛与发散的概念。

(3) 若函数 $f(x)$ 在区间 $[a,b]$ 上除点 $c(a<c<b)$ 外处处连续，c 为函数 $f(x)$ 的无穷间断点，点 c 称为 $f(x)$ 的瑕点，则反常积分 $\int_{a}^{c^-}f(x)\mathrm{d}x$ 与反常积分 $\int_{c^+}^{b}f(x)\mathrm{d}x$ 之和称为函数 $f(x)$ 在区间 $[a,b]$ 的反常积分，即

$$\int_a^b f(x)\mathrm{d}x=\int_a^{c^-}f(x)\mathrm{d}x+\int_{c^+}^{b}f(x)\mathrm{d}x$$

上式右端两个反常积分同时收敛，则反常积分 $\int_a^b f(x)\mathrm{d}x$ 收敛，此时 $\int_a^b f(x)\mathrm{d}x$ 的值等于 $\int_a^{c^-}f(x)\mathrm{d}x$ 和 $\int_{c^+}^{b}f(x)\mathrm{d}x$ 的和。若上式右端两个反常积分至少有一个发散，则反常积分 $\int_a^b f(x)\mathrm{d}x$ 发散。

以上三种反常积分统称为无界函数的反常积分，又称为瑕积分。

讨论无界函数的反常积分的敛散性与无穷区间上的反常积分一样，也可以借助牛顿-莱布尼茨公式。

设 $F(x)$ 是函数 $f(x)$ 在去掉瑕点的区间上的一个原函数，则

$$\int_{a^+}^{b} f(x)\mathrm{d}x = F(x)\Big|_{a^+}^{b} = F(b) - F(a^+) = F(b) - \lim_{x \to a^+} F(x)$$

$$\int_{a}^{b^-} f(x)\mathrm{d}x = F(x)\Big|_{a}^{b^-} = F(b^-) - F(a) = \lim_{x \to b^-} F(x) - F(a)$$

这些极限是否存在决定了相应的反常积分是收敛还是发散。

【例 5-23】 计算反常积分 $\int_0^{1^-} \frac{1}{\sqrt{1-x^2}}\mathrm{d}x$。

解：函数 $f(x)=\frac{1}{\sqrt{1-x^2}}$ 在区间[0,1)上连续，1 是它的一个瑕点，

$$\int_0^{1^-} \frac{1}{\sqrt{1-x^2}}\mathrm{d}x = \arcsin x\Big|_0^{1^-} = \frac{\pi}{2}$$

【例 5-24】 证明反常积分 $\int_{0^+}^{1} \frac{1}{x^q}\mathrm{d}x\ (q>0)$，当 $0<q<1$ 时收敛；当 $q\geqslant 1$ 时发散。

证明：因为 $q>0$，所以 $x=0$ 是函数 $\frac{1}{x^q}$ 的无穷间断点。

当 $q=1$ 时，$\int_{0^+}^{1} \frac{1}{x}\mathrm{d}x = \ln x\Big|_{0^+}^{1} = +\infty$。

当 $p\neq 1$ 时，$\int_{0^+}^{1} \frac{1}{x^p}\mathrm{d}x = \frac{x^{1-q}}{1-q}\Big|_{0^+}^{1} = \begin{cases} \frac{1}{1-q} & 0<q<1 \\ +\infty & q>1 \end{cases}$。

所以，反常积分 $\int_{0^+}^{1} \frac{1}{x^q}\mathrm{d}x$，当 $0<q<1$ 时收敛，其值为 $\frac{1}{1-q}$；当 $p\geqslant 1$ 时发散。

【能力训练 5.4】

基础练习

判断下列反常积分的敛散性，如果收敛，求反常积分的值。

(1) $\int_1^{+\infty} \frac{1}{x^4}\mathrm{d}x$　　(2) $\int_{-\infty}^{+\infty} \frac{x}{1+x^2}\mathrm{d}x$　　(3) $\int_0^{1^-} \frac{1}{\sqrt{1-x}}\mathrm{d}x$

提高练习

判断下列反常积分的敛散性，如果收敛，求反常积分的值。

(1) $\int_1^{+\infty} \mathrm{e}^{-\sqrt{x}}\mathrm{d}x$　　(2) $\int_{-\infty}^{+\infty} \frac{1}{x^2+2x+2}\mathrm{d}x$　　(3) $\int_1^{+\infty} \frac{1}{x(x+1)}\mathrm{d}x$

(4) $\int_{1^+}^{2} \frac{x}{\sqrt{x-1}}\mathrm{d}x$　　(5) $\int_0^{2} \frac{1}{(x-1)^2}\mathrm{d}x$

5.5 定积分的应用

在5.1节中，我们学习了定积分的概念，知道了定积分的几何意义，了解了曲边梯形的面积可以利用定积分来求解。应用定积分，不但可以计算曲边梯形的面积，还可以计算一些比较复杂的平面图形的面积，并且还可以扩展到旋转体体积的求解。

5.5.1 平面图形的面积

(1) 设平面图形是由曲线 $y=f(x)$、$y=g(x)$ 和直线 $x=a$、$x=b(a<b)$ 围成的。在区间 $[a,b]$ 上 $g(x)\leqslant f(x)$，如图5-5所示。

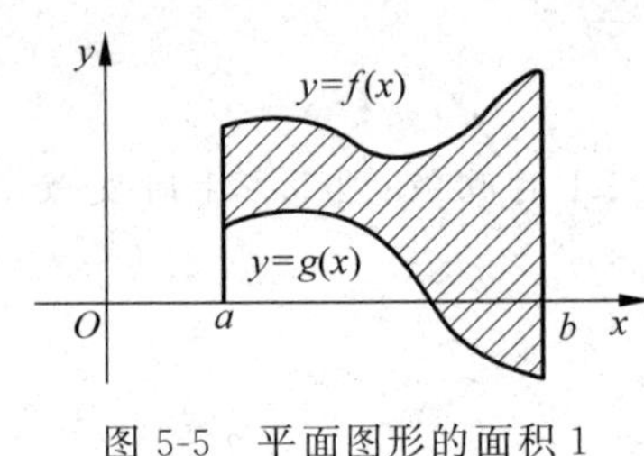

图5-5 平面图形的面积1

那么该平面图形的面积可表示为

$$S=\int_a^b[f(x)-g(x)]\mathrm{d}x$$

这里需要注意的是，如果在区间 $[a,b]$ 上 $f(x)\leqslant g(x)$，那平面图形的面积就需要表示为

$$S=\int_a^b[g(x)-f(x)]\mathrm{d}x$$

即被积函数等于"上方曲线的函数"减去"下方曲线的函数"。

(2) 设平面图形是由曲线 $x=\varphi(y)$、$x=\psi(y)$ 和直线 $y=c$、$y=d(c<d)$ 围成的。在区间 $[c,d]$ 上 $\psi(y)\leqslant\varphi(y)$，如图5-6所示。那么该平面图形的面积可表示为

$$S=\int_c^d[\varphi(y)-\psi(y)]\mathrm{d}y$$

需要注意的是，如果在区间 $[c,d]$ 上 $\varphi(y)\leqslant\psi(y)$，则平面图形的面积就需要表示为

$$S=\int_c^d[\psi(y)-\varphi(y)]\mathrm{d}y$$

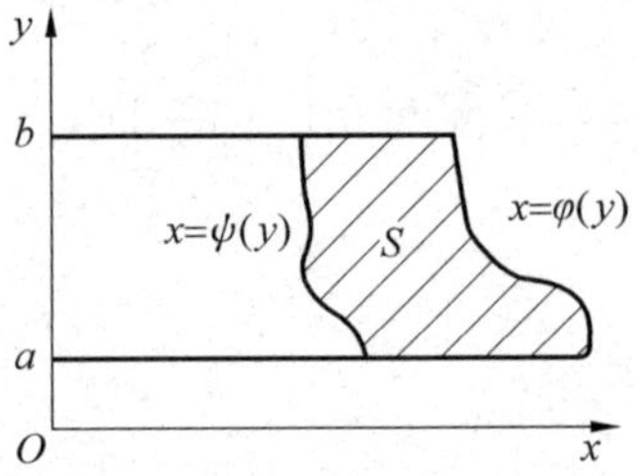

图5-6 平面图形的面积2

即被积函数等于"右侧曲线的函数"减去"左侧曲线的函数"。

【例5-25】 求由两条抛物线 $y^2=x$ 与 $y=x^2$ 围成的图形面积。

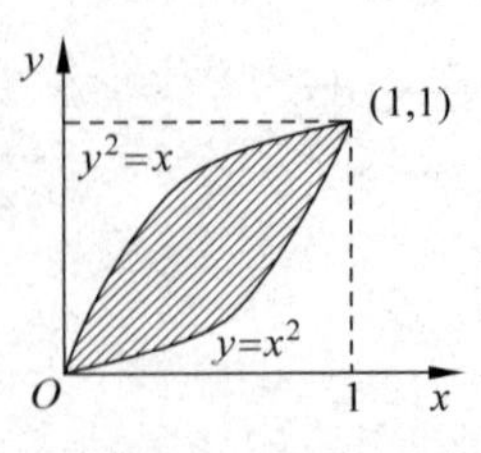

图5-7 例5-25平面图形的面积

解： 两条抛物线围成的图形如图5-7所示，先求这两条曲线的交点。

解方程组 $\begin{cases}y^2=x\\y=x^2\end{cases}$，得交点坐标(0,0)、(1,1)，所以图形的面积为

$$S=\int_0^1(\sqrt{x}-x^2)\mathrm{d}x=\left(\frac{2}{3}x^{\frac{2}{3}}-\frac{1}{3}x^3\right)\Bigg|_0^1=\frac{1}{3}$$

例 5-26

【例 5-26】 求由抛物线 $y^2=2x$ 与直线 $y=x-4$ 围成的图形面积。

解：图形如图 5-8 所示。

解方程组 $\begin{cases}y^2=2x\\y=x-4\end{cases}$，得交点坐标 $(2,-2)$、$(8,4)$，

所以图形的面积为

$$S=\int_{-2}^{4}\left(y+4-\frac{1}{2}y^2\right)\mathrm{d}y=\left(\frac{1}{2}y^2+4y-\frac{1}{6}y^3\right)\bigg|_{-2}^{4}$$

$$=18$$

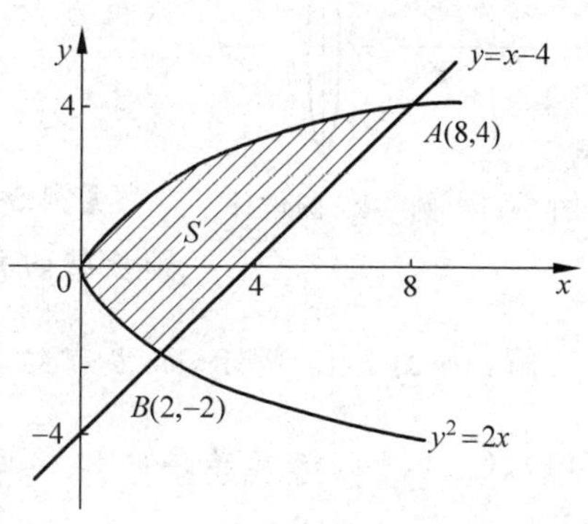

图 5-8 例 5-26 平面图形的面积

注：此题若选取 x 为积分变量，则必须过点 $(2,-2)$ 作直线 $x=2$，将图形分成两部分，可得

$$S=\int_{0}^{2}[\sqrt{2x}-(-\sqrt{2x})]\mathrm{d}x+\int_{2}^{8}[\sqrt{2x}-(x-4)]\mathrm{d}x$$

$$=\frac{16}{3}+\frac{38}{3}=18$$

显然，这样的计算量比较大。因此积分变量的选择很重要，一般情况下积分变量的选择要根据图形的具体情况而定。

5.5.2 旋转体的体积

旋转体就是由一个平面图形绕所在平面内一条直线旋转一周而成的立体。这条直线叫作旋转轴。

常见的旋转体有圆柱、圆锥、圆台、球体。

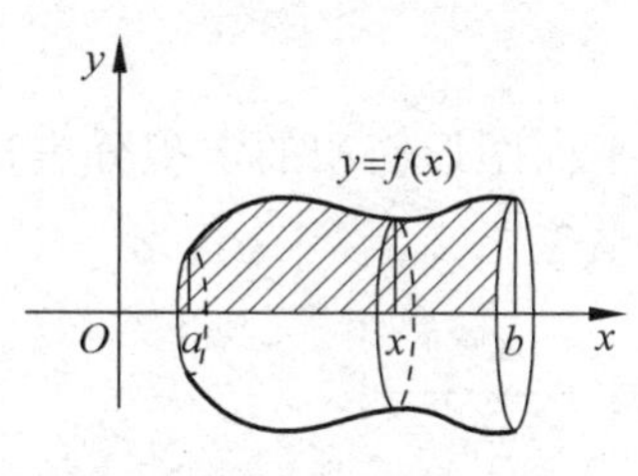

图 5-9 绕 x 轴的旋转体

上述旋转体都可以看作是由连续曲线 $y=f(x)$ 与直线 $x=a$、$x=b$ 及 x 轴所围成的曲边梯形绕 x 轴旋转一周而成的立体，如图 5-9 所示。现在可以利用定积分计算它的体积。

设在区间 $[a,b]$ 内过点 x 作垂直于 x 轴的平面截取旋转体，可得一个半径为 $f(x)$ 的圆，这个圆的面积可表示成 $\pi f^2(x)$，整个旋转体可看作从 $x=a$ 到 $x=b$ 的无数个圆面累加而成，根据定积分的概念，可得旋转体的体积为

$$V=\int_{a}^{b}\pi[f(x)]^2\mathrm{d}x$$

同样，由连续曲线 $x=\varphi(y)$ 与直线 $y=c$、$y=d$ 及 y 轴所围成的曲边梯形绕 y 轴旋转一周而成的立体（图 5-10）的体积为

$$V=\int_{c}^{d}\pi[\varphi(y)]^2\mathrm{d}y$$

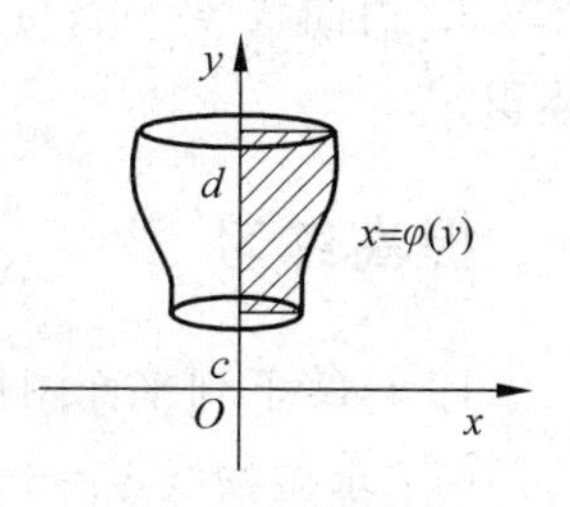

图 5-10 绕 y 轴的旋转体

【例 5-27】 连接坐标原点 O 及点 $P(h,r)$ 的直线与直线 $x=h$ 及 x 轴围成一个直角三角形。将它绕 x 轴旋转构成一个底面半径为 r、高为 h 的圆锥体，如图 5-11 所示。计算这个圆锥体的体积。

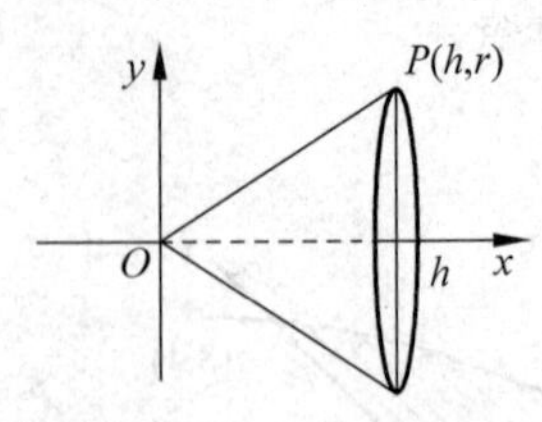

图 5-11　例 5-27 圆锥体

解：直角三角形斜边的直线方程为 $y=\frac{r}{h}x$，则所求圆锥体的体积为

$$V=\int_0^h \pi\left(\frac{r}{h}x\right)^2 \mathrm{d}x=\frac{\pi r^2}{h^2}\left(\frac{1}{3}x^3\right)\Big|_0^h=\frac{1}{3}\pi r^2 h$$

【例 5-28】　求由曲线 $x^2+y^2=2$ 与 $y=x^2$ 围成的图形绕 x 轴旋转的旋转体的体积。

解：如图 5-12 所示，解方程组 $\begin{cases}x^2+y^2=2\\ y=x^2\end{cases}$ 得交点坐标为 $(1,1)$、$(-1,1)$，该旋转体的体积可看作是以 x 轴上的区间 $[-1,1]$ 为底边，分别以区间 $[-1,1]$ 上的圆弧 $y=\sqrt{2-x^2}$ 和抛物线弧 $y=x^2$ 为曲边的两个曲边梯形绕 x 轴旋转而成的两个旋转体的体积之差。

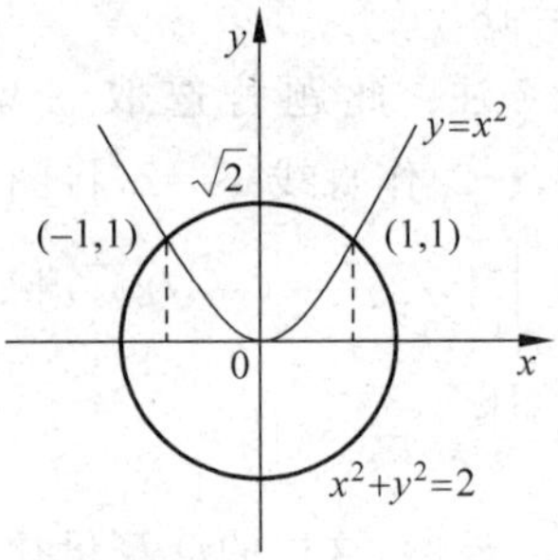

图 5-12　例 5-28 旋转体

于是所求旋转体的体积为

$$V=V_1-V_2=\int_{-1}^1 \pi(\sqrt{2-x^2})^2 \mathrm{d}x-\int_{-1}^1 \pi(x^2)^2 \mathrm{d}x=\frac{44}{15}\pi$$

【能力训练 5.5】

基础练习

1. 填空题。

(1) 由曲线 $y=\cos x$ 与直线 $x=\frac{\pi}{2}$、$x=\pi$ 及 x 轴所围成的平面图形面积的定积分表达式是________。

(2) 由曲线 $y=x^2$ 与直线 $y=x$ 所围成的平面图形的面积为________。

2. 计算下列平面图形的面积。

(1) 由曲线 $y=x^2$ 与直线 $y=x$、$y=2x$ 所围成的平面图形。

(2) 曲线 $y=\ln x$ 与直线 $x=0$、$y=\ln a$、$y=\ln b\,(0<a<b)$ 所围成的平面图形。

3. 由曲线 $y=\mathrm{e}^x$ 与直线 $x=1$、$x=0$、$y=0$ 所围成的图形绕 x 轴旋转所成的旋转体的体积。

提高练习

1. 计算下列平面图形的面积。

(1) 求抛物线 $y=3-x^2$ 与直线 $y=2x$ 所围成图形的面积。

(2) 求由曲线 $y=\sin x$、$y=\cos x$ 与直线 $x=0$、$x=\frac{\pi}{2}$ 围成的平面图形的面积。

2. 计算下列旋转体的体积。

(1) 图形$(x-5)^2+y^2=16$绕y轴旋转所成的旋转体的体积。

(2) 求抛物线$y=x^2$与$y^2=x$所围成的图形绕x轴旋转一周而成的旋转体的体积。

5.6 用Matlab求定积分

5.6.1 Matlab积分运算函数int()用法

在Matlab中实现积分运算的函数是int(),利用int()函数找出被积分函数的一个原函数。默认积分变量为x,也可以通过int(f,v)形式指定积分变量v。具体调用格式如下。

- int(f,a,b):求函数f关于变量x从a到b的定积分。
- int(f,v,a,b):求函数f关于变量v从a到b的定积分。

5.6.2 积分求解示例

例5-29

【例5-29】 求下列函数的定积分。

(1) $\int_0^1 \arcsin x\,dx$　(2) $\int_0^{+\infty}\frac{1}{1+x^2}dx$　(3) $\int_2^{\sin t}4xt\,dx$　(4) $\int_0^1\frac{1}{\sqrt{x}}dx$

解:(1) Matlab命令如下。

```
>> syms x
>> int(asin(x),0,1)
   ■  ans = pi/2 - 1
```

即$\int_0^1 \arcsin x\,dx=\frac{\pi}{2}-1$。

(2) Matlab命令如下。

```
>> syms x
>> int(1/(x^2+1),0,inf)
   ■  ans = pi/2
```

即$\int_0^{+\infty}\frac{1}{1+x^2}dx=\frac{\pi}{2}$。

(3) Matlab命令如下。

```
>> syms x t
>> int(4*x*t,x,2,sin(t))

   ■  ans = -2*t*(cos(t)^2 + 3)
```

即$\int_2^{\sin t}4xt\,dx=-2t(\cos^2 t+3)$。

(4) Matlab命令如下。

```
>> syms x
```

```
>> int(1/sqrt(x),0,1)
■    ans  = 2
```

即$\int_0^1 \frac{1}{\sqrt{x}}dx = 2$。

本章思维导图

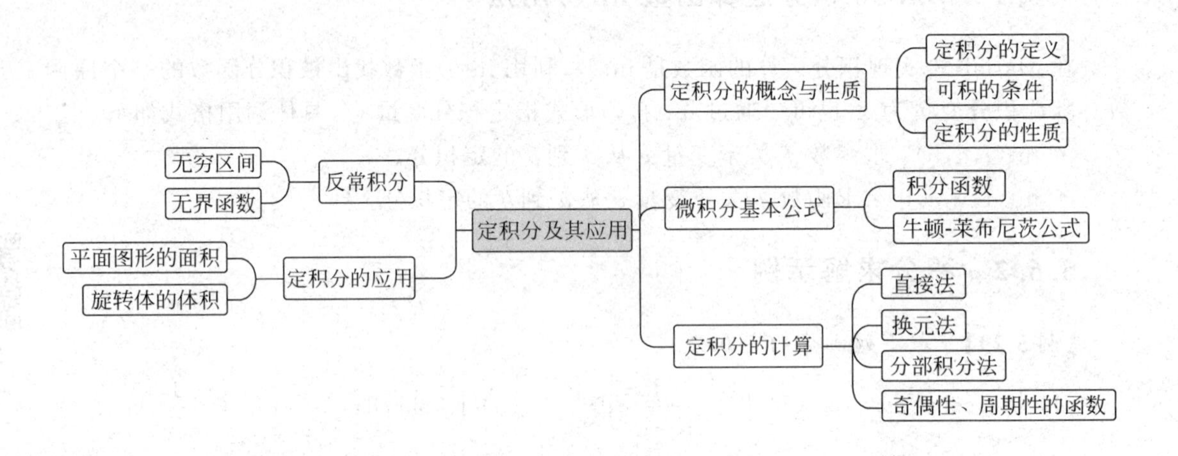

综合能力训练

1. 选择题。

(1) 设 $y=\int_0^{x^2}\sin(1+t^2)dt$，则 $y'(0)=($　　$)$。

A. $\cos 1$　　B. 0　　C. 1　　D. $\sin 1$

(2) 设 $f(x)$为连续函数，则运用换元法 $\int_0^1 f(\sqrt{1-x})dx=($　　$)$。

A. $-2\int_0^1 xf(x)dx$　　B. $2\int_0^1 xf(x)dx$

C. $\frac{1}{2}\int_0^1 f(x)dx$　　D. $-\frac{1}{2}\int_0^1 f(x)dx$

(3) 设函数 $f(x)$在区间$[a,b]$上连续，则 $f(x)$在区间$[a,b]$上的平均值为(　　)。

A. $\frac{1}{b-a}\int_a^b f(x)dx$　　B. $\int_a^b f(x)dx$　　C. $\frac{\int_a^b f(x)dx}{2}$　　D. $\frac{f(a)+f(b)}{2}$

(4) 设函数 $f(x)$ 是连续的偶函数，则定积分$\int_{-a}^{a} f(x)dx=($　　$)$。

A. 0　　B. $\int_{-a}^{0} f(x)dx$　　C. $2\int_{-a}^{0} f(x)dx$　　D. $\int_0^a f(x)dx$

(5) 若 $f(x)=\int_0^x \frac{1}{(1+t)^2}dt$，则 $f''(1)=($　　$)$。

A. $-\frac{1}{4}$　　B. $\frac{1}{2}$　　C. $\frac{1}{4}$　　D. $-\frac{1}{2}$

(6) 反常积分$\int_{1}^{+\infty}\frac{x+1}{\sqrt{x^3}}\mathrm{d}x$ 的值为(　　)。

A. 0　　B. 2　　C. $+\infty$　　D. $\frac{1}{2}$

(7) 设$\varphi''(x)$在区间$[a,b]$上连续,且$\varphi'(b)=a,\varphi'(a)=b$,则$\int_{a}^{b}\varphi'(x)\varphi''(x)\mathrm{d}x=$(　　)。

A. $a-b$　　B. $\frac{1}{2}(a-b)$　　C. $\frac{1}{2}(a^2+b^2)$　　D. $\frac{1}{2}(a^2-b^2)$

(8) 若 $f(x)$ 可导,且 $f(0)=0,f'(0)=3$,则$\lim\limits_{x\to0}\frac{\int_{0}^{x}f(t)\mathrm{d}t}{x\sin x}$ 的值为(　　)。

A. 0　　B. 3　　C. $\frac{3}{2}$　　D. 不存在

(9) 由曲线 $y=\mathrm{e}^x$ 及直线 $x=0$、$y=2$ 所围成的平面图形面积为(　　)。

A. $\int_{1}^{2}\ln y\mathrm{d}y$　　B. $\int_{1}^{\mathrm{e}^2}\mathrm{e}^x\mathrm{d}x$　　C. $\int_{1}^{\ln2}\ln y\mathrm{d}y$　　D. $\int_{0}^{2}(2-\mathrm{e}^x)\mathrm{d}x$

(10) 若$\int_{0}^{k}(1-3x^2)\mathrm{d}x=0$,则 k 不能等于(　　)。

A. -1　　B. 0　　C. 1　　D. 2

2. 填空题。

(1) 比较积分大小$\int_{0}^{\frac{\pi}{2}}\cos^3x\mathrm{d}x$ ________ $\int_{0}^{\frac{\pi}{2}}\cos^2x\mathrm{d}x$。

(2) 若$\int_{a}^{2}3x^2\mathrm{d}x=7$,则 $a=$________。

(3) 设函数 $f(x)$在区间$(-\infty,+\infty)$上连续,则$\frac{\mathrm{d}}{\mathrm{d}x}\int_{0}^{\sin x^2}f(t)\mathrm{d}t=$________。

(4) 设函数 $f(x)$ 在区间$[0,4]$上连续,且$\int_{1}^{x^2-2}f(t)\mathrm{d}t=x-\sqrt{3}$,则 $f(2)=$ ________。

(5) 已知 $f(2)=2,\int_{0}^{2}f(x)\mathrm{d}x=1$,则$\int_{0}^{2}xf'(x)\mathrm{d}x=$________。

(6) $\int_{-3}^{3}(x^3+4)\sqrt{9-x^2}\mathrm{d}x=$________。

(7) 已知 $f(x)=\begin{cases}\dfrac{\int_{0}^{x}\sin t\mathrm{d}t}{x^2} & x\neq0\\ a & x=0\end{cases}$,若 $f(x)$ 在 $x=0$ 处连续,则 $a=$________。

(8) $\int_{\mathrm{e}}^{+\infty}\frac{1}{x(\ln x)^2}\mathrm{d}x=$________。

(9) $\lim\limits_{x\to 0^+}\dfrac{\int_0^{x^2}\sin\sqrt{t}\,dt}{x^3}=$______。

(10) 当 $k=$______时，曲线 $y=x^2$ 与直线 $y=kx(k>0)$ 所围成的图形的面积为 $\dfrac{32}{3}$。

3. 判断题。

(1) 若 $\int_a^b f(x)dx=0$，则在闭区间 $[a,b]$ 上必有 $f(x)\equiv 0$。(　　)

(2) 定积分 $\int_a^b f(x)dx$ 的值是一个任意常数。(　　)

(3) 若 $\int_{-a}^a f(x)dx=0$，则 $f(x)$ 可能为奇函数。(　　)

(4) 定积分 $\int_a^b f(x)dx$ 的几何意义是曲线 $y=f(x)$ 与直线 $x=a$、$x=b$ 及 x 轴所围成的曲边梯形的面积。(　　)

(5) $\int_{-1}^1 \dfrac{1}{x^2}dx=-2$。(　　)

(6) 若 $\int_0^x f(t)dx=x^3+3x^2-2$，则 $f(1)=9$。(　　)

(7) 若 $f(x)$ 在 $[a,b]$ 上有界，则 $f(x)$ 在 $[a,b]$ 上可积。(　　)

(8) 因为被积函数是奇函数，所以反常积分 $\int_{-\infty}^{+\infty}\dfrac{x}{\sqrt{1+x^2}}dx=0$。(　　)

(9) 若 $\int_0^\pi x\sin x\,dx=\pi$，则 $\int_{-\pi}^\pi x(\sin x+\cos 2x)dx=2\pi$。(　　)

(10) $\dfrac{d}{dx}\int_0^{2x}\cos t\,dt=2\cos 2x$。(　　)

4. 计算下列积分。

(1) $\int_3^4 \dfrac{x^2+x-6}{x-2}dx$

(2) $\int_0^{\frac{\pi}{2}}\sqrt{1-\sin 2x}\,dx$

(3) $\int_1^5 \dfrac{\sqrt{x-1}}{x}dx$

(4) $\int_{-1}^1 x^2(\sin^3 x+e^{x^3})dx$

(5) $\int_1^e x\ln\sqrt{x}\,dx$

(6) $\int_0^1 \dfrac{dx}{e^x+e^{-x}}$

(7) $\int_0^{+\infty} x e^{-x^2}dx$

(8) $\int_{0^+}^1 \dfrac{1}{\sqrt{x}}dx$

5. 设 $f(x)$ 在区间 $[0,a]$ 上连续，证明 $\int_0^a f(x)dx=\int_0^a f(a-x)dx$。

6. 求函数 $f(x)=\int_0^x te^{-t}dt$ 的极值和其图像的拐点。

7. 在曲线 $y=x^2(x>0)$ 上求一点，使曲线在该点处的切线与该曲线及 x 轴所围成的图形的面积为$\frac{1}{12}$。

8. 求由曲线 $y=x^2-2x$、$y=x$ 所围成的平面图形的面积。

9. 证明双曲线上任一点处的切线与两坐标轴所围成的三角形的面积均相等。

10. 求曲线 $y=x^2$ 与 $y=2x$ 所围成的图形，绕 x 轴旋转所得的旋转体的体积。

第6章

常微分方程

【学习目标】

通过本章的学习，你应该能够：

(1) 了解微分方程的一些基本概念；

(2) 掌握可分离变量的方程、齐次方程、一阶线性微分方程的解法；

用好数学工具 解决力学难题

(3) 通过降阶的方法解 $y''=f(x)$、$y''=f(x,y')$、$y''=f(y,y')$等类型方程；

(4) 理解二阶常系数线性齐次微分方程解的结构；

(5) 掌握二阶常系数齐次线性微分方程的解法；

(6) 会用常微分方程解决一些简单的应用问题。

函数可以在数量方面反映客观事物的内部联系，利用函数关系又可以对客观事物的规律性进行研究。在实际问题中，这种函数关系往往不容易直接建立，但有时根据问题的情况可以列出含有未知函数及其导数的关系式，这种关系式就是本章将要学习的微分方程。微分方程对于描述客观世界中量的变化非常有用，如物体的冷却、种群的增长、还清贷款的快慢都可以通过微分方程来模拟。因此微分方程是数学联系实际，并应用于实际的重要途径和桥梁，是其他学科进行科学研究的有力工具。本章主要介绍一些微分方程的基本概念以及几种常用微分方程的解法。

6.1 常微分方程的基本概念

6.1.1 初识微分方程

【应用实例 6-1】 物理学中物体冷却问题。

将一物体置于室温下冷却，根据牛顿冷却定律知：当物体表面与周围存在温度差时，单位时间从单位面积散失的热量与温度差成正比。假设物体温度 T 与时间 t 的函数关系为 $T=T(t)$，室温为 H，则可建立一个含有未知函数 $T(t)$ 导数的方程。

$$\frac{dT}{dt}=-\alpha(T-H) \tag{6-1}$$

其中，$\alpha(\alpha>0)$为比例常数；“$-$”表示物体温度高于室温时，物体温度下降，即冷却。这是物体冷却的数学模型，它在多个领域有着广泛应用，如警方破案时推断受害者的死亡时间、文章或者明星的热度排行榜等，都可以借鉴此模型进行解决。

该应用实例中的方程(6-1)含有未知函数的导数，这是一个微分方程。

6.1.2 微分方程有关概念

定义 6.1 含有未知函数、未知函数的导数(或微分)与自变量之间关系的方程称为**微分方程**。微分方程中出现的未知函数的最高阶导数的阶数称为微分方程的**阶**。

如果微分方程中，自变量的个数只有一个，则称这种方程为**常微分方程**；自变量的个数为两个或两个以上的微分方程被称为**偏微分方程**。本章仅讨论常微分方程，以后简称微分方程。

方程(6-1)是常微分方程，它的阶数是一阶；$y''+y'+y=0$是二阶微分方程；$y^{(n)}=1$是n阶微分方程。这里必须指出，在常微分方程中，未知函数及其自变量可以不出现，但未知函数的导数(或微分)必须出现。例如，$y^{(n)}=1$，除$y^{(n)}$外，其他变量都未出现。

【例 6-1】 指出下列微分方程的阶数。

(1) $\frac{dy}{dx}=x^3+y$ (2) $\frac{d^3y}{dx^3}-2\left(\frac{d^2y}{dx^2}\right)^4=5xy$

解：微分方程(1)中最高阶导数$\frac{dy}{dx}$是一阶，所以是一阶微分方程；

微分方程(2)中最高阶导数$\frac{d^3y}{dx^3}$是三阶，所以是三阶微分方程。

在实际问题中，当建立微分方程之后，需要找出满足这个微分方程的函数，即解微分方程。

定义 6.2 如果某个函数代入微分方程后能使该微分方程成为恒等式，则这个函数就叫作该微分方程的**解**。

例如，可以验证$y=x^3+C$与$y=x^3+1$都是微分方程$\frac{dy}{dx}=3x^2$的解，其中C为任意常数。微分方程的解中可能含有，也可能不含有任意常数。一般地，将微分方程中不含有任意常数的解称为**特解**。

如果微分方程中含有任意常数，且相互独立的任意常数的个数与微分方程的阶数相同，则这样的解称为微分方程的**通解**。这里所说的“相互独立的任意常数”，是指这些任意常数不能通过合并而使得任意常数的个数减少。

例如，$y=C_1x+C_2x$与$y=Cx$(C_1、C_2、C都是任意常数)所表示的函数是相同的，因为C可以通过合并C_1x、C_2x的系数得到；而$S=\frac{1}{2}gt^2+C_1t+C_2$中的$C_1$、$C_2$是不能合并的，即$C_1$、$C_2$是相互独立的。

在求微分方程特解时，通常需要用一些附加条件来确定通解中的任意常数，这类附加条件称为**初始条件**，带有初始条件的微分方程称为微分方程的**初值问题**。

例如，一阶微分方程的初值问题，可记为

$$\begin{cases} y' = f(x, y) \\ y|_{x=x_0} = y_0 \end{cases} \tag{6-2}$$

微分方程的一个解的图像是一条曲线，称为微分方程的**积分曲线**。所以，初值问题(6-2)的几何意义就是微分方程通过点(x_0, y_0)的那条积分曲线。二阶微分方程的初值问题可记为

$$\begin{cases} y'' = f(x, y, y') \\ y|_{x=x_0} = y_0, y'|_{x=x_0} = y'_0 \end{cases}$$

其几何意义是微分方程通过点(x_0, y_0)在该点处的切线斜率为y'_0的那条积分曲线。

【例 6-2】 在应用实例 6-1 中，当室温 H 为 20℃，微分方程(6-1)变为$\frac{\mathrm{d}T}{\mathrm{d}t} = -\alpha(T-20)$，若已知 $T = 20 + C\mathrm{e}^{-\alpha t}$（其中 C 是任意常数）是其通解，求满足初始条件

$$\begin{cases} \frac{\mathrm{d}T}{\mathrm{d}t} = -\alpha(T-20) \\ T|_{t=0} = 100 \end{cases}$$

的特解。

思路：求特解就是将初始条件代入通解中，确定任意常数 C 的值。

解：将 $T|_{t=0} = 100$ 代入 $T = 20 + C\mathrm{e}^{-\alpha t}$ 中，得

$$C = 100 - 20 = 80$$

故求得特解为 $T = 20 + 80\mathrm{e}^{-\alpha t}$。

【例 6-3】 验证 $y = C_2\mathrm{e}^{C_1 x}$ 是微分方程 $yy'' - y'^2 = 0$ 的通解。

思路：要验证一个函数是不是微分方程的通解，首先要看函数中所含有的独立系数的个数是否等于该微分方程的阶数，再将函数代入微分方程，验证是否恒等即可。

证明：对 $y = C_2\mathrm{e}^{C_1 x}$ 分别求一阶和二阶导数为

$$y' = C_1 C_2 \mathrm{e}^{C_1 x}, \quad y'' = C_1^2 C_2 \mathrm{e}^{C_1 x}$$

将 y、y'、y''代入微分方程的左边，得

$$C_2^2 \mathrm{e}^{C_1 x} \cdot C_1^2 \mathrm{e}^{C_1 x} - C_1^2 C_2^2 \mathrm{e}^{2C_1 x} = 0$$

因为微分方程两边恒等，且 $y = C_2\mathrm{e}^{C_1 x}$ 中含有两个独立的任意常数，$yy'' - y'^2 = 0$ 是二阶的，所以 $y = C_2\mathrm{e}^{C_1 x}$ 是微分方程 $yy'' - y'^2 = 0$ 的通解。

【能力训练 6.1】

基础练习

1. 下列等式中，哪个是微分方程？对于是微分方程的，指出其阶数。

(1) $\frac{\mathrm{d}\rho}{\mathrm{d}\theta} + \rho = \sin^2\theta$　　　　(2) $x^2 y''' - xy^3 = 7$

(3) $x''+kx=0$　　　　(4) $7x-6y=0$

2. 判断下列函数是否为相应微分方程的解？如果是，是通解还是特解？

(1) $xy'=2y, y=5x^2$　　　　(2) $y''=x^2+y^2, y=\frac{1}{x}$

(3) $xy'-y\ln y=0, y=\mathrm{e}^{Cx}$

提高练习

1. 用微分方程表达一物理命题：某种气体气压 P 对于温度 T 的变换率与气压成正比，与温度的平方成反比。

2. 曲线在点(x,y)处的切线的斜率等于该点横坐标的平方，试建立曲线所满足的微分方程。

6.2　一阶微分方程

微分方程的类型多种多样，其解法也各不相同，本节将讨论一阶微分方程 $y'=f(x,y)$ 的一些解法。

6.2.1　可分离变量的微分方程

一般地，把形如

$$\frac{\mathrm{d}y}{\mathrm{d}x}=f(x)g(y) \tag{6-3}$$

的微分方程称为**可分离变量的微分方程**，其中 $f(x)$、$g(y)$都是连续函数。

根据这类方程的特点，首先把微分方程写成一端只含 y 和 $\mathrm{d}y$ 的函数，另一端只含 x 和 $\mathrm{d}x$ 的函数，即当 $g(y)\neq 0$ 时，方程两端同时除以 $g(y)$，用 $\mathrm{d}x$ 乘以方程两端，得

$$\frac{1}{g(y)}\mathrm{d}y=f(x)\mathrm{d}x$$

再对上式两边积分，即得

$$\int\frac{1}{g(y)}\mathrm{d}y=\int f(x)\mathrm{d}x$$

如果 $g(y)=0$，即$\frac{\mathrm{d}y}{\mathrm{d}x}=0$，则 $y=C$(C 是常数)，可以验证它也是微分方程(6-3)的解。

上述求解可分离变量微分方程的方法称为**分离变量法**。

【例 6-4】 求微分方程$\frac{\mathrm{d}y}{\mathrm{d}x}=y\cos x$ 的通解。

解：$\frac{\mathrm{d}y}{\mathrm{d}x}=y\cos x$ 是可分离变量的，分离变量后得

$$\frac{\mathrm{d}y}{y}=\cos x\,\mathrm{d}x$$

两端积分

$$\int \frac{\mathrm{d}y}{y} = \int \cos x\,\mathrm{d}x$$

得

$$\ln|y| = \sin x + C_1$$

从而

$$y = \pm \mathrm{e}^{\sin x + C_1} = \pm \mathrm{e}^{C_1}\mathrm{e}^{\sin x}$$

令 $C=\pm \mathrm{e}^{C_1}$，则 $y=C\mathrm{e}^{\sin x}$（$C\neq 0$）；又因为 $C=0$ 时，$y=0$ 也是原方程的解，故得方程的通解为

$$y = C\mathrm{e}^{\sin x}\quad (C\text{ 是任意常数})$$

【例 6-5】 求解初值问题 $\begin{cases} x\,\mathrm{d}x + y\,\mathrm{d}y = 0 \\ y|_{x=3} = 4 \end{cases}$。

解：先求通解，方程可分离变量为

$$y\,\mathrm{d}y = -x\,\mathrm{d}x$$

两端积分得

$$\frac{1}{2}y^2 = -\frac{1}{2}x^2 + C_1$$

令 $C=2C_1$，则原方程的通解为

$$y^2 + x^2 = C$$

将初始条件 $y|_{x=3}=4$ 代入通解，得 $C=25$，所以原方程的特解为

$$y^2 + x^2 = 25$$

注：例 6-5 中，关系式 $y^2+x^2=C$ 和 $y^2+x^2=25$ 所确定的隐函数都是微分方程 $y\mathrm{d}y+x\mathrm{d}x=0$ 的解。一般情况下，把这种隐函数关系式 $\Phi(x,y)=0$ 称为微分方程的隐式解。为方便起见，以后不对解和隐式解加以区分，而把它们统称为微分方程的解。

【例 6-6】 求应用实例 6-1 中物体冷却模型 $\frac{\mathrm{d}T}{\mathrm{d}t}=-\alpha(T-H)$ 的通解，其中 H 是常数，代表室温，$\alpha(\alpha>0)$ 为比例常数。

解：$\frac{\mathrm{d}T}{\mathrm{d}t}=-\alpha(T-H)$ 是可分离变量的微分方程，分离变量后为

$$\frac{\mathrm{d}T}{T-H} = -\alpha\,\mathrm{d}t$$

两端积分得

$$\ln|T-H| = -\alpha t + C_1\quad (C_1\text{ 是任意常数})$$

即

$$T - H = \pm \mathrm{e}^{-\alpha t + C_1} = \pm \mathrm{e}^{C_1}\mathrm{e}^{-\alpha t} = C\mathrm{e}^{-\alpha t}\quad (\text{其中 } C = \pm \mathrm{e}^{C_1})$$

从而

$$T = H + C\mathrm{e}^{-\alpha t}\quad (C\text{ 是任意常数})$$

这个通解就是物体温度 T 随时间 t 的变化规律。

6.2.2 齐次方程

形如

$$\frac{\mathrm{d}y}{\mathrm{d}x}=f\left(\frac{y}{x}\right) \tag{6-4}$$

的方程称为**齐次微分方程**，简称**齐次方程**。

如微分方程

$$\frac{\mathrm{d}y}{\mathrm{d}x}=\frac{x+y}{x-y}$$

就是齐次方程，因为它可化为

$$\frac{\mathrm{d}y}{\mathrm{d}x}=\frac{1+\frac{y}{x}}{1-\frac{y}{x}}$$

的形式。

齐次方程(6-4)可通过变量代换化为可分离变量的微分方程来求解。令

$$u=\frac{y}{x} \tag{6-5}$$

则 $y=ux$，于是有

$$\frac{\mathrm{d}y}{\mathrm{d}x}=u+x\frac{\mathrm{d}u}{\mathrm{d}x} \tag{6-6}$$

将式(6-5)和式(6-6)代入齐次方程式(6-4)，得到

$$u+x\frac{\mathrm{d}u}{\mathrm{d}x}=f(u)$$

整理得

$$x\frac{\mathrm{d}u}{\mathrm{d}x}=f(u)-u$$

这是可分离变量的微分方程，分离变量后得

$$\frac{\mathrm{d}u}{f(u)-u}=\frac{\mathrm{d}x}{x}$$

两边积分

$$\int\frac{\mathrm{d}u}{f(u)-u}=\int\frac{\mathrm{d}x}{x}$$

求出积分后，再将 $u=\frac{y}{x}$ 回代，便得到齐次方程(6-4)的通解。

【例 6-7】 求 $\frac{\mathrm{d}y}{\mathrm{d}x}=\frac{y}{x}+\tan\frac{y}{x}$ 的通解。

解：该方程为齐次方程，令 $u=\frac{y}{x}$，则 $\frac{\mathrm{d}y}{\mathrm{d}x}=u+x\frac{\mathrm{d}u}{\mathrm{d}x}$，代入原方程得

$$u+x\frac{\mathrm{d}u}{\mathrm{d}x}=u+\tan u$$

这是可分离变量的微分方程，分离变量后得

$$\cot u\,\mathrm{d}u=\frac{1}{x}\mathrm{d}x$$

两边积分得

$$\ln|\sin u|=\ln|x|+C_1$$

整理得 $\sin u=Cx(C=\pm e^{C_1})$，将 $u=\frac{y}{x}$ 回代，则原方程的通解为

$$\sin\frac{y}{x}=Cx$$

例 6-8

【例 6-8】 求 $y^2+x^2\frac{\mathrm{d}y}{\mathrm{d}x}=xy\frac{\mathrm{d}y}{\mathrm{d}x}$ 的通解。

解：将原方程整理为齐次方程形式

$$\frac{\mathrm{d}y}{\mathrm{d}x}=\frac{y^2}{xy-x^2}=\frac{\left(\frac{y}{x}\right)^2}{\frac{y}{x}-1}$$

令 $u=\frac{y}{x}$，则原方程变为

$$u+x\frac{\mathrm{d}u}{\mathrm{d}x}=\frac{u^2}{u-1}$$

化简后为

$$x\frac{\mathrm{d}u}{\mathrm{d}x}=\frac{u}{u-1}$$

这是可分离变量的方程，分离变量得

$$\left(1-\frac{1}{u}\right)\mathrm{d}u=\frac{1}{x}\mathrm{d}x$$

两边积分

$$u-\ln|u|+C_1=\ln|x|$$

即 $ux=Ce^u(C=\pm e^{C_1})$，将 $u=\frac{y}{x}$ 回代，则原方程的通解为

$$y=Ce^{\frac{y}{x}}$$

6.2.3 一阶线性微分方程

形如

$$\frac{\mathrm{d}y}{\mathrm{d}x}+P(x)y=Q(x) \tag{6-7}$$

的方程叫作**一阶线性微分方程**。

当 $Q(x)\equiv 0$ 时，方程(6-7)变为

$$\frac{\mathrm{d}y}{\mathrm{d}x}+P(x)y=0 \tag{6-8}$$

此时方程称为**一阶线性齐次微分方程**，如 $\frac{\mathrm{d}y}{\mathrm{d}x}+4x^3y=0$，$y'-\frac{5y}{x+1}=0$ 等。

当 $Q(x)\neq 0$ 时，方程(6-7)称为**一阶线性非齐次微分方程**，如 $\frac{\mathrm{d}y}{\mathrm{d}x}+2xy=4x$，$y'-\frac{1}{x}y=2x^2$ 等。

1. 一阶线性齐次微分方程 $\frac{\mathrm{d}y}{\mathrm{d}x}+P(x)y=0$ 的解法

一阶线性齐次微分方程 $\frac{\mathrm{d}y}{\mathrm{d}x}+P(x)y=0$ 明显是一个可分离变量的方程，分离变量后得

$$\frac{\mathrm{d}y}{y}=-P(x)\mathrm{d}x$$

两边积分得

$$\ln|y|=-\int P(x)\mathrm{d}x+C_1$$

整理得通解

$$y=C\mathrm{e}^{-\int P(x)\mathrm{d}x}\quad (C=\pm\mathrm{e}^{C_1}\neq 0)$$

可验证 $C=0$ 时，$y=0$ 也是方程(6-8)的一个解，所以一阶线性齐次微分方程的通解为

$$y=C\mathrm{e}^{-\int P(x)\mathrm{d}x}\quad (C\text{ 是任意常数}) \tag{6-9}$$

【例 6-9】 求微分方程 $\frac{\mathrm{d}y}{\mathrm{d}x}+4x^3y=0$ 的通解。

解：该方程是一阶线性齐次微分方程，也是可分离变量的微分方程，分离变量得

$$\frac{\mathrm{d}y}{y}=-4x^3\mathrm{d}x$$

两端积分得

$$\ln|y|=-x^4+C_1$$

原方程的通解为

$$y=C\mathrm{e}^{-x^4}\quad (C=\pm\mathrm{e}^{C_1})$$

可验证 $C=0$ 时，$y=0$ 也是该方程的一个解，所以该方程的通解为

$$y=C\mathrm{e}^{-x^4}\quad (C\text{ 是任意常数})$$

以后求一阶线性齐次微分方程通解时，可把式(6-9)直接作为公式使用。如在例 6-9 中，一阶线性齐次微分方程 $P(x)=4x^3$ 可直接代入公式(6-9)，得到通解

$$y=C\mathrm{e}^{-\int P(x)\mathrm{d}x}=C\mathrm{e}^{-\int 4x^3\mathrm{d}x}=C\mathrm{e}^{-x^4}\quad (C\text{ 是任意常数})$$

【例 6-10】 求微分方程 $\frac{\mathrm{d}y}{\mathrm{d}x}-\frac{2y}{x+1}=0$ 的通解。

解：该方程是一阶线性齐次微分方程，其中 $P(x)=-\frac{2}{x+1}$，将其代入公式(6-9)得

$$y=C\mathrm{e}^{-\int P(x)\mathrm{d}x}=C\mathrm{e}^{\int\frac{2}{x+1}\mathrm{d}x}=C\mathrm{e}^{2\ln|x+1|}=C\mathrm{e}^{\ln(x+1)^2}$$

所以方程的通解为

$$y=C(x+1)^2\quad(C\text{是任意常数})$$

2. 一阶线性非齐次微分方程 $\frac{\mathrm{d}y}{\mathrm{d}x}+P(x)y=Q(x)$ 的解法

将方程(6-7)变形为

$$\frac{\mathrm{d}y}{y}=\left[-P(x)+\frac{Q(x)}{y}\right]\mathrm{d}x$$

两端积分得

$$\ln|y|=-\int P(x)\mathrm{d}x+\int\frac{Q(x)}{y}\mathrm{d}x$$

即

$$y=\pm\mathrm{e}^{-\int P(x)\mathrm{d}x+\int\frac{Q(x)}{y}\mathrm{d}x}=\pm\mathrm{e}^{\int\frac{Q(x)}{y}\mathrm{d}x}\cdot\mathrm{e}^{-\int P(x)\mathrm{d}x}$$

令 $C(x)=\pm\mathrm{e}^{\int\frac{Q(x)}{y}\mathrm{d}x}$，则上式变为

$$y=C(x)\cdot\mathrm{e}^{-\int P(x)\mathrm{d}x}$$

将这个解与一阶线性齐次微分方程的通解(6-9)比较，会发现它们在形式上一致，不同的是将式(6-9)中的常数 C 换成函数 $C(x)$。只要能求出 $C(x)$，方程(6-7)的通解就解决了。为此引入了**常数变易法**。该方法是先求出方程(6-7)对应的齐次情况方程的通解后，将通解中的常数 C 变为待定函数 $C(x)$，即假设方程(6-7)的通解为

$$y=C(x)\cdot\mathrm{e}^{-\int P(x)\mathrm{d}x}$$

然后两端求导得

$$y'=C'(x)\cdot\mathrm{e}^{-\int P(x)\mathrm{d}x}+C(x)[-P(x)]\cdot\mathrm{e}^{-\int P(x)\mathrm{d}x}$$

将 y 和 y' 代入方程(6-7)并整理，得出

$$C'(x)\cdot\mathrm{e}^{-\int P(x)\mathrm{d}x}=Q(x)$$

则

$$C'(x)=Q(x)\mathrm{e}^{\int P(x)\mathrm{d}x}$$

两端积分后可求出 $C(x)$ 的表达式，即

$$C(x)=\int Q(x)\cdot\mathrm{e}^{\int P(x)\mathrm{d}x}\mathrm{d}x+C$$

所以一阶线性非齐次微分方程(6-7)的通解为

$$y=\mathrm{e}^{-\int P(x)\mathrm{d}x}\left[\int Q(x)\cdot\mathrm{e}^{\int P(x)\mathrm{d}x}\mathrm{d}x+C\right]\tag{6-10}$$

也可以写成

$$y = Ce^{-\int P(x)dx} + e^{-\int P(x)dx}\int Q(x)\cdot e^{\int P(x)dx}dx \tag{6-11}$$

常数变易法是解决一阶线性非齐次微分方程通解问题行之有效的方法，是法国数学家拉格朗日耗费11年心血的研究成果。可以验证，式(6-11)中的$e^{-\int P(x)dx}\int Q(x)\cdot e^{\int P(x)dx}dx$是一阶线性非齐次微分方程(6-7)的一个特解。由此可见，**一阶线性非齐次微分方程的通解是其对应的齐次方程通解与其自身的一个特解之和组成的**，这就是一阶线性非齐次微分方程通解的结构。

为了计算方便，以后在求一阶线性非齐次微分方程的通解时，可以不使用常数变易法，直接将方程中的$P(x)$、$Q(x)$代入公式(6-10)或公式(6-11)求解即可。

【例6-11】 求$\frac{dy}{dx}+\frac{1}{x}y=\frac{\sin x}{x}$的通解。

解：这是一阶线性非齐次微分方程，$P(x)=\frac{1}{x}$，$Q(x)=\frac{\sin x}{x}$代入公式(6-10)得

$$\begin{aligned}
y &= e^{-\int\frac{1}{x}dx}\left(\int\frac{\sin x}{x}\cdot e^{\int\frac{1}{x}dx}dx + C\right)\\
&= e^{-\ln x\,dx}\left(\int\frac{\sin x}{x}\cdot e^{\ln x}dx + C\right)\\
&= \frac{1}{x}\left(\int\sin x\,dx + C\right)\\
&= \frac{1}{x}(-\cos x + C)\quad (C\text{是任意常数})
\end{aligned}$$

【例6-12】 求$(y^2-6x)y'+2y=0$的通解。

思路：在微分方程中，函数关系可以根据需要来确定。本题中若将y看成x的函数，方程变为$y'+\frac{2}{y^2-6x}y=0$，这不是一阶线性微分方程，不便求解。但如果将x看作y的函数，则原方程就可改写成一阶线性微分方程，注意此时方程形式为$\frac{dx}{dy}+P(y)x=Q(y)$，其通解公式为

$$x = e^{-\int P(y)dy}\left[\int Q(y)\cdot e^{\int P(y)dy}dy + C\right]$$

例6-12

解：原方程变为

$$\frac{dx}{dy}-\frac{3}{y}x=-\frac{1}{2}y$$

这是一阶线性非齐次微分方程，其中$P(y)=-\frac{3}{y}$，$Q(y)=-\frac{1}{2}y$，代入公式得

$$\begin{aligned}
x &= e^{\int\frac{3}{y}dy}\left[\int\left(-\frac{1}{2}y\right)e^{-\int\frac{3}{y}dy}dy + C\right]\\
&= y^3\left(-\frac{1}{2}\int y\cdot y^{-3}dy + C\right)
\end{aligned}$$

$$=y^3\left(\frac{1}{2y}+C\right)=\frac{1}{2}y^2+Cy^3$$

【例 6-13】 一曲线过原点，并在点(x,y)处的切线斜率等于$2x+y$，求该曲线方程。

解：由题意得$\frac{\mathrm{d}y}{\mathrm{d}x}=2x+y$，并且曲线过原点$(0,0)$，这就变成了解初值问题，即

$$\begin{cases}\frac{\mathrm{d}y}{\mathrm{d}x}=2x+y\\ y|_{x=0}=0\end{cases}$$

先求$\frac{\mathrm{d}y}{\mathrm{d}x}=2x+y$的通解，这是一个一阶线性非齐次微分方程，$P(x)=-1$，$Q(x)=2x$代入公式(6-10)得

$$y=\mathrm{e}^{\int\mathrm{d}x}\left(\int 2x\mathrm{e}^{-\int\mathrm{d}x}\mathrm{d}x+C\right)=\mathrm{e}^x\left(\int 2x\mathrm{e}^{-x}\mathrm{d}x+C\right)$$

$$=\mathrm{e}^x\left(-2x\mathrm{e}^{-x}+2\int\mathrm{e}^{-x}\mathrm{d}x+C\right)$$

$$=\mathrm{e}^x(-2x\mathrm{e}^{-x}-2\mathrm{e}^{-x}+C)$$

所以方程通解为

$$y=-2(x+1)+C\mathrm{e}^x$$

将$y|_{x=0}=0$代入通解，得出$C=2$。所以曲线方程为

$$y=2(\mathrm{e}^x-x-1)。$$

最后，对本节中一阶微分方程的解法进行总结，见表 6-1。

表 6-1 几种一阶微分方程的解法

名称		方程类型	方法
可分离变量		$\frac{\mathrm{d}y}{\mathrm{d}x}=f(x)g(y)$	分离变量两边积分
齐次方程		$\frac{\mathrm{d}y}{\mathrm{d}x}=f\left(\frac{y}{x}\right)$	变量代换$u=\frac{y}{x}$变为可分离变量型
一阶线性微分方程	齐次	$\frac{\mathrm{d}y}{\mathrm{d}x}+P(x)y=0$	可分离变量或通解公式 $y=C\mathrm{e}^{-\int P(x)\mathrm{d}x}$
	非齐次	$\frac{\mathrm{d}y}{\mathrm{d}x}+P(x)y=Q(x)$	常数变易法或通解公式 $y=\mathrm{e}^{-\int P(x)\mathrm{d}x}\left[\int Q(x)\cdot\mathrm{e}^{\int P(x)\mathrm{d}x}\mathrm{d}x+C\right]$

【能力训练 6.2】

基础练习

1. 选择题。

(1) 下列微分方程中属于可分离变量的是(　　)。

A. $y''+y'+y=x$　　B. $yy'+y=x$

C. $2y\mathrm{d}x=5x\mathrm{d}y$　　D. $\frac{\mathrm{d}y}{\mathrm{d}x}=\frac{\sin(y+x)}{x}$

(2) 微分方程 $\cos y\mathrm{d}y=\sin x\mathrm{d}x$ 的通解是(　　)。

A. $\sin x+\cos y=C$　　B. $\sin y+\cos x=C$

C. $\cos x-\sin y=C$　　D. $\cos y-\sin x=C$

(3) 一阶线性微分方程 $xy'-y-\mathrm{e}^x=0$ 中的 $P(x)$、$Q(x)$应为(　　)。

A. $P(x)=-1, Q(x)=\mathrm{e}^x$　　B. $P(x)=-\dfrac{1}{x}, Q(x)=\dfrac{-\mathrm{e}^x}{x}$

C. $P(x)=\dfrac{1}{x}, Q(x)=\dfrac{\mathrm{e}^x}{x}$　　D. $P(x)=-\dfrac{1}{x}, Q(x)=\dfrac{\mathrm{e}^x}{x}$

2. 求下列微分方程的通解。

(1) $\dfrac{\mathrm{d}y}{\mathrm{d}x}=2xy$　　(2) $xy'-y\ln y=0$

(3) $\tan x\dfrac{\mathrm{d}y}{\mathrm{d}x}=1+y$　　(4) $\sqrt{1-x^2}\dfrac{\mathrm{d}y}{\mathrm{d}x}=\sqrt{1-y^2}$

(5) $y'=y\sin x$　　(6) $(\mathrm{e}^{x+y}-\mathrm{e}^x)\mathrm{d}x+(\mathrm{e}^{x+y}+\mathrm{e}^y)\mathrm{d}y=0$

(7) $y'=\dfrac{y}{x}\ln\dfrac{y}{x}$　　(8) $\dfrac{\mathrm{d}y}{\mathrm{d}x}=2\sqrt{\dfrac{y}{x}}+\dfrac{y}{x}$

(9) $y'=\dfrac{y}{x}+\mathrm{e}^{\frac{y}{x}}$　　(10) $y'=2xy$

(11) $y'+2xy=4x$　　(12) $\dfrac{\mathrm{d}y}{\mathrm{d}x}-\dfrac{1}{x}y=2x^2$

(13) $(x-2)y'=y+2(x-2)^3$　　(14) $(x^2+1)y'+2xy=4x^2$

3. 求下列微分方程的特解。

(1) $y'=\mathrm{e}^{2x-y}, y|_{x=0}=0$　　(2) $y'=\dfrac{y}{x}+\dfrac{x}{y}, y|_{x=1}=2$

(3) $\dfrac{\mathrm{d}y}{\mathrm{d}x}-y\tan x=\sec x, y|_{x=0}=0$　　(4) $y'+3y=8, y|_{x=0}=2$

提高练习

1. 求下列微分方程的通解。

(1) $\dfrac{\mathrm{d}y}{\mathrm{d}x}=1-x+y^2-xy^2$　　(2) $\sec^2x\cdot\tan y\mathrm{d}x+\sec^2y\cdot\tan x\mathrm{d}y=0$

(3) $2x\sin y\mathrm{d}x+(x^2+3)\cos y\mathrm{d}y=0$　　(4) $xy'-y-\sqrt{x^2-y^2}=0$

(5) $\dfrac{\mathrm{d}y}{\mathrm{d}x}=\dfrac{1}{x+y}$　　(6) $y'+f'(x)y=f(x)f'(x)$

2. 若连续函数 $y(x)$ 满足方程 $y(x)=\int_0^x y(t)\mathrm{d}t+\mathrm{e}^x$，求 $y(x)$。

6.3 可降阶的二阶微分方程

一般的二阶微分方程是没有普遍解法的，本节将讨论三种特殊形式的二阶微分方程。求解它们总的思想方法都是降阶，即降成一阶微分方程。

6.3.1 $y''=f(x)$型

$y''=f(x)$是最简单的二阶微分方程，其求解方法就是逐次积分。

对方程 $y''=f(x)$两端积分，得

$$y'=\int f(x)\mathrm{d}x+C_1$$

再次积分得

$$y=\int\left[\int f(x)\mathrm{d}x+C_1\right]\mathrm{d}x+C_2$$

【例 6-14】 求 $y''=x+\sin x$ 的通解。

解：对方程两端积分，得

$$y'=\frac{x^2}{2}-\cos x+C_1$$

继续积分可得通解

$$y=\frac{x^3}{6}-\sin x+C_1x+C_2$$

若将 y''换成 $y^{(n)}$，即方程变成 n 阶微分方程 $y^{(n)}=f(x)$，只要进行 n 次积分，就可以得到含有 n 个相互独立的任意常数的通解。

【例 6-15】 求 $y'''=\mathrm{e}^{2x}-\cos x$ 的通解。

例 6-15

解：对所给方程连续积分 3 次，得所给方程的通解。

$$y''=\frac{1}{2}\mathrm{e}^{2x}-\sin x+C$$

$$y'=\frac{1}{4}\mathrm{e}^{2x}+\cos x+Cx+C_2$$

$$y=\frac{1}{8}\mathrm{e}^{2x}+\sin x+C_1x^2+C_2x+C_3\quad\left(C_1=\frac{C}{2}\right)$$

6.3.2 $y''=f(x,y')$型

观察方程 $y''=f(x,y')$不难发现，这类方程的特点是不显含未知函数 y，求解思路是通过代换的方法进行降阶。

令 $y'=p(x)$，则 $y''=p'(x)$，原方程化为

$$p'=f(x,p)$$

这样方程由二阶变成一阶，设代换后的通解为 $p=\varphi(x,C_1)$，即

$$y'=\varphi(x,C_1)$$

这又是一个一阶微分方程，对其进行积分，可得原方程的通解

$$y=\int\varphi(x,C_1)\mathrm{d}x+C_2$$

【例 6-16】 求方程 $y''-y'=x$ 的通解。

解：令 $y'=p(x)$，则 $y''=p'(x)$，则原方程变为

$$p' - p = x$$

这是一阶线性非齐次微分方程，其中 $P(x) = -1, Q(x) = x$，代入一阶线性非齐次微分方程的通解公式，得

$$p = e^{\int dx}\left(\int x e^{-\int dx} dx + C_1\right) = e^x\left(\int x e^{-x} dx + C_1\right) = C_1 e^x - x - 1$$

即

$$y' = C_1 e^x - x - 1$$

对 y' 继续积分，得到原方程的通解

$$y = C_1 e^x - \frac{x^2}{2} - x + C_2$$

【例 6-17】 求微分方程 $(1+x^2)y'' = 2xy'$ 满足初始条件 $y|_{x=0} = 1, y'|_{x=0} = 3$ 的特解。

例 6-17

解：令 $y' = p(x)$，则 $y'' = p'$，原方程变为 $(1+x^2)p' = 2xp$，这是一个可分离变量的一阶微分方程，分离变量后有

$$\frac{dp}{p} = \frac{2x}{1+x^2} dx$$

两端积分，得

$$\ln|p| = \ln(1+x^2) + C$$

整理得

$$y' = p = C_1(1+x^2) \quad (C_1 = \pm e^C)$$

由条件 $y'|_{x=0} = 3$，得 $C_1 = 3$，即

$$y' = 3(1+x^2)$$

对上式两端再次积分，得

$$y = x^3 + 3x + C_2$$

将条件 $y|_{x=0} = 1$ 代入上式得 $C_2 = 1$，所以方程的特解为

$$y = x^3 + 3x + 1$$

6.3.3 $y'' = f(y, y')$ 型

微分方程 $y'' = f(y, y')$ 的特点是不显含自变量 x，求解这类方程的基本思路依然是通过换元进行降阶。具体方法如下。

令 $y' = p(y)$，因为 y 还是 x 的函数，所以由复合函数求导法则有

$$y'' = \frac{dp}{dx} = \frac{dp}{dy} \cdot \frac{dy}{dx} = p\frac{dp}{dy}$$

这样原方程降阶为一阶微分方程

$$p\frac{dp}{dy} = f(y, p)$$

设其通解为

$$y' = p = \varphi(y, C_1)$$

分离变量后积分,得其通解为

$$\int \frac{\mathrm{d}y}{\varphi(y,C_1)}=x+C_2$$

【例 6-18】 求方程 $yy''-y'^2=0$ 的通解。

解:令 $y'=p$,则 $y''=p\frac{\mathrm{d}p}{\mathrm{d}y}$,代入原方程,得

$$yp\frac{\mathrm{d}p}{\mathrm{d}y}-p^2=0$$

当 $y\neq 0,p\neq 0$ 时,约去 p 并分离变量,得$\frac{\mathrm{d}p}{p}=\frac{\mathrm{d}y}{y}$,两端积分得

$$\ln|p|=\ln|y|+C$$

整理得

$$y'=p=C_1y \quad (C_1=\pm \mathrm{e}^C)$$

对上式分离变量后两端积分,得到方程的通解为

$$y=C_2\mathrm{e}^{C_1x}$$

可以验证当 $p=0$ 时,即 $y'=0$,此时 $y=C$ 是原方程的解,$y=0$ 也包含在这个解中,所以其通解为

$$y=C_2\mathrm{e}^{C_1x}$$

【能力训练 6.3】

基础练习

1. 求下列微分方程的通解或特解。

(1) $y''=\ln x$　　(2) $y'''=x\mathrm{e}^x$

(3) $xy''+y'=0$　　(4) $y''=1+y'^2$

(5) $y''-ay'^2=0,y|_{x=0}=0,y'|_{x=0}=-1$　　(6) $y''+\frac{y'^2}{1-y}=0$

(7) $yy''-y'^2=0$　　(8) $y''=3\sqrt{y},y|_{x=0}=1,y'|_{y=0}=2$

2. 求 $y''=x$ 的过点 $M(0,1)$且在此点与直线 $y=\frac{1}{2}x+1$ 相切的积分曲线。

提高练习

求下列方程的通解。

(1) $y''=\mathrm{e}^{3x}+\sin x$　　(2) $y''=\frac{2xy'}{x^2+1}$

(3) $y''=y'^3+y'$　　(4) $yy''+(y')^2-y'=0$

6.4 二阶常系数线性齐次微分方程

6.3节学习了几种二阶微分方程的解法，本节学习一种特殊的二阶微分方程，即二阶常系数线性齐次微分方程的解法。

二阶常系数线性微分方程的一般形式是

$$y''+py'+qy=f(x) \tag{6-12}$$

其中，p、q 是常数；$f(x)$是 x 的函数。当 $f(x)\equiv 0$ 时，方程(6-12)变为

$$y''+py'+qy=0 \tag{6-13}$$

把方程(6-13)称为**二阶常系数线性齐次微分方程**；当 $f(x)\neq 0$ 时，称为**二阶常系数线性非齐次微分方程**。

6.4.1 二阶常系数线性齐次微分方程解的结构

定理 6.1 如果函数 y_1 和 y_2 是方程(6-13)的两个解，则

$$y=C_1y_1+C_2y_2 \tag{6-14}$$

也是方程(6-13)的解，其中 C_1、C_2 是任意常数。当$\dfrac{y_1}{y_2}\neq k$（k 是常数）时，$y=C_1y_1+C_2y_2$ 是方程(6-13)的通解。

证明：将式(6-14)代入方程(6-13)的左端，有

$$\begin{aligned}y''+py'+qy&=(C_1y_1+C_2y_2)''+p(C_1y_1+C_2y_2)'+q(C_1y_1+C_2y_2)\\&=C_1y_1''+C_2y_2''+pC_1y_1'+pC_2y_2'+qC_1y_1+qC_2y_2\\&=C_1[y_1''+py_1'+qy_1]+C_2[y_2''+py_2'+qy_2]=0\end{aligned}$$

所以，式(6-14)是方程(6-13)的解。

由于$\dfrac{y_1}{y_2}\neq k$（k 为常数），则 $y=C_1y_1+C_2y_2$ 中的任意两个常数 C_1、C_2 不能合并，即 C_1、C_2 是相互独立的，所以 $y=C_1y_1(x)+C_2y_2(x)$是方程(6-13)的通解。

注：

(1) 当$\dfrac{y_1}{y_2}$不等于常数时，称 y_1、y_2 是方程的两个**线性无关**的解，否则称为**线性相关**。

(2) 二阶常系数线性齐次微分方程的这个性质说明方程任意两个解按照式(6-14)叠加起来仍然是方程的解，但不一定是通解，只有当这两个解线性无关时，式(6-14)才是方程的通解。

6.4.2 二阶常系数线性齐次微分方程的解法

根据定理 6.1，为了求出方程 $y''+py'+qy=0$ 的通解，需要求出该方程两个线性无关的特解 y_1 和 y_2，下面讨论这两个特解的求法。

先分析方程(6-13)可能具有什么形式的特解。从方程(6-13)的形式上看，其特点是 y''、

y'、y 各乘以常数后相加等于零，如果能找到一个函数 y，使得 y''、y'、y 之间只差一个常数，这个函数就有可能是方程(6-13)的特解。初等函数中的指数函数 e^{rx} 符合上述要求。于是，令 $y=e^{rx}$，其中 r 为待定系数，将 $y=e^{rx}$，$y'=re^{rx}$，$y''=r^2e^{rx}$ 代入方程(6-13)，得

$$e^{rx}(r^2+pr+q)=0$$

因为 $e^{rx}\neq 0$，故有

$$r^2+pr+q=0 \tag{6-15}$$

由此可见，若 r 是方程(6-15)的根，则 $y=e^{rx}$ 就是方程(6-13)的特解。这样二阶常系数线性齐次微分方程(6-13)的求解问题，就变成了方程(6-15)的求根问题。

把方程(6-15)称为二阶常系数线性齐次微分方程(6-13)的**特征方程**，将特征方程的两个根 r_1、r_2 称为其**特征根**。

根据初等函数知识，特征方程(6-15)的根会有三种不同的情形，下面分别讨论。

1. 特征方程有两个不相等的实数根 $r_1\neq r_2$

此时 $p^2-4q>0$，e^{r_1x}、e^{r_2x} 是二阶常系数线性齐次微分方程(6-13)的两个特解，且满足 $\dfrac{e^{r_1x}}{e^{r_2x}}=e^{(r_1-r_2)x}\neq$ 常数，根据定理 6.1，二阶常系数线性齐次微分方程(6-13)的通解为

$$y=C_1e^{r_1x}+C_2e^{r_2x}\quad (C_1、C_2\text{ 是任意常数})$$

2. 特征方程有两个相等的实数根 $r_1=r_2$

此时 $p^2-4q=0$，特征根 $r_1=r_2=r=-\dfrac{p}{2}$，只能得到方程(6-13)的一个特解 $y_1=e^{rx}$，这时还需设法求出另一个特解 y_2，且 y_1、y_2 的比值不等于常数。为此可设 $y_2=u(x)y_1$，其中 $u(x)$ 为待定函数，将 y_2、y_2'、y_2'' 代入方程(6-13)并整理，得

$$e^{rx}[u''(x)+(2r+p)u'(x)+(r^2+pr+q)u(x)]=0$$

因为 $e^{rx}\neq 0$，方程两端约去 e^{rx}，得

$$u''(x)+(2r+p)u'(x)+(r^2+pr+q)u(x)=0$$

又因为 $r=-\dfrac{p}{2}$，$r^2+pr+q=0$，所以有 $u''(x)=0$，两边积分得

$$u(x)=C_1x+C_2$$

取最简单的 $u(x)=x$，于是 $y_2=xe^{rx}$，可以验证 $\dfrac{y_1}{y_2}\neq$ 常数。所以方程(6-13)的通解为

$$y=(C_1+C_2x)e^{rx}\quad (C_1、C_2\text{ 是任意常数})$$

3. 特征方程有一对共轭复根 r_1、r_2

此时 $p^2-4q<0$，特征方程有一对共轭复根 $r_{1,2}=\dfrac{-p\pm\sqrt{4q-p^2}\cdot i}{2}=\alpha\pm\beta i$。方程(6-13)有两个特解 $y_1=e^{(\alpha+\beta i)x}$，$y_2=e^{(\alpha-\beta i)x}$，所以其通解为

$$y=C_1e^{(\alpha+\beta i)x}+C_2e^{(\alpha-\beta i)x}$$

由于这种复数形式的通解实际应用不方便，所以借助欧拉公式对上述两个特解重新组合构造新的特解，从而将方程(6-13)的通解表示为

$$y=e^{\alpha x}(C_1\cos\beta x+C_2\sin\beta x)\quad(C_1、C_2\text{ 是任意常数})$$

其中，$\alpha=-\frac{p}{2}$，$\beta=\frac{\sqrt{4q-p^2}}{2}$。

综上所述，求二阶常系数线性齐次微分方程 $y''+py'+qy=0$ 的通解，只需先求出其对应特征方程 $r^2+pr+q=0$ 的特征根，再根据特征根的情况确定通解。现列表(表 6-2)总结如下。

表 6-2 二阶常系数线性齐次微分方程的解法

特征方程 $r^2+pr+q=0$ 的根 r_1、r_2	微分方程 $y''+py'+qy=0$ 的通解
r_1、r_2 都是实数且 $r_1\neq r_2$	$y=C_1e^{r_1x}+C_2e^{r_2x}$
r_1、r_2 都是实数且 $r_1=r_2=r$	$y=(C_1+C_2x)e^{rx}$
一对共轭复根 $r_{1,2}=\alpha\pm\beta i$	$y=e^{\alpha x}(C_1\cos\beta x+C_2\sin\beta x)$

【例 6-19】 求 $y''-2y'-3y=0$ 的通解。

解：所给微分方程的特征方程为

$$r^2-2r-3=0$$

解得其特征根为 $r_1=-1$，$r_2=3$，这是两个不相等的实数根，因此原方程的通解为

$$y=C_1e^{-x}+C_2e^{3x}$$

【例 6-20】 求方程 $y''+2y'+y=0$ 满足初始条件 $y|_{x=0}=4$，$y'|_{x=0}=-2$ 的特解。

解：所给微分方程的特征方程为

$$r^2+2r+1=0$$

解得特征根 $r_1=r_2=-1$，这是两个相等的特征根，所以原方程的通解为

$$y=(C_1+C_2x)e^{-x}$$

将条件 $y|_{x=0}=4$ 代入通解，得 $C_1=4$，从而

$$y=(4+C_2x)e^{-x}$$

上式对 x 求导得

$$y'=(C_2-4-C_2x)e^{-x}$$

再将 $y'|_{x=0}=-2$ 代入上式，得 $C_2=2$，所以原方程在初始条件下的特解为

$$y=(4+2x)e^{-x}$$

【例 6-21】 求方程 $y''+2y'+5y=0$ 的通解。

解：所给微分方程的特征方程为

$$r^2+2r+5=0$$

解得一对共轭复根 $r_{1,2}=-1\pm2i$，所以原方程的通解为

$$y=e^{-x}(C_1\cos2x+C_2\sin2x)$$

【能力训练 6.4】

基础练习

1. 判断题。

(1) 若 y_1、y_2 是方程 $y''+py'+qy=0$ 的两个解，则 $y=C_1y_1+C_2y_2$ 就是其通解。(　　)

(2) 函数组 e^{x^2}、xe^{x^2} 在其定义域内是线性无关的。(　　)

2. 填空题。

(1) 二阶常系数线性齐次微分方程 $y''-4y'+4y=0$ 的特征方程为________，特征根为________，方程的通解为________。

(2) 已知特征方程的根为 $r_1=1, r_2=3$，则相应的特征方程为________，相应的微分方程的通解为________。

3. 求下列微分方程的通解或特解。

(1) $y''+5y'+6y=0$

(2) $16y''-24y'+9y=0$

(3) $y''+8y'+25y=0$

(4) $4\dfrac{d^2x}{dt^2}-20\dfrac{dx}{dt}+25x=0$

(5) $\begin{cases}4y''+4y'+y=0\\ y|_{x=0}=2, y'|_{x=0}=0\end{cases}$

(6) $\begin{cases}y''+4y'+29y=0\\ y|_{x=0}=0, y'|_{x=0}=15\end{cases}$

提高练习

1. 选择题。

(1) 微分方程 $y''-2y'+y=0$ 的通解为(　　)。

A. $e^x(C_1+C_2x)$　　B. $C_1e^x+C_2x$

C. $e^x(C_1\sin x+C_2\cos x)$　　D. $C_1e^x+C_2e^{-x}$

(2) 若 C_1、C_2 是两个任意常数，则 $y=C_1\cos x+C_2\sin x$ 是下列方程(　　)的通解。

A. $y''+y=0$　　B. $y''+y=x^2$

C. $y''-3y'+2y=0$　　D. $y''+y'-2y=2x$

2. 求 $yy''-(y')^2=y^2\ln y$ 的通解。

6.5 Matlab 求解常微分方程

6.5.1 微分方程运算 dsolve()函数用法

在 Matlab 中，dsolve()函数用来求解常微分方程的精确解。如果方程没有初始条件或边界条件，则求出通解；如果有，则求出特解。

dsolve()函数格式说明如下。

dsolve('Dy=f(y)','初始条件','积分变量')

dsolve('Du=f(u,v),Dv=g(u,v)','初始条件','积分变量')

另外，Matlab 中使用字母 D 表示微分运算，D2、D3 分别对应二阶、三阶微分，以此类推。值得注意的是，该微分默认是对自变量 t 求导，例如 D2y 表示的是 $\frac{d^2y}{dt^2}$，t 省略了，当然也可以通过命令使得微分对其他变量求导。

6.5.2 求解常微分方程示例

例 6-22

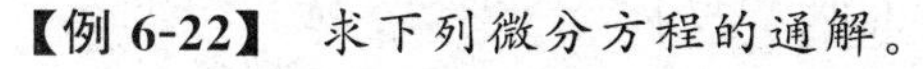

【例 6-22】 求下列微分方程的通解。

(1) $dy=-ay$　(2) $y''-4y'+13y=0$

解： (1)

```
>> dsolve('Dy = - a * y','x')
ans = C1 * exp( - a * x)
```

(2)

```
>> dsolve('D2y - 4 * Dy + 13 * y = 0','x')
ans = C1 * exp(2 * x) * sin(3 * x) + C2 * exp(2 * x) * cos(3 * x)
>> simplify(ans)
ans = exp(2 * x) * (C1 * sin(3 * x) + C2 * cos(3 * x))
```

【例 6-23】 求下列微分方程的特解。

例 6-23

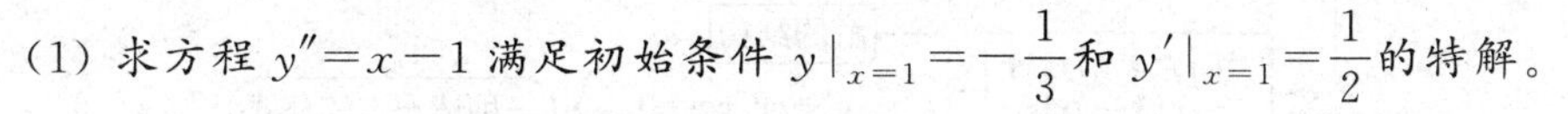

(1) 求方程 $y''=x-1$ 满足初始条件 $y|_{x=1}=-\frac{1}{3}$ 和 $y'|_{x=1}=\frac{1}{2}$ 的特解。

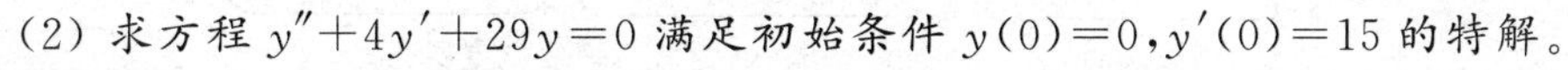

(2) 求方程 $y''+4y'+29y=0$ 满足初始条件 $y(0)=0, y'(0)=15$ 的特解。

解： (1)

```
>> dsolve('D2y = x - 1','y(1) = - 1/3,Dy(1) = 1/2','x')
ans = 1/6 * x^3 - 1/2 * x^2 + x - 1
```

(2)

```
>> dsolve('D2y + 4 * Dy + 29 * y = 0','y(0) = 0,Dy(0) = 15','x')
ans = 3 * exp( - 2 * x) * sin(5 * x)
```

【应用实例 6-2】 设圆柱形浮筒垂直放于水中，其直径为 0.5m，稍向下压后突然松开，浮筒在水中的振动周期为 2s，求浮筒的质量（设水的密度为 ρ，重力常数为 g）。（解题过程参考右侧二维码对应文档内容）

应用实例 6-2

【能力训练 6.5】

利用 Matlab 求解下列常微分方程。

(1) $\frac{dy}{dx}=2xy$　　(2) $y'+\frac{1}{x}y=0$　　(3) $y''+\frac{2}{x}y'=0$

本章思维导图

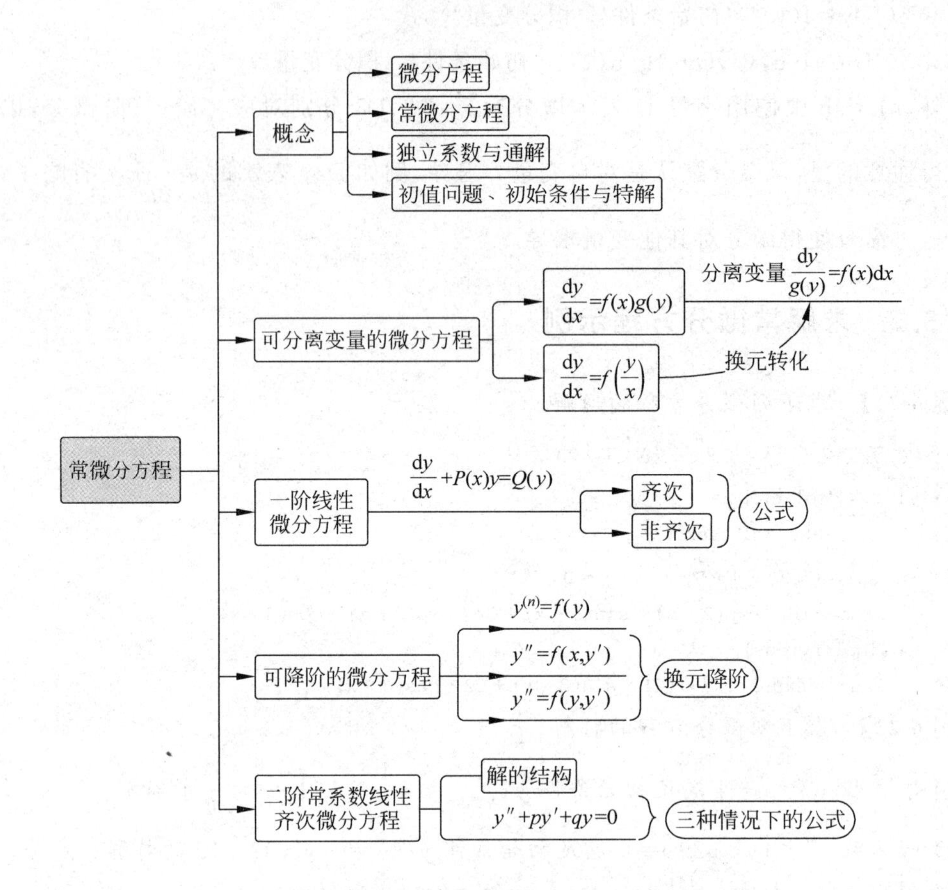

综合能力训练

1. 填空题。

(1) $2xy'''-2y^3+x^4y'=x^4+1$ 是________阶微分方程。

(2) 通过点(0,1)，且切线斜率为 $3x$ 的曲线方程为________。

(3) 微分方程 $2x\mathrm{d}y-y\mathrm{d}x=0$ 的通解是________。

(4) 以 $y=3x^2+C$ 为通解的微分方程是________。

(5) 微分方程 $y'+yx^2=0$ 满足初始条件 $y|_{x=0}=1$ 的特解是________。

(6) 微分方程 $xy'-(1+x^2)y=0$ 的通解是________。

(7) 微分方程 $y''=\sin x$ 满足初始条件 $y|_{x=0}=0,y'|_{x=0}=1$ 的特解是________。

(8) 微分方程 $y''+4y'+5y=0$ 的通解是________。

(9) 以 $y=\mathrm{e}^x(C_1\sin x+C_2\cos x)$（$C_1$、$C_2$ 是任意常数）为某二阶常系数线性齐次微分方程的通解，则该方程为________。

(10) 若 $y=\mathrm{e}^{-x}$ 为 $y''+ay'-2y=0$ 的一个解，则 $a=$________。

2. 判断题。

(1) 微分方程的任意解都是通解。(　　)

(2) $y'=\sin y$ 是一阶线性微分方程。(　　)

(3) $\frac{dy}{dx}=1+x+y^2+xy^2$ 是可分离变量的微分方程。(　　)

(4) 曲线在点(x,y)处的切线斜率等于该点横坐标的平方,则曲线所满足的微分方程是 $y'=x^2+C$(C 是任意常数)。(　　)

(5) 若 y_1 与 y_2 是方程 $y''+py'+qy=0$ 的两个特解,则 $y=C_1y_1+C_2y_2$ 是其通解。(　　)

(6) 微分方程 $y'=e^{2x-y}$,满足初始条件 $y|_{x=0}=0$ 的特解为 $e^y=\frac{1}{2}e^{2x}+1$。(　　)

(7) $\frac{dy}{dx}+y\cos x=0$ 的通解是 $y=Ce^{-\sin x}$。(　　)

(8) $y''-2y'+5y=0$ 的特征方程为 $r^2-2r+5=0$。(　　)

(9) 函数 $y=3\sin x-4\cos x$ 是微分方程 $y''+y=0$ 的解。(　　)

(10) $y''+y'-y-5=0$ 是二阶常系数线性齐次微分方程。(　　)

3. 选择题。

(1) 微分方程 $x^2(y'')^3-y^4=0$ 的阶数是(　　)。

A. 一阶　　B. 二阶　　C. 三阶　　D. 四阶

(2) 微分方程$(x+y)dy=(x-y)dx$ 是(　　)。

A. 线性微分方程　　B. 可分离变量微分方程

C. 齐次微分方程　　D. 一阶线性微分方程

(3) 微分方程 $y'''-x^2y''-x^5=1$ 的通解中应含的独立常数的个数为(　　)。

A. 3　　B. 5　　C. 4　　D. 2

(4) 下列函数中,(　　)是微分方程 $dy-2x\,dx=0$ 的解。

A. $y=2x$　　B. $y=x^2$　　C. $y=-2x$　　D. $y=-x$

(5) 微分方程 $y'=3y^{\frac{2}{3}}$ 的一个特解是(　　)。

A. $y=x^3+1$　　B. $y=(x+2)^3$　　C. $y=(x+C)^2$　　D. $y=C(1+x)^3$

(6) 若 C_1、C_2 为两个独立的任意常数,则 $y=C_1\cos x+C_2\sin x$ 为下列方程(　　)的通解。

A. $y''+y=0$　　B. $y''+y=x^2$

C. $y''-3y'+2y=0$　　D. $(y')^2+y'=0$

(7) 方程$\frac{dy}{dx}=10^{x+y}$ 满足初始条件 $y|_{x=1}=0$ 的特解是(　　)。

A. $10^x-10^y=11$　　B. $10^x+10^{-y}=11$

C. $10^{-x}-10^y=11$　　D. $10^{-x}+10^y=11$

(8) 下列函数中,(　　)是微分方程 $y''-7y'+12y=0$ 的解。

A. $y=x^3$　　B. $y=x^2$　　C. $y=e^{3x}$　　D. $y=e^{2x}$

(9) 微分方程 $y''-4y'+3y=0$ 满足初始条件 $y|_{x=0}=6, y'|_{x=0}=10$ 的特解是(　　)。

A. $y=3e^{x}+e^{3x}$　　B. $y=2e^{x}+3e^{3x}$

C. $y=4e^{x}+2e^{3x}$　　D. $y=C_1e^{x}+C_2e^{3x}$

(10) 微分方程 $y''-4y'+4y=0$ 的两个线性无关解是(　　)。

A. e^{2x} 与 $2\cdot e^{2x}$　　B. e^{-2x} 与 $x\cdot e^{-2x}$

C. e^{2x} 与 $x\cdot e^{2x}$　　D. e^{-2x} 与 $4\cdot e^{-2x}$

4. 求下列微分方程的通解或特解。

(1) $(1+e^{x})dy=ye^{x}dx$　　(2) $\frac{dy}{dx}=\frac{e^{x}}{y+y^{3}}$

(3) $\frac{dy}{dx}+3y=e^{2x}$　　(4) $y'-y\cot x=2x\sin x$

(5) $y'=\frac{2y-x^{2}}{x}$　　(6) $y''-4y'+13y=0$

(7) $\begin{cases}(x+1)y'-2y-(x+1)^{\frac{7}{2}}=0\\ y|_{x=0}=1\end{cases}$　　(8) $\begin{cases}y^{2}dx+(x+1)dy=0\\ y|_{x=0}=1\end{cases}$

(9) $\begin{cases}y''=2yy'\\ y|_{x=0}=1, y'|_{x=0}=2\end{cases}$　　(10) $\begin{cases}\frac{d^{2}s}{dt^{2}}+2\frac{ds}{dt}+s=0\\ s(0)=4, s'(0)=-2\end{cases}$

5. 若 $f(x)$ 连续，且 $f(x)+2\int_{0}^{x}f(t)dt=x^{2}$，求 $f(x)$。

6. 求微分方程 $xy'+y=\frac{1}{1+x^{2}}$ 满足 $y\Big|_{x=\sqrt{3}}=\frac{\sqrt{3}}{9}\pi$ 的解在 $x=1$ 处的值。

7. 验证二元函数 $x^{2}-xy+y^{2}=C$ 所确定的函数是微分方程 $(x-2y)y'=2x-y$ 的解。

第7章 向量与空间解析几何

【学习目标】

通过本章的学习，你应该能够：

(1) 理解向量的概念；

(2) 掌握向量的数量积、向量积的定义与性质；

(3) 掌握向量的坐标表示及计算；

(4) 掌握平面与直线的概念：会求平面方程，会判断平面与平面之间的关系，会求空间直线方程；

(5) 了解曲面与空间曲线方程。

苏步青：一生风雨任“几何”

7.1 空间直角坐标系与向量的概念

自然界有一类量在取定单位后可以用一个实数来表示，如长度、面积、体积、温度、时间、质量等，这类量通常称为常量。另一类量既有大小，又有方向，如位移、力、速度、加速度、角速度、力矩等，这类量称为向量(矢量)。向量是数学的一个基本概念，它不但是研究几何空间问题的基本工具之一，而且是解决许多力学、物理等问题的有力工具。

解析几何是用代数的方法研究几何图形的几何学。坐标法在几何和代数之间架起了一座桥梁，通过坐标法把几何空间的性质数量化，把几何空间的问题转换成代数问题，用向量和坐标法的结合将使某些几何空间问题迎刃而解。

本节先学习三维空间中向量的代数运算与规律及解析几何的基本方法。

7.1.1 空间直角坐标

一维空间是指只由一条线内的点所组成的空间，它只有长度，没有宽度和高度，只能向两边无限延展，如图 7-1 所示的数轴 x，就可以看作是一个一维空间。

二维空间是指仅由长度和宽度两个要素所组成的平面空间，只向所在平面延伸扩展。在几何中，二维空间仅指一个平面，如平面直角坐标系，如图 7-2 所示。

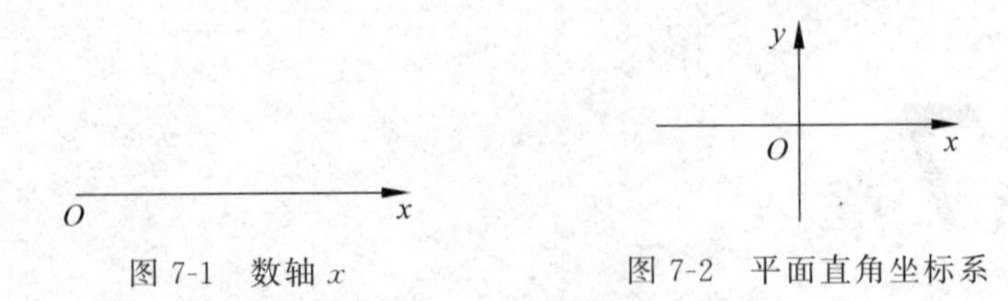

图 7-1　数轴 x　　　　图 7-2　平面直角坐标系

三维空间在日常生活中是指由长、宽、高 3 个要素所构成的空间，是人们看得见，感受得到的空间。为了沟通空间图形与代数，需要建立空间的点与有序数组之间的联系，为此通过引入空间直角坐标系来实现。

定义 7.1　过空间定点 O，作 3 条互相垂直的数轴，它们都以 O 为原点，且具有相同的单位长度。这 3 条轴分别叫作 x 轴(横轴)、y 轴(纵轴)、z 轴(竖轴)，统称为坐标轴。通常把 x 轴和 y 轴配置在水平面上，而 z 轴则是铅垂线；它们的正方向要符合右手法则，即以右手握住 z 轴，当右手的四指从 x 轴正向经过 $\frac{\pi}{2}$ 角度转向 y 轴正向时，大拇指的指向就是 z 轴的正向，这样的 3 条坐标轴就组成了一个**空间直角坐标系**，点 O 叫作**坐标原点**，如图 7-3 所示。

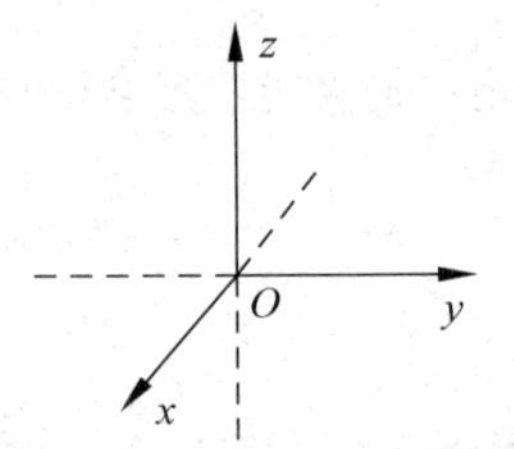

图 7-3　空间直角坐标系

3 条坐标轴中的任意两个轴都可以确定一个平面，统称为坐标面。

确定了空间直角坐标系后，就可以建立空间中的点与有序数组之间的对应关系。

设点 M 为空间任一点，过点 M 作 3 个平面分别垂直于 x 轴、y 轴、z 轴，它们与 x 轴、y 轴、z 轴的交点依次为 P、Q、R，这 3 点在 x 轴、y 轴、z 轴的坐标依次为 x、y、z。于是空间中的点 M 就唯一确定了一个有序数组 x、y、z。这组数 x、y、z 就叫作点 M 的坐标，并依次称 x、y、z 为点 M 的横坐标、纵坐标和竖坐标，如图 7-4 所示，记为 $M(x,y,z)$。

通过空间直角坐标系，建立了空间点 M 和有序数组 x、y、z 之间的一一对应关系。

3 个坐标平面把空间划分成 8 个区域，每个区域表示一个**卦限**，如图 7-5 所示，x 轴、y 轴、z 轴 3 个坐标轴的正方向构成第Ⅰ卦限。按照逆时针的顺序，依次是第Ⅰ到第Ⅳ卦限，这 4 个卦限在 xOy 坐标面的上方。第Ⅰ卦限的正下方为第Ⅴ卦限，按照逆时针的顺序依次是第Ⅴ到第Ⅷ卦限，这 4 个卦限在 xOy 坐标面的下方。8 个卦限中，坐标的符号依次如下：

Ⅰ(＋,＋,＋)　Ⅱ(－,＋,＋)

Ⅲ(－,－,＋)　Ⅳ(＋,－,＋)

Ⅴ(＋,＋,－)　Ⅵ(－,＋,－)

Ⅶ(－,－,－)　Ⅷ(＋,－,－)

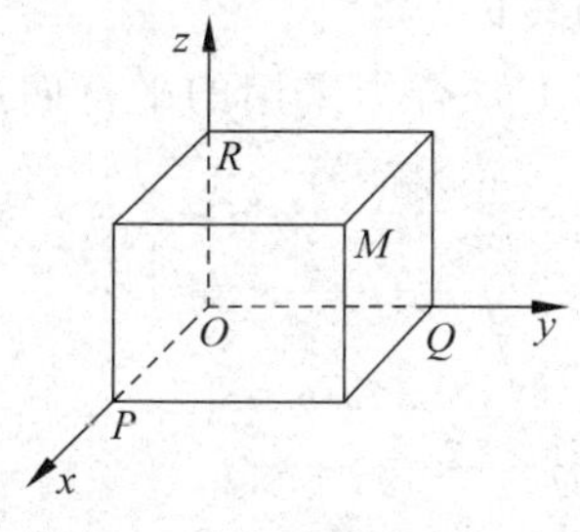

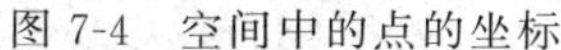
图 7-4　空间中的点的坐标

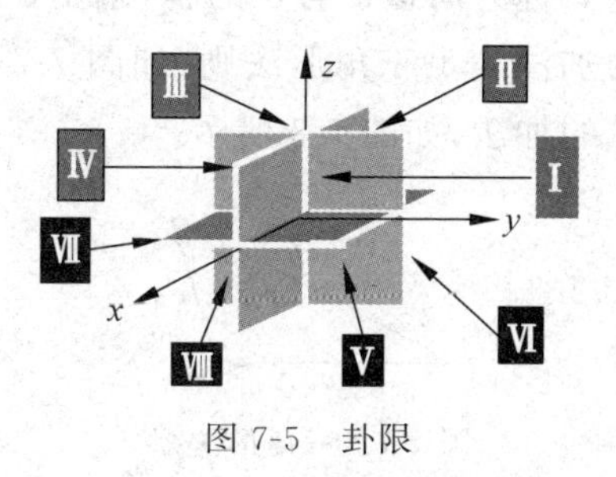

图 7-5　卦限

7.1.2　空间两点间的距离公式

设 $P_1(x_1,y_1,z_1)$ 和 $P_2(x_2,y_2,z_2)$ 为空间中两点，为了用两点的坐标来表示它们之间的距离，有公式

$$|P_1P_2|=\sqrt{(x_2-x_1)^2+(y_2-y_1)^2+(z_2-z_1)^2}$$

【例 7-1】　在 y 轴上求与点 $M_1(3,1,2)$、$M_2(0,5,1)$ 等距离的点的坐标。

解：设点为 $M(0,y,0)$，则有 $|MM_1|=|MM_2|$，即

$$\sqrt{3^2+(1-y)^2+2^2}=\sqrt{0^2+(5-y)^2+1^2}$$

解得 $y=\dfrac{3}{2}$，所求点为 $M\left(0,\dfrac{3}{2},0\right)$。

7.1.3　向量及运算

定义 7.2　既有大小，又有方向的量称为**向量**。

数学上，通常用一条有向线段来表示向量。有向线段的长度表示向量的大小，有向线段的方向表示向量的方向。以 A 为起点、以 B 为终点的有向线段所表示的向量记作 $\overrightarrow{AB}$，有时也用一个黑体字母表示向量，如 $\boldsymbol{a}$、$\boldsymbol{b}$、$\boldsymbol{c}$ 等，如图 7-6 所示。

在实际问题中，有的向量与起点有关，例如速度与位置有关，力与受力点有关；有的向量与起点无关。但它们的共性是都有大小和方向，因此在数学上只研究与起点无关的向量。

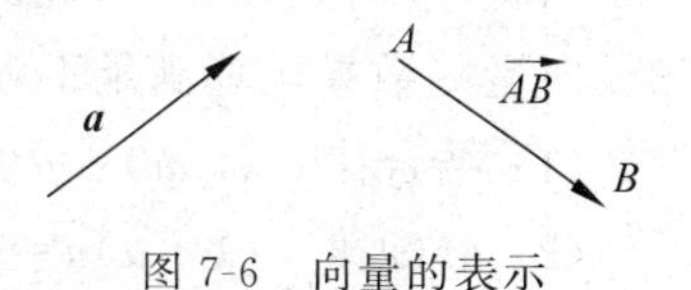

图 7-6　向量的表示

向量的大小叫作**向量的模**。向量 $\boldsymbol{a}$、$\overrightarrow{AB}$ 的模分别记为 $|\boldsymbol{a}|$、$|\overrightarrow{AB}|$。

模等于 1 的向量称为**单位向量**。模等于 0 的向量称为**零向量**，记作 $\mathbf{0}$。零向量的方向是任意的。

两个向量若大小相等，方向相同，则这两个向量**相等**。

若两个向量 $\boldsymbol{a}$、$\boldsymbol{b}$ 方向相同或相反，则称这两个**向量平行**，记作 $\boldsymbol{a}/\!/\boldsymbol{b}$。零向量与任何向量都平行。

1. 向量的加法

设有两个向量 $\boldsymbol{a}$ 与 $\boldsymbol{b}$，平移向量 $\boldsymbol{b}$，使 $\boldsymbol{b}$ 的起点与 $\boldsymbol{a}$ 的终点重合，此时从 $\boldsymbol{a}$ 的起点到 $\boldsymbol{b}$ 的

终点的向量 $\boldsymbol{c}$ 称为**向量 $\boldsymbol{a}$ 与 $\boldsymbol{b}$ 的和**，记作 $\boldsymbol{a}+\boldsymbol{b}$，即 $\boldsymbol{c}=\boldsymbol{a}+\boldsymbol{b}$。

向量的加法满足三角形法则，如图 7-7 所示。力学上求合力采用的平行四边形法则也适用于向量的加法，如图 7-8 所示。

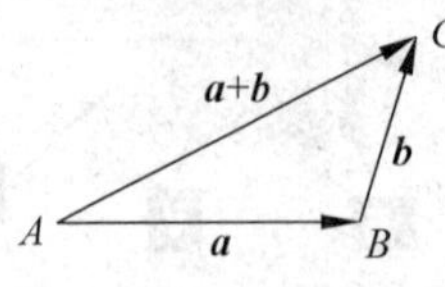

图 7-7　三角形法则

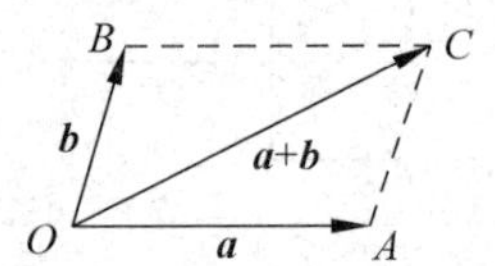

图 7-8　平行四边形法则

向量的加法满足下列运算规律。

（1）交换律　$\boldsymbol{a}+\boldsymbol{b}=\boldsymbol{b}+\boldsymbol{a}$。

（2）结合律　$(\boldsymbol{a}+\boldsymbol{b})+\boldsymbol{c}=\boldsymbol{a}+(\boldsymbol{b}+\boldsymbol{c})$。

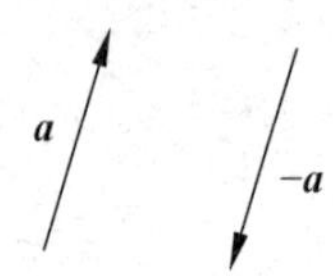

图 7-9　$\boldsymbol{a}$ 的负向量

设 $\boldsymbol{a}$ 为一个向量，与 $\boldsymbol{a}$ 的模相等但方向相反的向量叫作 $\boldsymbol{a}$ 的负向量，记作 $-\boldsymbol{a}$，如图 7-9 所示。

2. 向量的减法

设有两个向量 $\boldsymbol{a}$ 与 $\boldsymbol{b}$，平移向量 $\boldsymbol{b}$，使 $\boldsymbol{b}$ 的起点与 $\boldsymbol{a}$ 的起点重合，此时从 $\boldsymbol{b}$ 的终点指向 $\boldsymbol{a}$ 的终点的向量 $\boldsymbol{c}$ 称为**向量 $\boldsymbol{a}$ 与 $\boldsymbol{b}$ 的差**，记作 $\boldsymbol{a}-\boldsymbol{b}$，即 $\boldsymbol{c}=\boldsymbol{a}-\boldsymbol{b}$。**向量 $\boldsymbol{a}$ 与 $\boldsymbol{b}$ 的差**还可以看作是 $\boldsymbol{a}+(-\boldsymbol{b})$，如图 7-10 所示。

显然，$\boldsymbol{a}+(-\boldsymbol{a})=\boldsymbol{0}$。

3. 向量与数的乘法

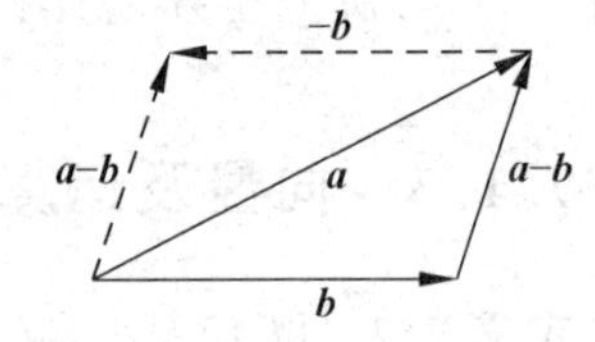

图 7-10　向量 $\boldsymbol{a}$ 与 $\boldsymbol{b}$ 的差

设 λ 是一个实数，向量 $\boldsymbol{a}$ 与实数 λ 的乘积记作 $\lambda\boldsymbol{a}$，$\lambda\boldsymbol{a}$ 是一个向量，它的模

$$|\lambda\boldsymbol{a}|=|\lambda||\boldsymbol{a}|$$

当 $\lambda>0$ 时，$\lambda\boldsymbol{a}$ 与向量的方向相同；当 $\lambda<0$ 时，$\lambda\boldsymbol{a}$ 与向量的方向相反。

当 $\lambda=0$ 时，$|\lambda\boldsymbol{a}|=0$，此时 $\lambda\boldsymbol{a}$ 为零向量，它的方向是任意的。

向量的数乘运算满足下列运算规律。

（1）结合律　$\lambda(\mu\boldsymbol{a})=\mu(\lambda\boldsymbol{a})=(\lambda\mu)\boldsymbol{a}$。

（2）分配律　$(\lambda+\mu)\boldsymbol{a}=\lambda\boldsymbol{a}+\mu\boldsymbol{a}$（对数的分配律）。

例 7-2

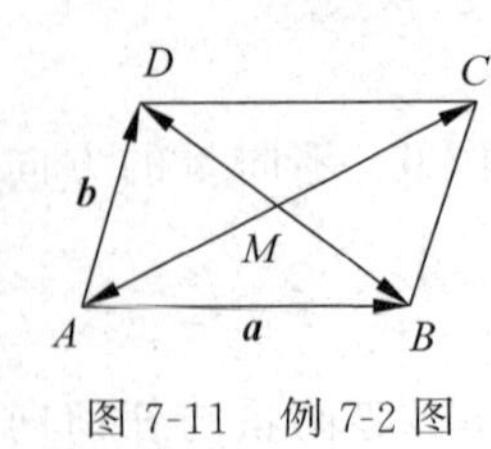

图 7-11　例 7-2 图

向量的加减运算和数乘运算统称为**向量的线性运算**。

【例 7-2】　在平行四边形 $ABCD$ 中，设 $\overrightarrow{AB}=\boldsymbol{a}$，$\overrightarrow{AD}=\boldsymbol{b}$，试用 $\boldsymbol{a}$ 和 $\boldsymbol{b}$ 表示向量 $\overrightarrow{MA}$、$\overrightarrow{MB}$、$\overrightarrow{MC}$、$\overrightarrow{MD}$，其中 M 是平行四边形对角线的交点，如图 7-11 所示。

解：因为平行四边形对角线互相平分，所以 $\overrightarrow{AC}=2\overrightarrow{AM}=\boldsymbol{a}+\boldsymbol{b}$，即

$$\overrightarrow{MA}=-\frac{1}{2}(\boldsymbol{a}+\boldsymbol{b})$$

又因为 $\overrightarrow{MC}=-\overrightarrow{MA}$，所以

$$\overrightarrow{MC}=\frac{1}{2}(\boldsymbol{a}+\boldsymbol{b})$$

因为 $\overrightarrow{BD}=2\overrightarrow{MD}=-\boldsymbol{a}+\boldsymbol{b}$，所以

$$\overrightarrow{MD}=\frac{1}{2}(\boldsymbol{b}-\boldsymbol{a})$$

由于 $\overrightarrow{MB}=-\overrightarrow{MD}$，所以

$$\overrightarrow{MB}=\frac{1}{2}(\boldsymbol{a}-\boldsymbol{b})$$

定理 7.1 设向量 $\boldsymbol{a}\neq\boldsymbol{0}$，则向量 $\boldsymbol{a}$ 与向量 $\boldsymbol{b}$ 平行的充分必要条件是：

$$\boldsymbol{b}=\lambda\boldsymbol{a}\quad(\text{其中 }\lambda\text{ 是常数})$$

向量 $\boldsymbol{e}_a$ 表示与非零向量 $\boldsymbol{a}$ 同方向的单位向量，即 $|\boldsymbol{e}_a|=1$，且 $|\boldsymbol{e}_a|=\dfrac{\boldsymbol{a}}{|\boldsymbol{a}|}$。

7.1.4 向量的坐标表示

在空间直角坐标系下，以坐标原点 O 为起点，终点分别为(1,0,0)、(0,1,0)、(0,0,1)的3个单位向量称为基本单位向量，分别记作 $\boldsymbol{i}$、$\boldsymbol{j}$、$\boldsymbol{k}$。

设向量 $\boldsymbol{r}$ 的起点在坐标原点 O，终点为 $M(x,y,z)$，即向量 $\boldsymbol{r}=\overrightarrow{OM}$，如图 7-12 所示。点 M 在 x 轴、y 轴、z 轴上的投影依次为 $A(x,0,0)$、$B(0,y,0)$、$C(0,0,z)$。根据向量的加法，可知

$$\overrightarrow{OM}=\overrightarrow{ON}+\overrightarrow{NM}=\overrightarrow{OA}+\overrightarrow{OB}+\overrightarrow{OC}$$

$$\overrightarrow{OA}=x\boldsymbol{i},\quad \overrightarrow{OB}=y\boldsymbol{j},\quad \overrightarrow{OC}=z\boldsymbol{k}$$

$$\boldsymbol{r}=x\boldsymbol{i}+y\boldsymbol{j}+z\boldsymbol{k}\tag{7-1}$$

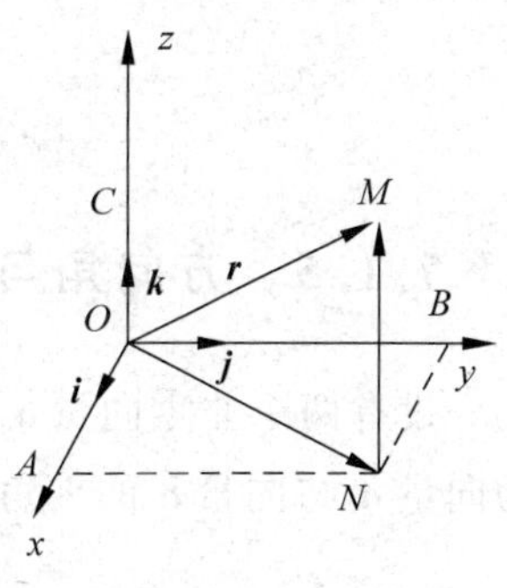

图 7-12 向量 $\boldsymbol{r}=\overrightarrow{OM}$

式(7-1)称为向量 $\boldsymbol{r}$ 按基本单位向量的分解式，其中 x、y、z 是向量 $\boldsymbol{r}$ 分别在 x 轴、y 轴、z 轴上的投影。称 x、y、z 为向量 $\boldsymbol{r}$ 的坐标，并称表达式 $\boldsymbol{r}=\{x,y,z\}$ 为向量 $\boldsymbol{r}$ 的坐标表达式。

因为向量平行移动后保持不变，因此向量按基本单位向量的分解式可以推广到起点不在原点的情况，这样就可以把每个向量与它在3条坐标轴上的投影组成的有序实数组建立起一一对应的关系。

向量的模的坐标表示式为

$$|\boldsymbol{r}|=|\overrightarrow{OM}|=\sqrt{x^2+y^2+z^2}$$

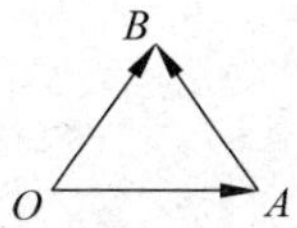

设有点 $A(x_1,y_1,z_1)$ 和点 $B(x_2,y_2,z_2)$，则点 A 与点 B 间的距离 $|AB|$ 就是向量 $\overrightarrow{AB}$ 的模，由向量的减法(图 7-13)可知

图 7-13 向量的减法

$$\overrightarrow{AB}=\overrightarrow{OB}-\overrightarrow{OA}=\{x_2,y_2,z_2\}-\{x_1,y_1,z_1\}$$

$$=\{x_2-x_1,y_2-y_1,z_2-z_1\}$$

可得向量 $\overrightarrow{AB}$ 的模为

$$|\overrightarrow{AB}|=\sqrt{(x_2-x_1)^2+(y_2-y_1)^2+(z_2-z_1)^2}$$

设 $\boldsymbol{a}=\{a_x,a_y,a_z\}$，$\boldsymbol{b}=\{b_x,b_y,b_z\}$，$\lambda$ 为实数，则

$$|\boldsymbol{a}|=\sqrt{a_x^2+a_y^2+a_z^2}$$

$$\boldsymbol{a}\pm\boldsymbol{b}=\{a_x\pm b_x,a_y\pm b_y,a_z\pm b_z\}$$

$$\lambda\boldsymbol{a}=\{\lambda a_x,\lambda a_y,\lambda a_z\}$$

若向量 $\boldsymbol{a}$ 与向量 $\boldsymbol{b}$ 平行，则

$$\boldsymbol{a}\ /\!/\ \boldsymbol{b}\Leftrightarrow\boldsymbol{a}=\lambda\boldsymbol{b}\Leftrightarrow\frac{a_x}{b_x}=\frac{a_y}{b_y}=\frac{a_z}{b_z}\quad(\boldsymbol{b}\neq\boldsymbol{0})$$

【例 7-3】 设 $\boldsymbol{a}=\{2,0,3\}$，$\boldsymbol{b}=\{1,-2,5\}$，求 $\boldsymbol{a}+\boldsymbol{b}$，$3\boldsymbol{a}-\boldsymbol{b}$。

解：$\boldsymbol{a}+\boldsymbol{b}=\{2+1,0+(-2),3+5\}=\{3,-2,8\}$

$3\boldsymbol{a}-\boldsymbol{b}=\{3\times2-1,3\times0-(-2),3\times3-5\}=\{5,2,4\}$

【例 7-4】 已知有两点 $A(2,2,\sqrt{2})$ 和 $B(1,3,0)$，求与向量 $\overrightarrow{AB}$ 方向相同的单位向量 $\boldsymbol{e}_{\overrightarrow{AB}}$。

解：因为 $\overrightarrow{AB}=\{1-2,3-2,0-\sqrt{2}\}=\{-1,1,-\sqrt{2}\}$，所以

$$|\overrightarrow{AB}|=\sqrt{(-1)^2+(1)^2+(-\sqrt{2})^2}=2$$

于是

$$\boldsymbol{e}_{\overrightarrow{AB}}=\frac{\overrightarrow{AB}}{|\overrightarrow{AB}|}=\left\{-\frac{1}{2},\frac{1}{2},-\frac{\sqrt{2}}{2}\right\}$$

7.1.5 方向角与方向余弦

设有两个非零向量 $\boldsymbol{a}$、$\boldsymbol{b}$，任取空间一点 O，作 $\overrightarrow{OA}=\boldsymbol{a}$，$\overrightarrow{OB}=\boldsymbol{b}$，称 $\varphi=\angle AOB(0\leqslant\varphi\leqslant\pi)$ 为向量 $\boldsymbol{a}$ 与向量 $\boldsymbol{b}$ 的夹角，如图 7-14 所示，记作

$$\varphi=(\widehat{\boldsymbol{a},\boldsymbol{b}})\quad 或\quad \varphi=(\widehat{\boldsymbol{b},\boldsymbol{a}})$$

类似可定义向量 $\boldsymbol{r}$ 与 x 轴、y 轴和 z 轴的夹角。

设非零向量 $\boldsymbol{r}=\{x,y,z\}$，则称向量 $\boldsymbol{r}$ 与 3 个坐标轴的夹角 α、β、γ 为向量 $\boldsymbol{r}$ 的**方向角**，如图 7-15 所示。

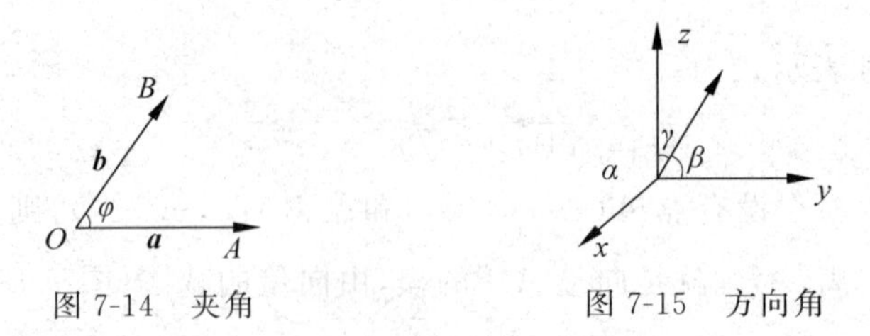

图 7-14　夹角　　　图 7-15　方向角

$\cos\alpha$、$\cos\beta$、$\cos\gamma$ 称为向量 $\boldsymbol{r}$ 的**方向余弦**。

$$\cos\alpha=\frac{x}{|\boldsymbol{r}|}=\frac{x}{\sqrt{x^2+y^2+z^2}},\quad \cos\beta=\frac{y}{|\boldsymbol{r}|}=\frac{y}{\sqrt{x^2+y^2+z^2}},$$

$$\cos\gamma=\frac{z}{|\boldsymbol{r}|}=\frac{z}{\sqrt{x^2+y^2+z^2}}$$

由此可知，$\cos\alpha^2+\cos\beta^2+\cos\gamma^2=1$。

【例 7-5】 已知有两点 $A(1,2,3)$ 和 $B(2,1,-1)$，求向量 $\overrightarrow{AB}$ 的模和方向余弦。

解：因为 $\overrightarrow{AB}=\{2-1,1-2,-1-3\}=\{1,-1,-4\}$，所以

$$|\overrightarrow{AB}|=\sqrt{(1)^2+(-1)^2+(-4)^2}=3\sqrt{2}$$

于是

$$\cos\alpha=\frac{1}{3\sqrt{2}}=\frac{\sqrt{2}}{6},\quad \cos\beta=\frac{-1}{3\sqrt{2}}=-\frac{\sqrt{2}}{6},\quad \cos\gamma=\frac{-4}{3\sqrt{2}}=-\frac{2\sqrt{2}}{3}$$

【能力训练 7.1】

基础练习

1. 在空间直角坐标系中，指出下列各点分别在哪个卦限。

$A(1,-2,3)$　$B(1,3,-5)$　$C(1,-2,-5)$　$D(-1,-2,3)$

2. 在 z 轴上，求与点 $A(3,1,2)$、$B(0,5,1)$ 等距离的点。

3. 求下列向量的模、方向余弦及与它们同方向的单位向量。

(1) $\boldsymbol{a}=3\boldsymbol{i}+4\boldsymbol{j}+5\boldsymbol{k}$　　(2) $\boldsymbol{b}=\boldsymbol{i}+2\boldsymbol{j}+\boldsymbol{k}$

4. 已知 $\boldsymbol{a}=\{3,1,5\}$，$\boldsymbol{b}=\{2,3,-4\}$，求 $2\boldsymbol{a}-\boldsymbol{b}$，$m\boldsymbol{a}+n\boldsymbol{b}$（$m$、$n$ 为常数）。

提高练习

1. 已知 $\overrightarrow{OA}=\{2,2,1\}$，$\overrightarrow{OB}=\{8,-4,1\}$，求与向量 $\overrightarrow{AB}$ 平行的单位向量及向量 $\overrightarrow{AB}$ 的方向余弦。

2. 已知 $A(1,1,1)$，$B(3,x,y)$，且 $\overrightarrow{AB}$ 与 $\boldsymbol{a}=\{2,3,4\}$ 平行，求 x、y。

3. 求 $\boldsymbol{a}=\{1,1,4\}$，$\boldsymbol{b}=\{1,-2,2\}$ 的夹角余弦。

4. 已知向量 $\boldsymbol{a}=2\boldsymbol{i}+3\boldsymbol{j}+4\boldsymbol{k}$ 的起点为 $(5,1,-1)$，求向量 $\boldsymbol{a}$ 的终点坐标。

7.2 向量的数量积与向量积

7.2.1 向量的数量积

设一物体在恒力 $\boldsymbol{F}$ 的作用下，沿直线移动，如果用 $\boldsymbol{s}$ 表示位移，则力 $\boldsymbol{F}$ 所做的功为

$$W=|\boldsymbol{F}||\boldsymbol{s}|\cos\theta$$

其中，θ 表示 $\boldsymbol{F}$ 与 $\boldsymbol{s}$ 的夹角。

在实际应用中，还会遇到很多类似的问题，因此引入两个向量的数量积这个概念。

定义 7.3 设向量 $\boldsymbol{a}$ 与向量 $\boldsymbol{b}$ 的夹角为 α，称 $|\boldsymbol{a}||\boldsymbol{b}|\cos\alpha$ 为向量 $\boldsymbol{a}$ 与向量 $\boldsymbol{b}$ 的数量积

定义 7.3

(又称为点乘积),记为 $\boldsymbol{a}\cdot\boldsymbol{b}$,即

$$\boldsymbol{a}\cdot\boldsymbol{b}=|\boldsymbol{a}||\boldsymbol{b}|\cos\alpha$$

因此,前面的功 W 就是力 $\boldsymbol{F}$ 与位移 $\boldsymbol{s}$ 的数量积,即 $W=\boldsymbol{F}\cdot\boldsymbol{s}$。

由定义可知:

(1) 对于任意的向量 $\boldsymbol{a}$,有 $\boldsymbol{a}\cdot\boldsymbol{a}=|\boldsymbol{a}||\boldsymbol{a}|\cos0=|\boldsymbol{a}|^2$。

(2) 对于两个非零向量,若 $\boldsymbol{a}\cdot\boldsymbol{b}=0$,因为 $\boldsymbol{a}\cdot\boldsymbol{b}=|\boldsymbol{a}||\boldsymbol{b}|\cos\alpha$,则可知向量 $\boldsymbol{a}$ 与向量 $\boldsymbol{b}$ 的夹角为$\frac{\pi}{2}$,即两个向量垂直;反之,若向量 $\boldsymbol{a}$ 与向量 $\boldsymbol{b}$ 垂直,则 $\boldsymbol{a}\cdot\boldsymbol{b}=|\boldsymbol{a}||\boldsymbol{b}|\cos\frac{\pi}{2}=0$。

又因为零向量的方向是任意的,因此可以认为零向量与任何向量都垂直,所以可得到向量 $\boldsymbol{a}$ 与向量 $\boldsymbol{b}$ 垂直的充要条件:

$$\boldsymbol{a}\perp\boldsymbol{b}\Leftrightarrow\boldsymbol{a}\cdot\boldsymbol{b}=0$$

数量积的运算律如下。

(1) 交换律　$\boldsymbol{a}\cdot\boldsymbol{b}=\boldsymbol{b}\cdot\boldsymbol{a}$。

(2) 与数乘运算的结合律　$\lambda(\boldsymbol{a}\cdot\boldsymbol{b})=(\lambda\boldsymbol{a})\cdot\boldsymbol{b}=\boldsymbol{a}\cdot(\lambda\boldsymbol{b})$。

(3) 分配律　$(\boldsymbol{a}+\boldsymbol{b})\cdot\boldsymbol{c}=\boldsymbol{a}\cdot\boldsymbol{c}+\boldsymbol{b}\cdot\boldsymbol{c}$。

数量积的坐标表示如下。

设 $\boldsymbol{a}=a_x\boldsymbol{i}+a_y\boldsymbol{j}+a_z\boldsymbol{k}$,$\boldsymbol{b}=b_k\boldsymbol{i}+b_y\boldsymbol{j}+b_z\boldsymbol{k}$,则根据数量积的运算律有

$$\begin{aligned}\boldsymbol{a}\cdot\boldsymbol{b}&=(a_x\boldsymbol{i}+a_y\boldsymbol{j}+a_z\boldsymbol{k})\cdot(b_x\boldsymbol{i}+b_y\boldsymbol{j}+b_z\boldsymbol{k})\\&=a_x\boldsymbol{i}\cdot(b_x\boldsymbol{i}+b_y\boldsymbol{j}+b_z\boldsymbol{k})+a_y\boldsymbol{j}\cdot(b_x\boldsymbol{i}+b_y\boldsymbol{j}+b_z\boldsymbol{k})+a_z\boldsymbol{k}\cdot(b_x\boldsymbol{i}+b_y\boldsymbol{j}+b_z\boldsymbol{k})\\&=a_xb_x+a_yb_y+a_zb_z\end{aligned}$$

所以,向量 $\boldsymbol{a}$ 与向量 $\boldsymbol{b}$ 的数量积等于它们对应坐标乘积之和。

因为 $\boldsymbol{a}\cdot\boldsymbol{b}=|\boldsymbol{a}||\boldsymbol{b}|\cos\theta$,所以当向量 $\boldsymbol{a}$ 与向量 $\boldsymbol{b}$ 都是非零向量时,有

$$\cos(\widehat{\boldsymbol{a},\boldsymbol{b}})=\frac{\boldsymbol{a}\cdot\boldsymbol{b}}{|\boldsymbol{a}|\cdot|\boldsymbol{b}|}=\frac{a_xb_x+a_yb_y+a_zb_z}{\sqrt{a_x^2+a_y^2+a_z^2}\cdot\sqrt{b_x^2+b_y^2+b_z^2}}$$

【例 7-6】 已知 $\boldsymbol{a}=2\boldsymbol{i}+\boldsymbol{j}+3\boldsymbol{k}$,$\boldsymbol{b}=\boldsymbol{i}-\boldsymbol{j}+\boldsymbol{k}$,求 $\boldsymbol{a}\cdot\boldsymbol{b}$、$(3\boldsymbol{a})\cdot(5\boldsymbol{b})$。

解:$\boldsymbol{a}\cdot\boldsymbol{b}=\{2,1,3\}\cdot\{1,-1,1\}=2\times1+1\times(-1)+3\times1=4$

$(3\boldsymbol{a})\cdot(5\boldsymbol{b})=\{6,3,9\}\cdot\{5,-5,5\}=6\times5+3\times(-5)+9\times5=60$

【例 7-7】 判断向量 $\boldsymbol{a}$ 与向量 $\boldsymbol{b}$ 的位置关系。

(1) $\boldsymbol{a}=2\boldsymbol{i}+\boldsymbol{j}+3\boldsymbol{k}$,$\boldsymbol{b}=10\boldsymbol{i}+5\boldsymbol{j}+15\boldsymbol{k}$。

(2) $\boldsymbol{a}=\boldsymbol{i}+2\boldsymbol{j}+3\boldsymbol{k}$,$\boldsymbol{b}=\boldsymbol{i}-2\boldsymbol{j}+\boldsymbol{k}$。

解:(1) 因为 …… 以 $\boldsymbol{a}/\!/\boldsymbol{b}$,又因为 $\lambda=5>0$,所以向量 $\boldsymbol{a}$ 与向量 $\boldsymbol{b}$ 方向相同。

…… $\cdot\{1,-2,1\}=1\times1+2\times(-2)+3\times1=0$,所以 $\boldsymbol{a}\perp\boldsymbol{b}$。

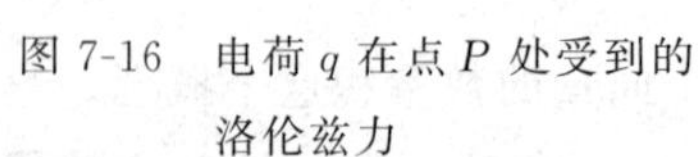

图 7-16　电荷 q 在点 P 处受到的洛伦兹力

7.2.2 向量的向量积

向量积也称(向量)叉积、(向量)叉乘、外积,是一种在向量空间中对向量进行的二元运算,常见于力学、电磁学、光学和计算机图形学等理工学科中,是一个很重要的

概念。例如,在图 7-16 中,设正电荷 q 在匀强磁场 B 中以速度 v 运动,若电荷 q 的运动方向与点 P 处的磁场方向的正向夹角为 α,则电荷 q 在点 P 处受到的洛伦兹力的大小为

$$F=qvB\sin\alpha$$

而洛伦兹力的方向由左手法则可知是垂直于纸面的。我们从中抽象出两个向量的向量积的概念。

定义 7.4

定义 7.4 设向量 $\boldsymbol{a}$ 与向量 $\boldsymbol{b}$ 的夹角为 α,则

(1) $|\boldsymbol{c}|=|\boldsymbol{a}||\boldsymbol{b}|\sin\alpha$。

(2) 向量 $\boldsymbol{c}$ 的方向同时垂直于向量 $\boldsymbol{a}$ 与向量 $\boldsymbol{b}$,且遵循右手法则,由向量 $\boldsymbol{a}$ 指向向量 $\boldsymbol{b}$ 来确定,如图 7-17 所示。

向量 $\boldsymbol{c}$ 为向量 $\boldsymbol{a}$ 与向量 $\boldsymbol{b}$ 的**向量积**,记为 $\boldsymbol{a}\times\boldsymbol{b}$,即

$$\boldsymbol{c}=\boldsymbol{a}\times\boldsymbol{b}$$

图 7-17 向量 $\boldsymbol{c}$ 的方向

由定义 7.4 可知:

(1) 对于任意的向量 $\boldsymbol{a}$,有 $|\boldsymbol{a}\times\boldsymbol{a}|=|\boldsymbol{a}||\boldsymbol{a}|\sin 0=0$,因此 $\boldsymbol{a}\times\boldsymbol{a}=\boldsymbol{0}$。

(2) $\boldsymbol{i}\times\boldsymbol{j}=\boldsymbol{k},\boldsymbol{j}\times\boldsymbol{k}=\boldsymbol{i},\boldsymbol{k}\times\boldsymbol{i}=\boldsymbol{j},\boldsymbol{i}\times\boldsymbol{i}=\boldsymbol{0},\boldsymbol{j}\times\boldsymbol{j}=\boldsymbol{0},\boldsymbol{k}\times\boldsymbol{k}=\boldsymbol{0},\boldsymbol{j}\times\boldsymbol{i}=-\boldsymbol{k},\boldsymbol{k}\times\boldsymbol{j}=-\boldsymbol{i}$,$\boldsymbol{i}\times\boldsymbol{k}=-\boldsymbol{j}$,其中 $\boldsymbol{i}$、$\boldsymbol{j}$、$\boldsymbol{k}$ 是空间直角坐标系的 3 个基本单位向量。

向量积的运算律如下。

(1) 反交换律 $\boldsymbol{a}\times\boldsymbol{b}=-\boldsymbol{b}\times\boldsymbol{a}$。

(2) 与数乘运算的结合律 $\lambda(\boldsymbol{a}\times\boldsymbol{b})=(\lambda\boldsymbol{a})\times b=\boldsymbol{a}\times(\lambda\boldsymbol{b})$。

(3) 对向量加法的分配律 $(\boldsymbol{a}+\boldsymbol{b})\times\boldsymbol{c}=\boldsymbol{a}\times\boldsymbol{c}+\boldsymbol{b}\times\boldsymbol{c}$。

向量积的坐标表示如下。

设 $\boldsymbol{a}=a_x\boldsymbol{i}+a_y\boldsymbol{j}+a_z\boldsymbol{k},\boldsymbol{b}=b_x\boldsymbol{i}+b_y\boldsymbol{j}+b_z\boldsymbol{k}$,则根据向量积的运算律有

$$\begin{aligned}
\boldsymbol{a}\times\boldsymbol{b}&=(a_x\boldsymbol{i}+a_y\boldsymbol{j}+a_z\boldsymbol{k})\times(b_x\boldsymbol{i}+b_y\boldsymbol{j}+b_z\boldsymbol{k})\\
&=a_x\boldsymbol{i}\times(b_x\boldsymbol{i}+b_y\boldsymbol{j}+b_z\boldsymbol{k})+a_y\boldsymbol{j}\times(b_x\boldsymbol{i}+b_y\boldsymbol{j}+b_z\boldsymbol{k})+a_z\boldsymbol{k}\times(b_k\boldsymbol{i}+b_y\boldsymbol{j}+b_z\boldsymbol{k})\\
&=a_xb_x(\boldsymbol{i}\times\boldsymbol{i})+a_xb_y(\boldsymbol{i}\times\boldsymbol{j})+a_xb_z(\boldsymbol{i}\times\boldsymbol{k})+a_yb_x(\boldsymbol{j}\times\boldsymbol{i})+a_yb_y(\boldsymbol{j}\times\boldsymbol{j})\\
&\quad+a_yb_z(\boldsymbol{j}\times\boldsymbol{k})+a_zb_x(\boldsymbol{k}\times\boldsymbol{i})+a_zb_y(\boldsymbol{k}\times\boldsymbol{j})+a_zb_z(\boldsymbol{k}\times\boldsymbol{k})\\
&=(a_yb_z-a_zb_y)\boldsymbol{i}+(a_zb_x-a_xb_z)\boldsymbol{j}+(a_xb_y-a_yb_x)\boldsymbol{k}
\end{aligned}$$

上面的运算过程,也可以仿照三阶行列式的计算,即

$$\begin{aligned}
\boldsymbol{a}\times\boldsymbol{b}&=\begin{vmatrix}\boldsymbol{i}&\boldsymbol{j}&\boldsymbol{k}\\a_x&a_y&a_z\\b_x&b_y&b_z\end{vmatrix}\\
&=\boldsymbol{i}\times\begin{vmatrix}a_y&a_z\\b_y&b_z\end{vmatrix}-\boldsymbol{j}\times\begin{vmatrix}a_x&a_z\\b_x&b_z\end{vmatrix}+\boldsymbol{k}\times\begin{vmatrix}a_x&a_y\\b_x&b_y\end{vmatrix}\\
&=(a_yb_z-a_zb_y)\boldsymbol{i}-(a_xb_z-a_zb_x)\boldsymbol{j}+(a_xb_y-a_yb_x)\boldsymbol{k}
\end{aligned}$$

若向量 $\boldsymbol{a}$ 与向量 $\boldsymbol{b}$ 平行,则它们的夹角为 $\alpha=0$ 或 $\alpha=\pi$,根据向量积的定义可知,有 $|\boldsymbol{a}\times\boldsymbol{b}|=0$,因此 $\boldsymbol{a}\times\boldsymbol{b}=\boldsymbol{0}$。反之,当向量 $\boldsymbol{a}$ 与向量 $\boldsymbol{b}$ 为非零向量时,若 $\boldsymbol{a}\times\boldsymbol{b}=\boldsymbol{0}$,则 $|\boldsymbol{a}\times\boldsymbol{b}|=|\boldsymbol{a}||\boldsymbol{b}|\sin\alpha=0$,所以 $\sin\alpha=0$,从而 $\alpha=0$ 或 $\alpha=\pi$,即 $\boldsymbol{a}/\!/\boldsymbol{b}$。当向量 $\boldsymbol{a}$ 与向量 $\boldsymbol{b}$ 至少有一个

为零向量时，因为零向量与任何向量都平行，所以也可推出 $\boldsymbol{a}/\!/\boldsymbol{b}$。综上所述，可得到向量 $\boldsymbol{a}$ 与向量 $\boldsymbol{b}$ 平行的充要条件：

$$\boldsymbol{a} /\!/ \boldsymbol{b} \Leftrightarrow \boldsymbol{a} \times \boldsymbol{b} = \boldsymbol{0}$$

若向量 $\boldsymbol{a}$ 与向量 $\boldsymbol{b}$ 平行，则由向量积的坐标表示式可知

$$\boldsymbol{a} \times \boldsymbol{b} = (a_y b_z - a_z b_y)\boldsymbol{i} - (a_x b_z - a_z b_x)\boldsymbol{j} + (a_x b_y - a_y b_x)\boldsymbol{k} = \boldsymbol{0}$$

即

$$a_y b_z - a_z b_y = 0, \quad a_x b_z - a_z b_x = 0, \quad a_x b_y - a_y b_x = 0$$

或表示成

$$\frac{a_x}{b_x} = \frac{a_y}{b_y} = \frac{a_z}{b_z}$$

需要注意的是，如果向量 $\boldsymbol{b}$ 中的 b_x、b_y、b_z 有元素等于零，则向量 $\boldsymbol{a}$ 中相应的元素也等于零，即相应的分子为零。例如向量 $\boldsymbol{a}=\{a_x,a_y,a_z\}$，向量 $\boldsymbol{b}=\{1,0,3\}$，若向量 $\boldsymbol{a}$ 与向量 $\boldsymbol{b}$ 平行，那么 $\frac{a_x}{1}=\frac{a_y}{0}=\frac{a_z}{3}$，即 $a_y=0, a_z=3a_x$。

【例 7-8】 设 $\boldsymbol{a}=2\boldsymbol{i}+\boldsymbol{j}+3\boldsymbol{k}, \boldsymbol{b}=\boldsymbol{i}-2\boldsymbol{j}+\boldsymbol{k}$，求 $\boldsymbol{a}\times\boldsymbol{b}$。

解：$\boldsymbol{a}\times\boldsymbol{b}=\begin{vmatrix} \boldsymbol{i} & \boldsymbol{j} & \boldsymbol{k} \\ 2 & 1 & 3 \\ 1 & -2 & 1 \end{vmatrix}=\boldsymbol{i}\times\begin{vmatrix} 1 & 3 \\ -2 & 1 \end{vmatrix}-\boldsymbol{j}\times\begin{vmatrix} 2 & 3 \\ 1 & 1 \end{vmatrix}+\boldsymbol{k}\times\begin{vmatrix} 2 & 1 \\ 1 & -2 \end{vmatrix}=7\boldsymbol{i}+\boldsymbol{j}-5\boldsymbol{k}$

【例 7-9】 求同时垂直于 $\boldsymbol{a}=2\boldsymbol{i}+\boldsymbol{j}+3\boldsymbol{k}$ 和 $\boldsymbol{b}=\boldsymbol{i}-2\boldsymbol{j}+\boldsymbol{k}$ 的单位向量。

解：由向量积的定义可知，$\boldsymbol{c}=\boldsymbol{a}\times\boldsymbol{b}$ 同时垂直于向量 $\boldsymbol{a}$ 与向量 $\boldsymbol{b}$，所以

$$\boldsymbol{c}=\boldsymbol{a}\times\boldsymbol{b}=\begin{vmatrix} \boldsymbol{i} & \boldsymbol{j} & \boldsymbol{k} \\ 2 & 1 & 3 \\ 1 & -2 & 1 \end{vmatrix}=7\boldsymbol{i}+\boldsymbol{j}-5\boldsymbol{k}$$

所以所求的单位向量有两个，一个与向量 $\boldsymbol{c}$ 方向相同，另一个与向量 $\boldsymbol{c}$ 方向相反。

$$\boldsymbol{e}=\pm\frac{\boldsymbol{c}}{|\boldsymbol{c}|}=\pm\frac{7\boldsymbol{i}+\boldsymbol{j}-5\boldsymbol{k}}{\sqrt{7^2+1^2+(-5)^2}}=\pm\frac{7\boldsymbol{i}+\boldsymbol{j}-5\boldsymbol{k}}{5\sqrt{3}}=\pm\left(\frac{7\sqrt{3}}{15}\boldsymbol{i}+\frac{\sqrt{3}}{15}\boldsymbol{j}-\frac{\sqrt{3}}{3}\boldsymbol{k}\right)$$

【能力训练 7.2】

基础练习

1. 填空题。

(1) 若 $\boldsymbol{a}=\{1,2,3\}, \boldsymbol{b}=\{1,2,-1\}$，则 $\boldsymbol{a}\cdot\boldsymbol{b}=$________。

(2) 当 $m=$________时，向量 $\boldsymbol{a}=\{m,3,-4\}$ 与向量 $\boldsymbol{b}=\{2,m,5\}$ 垂直。

(3) 已知向量 $\boldsymbol{a}=\{m,2,n\}$ 与向量 $\boldsymbol{b}=\{2,4,0\}$ 平行，则 $m=$________，$n=$________。

2. 已知 $\boldsymbol{a}=\boldsymbol{i}+2\boldsymbol{j}-\boldsymbol{k}$ 和 $\boldsymbol{b}=3\boldsymbol{i}+\boldsymbol{j}+2\boldsymbol{k}$，求

(1) $\boldsymbol{a}\cdot\boldsymbol{b}$　　(2) $\boldsymbol{a}\cdot\boldsymbol{a}$

(3) $(2\boldsymbol{a}-3\boldsymbol{b})\cdot(\boldsymbol{a}+\boldsymbol{b})$　　(4) $(\boldsymbol{a}-\boldsymbol{b})\times(\boldsymbol{a}+\boldsymbol{b})$

3. 证明向量 $\boldsymbol{a}=2\boldsymbol{i}-\boldsymbol{j}+\boldsymbol{k}$ 和向量 $\boldsymbol{b}=4\boldsymbol{i}+9\boldsymbol{j}+\boldsymbol{k}$ 垂直。

4. 已知△ABC 的顶点分别是 $A(1,2,3)$、$B(3,4,5)$ 和 $C(2,4,4)$，求△ABC 的面积。

提高练习

1. 已知向量 $\boldsymbol{a}=\boldsymbol{i}-\boldsymbol{j}+3\boldsymbol{k}$，$\boldsymbol{b}=2\boldsymbol{i}-3\boldsymbol{j}+\boldsymbol{k}$，$\boldsymbol{c}=\boldsymbol{i}-2\boldsymbol{j}$，计算下列各式。

(1) $(\boldsymbol{a}\cdot\boldsymbol{b})\cdot\boldsymbol{c}$　　(2) $(\boldsymbol{a}+\boldsymbol{b})\times(\boldsymbol{b}-\boldsymbol{c})$　　(3) $(\boldsymbol{a}\times\boldsymbol{b})\cdot\boldsymbol{c}$

2. 已知 $M_1(3,3,1)$、$M_2(3,1,3)$ 和 $M_3(1,-1,2)$，求与 $\overrightarrow{M_1M_2}$ 和 $\overrightarrow{M_1M_3}$ 同时垂直的单位向量。

3. 化简下列各式。

(1) $(\boldsymbol{a}+\boldsymbol{b}+\boldsymbol{c})\times\boldsymbol{a}+(\boldsymbol{a}+\boldsymbol{b}+\boldsymbol{c})\times\boldsymbol{b}+(\boldsymbol{a}+\boldsymbol{b}+\boldsymbol{c})\times\boldsymbol{c}$

(2) $\boldsymbol{i}\times(\boldsymbol{j}+\boldsymbol{k})-\boldsymbol{j}\times(\boldsymbol{i}+\boldsymbol{k})+\boldsymbol{k}\times(\boldsymbol{i}+\boldsymbol{j}+\boldsymbol{k})$

(3) $(\boldsymbol{i}-2\boldsymbol{k})^2+(\boldsymbol{j}-2\boldsymbol{k})\cdot\boldsymbol{k}+(2\boldsymbol{i}-\boldsymbol{j})\cdot\boldsymbol{j}$

7.3　平面与直线

空间里的图形有很多，平面与直线是空间中最基本的几何图形，因此如何把几何问题转换成代数问题尤为重要，下面以向量为工具讨论平面与直线的表示。

7.3.1　平面方程

在空间中确定一个平面的方式有很多。例如，空间中不共线的三个点，或者过一条直线和这条直线外的一点，或者过两条平行线，又或者过一点且与已知直线垂直，这些方法都可以确定一个平面。现在，根据最后一种方法来推导平面方程，而其他确定平面的方法都可以转化成这一基本形式。

设空间直角坐标系 $Oxyz$ 中，平面 π 过点 $M_0(x_0,y_0,z_0)$ 与已知直线垂直，在直线上选取一个非零向量，设为 $\boldsymbol{n}=A\boldsymbol{i}+B\boldsymbol{j}+C\boldsymbol{k}$，则平面 π 与向量 $\boldsymbol{n}$ 垂直。

在平面 π 上任取点 $M(x,y,z)$，则向量 $\overrightarrow{M_0M}$ 在平面 π 上，所以有 $\overrightarrow{M_0M}\perp\boldsymbol{n}$，由两个向量垂直的充分必要条件可知，

$$\overrightarrow{M_0M}\cdot\boldsymbol{n}=0$$

因为 $\boldsymbol{n}=\{A,B,C\}$，$\overrightarrow{M_0M}=\{x-x_0,y-y_0,z-z_0\}$，所以

$$A(x-x_0)+B(y-y_0)+C(z-z_0)=0$$

这就是平面 π 上任意一点 $M(x,y,z)$ 所满足的方程。这种形式的平面方程称为**平面的点法式方程**，其中向量 $\boldsymbol{n}$ 称为平面的法向量。

点法式方程 $A(x-x_0)+B(y-y_0)+C(z-z_0)=0$ 可整理成

$$Ax+By+Cz+(-Ax_0-By_0-Cz_0)=0$$

令 $D=-Ax_0-By_0-Cz_0$，则方程可变成

$$Ax+By+Cz+D=0$$

这个方程称为**平面的一般式方程**，其中 A、B、C 不全为零。

在空间中，三元一次方程 $Ax+By+Cz+D=0$ 表示一个平面，它们有以下一些特殊情况。

(1) 当 $D=0$ 时，方程可写成 $Ax+By+Cz=0$，它表示一个过原点的平面。

(2) 当 $A=0$ 时，方程可写成 $By+Cz+D=0$，它表示一个平行于 x 轴的平面。

(3) 当 $A=0,D=0$ 时，方程可写成 $By+Cz=0$，它表示一个包含 x 轴的平面。

(4) 当 $A=0,B=0$ 时，方程可写成 $Cz+D=0$，它表示一个平行于 xOy 坐标面的平面。

(5) 当 $A=0,B=0,D=0$ 时，方程可写成 $z=0$，它表示 xOy 坐标面。

这些特殊情况还有很多，可以试着自己找一找。

【例 7-10】 求过点$(2,-3,1)$且以向量 $\boldsymbol{n}=\{1,2,3\}$为法向量的平面方程。

解：由平面的点法式方程可知，所求平面的方程为

$$1\cdot(x-2)+2\cdot(y+3)+3\cdot(z-1)=0$$

方程可整理成

$$x+2y+3z+1=0$$

【例 7-11】 求过点 $M_1(1,0,1)$、$M_2(0,-1,1)$、$M_3(-1,3,2)$的平面方程。

例 7-11

解：法向量垂直于平面上的所有向量，所以所求平面的法向量垂直于三个点构成的任意两个向量

$$\overrightarrow{M_1M_2}=\{-1,-1,0\},\quad \overrightarrow{M_1M_3}=\{-2,3,1\}$$

即

$$\boldsymbol{n}=\overrightarrow{M_1M_2}\times\overrightarrow{M_1M_3}=\begin{vmatrix}\boldsymbol{i} & \boldsymbol{j} & \boldsymbol{k}\\ -1 & -1 & 0\\ -2 & 3 & 1\end{vmatrix}=-\boldsymbol{i}+\boldsymbol{j}-5\boldsymbol{k}$$

所以所求的平面方程为

$$-(x-1)+y-5(z-1)=0$$

方程可整理成

$$-x+y-5z+6=0$$

【例 7-12】 设平面 π 与 x 轴、y 轴和 z 轴的交点依次为 $P(a,0,0)$、$Q(0,b,0)$、$R(0,0,c)$，求平面方程(其中 a、b、$c\neq0$)。

解：设所求平面的方程为

$$Ax+By+Cz+D=0$$

则将 $P(a,0,0)$、$Q(0,b,0)$、$R(0,0,c)$代入方程可得

$$\begin{cases}aA+D=0\\ bB+D=0\\ cC+D=0\end{cases}$$

所以

$$A=-\frac{D}{a},\quad B=-\frac{D}{b},\quad C=-\frac{D}{c}$$

代入方程得

$$-\frac{D}{a}x-\frac{D}{b}y-\frac{D}{c}z+D=0$$

当 $D\neq0$ 时,方程可整理成

$$\frac{x}{a}+\frac{y}{b}+\frac{z}{c}=1$$

这个方程称为平面的截距式方程,a、b、c 分别是平面在 x 轴、y 轴和 z 轴上的截距。

7.3.2 平面与平面之间的关系

定义 7.5 两个平面的法向量的夹角 θ 称为两平面的夹角,其中 $0\leqslant\theta\leqslant\frac{\pi}{2}$。

设有两个平面 $\pi_1: A_1x+B_1y+C_1z+D_1=0$ 和 $\pi_2: A_2x+B_2y+C_2z+D_2=0$,则这两个平面的夹角 θ 的余弦为

$$\cos\theta=\frac{|\boldsymbol{n}_1\cdot\boldsymbol{n}_2|}{|\boldsymbol{n}_1|\cdot|\boldsymbol{n}_2|}=\frac{|A_1A_2+B_1B_2+C_1C_2|}{\sqrt{A_1^2+B_1^2+C_1^2}\cdot\sqrt{A_2^2+B_2^2+C_2^2}}\quad\left(0\leqslant\theta\leqslant\frac{\pi}{2}\right)$$

(1) 若两个平面垂直,即 $\pi_1\perp\pi_2$,则

$$\boldsymbol{n}_1\perp\boldsymbol{n}_2\Leftrightarrow\boldsymbol{n}_1\cdot\boldsymbol{n}_2=0\Leftrightarrow A_1A_2+B_1B_2+C_1C_2=0$$

(2) 若两个平面平行,即 $\pi_1/\!/\pi_2$,则

$$\boldsymbol{n}_1/\!/\boldsymbol{n}_2\Leftrightarrow\boldsymbol{n}_1\times\boldsymbol{n}_2=0\Leftrightarrow\frac{A_1}{A_2}=\frac{B_1}{B_2}=\frac{C_1}{C_2}$$

【例 7-13】 求平面 $x-y+2z+1=0$ 与平面 $2x+y+z-3=0$ 的夹角。

解:由题意知,$\boldsymbol{n}_1=\{1,-1,2\}$,$\boldsymbol{n}_2=\{2,1,1\}$,则

$$\cos\theta=\frac{|\boldsymbol{n}_1\cdot\boldsymbol{n}_2|}{|\boldsymbol{n}_1|\cdot|\boldsymbol{n}_2|}=\frac{|1\times2+(-1)\times1+2\times1|}{\sqrt{1^2+(-1)^2+2^2}\cdot\sqrt{2^2+1^2+1^2}}=\frac{1}{2}$$

所以两平面的夹角 $\theta=\frac{\pi}{3}$。

【例 7-14】 设 $P_0(x_0,y_0,z_0)$ 是平面 $Ax+By+Cz+D=0$ 外一点,求点 P_0 到平面的距离。

解:在平面上任取一点 $P_1(x_1,y_1,z_1)$,并作出平面上一个法向量 $\boldsymbol{n}$(图 7-18),则点到平面的距离为

$$d=|\overrightarrow{P_1P_0}||\cos\theta|$$

因为 $\cos\theta=\frac{\overrightarrow{P_1P_0}\cdot\boldsymbol{n}}{|\overrightarrow{P_1P_0}|\cdot|\boldsymbol{n}|}$,所以 $d=\frac{|\overrightarrow{P_1P_0}\cdot\boldsymbol{n}|}{|\boldsymbol{n}|}$,而 $\overrightarrow{P_1P_0}=\{x_0-x_1,y_0-y_1,z_0-z_1\}$,$\boldsymbol{n}=\{A,B,C\}$,可得

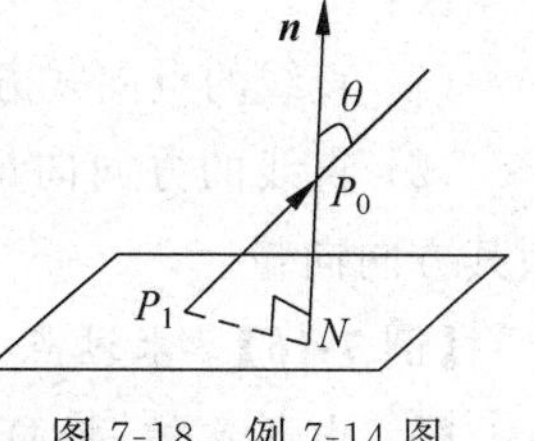

图 7-18 例 7-14 图

$$d=\frac{|\overrightarrow{P_1P_0}\cdot \boldsymbol{n}|}{|\boldsymbol{n}|}=\frac{|A(x_0-x_1)+B(y_0-y_1)+C(z_0-z_1)|}{\sqrt{A^2+B^2+C^2}}$$

$$=\frac{|Ax_0+By_0+Cz_0-(Ax_1+By_1+Cz_1)|}{\sqrt{A^2+B^2+C^2}}$$

又因为 $Ax_1+By_1+Cz_1+D=0$，所以点 P_0 到平面 $Ax+By+Cz+D=0$ 的距离公式为

$$d=\frac{|Ax_0+By_0+Cz_0+D|}{\sqrt{A^2+B^2+C^2}}$$

【例 7-15】 求点(1,1,2)到平面 $x+y-z+1=0$ 的距离。

解：由点到平面的距离公式可得

$$d=\frac{|1\times1+1\times1+2\times(-1)+1|}{\sqrt{1^2+1^2+(-1)^2}}=\frac{\sqrt{3}}{3}$$

7.3.3 空间直线

空间中的直线可以看作是两个平面的交线。

设平面 π_1 和 π_2 的方程分别为 $A_1x+B_1y+C_1z+D_1=0$ 和 $A_2x+B_2y+C_2z+D_2=0$，则它们的交线是一条直线，可以表示成

$$\begin{cases}A_1x+B_1y+C_1z+D_1=0\\A_2x+B_2y+C_2z+D_2=0\end{cases}$$

这个方程称为**空间直线的一般式方程**。

我们把平行于已知直线的非零向量称为该直线的方向向量，记为 $\boldsymbol{s}=\{m,n,p\}$。因为平行于已知直线且过空间内一点的直线只有一条，所以当直线上的一点 $M_0(x_0,y_0,z_0)$ 和它的一个方向向量已知时，直线就能确定下来。我们来建立这条直线的方程。

在直线上任取一点 $M(x,y,z)$，则向量 $\overrightarrow{M_0M}=\{x-x_0,y-y_0,z-z_0\}$，在直线上且与直线的方向向量 $\boldsymbol{s}=\{m,n,p\}$ 平行。由两个向量平行的充要条件知，

$$\frac{x-x_0}{m}=\frac{y-y_0}{n}=\frac{z-z_0}{p}$$

反之，满足上面这个方程的所有点 $M_1(x_1,y_1,z_1)$，有 $\overrightarrow{M_0M_1}/\!/\boldsymbol{s}$，$M_1$ 在直线上，所以上述方程是直线方程，称为**直线的点向式方程**。

注：

(1) 直线的点向式方程中，如果 m、n、p 中有一个或者两个为零时，则相应的分子也为零。

(2) 直线的方向向量有无穷多个，任意一个平行于直线或直线上的非零向量，都可以作为其方向向量。

【例 7-16】 求过点(3,2,1)且与向量 $\boldsymbol{s}=\{3,4,5\}$ 平行的直线方程。

解：由题意知，将向量 $\boldsymbol{s}=\{3,4,5\}$ 作为直线的方向向量，则所求的直线方程为

$$\frac{x-3}{3}=\frac{y-2}{4}=\frac{z-1}{5}$$

在直线的点向式方程中，令

$$\frac{x-x_0}{m}=\frac{y-y_0}{n}=\frac{z-z_0}{p}=t$$

则方程可变成

$$\begin{cases}x=x_0+mt\\y=y_0+nt\\z=z_0+pt\end{cases}$$

上式称为**直线的参数方程**，其中 t 为参数。

【例 7-17】 求直线$\frac{x-2}{1}=\frac{y-3}{1}=\frac{z-4}{2}$与平面 $2x+y+z+4=0$ 的交点坐标。

解：直线方程可转换成

$$\begin{cases}x=2+t\\y=3+t\\z=4+2t\end{cases}$$

因为直线与平面相交，所以将上式代入平面方程可得

$$2(2+t)+(3+t)+(4+2t)+4=0$$

解得 $t=-3$，所以 $x=-1,y=0,z=-2$，由此可得交点坐标是$(-1,0,-2)$。

7.3.4 直线与直线之间的关系

定义 7.6 两直线方向向量的夹角 φ 称为两直线的夹角，其中 $0\leqslant\varphi\leqslant\frac{\pi}{2}$。

设两条直线 L_1 和 L_2 的方向向量分别是 $\boldsymbol{s}_1=\{m_1,n_1,p_1\}$和 $\boldsymbol{s}_2=\{m_2,n_2,p_2\}$，则这两条直线的夹角的余弦为

$$\cos\varphi=\frac{|m_1m_2+n_1n_2+p_1p_2|}{\sqrt{m_1^2+n_1^2+p_1^2}\cdot\sqrt{m_2^2+n_2^2+p_n^2}}\quad\left(0\leqslant\theta\leqslant\frac{\pi}{2}\right)$$

(1) 若两条直线垂直，即 $L_1\perp L_2$，则

$$\boldsymbol{s}_1\perp\boldsymbol{s}_2\Leftrightarrow\boldsymbol{s}_1\cdot\boldsymbol{s}_2=0\Leftrightarrow m_1m_2+n_1n_2+p_1p_2=0$$

(2) 若两条直线平行，即 $L_1/\!/L_2$，则

$$\boldsymbol{s}_1/\!/\boldsymbol{s}_2\Leftrightarrow\boldsymbol{s}_1\times\boldsymbol{s}_2=0\Leftrightarrow\frac{m_1}{m_2}=\frac{n_1}{n_2}=\frac{p_1}{p_2}$$

【例 7-18】 求直线 L_1：$\frac{x-2}{1}=\frac{y-1}{-4}=\frac{z+4}{1}$与直线 L_2：$\frac{x+2}{2}=\frac{y}{-2}=\frac{z+1}{-1}$的夹角。

解：直线 L_1 的方向向量为 $\boldsymbol{s}_1=\{1,-4,1\}$，直线 L_2 的方向向量为 $\boldsymbol{s}_2=\{2,-2,-1\}$，设两直线的夹角为 φ，则

$$\cos\varphi=\frac{|1\times2+(-4)\times(-2)+1\times(-1)|}{\sqrt{1^2+(-4)^2+1^2}\cdot\sqrt{2^2+(-2)^2+(-1)^2}}=\frac{\sqrt{2}}{2}$$

所以

$$\varphi=\frac{\pi}{4}$$

7.3.5 直线与平面之间的关系

当直线与平面不垂直时（图 7-19），直线和它在平面上的投影直线的夹角 $\varphi\left(0\leqslant\varphi<\dfrac{\pi}{2}\right)$ 称为**直线与平面的夹角**。当直线与平面垂直时，直线与平面的夹角为$\dfrac{\pi}{2}$。

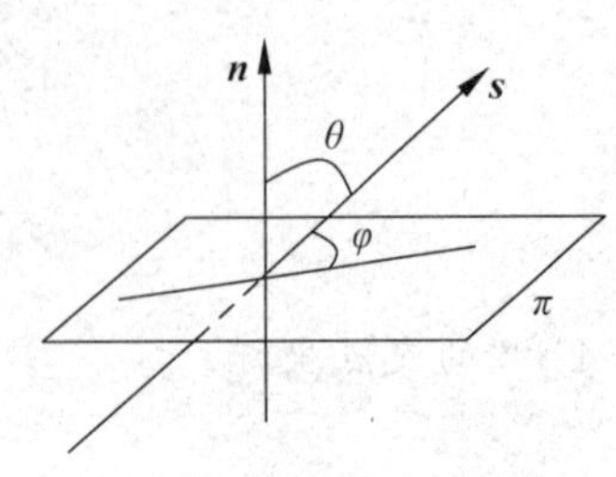

图 7-19　直线与平面的夹角

设直线 L 的方向向量为 $\boldsymbol{s}=\{m,n,p\}$，平面 π 的法向量为 $\boldsymbol{n}=\{A,B,C\}$，$\theta=(\widehat{\boldsymbol{s},\boldsymbol{n}})$，则直线与平面的夹角 $\varphi=\left|\dfrac{\pi}{2}-\theta\right|$。所以 $\sin\varphi=|\cos\theta|$，即

$$\sin\varphi=\frac{|Am+Bn+Cp|}{\sqrt{A^2+B^2+C^2}\cdot\sqrt{m^2+n^2+p^2}}$$

（1）若直线 L 与平面 π 垂直，即 $L\perp\pi$，则

$$\boldsymbol{s}\,/\!/\,\boldsymbol{n}\Leftrightarrow\boldsymbol{s}\times\boldsymbol{n}=\boldsymbol{0}\Leftrightarrow\frac{A}{m}=\frac{B}{n}=\frac{C}{p}$$

（2）若直线 L 与平面 π 平行，即 $L/\!/\pi$，则

$$\boldsymbol{s}\perp\boldsymbol{n}\Leftrightarrow\boldsymbol{s}\cdot\boldsymbol{n}=0\Leftrightarrow Am+Bn+Cp=0$$

【例 7-19】　求过点(2,−1,3)且与平面 $x-2y+z-3=0$ 垂直的直线方程。

例 7-19

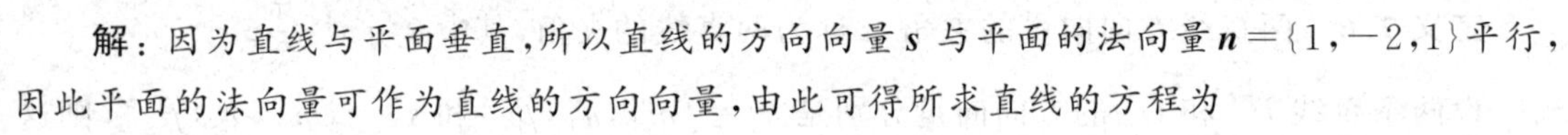

解：因为直线与平面垂直，所以直线的方向向量 $\boldsymbol{s}$ 与平面的法向量 $\boldsymbol{n}=\{1,-2,1\}$ 平行，因此平面的法向量可作为直线的方向向量，由此可得所求直线的方程为

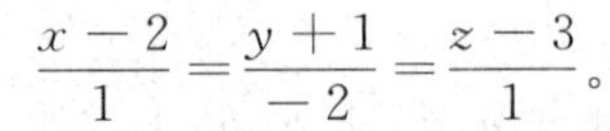

$$\frac{x-2}{1}=\frac{y+1}{-2}=\frac{z-3}{1}。$$

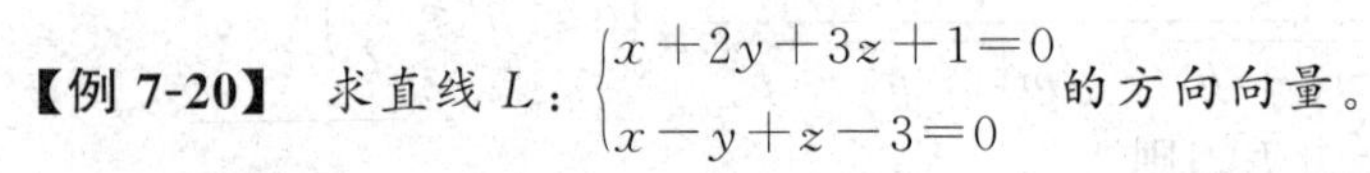

【例 7-20】　求直线 $L:\begin{cases}x+2y+3z+1=0\\x-y+z-3=0\end{cases}$ 的方向向量。

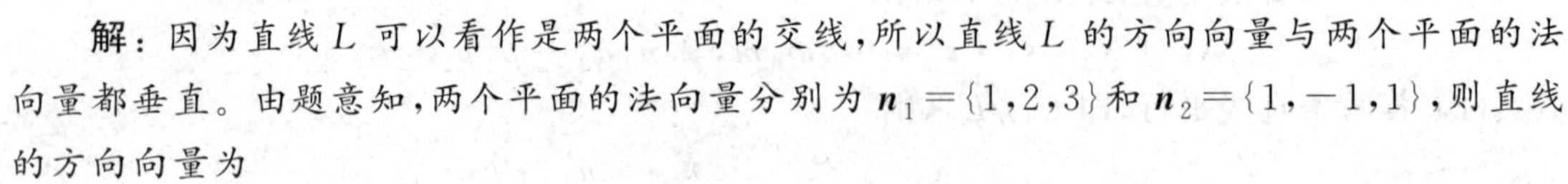

解：因为直线 L 可以看作是两个平面的交线，所以直线 L 的方向向量与两个平面的法向量都垂直。由题意知，两个平面的法向量分别为 $\boldsymbol{n}_1=\{1,2,3\}$ 和 $\boldsymbol{n}_2=\{1,-1,1\}$，则直线的方向向量为

$$\boldsymbol{s}=\boldsymbol{n}_1\times\boldsymbol{n}_2=\begin{vmatrix}\boldsymbol{i}&\boldsymbol{j}&\boldsymbol{k}\\1&2&3\\1&-1&1\end{vmatrix}=5\boldsymbol{i}+2\boldsymbol{j}-3\boldsymbol{k}$$

【能力训练 7.3】

基础练习

1. 指出下列各平面的位置特点。

（1）$z=0$　（2）$x+2y+z=0$　（3）$2y+3z+1=0$　（4）$2x-3=0$

2. 求平行于向量 $\boldsymbol{n}_1=\{1,0,1\}$ 和 $\boldsymbol{n}_2=\{2,1,-1\}$ 且过点 $P(4,2,1)$ 的平面方程。

3. 求过点 $P_1(0,1,3)$、$P_2(-1,-2,2)$ 和 $P_3(1,2,2)$ 三点的平面方程。

4. 求平面 $2x-y+z-10=0$ 与平面 $x+y+2z-5=0$ 的夹角。

5. 求点 $P(1,2,3)$ 到平面 $x+y+2z-3=0$ 的距离。

6. 求过点 $(-3,2,5)$ 且与两平面 $x-4z-3=0$ 和 $2x-y-5z-1=0$ 的交线平行的直线方程。

7. 试确定下列各组中直线和平面间的关系。

(1) $\dfrac{x-3}{-2}=\dfrac{y+1}{-7}=\dfrac{z}{3}$ 和 $4x-2y-2z-5=0$。

(2) $\dfrac{x+1}{3}=\dfrac{y}{-2}=\dfrac{z-3}{7}$ 和 $3x-2y+7z-6=0$。

(3) $\dfrac{x-2}{3}=\dfrac{y+3}{1}=\dfrac{z-3}{-4}$ 和 $x+y+z-2=0$。

提高练习

1. 求过点 $M(0,2,4)$ 且与平面 $x+2z+1=0$ 和平面 $x-y-3z+2=0$ 都平行的直线方程。

2. 求通过点 $M(1,0,2)$ 且既与平面 $x+3y-z+1=0$ 平行，又与直线 $\dfrac{x-2}{1}=\dfrac{y+3}{-2}=\dfrac{z-3}{1}$ 垂直的直线方程。

3. 设直线方程为 $\dfrac{x+1}{1}=\dfrac{y-3}{-2}=\dfrac{z+2}{n}$，则当 n 为何值时，直线与平面 $x-2y+z-5=0$ 平行。

7.4 曲面与空间曲线

在日常生活中，物体的表面一般都是曲面，如何用代数的方法表示几何问题，如何用代数的方法描述空间中的曲面，值得我们研究。像我们学习过的平面解析几何一样，也可以把曲面看作是空间中动点的轨迹，如果能找到这个点的运动方程，那所有的问题就会迎刃而解。如果曲面 S 上任意一点的坐标都满足方程 $F(x,y,z)=0$，并且满足方程的所有点都在曲面 S 上，而不在曲面 S 上的点的坐标都不满足方程，则称 $F(x,y,z)=0$ 为**曲面 S 的方程**，而曲面 S 就是方程 $F(x,y,z)=0$ 所对应的图形。

7.4.1 曲面及其方程

在空间解析几何中，需要解决下列两个基本问题。

(1) 已知一曲面作为点的几何轨迹时，如何建立曲面方程。

(2) 已知一个方程，研究它所表示的几何形状。

【应用实例 7-1】 求到定点 $M_0(x_0,y_0,z_0)$ 距离都为 R 的动点的轨迹。

解：设动点坐标为 $M(x,y,z)$，由题意可知 $|M_0M|=R$，即

$$\sqrt{(x-x_0)^2+(y-y_0)^2+(z-z_0)^2}=R$$

因此所求方程为

$$(x-x_0)^2+(y-y_0)^2+(z-z_0)^2=R^2$$

根据点的轨迹特点可知，此方程表示以 $M_0(x_0,y_0,z_0)$ 为圆心、R 为半径的球面。

一般地，形如 $Ax^2+Ay^2+Az^2+Bx+Cy+Dz+E=0(A\neq 0)$ 的三元二次方程都可通过配方整理成 $(x+a)^2+(y+b)^2+(z+c)^2=d$ 的形式，其图形是一个球面。

1. 旋转曲面

一条平面曲线绕其平面上的一条定直线旋转一周所成的曲面叫作**旋转曲面**，旋转曲线称为旋转曲面的**母线**，定直线称为旋转曲面的**轴**。

下面讨论以坐标轴为旋转轴的旋转曲面的方程。

设曲线 C 为坐标面 yOz 上的一条已知曲线，方程为 $f(y,z)=0$，点 $M(x,y,z)$ 是曲线 C 绕 z 轴旋转得到的旋转曲面上的任意一点，过点 M 作平面垂直于 z 轴，与 z 轴有交点设为 P 点，坐标为 $(0,0,p)$，与曲线有交点 M_0，设 M_0 的坐标为 $(0,y_0,z_0)$。所以，有 $|PM|=|PM_0|$。

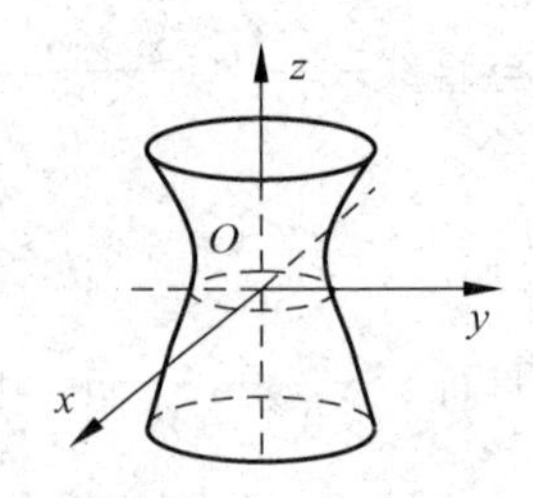

图 7-20 旋转曲面

因为 $|PM|=\sqrt{x^2+y^2}$，$|PM_0|=|y_0|$，所以

$$y_0=\pm\sqrt{x^2+y^2}$$

又因为点 M_0 在曲线上，所以 $f(y_0,z)=0$，即旋转曲面（图 7-20）的方程为

$$f(\pm\sqrt{x^2+y^2},z)=0$$

因此，要想写出 yOz 坐标面上曲线 C 绕 z 轴旋转得到的旋转曲面方程，只需将曲线 C 方程 $f(y,z)=0$ 中的 y 换成 $\pm\sqrt{x^2+y^2}$ 即可。

同理，曲线 C 绕 y 轴旋转得到的旋转曲面方程为 $f(y,\pm\sqrt{x^2+z^2})=0$。

你找到规律了吗？能写出其他坐标面上的曲线绕坐标轴旋转所得到的曲面方程吗？

【例 7-21】 求坐标面 yOz 上的抛物线 $y^2=2pz(p>0)$ 绕 z 轴旋转所得到的旋转曲面方程。

解：z 坐标保持不变，将 y 换成 $\pm\sqrt{x^2+y^2}$，则所求旋转曲面方程为

$$(\pm\sqrt{x^2+y^2})=2pz$$

即

$$x^2+y^2=2pz\quad(p>0)$$

此方程表示顶点在坐标原点的旋转抛物面（图 7-21）。

坐标面 xOy 上的椭圆 $\frac{x^2}{a^2}+\frac{y^2}{b^2}=1$ 绕 y 轴旋转所得到的旋转曲面方程为 $\frac{x^2}{a^2}+\frac{y^2}{b^2}+\frac{z^2}{a^2}=1$，称为旋转椭球面（图 7-22）。

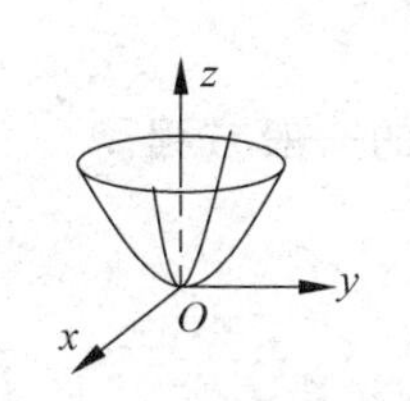

图 7-21 旋转抛物面

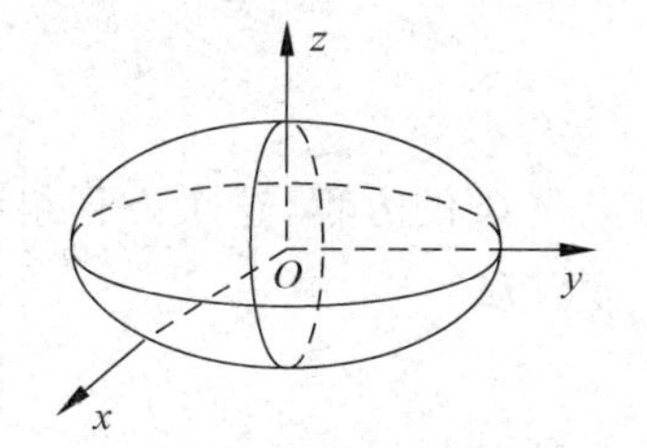

图 7-22 旋转椭球面

2. 柱面

在平面直角坐标系中，$x^2+y^2=1$ 表示圆心在坐标原点(0,0)、半径 $r=1$ 的一个圆。但若把这个方程放在空间直角坐标系中，则方程可以看成是 $x^2+y^2+0\cdot z=1$，即不管竖坐标 z 取何值，只要横坐标 x 和纵坐标 y 满足方程，那这些点就都在曲面上。这就是说，凡是通过坐标面 xOy 内圆 $x^2+y^2=1$ 上任意点，且与 z 轴平行的直线都在这个曲面上。

一般地，动直线 L 沿定曲线 C 平行移动所形成的轨迹称为柱面，定曲线 C 称为柱面的准线，动直线 L 称为柱面的母线。因此，曲面 $x^2+y^2=1$ 可以看作是以 xOy 面上的圆 $x^2+y^2=1$ 为准线，以平行于 z 轴的直线 L 为母线的圆柱面(图 7-23)。

类似地，方程 $y=x^2$ 在空间直角坐标系中表示以 xOy 面上的抛物线 $y=x^2$ 为准线，以平行于 z 轴的直线 L 为**母线**的**抛物柱面**(图 7-24)。

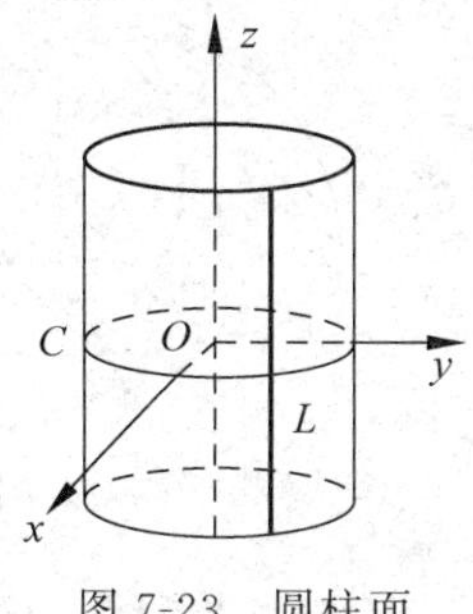

图 7-23 圆柱面

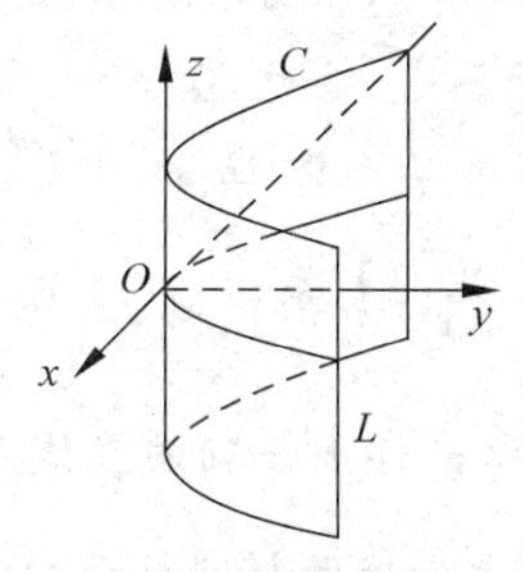

图 7-24 抛物柱面

由上述几个例子可以看出，在空间直角坐标系中，方程 $f(x,y)=0$ 表示以 xOy 面上的曲线为准线，以平行于 z 轴的直线 L 为母线的柱面。同理可得，方程 $f(y,z)=0$ 表示以 yOz 面上的曲线为准线，以平行于 x 轴的直线 L 为母线的柱面；方程 $f(x,z)=0$ 表示以 zOx 面上的曲线为准线，以平行于 y 轴的直线 L 为母线的柱面。

7.4.2 空间曲线

1. 空间曲线的一般方程

在 7.3 节中讨论过直线方程，空间直线可以看作是两个平面的交线。同理，空间曲线可以看作是两个曲面的交线。设两个曲面方程分别为 $F(x,y,z)=0$ 和 $G(x,y,z)=0$，则方程组

$$\begin{cases}F(x,y,z)=0\\G(x,y,z)=0\end{cases}$$

就是这两个曲面交线 C 的方程，这个方程组称为**空间曲线的一般方程**。

【例 7-22】 方程组

$$\begin{cases}x^2+y^2=1\\3x+2z=5\end{cases}$$

表示怎样的曲线？

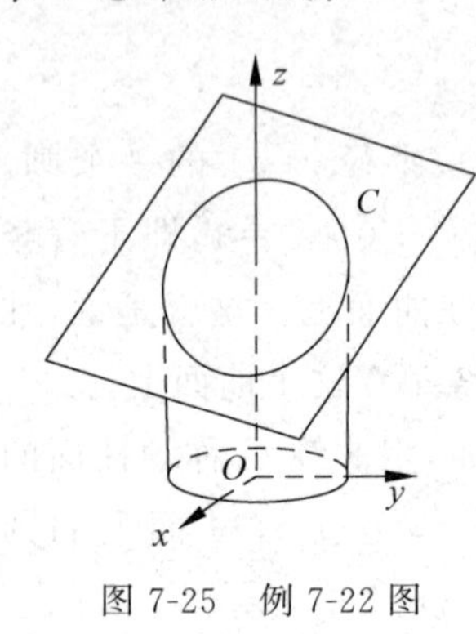

图 7-25　例 7-22 图

解：方程组中的第一个方程 $x^2+y^2=1$，表示以 xOy 面上的圆 $x^2+y^2=1$ 为准线，以平行于 z 轴的直线 L 为母线的圆柱面。

方程组中的第二个方程 $3x+2z=5$，表示空间中一个平行于 y 轴的平面。方程组表示圆柱面与平面的交线 C（图 7-25）。

【例 7-23】 方程组

$$\begin{cases}z=\sqrt{a^2-x^2-y^2}\\x^2+y^2-ax=0\end{cases}$$

表示怎样的曲线？

解：方程组中的第一个方程 $z=\sqrt{a^2-x^2-y^2}$ 可整理成 $x^2+y^2+z^2=a^2(z>0)$，表示球心在坐标原点、半径 $r=a$ 的上半球面。

方程组中的第二个方程 $x^2+y^2-ax=0$ 可整理成 $\left(x-\frac{a}{2}\right)^2+y^2=\frac{a^2}{4}$，表示以 xOy 面上的圆 $\left(x-\frac{a}{2}\right)^2+y^2=\frac{a^2}{4}$ 为准线，以平行于 z 轴的直线 L 为母线的圆柱面。

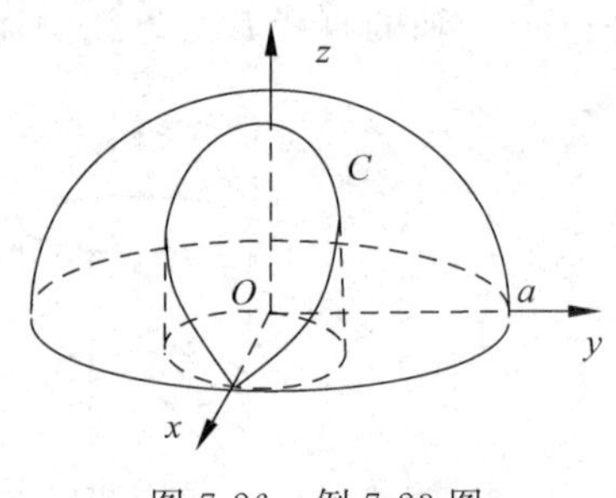

图 7-26　例 7-23 图

方程组表示上半球面与圆柱面的交线 C（图 7-26）。

2. 空间曲线的参数方程

空间曲线 C 除了可以表示成一般方程之外，也可以用参数形式表示。只需把曲线 C 上的动点 $M(x,y,z)$ 的坐标都用参数 t 表示，即可得到

$$\begin{cases}x=x(t)\\y=y(t)\\z=z(t)\end{cases}$$

随着 t 的变化，可得到曲线 C 上的全部点，因此这个方程组称为**空间曲线的参数方程**。

如果空间一点 M 在圆柱面 $x^2+y^2=a^2$ 上以角速度 ω 绕 z 轴旋转，同时又以线速度 v 沿平行于 z 轴的正方向上升（其中 ω 和 v 都是常数），那么点 M 构成的图形称为螺旋线，它的方程为

$$\begin{cases}x=a\cos\omega t\\y=a\sin\omega t\\z=vt\end{cases}$$

若令 $\theta=\omega t$，则螺旋线的参数方程可写成

$$\begin{cases}x=a\cos\theta\\y=a\sin\theta\\z=b\theta\end{cases}\quad\left(b=\frac{v}{\omega}\right)\quad(\theta\text{ 为参数})$$

我们常见的平头螺钉的外缘线就是螺旋线，要拧紧螺钉时，它的外缘线上的任意一点 M，既绕着螺钉的轴旋转，又沿着平行于轴线的方向前进，此时点 M 的轨迹就是一段螺旋线。

【能力训练 7.4】

基础练习

1. 建立以点 $M_0(1,2,-3)$ 为球心，且通过坐标原点的球面方程。

2. 指出下列方程在平面直角坐标系中和空间直角坐标系中分别表示什么图形。

(1) $x=3$　　(2) $y=x-1$　　(3) $\frac{x^2}{16}+\frac{y^2}{9}=1$　　(4) $z=x^2-4$

3. 坐标面 xOz 上的圆 $x^2+z^2=4$，绕 x 轴旋转一周，求所形成的旋转曲面的方程。

提高练习

1. 设一球面过原点以及 $A(1,3,0)$、$B(4,0,0)$ 和 $C(0,0,-4)$ 3 点，求球面方程、球心坐标及球面的半径。

2. 求平面 $x-2=0$ 与椭球面 $\frac{x^2}{16}+\frac{y^2}{8}+\frac{z^2}{4}=1$ 相交所形成的椭圆的顶点与半轴。

3. 坐标面 yOz 上的双曲线 $4y^2-9z^2=36$，分别绕 y 轴和 z 轴旋转一周，求所形成的旋转曲面的方程。

4. 指出下列方程组表示什么图形。

(1) $\begin{cases}x=1\\y=3\end{cases}$　　(2) $\begin{cases}x^2+y^2=4\\x^2+z^2=4\end{cases}$　　(3) $\begin{cases}x-y=0\\z=\sqrt{9-x^2-y^2}\end{cases}$

7.5 用 Matlab 绘制三维图像

7.5.1 Matlab 绘制函数图像命令

Matlab 中常用的三维图形绘图命令是 plot(X,Y,Z,LineSpec)，与二维相比增加了向上的 Z 轴。

7.5.2 Matlab 绘制函数图像例题

【例 7-24】 绘制$\begin{cases}x=\sin t\\ y=\cos t\,(t\in[0,15\pi])\\ z=t\end{cases}$的图像。

输入命令如下：

```
>> syms t                              % 定义多个变量
>> t = 0: pi/50: 15 * pi;
>> x = sin(t);
>> y = cos(t);
>> z = t;
>> plot3(x,y,z); grid on               % 显示网格
```

例 7-24

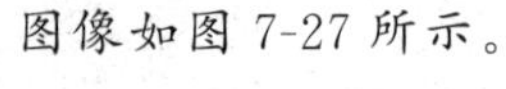

图像如图 7-27 所示。

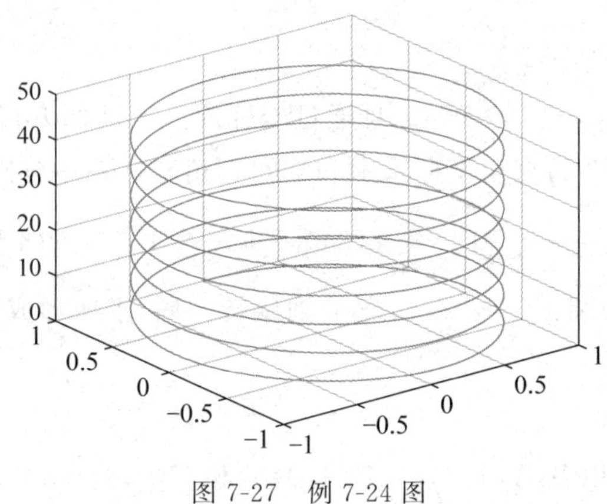

图 7-27 例 7-24 图

本章思维导图

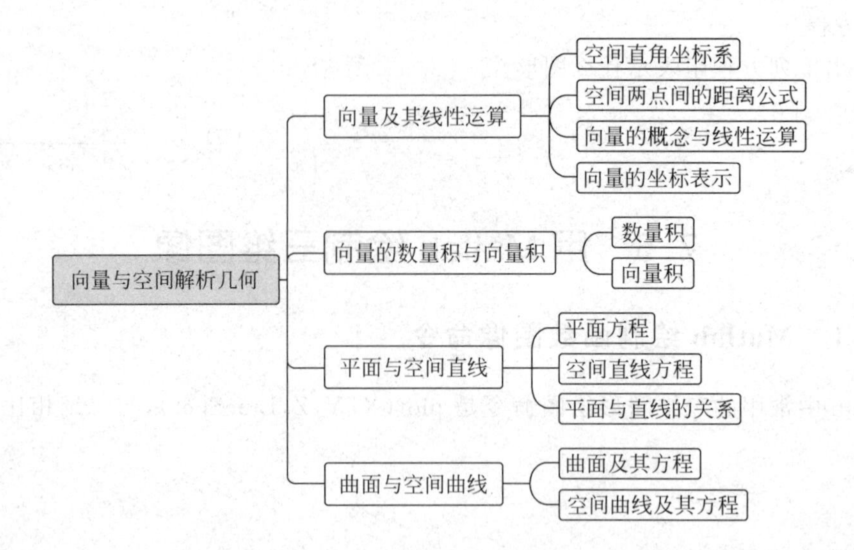

综合能力训练

1. 选择题。

(1) 点 $M(2,-3,1)$ 到 xOy 坐标面的距离为(　　)。

A. 1　　B. 2　　C. 3　　D. $\sqrt{14}$

(2) 点 $A(4,-1,5)$ 关于 yOz 坐标面的对称点为(　　)。

A. $(4,1,5)$　　B. $(-4,-1,5)$　　C. $(4,1,-5)$　　D. $(4,-1,-5)$

(3) 已知向量 $\boldsymbol{a}=\{3,1,-1\}$，$\boldsymbol{b}=\{2,1,0\}$，$\boldsymbol{c}=\{4,1,-3\}$，则 $2\boldsymbol{a}-3\boldsymbol{b}+\boldsymbol{c}=$(　　)。

A. $\{4,0,5\}$　　B. $\{-4,2,3\}$　　C. $\{4,0,-5\}$　　D. $\{3,1,2\}$

(4) 设向量 $\boldsymbol{a}=\boldsymbol{i}-2\boldsymbol{j}-\boldsymbol{k}$，$\boldsymbol{b}=3\boldsymbol{i}-\boldsymbol{j}+2\boldsymbol{k}$，则 $(3\boldsymbol{a}-2\boldsymbol{b})\cdot(\boldsymbol{a}+3\boldsymbol{b})=$(　　)。

A. 20　　B. 30　　C. 32　　D. -45

(5) 设 $\boldsymbol{a}=\boldsymbol{i}-2\boldsymbol{j}+\boldsymbol{k}$，$\boldsymbol{b}=\boldsymbol{i}+3\boldsymbol{j}-2\boldsymbol{k}$，则 $(\boldsymbol{a}+\boldsymbol{b})\times(\boldsymbol{a}-\boldsymbol{b})=$(　　)。

A. $2\boldsymbol{i}-6\boldsymbol{j}+10\boldsymbol{k}$　　B. $-2\boldsymbol{i}+6\boldsymbol{j}-10\boldsymbol{k}$　　C. $-2\boldsymbol{i}-6\boldsymbol{j}-10\boldsymbol{k}$　　D. $2\boldsymbol{i}+6\boldsymbol{j}+10\boldsymbol{k}$

(6) 设 $\boldsymbol{a}=\{1,1,0\}$，$\boldsymbol{b}=\{2,3,1\}$，则同时垂直于 $\boldsymbol{a}$ 和 $\boldsymbol{b}$ 的单位向量是(　　)。

A. $\pm\{1,-1,1\}$　　B. $\pm\left\{\frac{1}{3},-\frac{1}{3},\frac{1}{3}\right\}$

C. $\pm\left\{\frac{1}{\sqrt{3}},-\frac{1}{\sqrt{3}},\frac{1}{\sqrt{3}}\right\}$　　D. $\pm\{\sqrt{3},-\sqrt{3},\sqrt{3}\}$

(7) 设平面方程 $x+2y=0$ 的位置是(　　)。

A. 平行于 x 轴　　B. 平行于 y 轴　　C. 平行于 z 轴　　D. 过 z 轴

(8) 平面 $x+y+3z+3=0$ 与平面 $3x+9y-4z-1=0$ 的位置关系(　　)。

A. 平行　　B. 垂直　　C. 相交　　D. 重合

(9) 直线 $\frac{x-3}{-2}=\frac{y+1}{7}=\frac{z+2}{-3}$ 与平面 $4x+2y+2z-3=0$ 的位置关系(　　)。

A. 平行　　B. 垂直　　C. 斜交　　D. 直线在平面内

(10) 平面 $x+y+2z+6=0$ 与平面 $2x-y+z-3=0$ 的夹角是(　　)。

A. $\frac{\pi}{2}$　　B. $\frac{\pi}{6}$　　C. $\frac{\pi}{3}$　　D. $\frac{\pi}{4}$

2. 填空题。

(1) 设 $A(3,2,x)$ 与 $B(4,-2,1)$ 两点之间的距离为 $\sqrt{21}$，则 $x=$________。

(2) 设 $\boldsymbol{a}=\boldsymbol{i}+2\boldsymbol{j}-3\boldsymbol{k}$，$\boldsymbol{b}=2\boldsymbol{i}+\boldsymbol{j}$，$\boldsymbol{c}=-\boldsymbol{i}-\boldsymbol{j}+\boldsymbol{k}$，则 $\boldsymbol{a}+\boldsymbol{b}$ 与 $\boldsymbol{c}$ 相互________。

(3) 当 $m=$________时，向量 $\boldsymbol{a}=2\boldsymbol{i}+3\boldsymbol{j}-5\boldsymbol{k}$ 与向量 $\boldsymbol{b}=\boldsymbol{i}+m\boldsymbol{j}-2\boldsymbol{k}$ 互相垂直。

(4) 平行于向量 $\boldsymbol{a}=\{-6,3,-2\}$ 的单位向量为________。

(5) 点 $(1,2,3)$ 到平面 $2x-3y+z=6$ 的距离是________。

(6) 过点 $A(0,0,0)$、$B(1,0,1)$ 和 $C(2,1,0)$ 的平面方程为________。

(7) 平行于 y 轴，且过点 $P(4,-2,0)$ 和 $Q(5,7,1)$ 的平面方程为________。

(8) 过点$(3,-2,1)$，且与平面$x-2y+3z-1=0$垂直的直线方程为________。

(9) 方程$x^2+y^2+9z^2=9$表示的图形是________。

(10) 方程$6x^2+y^2-12x+4y-2=0$表示的曲面是________。

3. 判断题。

(1) 两向量平行，则其方向一定相同。(　　)

(2) 若$\boldsymbol{a}\neq\boldsymbol{0}$，且$\boldsymbol{a}\cdot\boldsymbol{b}=\boldsymbol{a}\cdot\boldsymbol{c}$，则$\boldsymbol{b}=\boldsymbol{c}$。(　　)

(3) 若向量$\boldsymbol{r}$与三个坐标轴正方向的夹角相等，则其方向角必为$\frac{\pi}{3}$、$\frac{\pi}{3}$、$\frac{\pi}{3}$。(　　)

(4) 直线$\frac{x+1}{3}=\frac{y-1}{2}=\frac{z}{4}$与平面$2x-y-z-5=0$平行。(　　)

(5) 设$\boldsymbol{a}=\{1,2,3\}$，$\boldsymbol{b}=\{0,-1,-2\}$，则$\boldsymbol{a}\times\boldsymbol{b}=\{1,-2,-6\}$。(　　)

(6) 直线的方向向量不唯一，任意平行于直线的向量都可作为其方向向量。(　　)

(7) 若平面的法向量与直线垂直，则直线与此平面垂直。(　　)

(8) 若两平面平行，则其法向量也平行。(　　)

(9) 两平面的夹角是指其法向量的夹角。(　　)

(10) 在空间中，方程$\frac{x^2}{4}+\frac{y^2}{9}=1$代表一个椭圆柱面。(　　)

4. 解答题。

(1) 在y轴上求一点M，使其到点$M_1(1,-3,7)$与点$M_2(5,7,-5)$的距离相等。

(2) 设$|\boldsymbol{a}+\boldsymbol{b}|=|\boldsymbol{a}-\boldsymbol{b}|$，$\boldsymbol{a}=\{3,5,-8\}$，$\boldsymbol{b}=\{-1,1,z\}$，求$z$。

(3) 求与平面$x-4z=3$和$2x-y-5z=1$的交线平行且过点$(-3,2,5)$的直线方程。

(4) 求过点$M_1(3,-5,1)$和点$M_2(4,1,2)$且垂直于平面$x-2y+3z-1=0$的平面方程。

(5) 求过点$(-1,2,3)$，平行于直线$\frac{x+3}{3}=\frac{y}{2}=\frac{z-1}{-1}$，且垂直于平面$x+2y-3z+5=0$的平面方程。

第8章 多元函数微积分

【学习目标】

通过本章的学习,你应该能够:

(1) 了解二元函数的概念、二元函数的极限与连续;掌握求解二元函数的定义域的方法;

(2) 理解偏导数的概念,掌握偏导数的计算,了解偏导存在和连续性、可微性之间的关系;

(3) 掌握全微分计算公式;

(4) 掌握多元复合函数的求导法则,掌握用公式法求隐函数的导数或偏导数的方法;

(5) 掌握二元函数求极值和最值的方法;

(6) 理解二重积分的概念与性质;

(7) 掌握二重积分的计算方法,包括在直角坐标系下计算函数的二重积分和在极坐标系下计算函数的二重积分。

华罗庚:天才出于积累,聪明在于勤奋

前面我们研究的函数是只有一个自变量的函数,称为一元函数。但在自然科学、工程技术和经济领域中遇到的函数常常是两个和多个自变量的函数,与一元函数相对应,这种两个和多个自变量的函数称为多元函数。

多元函数与一元函数在概念、理论及方法上都有许多相似之处,因此多元函数微积分是一元函数微积分的推广,但也有一些本质上的差别。本章重点讨论二元函数,对于二元以上的多元函数的微积分可以直接从二元函数推广,再无本质差别。

8.1 多元函数的基本概念及连续性

讨论多元函数的微分学和积分学,须先介绍多元函数、极限和连续的概念。而讨论函数问题,离不开函数的定义域。由于着重讨论二元函数,因此本节就从平面点集和平面区域开始。

8.1.1 平面点集和平面区域

1. 平面点集

平面点集是指平面上满足某个条件 P 的一切点构成的集合。

在平面直角坐标系中，平面上的点与有序二元数组(x,y)是一一对应的关系，因此平面点集常用二元有序数组的集合表示为$D=\{(x,y)|(x,y)$具有性质$P\}$。

例如，平面上以原点为中心、以1为半径的单位圆内部所有点构成的集合是一个平面点集（如图8-1中阴影部分），它表示为$D=\{(x,y)|x^2+y^2<1\}$。

特别地，xOy平面上所有点构成的集合是一个平面点集，记作R^2，即

$$R^2=\{(x,y)\mid x\in\mathbf{R},y\in\mathbf{R}\}$$

R^2是全体二元有序数组构成的集合，表示整个坐标平面，又称为二维空间。

类似地，我们用R^3表示全体三元有序实数组构成的集合，即

$$R^3=\{(x,y,z)\mid x\in\mathbf{R},y\in\mathbf{R},z\in\mathbf{R}\}$$

R^3又称为三维空间。

同理，称$R^n=\{(x_1,x_2,\cdots,x_n)|x_k\in\mathbf{R},k=1,2,\cdots,n\}$为$n$维空间。

2. 平面区域

平面区域是指由平面上的一条或几条曲线所围成的一部分平面或整个平面。平面区域简称为**区域**。围成区域的曲线称为区域的**边界**，边界上的点称为边界点。平面区域一般可以进行如下分类。

(1) 无界区域：若区域可以延伸到平面的无限远处。

(2) 有界区域：若区域可以包围在一个以原点(0,0)为中心、以适当的长为半径的圆内。

(3) 闭区域：包括边界在内的区域。

(4) 开区域：不包括边界在内的区域。

例如，$R^2=\{(x,y)|x\in\mathbf{R},y\in\mathbf{R}\}$是无界区域；$D=\{(x,y)|x^2+y^2<1\}$是有界开区域(图8-1)；$D=\{(x,y)|1\leqslant x^2+y^2\leqslant 4\}$是有界闭区域(图8-2)；$D=\{(x,y)|x+y>0\}$是无界开区域(图8-3)。

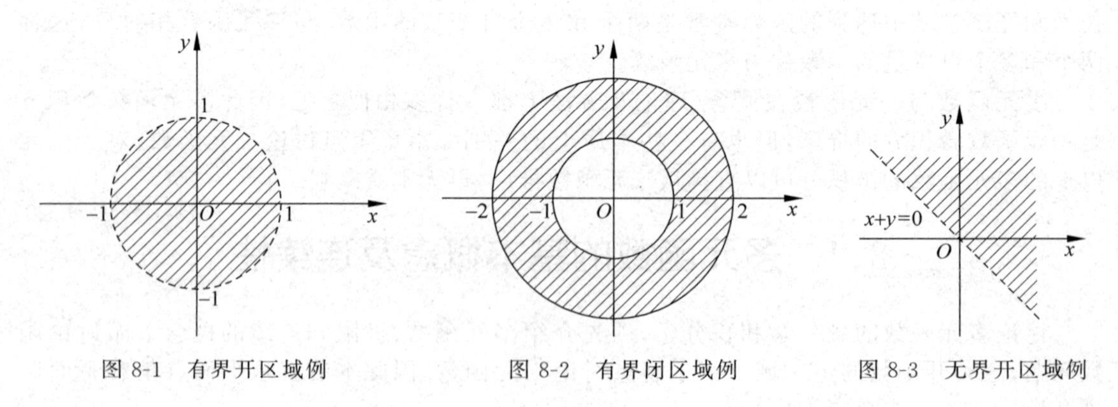

图8-1 有界开区域例　　图8-2 有界闭区域例　　图8-3 无界开区域例

3. 邻域

在xOy平面上，以点$P_0(x_0,y_0)$为中心、$\delta(\delta>0)$为半径的开区域，称为点$P_0(x_0,y_0)$的δ**邻域**，表示为$\{(x,y)|\sqrt{(x-x_0)^2+(y-y_0)^2}<\delta\}$。

8.1.2 多元函数的基本概念

【应用实例 8-1】 柱体的体积公式 $V=\pi r^2 h(r>0,h>0)$ 描述了圆柱体的体积 V 的大小不仅依赖其底面半径 r，同时也依赖高 h，并且当 r 和 h 一定时，有唯一确定的 V 值与之对应。这是一个以 r 和 h 为自变量、V 为因变量的二元函数。

【应用实例 8-2】 电阻 R_1、R_2 并联后的总电阻 $R=\dfrac{R_1R_2}{R_1+R_2}(R_1>0,R_2>0)$，描述了总电阻 R 随电阻 R_1 及电阻 R_2 的改变而改变，并且在 R_1、R_2 取值一定时，有唯一确定的 R 值与之对应。这是以 R_1 和 R_2 为自变量、R 为因变量的二元函数。

以上两个应用实例的共同点是：两个自变量每取定一组值时，按照确定的对应关系可以唯一确定另一个变量(因变量)的取值，对照一元函数的概念，这就是二元函数。

1. 二元函数的概念

定义 8.1 设 x、y 和 z 是 3 个变量，D 是一个给定的非空平面点集。若对于 D 内的任意一点 $P(x,y)$，变量 z 按照某种对应法则 f，总有唯一确定的数值与之相对应，则称 z 是 x、y 的**二元函数**(又称 z 是点 P 的函数)，记作

$$z=f(x,y)$$

其中，x、y 称为**自变量**，z 称为**因变量**，(x,y)的变化范围 D 称为函数的**定义域**。设$(x_0,y_0)\in D$，则对应的值 $f(x_0,y_0)$或 $z\Big|_{(x_0,y_0)}$ 称为**函数值**，函数值的全体称为**值域**。

注：与一元函数一样，定义域、对应法则和值域是确定二元函数的三要素。当且仅当定义域和对应法则都相同时，两个二元函数相等。

类似地，可以定义三元函数

$$u=f(x,y,z)$$

即三个自变量 x、y、z 按照对应法则 f 对应因变量 u。

例如，长方体的体积 V 就是其长 x、宽 y 和高 h 三个变量的函数，$V=xyh$。

二元及二元以上的函数称为**多元函数**。

2. 二元函数的函数值与定义域

求二元函数的函数值及定义域的方法与一元函数类似。

二元函数的定义域是使函数有意义的平面点集。求自然函数(即无实际背景意义的函数)的定义域时，仍须遵循下述要求：分母不能为零；偶次根式内的值非负；对数的真数大于零；某些三角函数或反三角函数的自变量有特定的限制等。

【例 8-1】 设 $f(x,y)=\dfrac{x^2+y^2}{2x^2y}$，求 $f(1,1)$、$f\left(\dfrac{1}{x},\dfrac{1}{y}\right)$。

解：$f(1,1)=\dfrac{1^2+1^2}{2\times1^2\times1}=1$；$f\left(\dfrac{1}{x},\dfrac{1}{y}\right)=\dfrac{\left(\dfrac{1}{x}\right)^2+\left(\dfrac{1}{y}\right)^2}{2\left(\dfrac{1}{x}\right)^2\left(\dfrac{1}{y}\right)}=\dfrac{y^2+x^2}{2y}$

【例 8-2】 求下列函数的定义域。

（1）$z=\dfrac{1}{\sqrt{1-x^2-y^2}}$。

（2）$z=\ln(4-x^2-y^2)+\sqrt{x^2-1}$。

（3）$z=\arcsin\dfrac{x}{5}+\arccos\dfrac{y}{4}$。

解：(1) 为使函数有意义，须满足 $1-x^2-y^2>0$，则函数的定义域为

$$D=\{(x,y)\mid x^2+y^2<1\}$$

上面已经讨论过，这是一个有界开区域。

(2) 为使函数有意义，须满足 $\begin{cases}4-x^2-y^2>0\\ x^2-1\geqslant 0\end{cases}$，即 $\begin{cases}x^2+y^2<4\\ x\geqslant 1 \text{ 或 } x\leqslant -1\end{cases}$，则函数的定义域为 $D=\{(x,y)\mid x^2+y^2<4,|x|\geqslant 1\}$，如图 8-4 所示。

(3) 为使函数有意义，须满足 $\begin{cases}-1\leqslant\dfrac{x}{5}\leqslant 1\\ -1\leqslant\dfrac{y}{4}\leqslant 1\end{cases}$，即 $\begin{cases}-5\leqslant x\leqslant 5\\ -4\leqslant y\leqslant 4\end{cases}$，则函数的定义域为 $D=\{(x,y)\mid -5\leqslant x\leqslant 5,-4\leqslant y\leqslant 4\}$，如图 8-5 所示，这是一个有界闭区域。

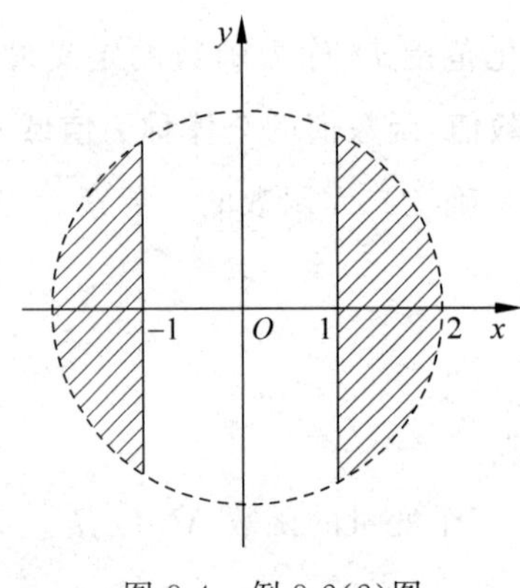

图 8-4　例 8-2(2)图

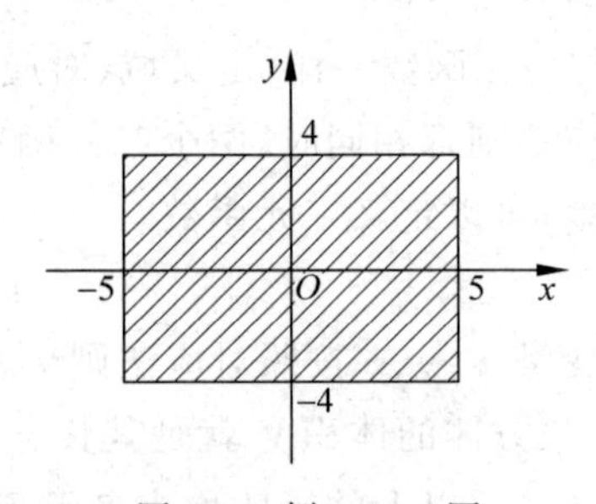

图 8-5　例 8-2(3)图

3. 二元函数的几何表示

一元函数 $y=f(x)$ 通常表示平面上的一条曲线。

对于二元函数 $z=f(x,y)$，当在其定义域 D 中每取定一点 $P(x,y)$ 时，必有唯一的函数值 $z=f(x,y)$ 与之对应，从而就可以确定空间一点 $M(x,y,z)$。当点 $P(x,y)$ 遍取 D 中一切点时，点 $M(x,y,z)$ 的轨迹就构成了空间的一个曲面。因此二元函数 $z=f(x,y)$ 在几何上表示空间中的一个曲面。

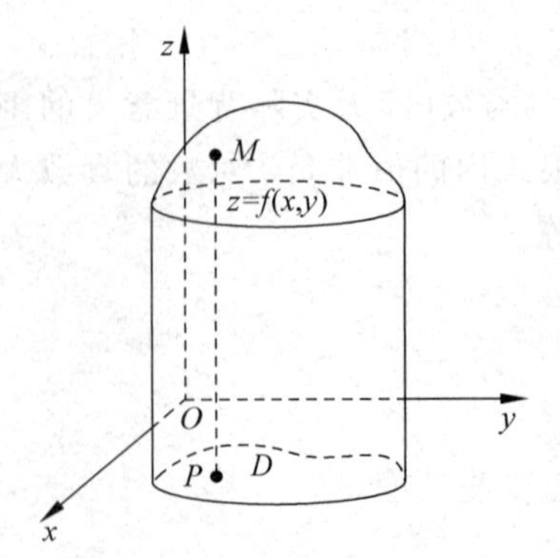

图 8-6　二元函数的几何表示

该曲面在 xOy 平面上的投影区域正是二元函数的定义域 D，如图 8-6 所示。因此，有时也把 $z=f(x,y)$ 称为曲

面方程。

【例 8-3】（1）函数 $z=\sqrt{1-x^2-y^2}$ 的图形是以原点(0,0,0)为球心、半径为 1 的上半球面，如图 8-7(a)所示；该曲面在 xOy 平面上的投影是圆形闭区域 $D=\{(x,y)\mid x^2+y^2\leqslant 1\}$。

（2）函数 $z=x^2+y^2$ 的图形是旋转抛物面，如图 8-7(b)所示；该曲面在 xOy 平面上的投影是 R^2。

（3）函数 $z=1-x-y$ 的图形是一个平面，如图 8-7(c)所示；该曲面在 xOy 平面上的投影是 R^2。

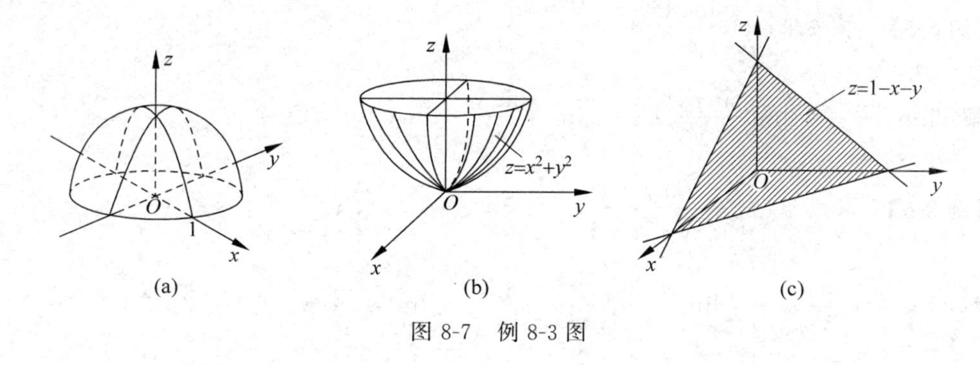

图 8-7　例 8-3 图

8.1.3　二元函数的极限

与一元函数的极限概念类似，二元函数的极限也是反映函数值随自变量变化而变化的趋势。

定义 8.2　设函数 $z=f(x,y)$ 在点 $P_0(x_0,y_0)$ 的某邻域内有定义（在点 P_0 可以没有定义），当点 $P(x,y)$ 以**任意方式**趋近于点 $P_0(x_0,y_0)$ 时，如果对应的函数值 $f(x,y)$ 都无限趋近于同一个确定的常数 A，则称 A 为当 $P\to P_0$（即 $x\to x_0$，$y\to y_0$）时函数 $z=f(x,y)$ 的极限，又称**二重极限**，记作

$$\lim_{\substack{x\to x_0\\ y\to y_0}} f(x,y)=A \quad 或 \quad \lim_{P\to P_0} f(P)=A$$

说明：

（1）点 $P(x,y)$ 趋近于点 $P_0(x_0,y_0)$，是指它们之间的距离趋近于零。此两点的距离 $\rho=|PP_0|=\sqrt{(x-x_0)^2+(y-y_0)^2}\to 0$，于是也可以把极限记为 $\lim\limits_{\rho\to 0} f(x,y)=A$。

（2）二元函数极限存在要求“点 $P(x,y)$ 以**任意方式**趋近于点 $P_0(x_0,y_0)$ 时，函数值 $f(x,y)$ 都无限趋近于同一个确定的常数 A”。如果点 $P(x,y)$ 以某种特定的方式（如沿着某条特定的直线或曲线）趋近于点 $P_0(x_0,y_0)$ 时，函数 $f(x,y)$ 趋向于定数 A，不能断定函数此时极限存在；如果点 $P(x,y)$ 沿着不同的路径趋近于点 $P_0(x_0,y_0)$ 时，极限都存在但不等于同一个值，则可断定函数的极限一定不存在。

例 8-4

【例 8-4】　设 $f(x,y)=\begin{cases}\dfrac{xy}{x^2+y^2} & x^2+y^2\neq 0\\ 0 & x^2+y^2=0\end{cases}$，考查 $f(x,y)$ 在点(0,0)处的二重极限。

解：设点 $P(x,y)$ 沿直线 $y=kx$ 趋于(0,0)，有

$$\lim_{\substack{x\to 0\\ y\to 0}} f(x,y) \xlongequal{y=kx} \lim_{x\to 0}\frac{kx^2}{x^2(1+k^2)}=\frac{k}{1+k^2}$$

当 k 不同，即 $P(x,y)$ 的路径不同时，$f(x,y)$ 趋于不同的值。因此，$f(x,y)$ 在点(0,0)处的二重极限不存在。

计算二重极限时，常把二元函数极限转化为一元函数极限问题，再利用一元函数求极限的方法进行计算。

【例 8-5】 求极限 $\lim\limits_{\substack{x\to 0\\ y\to 2}}\dfrac{\sin xy}{x}$。

解：$\lim\limits_{\substack{x\to 0\\ y\to 2}}\dfrac{\sin xy}{x}=\lim\limits_{\substack{x\to 0\\ y\to 2}}\dfrac{\sin xy}{xy}\cdot y=\lim\limits_{xy\to 0}\dfrac{\sin xy}{xy}\cdot\lim\limits_{y\to 2}y=1\times 2=2$

【例 8-6】 求极限 $\lim\limits_{\substack{x\to 0\\ y\to 0}}\dfrac{xy}{\sqrt{xy+4}-2}$。

解：$\lim\limits_{\substack{x\to 0\\ y\to 0}}\dfrac{xy}{\sqrt{xy+4}-2}=\lim\limits_{\substack{x\to 0\\ y\to 0}}\dfrac{xy(\sqrt{xy+4}+2)}{xy+4-4}=\lim\limits_{\substack{x\to 0\\ y\to 0}}(\sqrt{xy+4}+2)=2+2=4$

8.1.4 二元函数的连续性

1. 二元连续函数的定义

与一元函数一样，可利用二元函数的极限给出二元函数连续的定义。

定义 8.3 设函数 $z=f(x,y)$ 在点 $P_0(x_0,y_0)$ 的某邻域内有定义，若

$$\lim_{\substack{x\to x_0\\ y\to y_0}} f(x,y)=f(x_0,y_0) \quad 或 \quad \lim_{P\to P_0} f(P)=f(P_0)$$

则称函数 $z=f(x,y)$ **在点 $P_0(x_0,y_0)$ 处连续**。点 P_0 叫作函数 $z=f(x,y)$ 的**连续点**。

如果函数 $z=f(x,y)$ 在平面区域 D 内的每一点都连续，则称 $z=f(x,y)$ 在区域 D 内连续。二元连续函数的图形是一个没有空隙和裂缝的曲面。

函数的不连续点称为间断点。例如函数 $f(x,y)=\begin{cases}\dfrac{xy}{x^2+y^2} & x^2+y^2\neq 0\\ 0 & x^2+y^2=0\end{cases}$，由于在(0,0)处的二重极限不存在，所以(0,0)就是函数的一个间断点。

二元函数的间断点可以是一些点，也可以是一条曲线。例如，函数 $z=\sin\dfrac{1}{x^2+y^2-1}$ 在圆周 $x^2+y^2=1$ 上没有定义，所以该圆周上的所有点都是函数的间断点，即函数的间断点是一条曲线。

2. 二元连续函数的性质

一元初等函数连续的性质可以完全平行地推广到二元连续函数。具体地，二元连续函数有以下性质。

(1) 二元连续函数的和、差、积、商(分母不为零的点)仍为连续函数。

(2) 二元连续函数的复合函数也是连续函数。

(3) 二元初等函数在其定义域上都是连续函数。

(4) **最值存在定理**：有界闭区域 D 上的二元连续函数，在区域 D 上必定取得最大值和最小值。

(5) **介值定理**：有界闭区域 D 上的二元连续函数，在区域 D 上必定取得最大值和最小值间的任何值。

由函数连续性的讨论：若二元初等函数 $f(x,y)$ 在点 P_0 有定义，那么 $f(x,y)$ 在点 $P_0(x_0,y_0)$ 的极限值就是 $f(x,y)$ 在该点的函数值，即 $\lim\limits_{\substack{x\to x_0\\y\to y_0}} f(x,y)=f(x_0,y_0)$ 或 $\lim\limits_{P\to P_0} f(P)=f(P_0)$。

【例 8-7】 求 $\lim\limits_{\substack{x\to 1\\y\to 2}} \dfrac{x+y}{xy}$。

解：因为 $f(x,y)=\dfrac{x+y}{xy}$ 是二元初等函数，在点(1,2)有定义且 $f(1,2)=\dfrac{3}{2}$，所以根据二元初等函数的连续性，有 $\lim\limits_{\substack{x\to 1\\y\to 2}} \dfrac{x+y}{xy}=\dfrac{3}{2}$。

【能力训练 8.1】

基础练习

1. 填空题。

(1) 函数 $z=\ln(x^2+y^2-4)+\sqrt{9-x^2-y^2}$ 的定义域为________。

(2) 若函数 $f(x,y)=xy+y^2$，则 $f(1,-1)=$________。

(3) 极限 $\lim\limits_{\substack{x\to 0\\y\to 0}}(x+y)\sin\dfrac{1}{x+y}=$________。

(4) 极限 $\lim\limits_{\substack{x\to 2\\y\to 0}}\dfrac{x^2+y^2}{x+y}=$________。

(5) 函数 $f(x,y)=\dfrac{1}{x-y}$ 的连续区域是________，间断点是________。

2. 判断题。

(1) 设函数 $f(x,y)=\dfrac{xy^2}{x^2+y^4}$，由于点 (x,y) 沿着任意过原点的直线趋向于(0,0)时，都有 $\lim\limits_{(x,y)\to(0,0)} f(x,y)=0$，则该函数在(0,0)处的极限为 0。(　　)

(2) 若函数 $z=f(x,y)$ 在点 $P_0(x_0,y_0)$ 处连续，则 $f(x_0,y_0)$ 存在。（　）

(3) 函数 $f(x,y)=\begin{cases}\dfrac{xy}{x^2+y^2} & x^2+y^2\neq 0\\ 0 & x^2+y^2=0\end{cases}$ 在点(0,0)处连续。（　）

3. 求下列函数的定义域，并作出定义域的图形。

(1) $z=\dfrac{x^2+y^2}{x^2-y^2}$　　(2) $z=\sqrt{x-\sqrt{y}}$

(3) $z=\ln(xy)$　　(4) $u=\dfrac{1}{\sqrt{x}}-\dfrac{1}{\sqrt{y}}-\dfrac{1}{\sqrt{z}}$

提高练习

1. 设 $f\left(x+y,\dfrac{x}{y}\right)=x^2-y^2$，求 $f(x,y)$。

2. 设 $f(x,y)=x^2+y^2-xy\tan\dfrac{y}{x}$，证明 $f(\lambda x,\lambda y)=\lambda^2 f(x,y)$。

3. 求极限

(1) $\lim\limits_{\substack{x\to 0\\ y\to 0}}\dfrac{x^2y}{x^2+y^2}$　　(2) $\lim\limits_{\substack{x\to 0\\ y\to 0}}\dfrac{1-\cos(x^2+y^2)}{(x^2+y^2)e^{x^2y^2}}$

8.2 偏 导 数

8.2.1 偏导数的概念

在研究一元函数时，通过讨论变化率问题，引入了导数的概念。对于多元函数，常常遇到研究它对某个自变量的变化率问题，这就产生了偏导数的问题。

【应用实例8-3】 在物理学中我们知道：一定量的理想气体的体积 V 与压强 P、温度 T 之间遵循玻意尔定律，三个物理量构成二元函数 $V=R\dfrac{T}{P}$（R 为比例系数，是一个常数）。当温度与压强两个因素同时变化时，体积的变化较复杂，一般先考虑以下两种特殊情况。

(1) 等压过程：当压强一定时，体积 V 关于温度 T 的变化率。

(2) 等温过程：当温度一定时，体积 V 关于压强 P 的变化率。

这种在二元函数变化过程中，暂时认定其中一个变量为常量，函数关于另一个变量的变化率本质上就是一元函数的导数。

定义 8.4

1. 偏导数的定义

定义 8.4 设函数 $z=f(x,y)$ 在点 $P_0(x_0,y_0)$ 的某邻域内有定义，当自变量 y 固定在 y_0，而 x 在 x_0 处有改变量 Δx 时（点 $(x_0+\Delta x,y_0)$ 在该邻域内），相应地函数有改变量 $f(x_0+\Delta x,y_0)-f(x_0,y_0)$。

如果极限 $\lim\limits_{\Delta x \to 0} \dfrac{f(x_0+\Delta x, y_0)-f(x_0, y_0)}{\Delta x}$ 存在，则称此极限值为函数 $z=f(x,y)$ 在点 $P_0(x_0,y_0)$ 处**关于 x 的偏导数**，记作

$$f_x(x_0,y_0),\quad z_x\Big|_{\substack{x=x_0\\y=y_0}},\quad \frac{\partial f}{\partial x}\Big|_{\substack{x=x_0\\y=y_0}},\quad \frac{\partial z}{\partial x}\Big|_{\substack{x=x_0\\y=y_0}}$$

类似地，当自变量 x 固定在 x_0，而 y 在 y_0 处有改变量 Δy 时，如果极限 $\lim\limits_{\Delta y \to 0} \dfrac{f(x_0, y_0+\Delta y)-f(x_0, y_0)}{\Delta y}$ 存在，则称此极限值为函数 $z=f(x,y)$ 在点 $P_0(x_0,y_0)$ 处**关于 y 的偏导数**，记作

$$f_y(x_0,y_0),\quad z_y\Big|_{\substack{x=x_0\\y=y_0}},\quad \frac{\partial f}{\partial y}\Big|_{\substack{x=x_0\\y=y_0}},\quad \frac{\partial z}{\partial y}\Big|_{\substack{x=x_0\\y=y_0}}$$

如果对于区域 D 内的任意一点 (x,y)，函数 $z=f(x,y)$ 都存在偏导数 $f_x(x,y)$、$f_y(x,y)$，则这两个偏导数本身也是 D 上的函数，故称它们为函数 $z=f(x,y)$ 的**偏导函数**，简称为**偏导数**，记为

$$f_x(x,y), z_x, \frac{\partial f}{\partial x}, \frac{\partial z}{\partial x};\quad f_y(x,y), z_y, \frac{\partial f}{\partial y}, \frac{\partial z}{\partial y}$$

显然，偏导数的概念可推广到三元以上的函数情形。例如，三元函数 $u=f(x,y,z)$ 在点 (x,y,z) 处对 x 的偏导数可以定义为

$$f_x(x,y,z)=\lim_{\Delta x \to 0} \frac{f(x+\Delta x,y,z)-f(x,y,z)}{\Delta x}$$

2. 偏导数的求法

由偏导数的定义不难看出，求多元函数的偏导数本质上就是求一元函数的导数。

【例 8-8】 求函数 $f(x,y)=x^3+2x^2y-y^3$ 在点 $(1,3)$ 的偏导数。

解：解法 1 视 y 为常量，对 x 求导，$f_x(x,y)=3x^2+4xy$。

视 x 为常量，对 y 求导，$f_y(x,y)=2x^2-3y^2$。则

$$f_x(1,3)=(3x^2+4xy)\big|_{(1,3)}=15,\quad f_y(1,3)=(2x^2-3y^2)\big|_{(1,3)}=-25$$

解法 2 令函数 $f(x,y)$ 中的 $y=3$，得到以 x 为自变量的函数 $f(x,3)=x^3+6x^2-27$，则

$$f_x(1,3)=(x^3+6x^2-27)'\big|_{x=1}=(3x^2+12x)\big|_{x=1}=15$$

令函数 $f(x,y)$ 中的 $x=1$，得到以 y 为自变量的函数 $f(1,y)=1+2y-y^3$，则

$$f_y(1,3)=(1+2y-y^3)'\big|_{y=3}=(2-3y^2)\big|_{y=3}=-25$$

显然，求多元函数在某点处的偏导数时，用第 2 种解法有时更方便些。

【例 8-9】 求函数 $z=xy+\dfrac{x}{y}$ 的偏导数。

解：$\dfrac{\partial z}{\partial x}=y+\dfrac{1}{y}$，$\dfrac{\partial z}{\partial y}=x-\dfrac{x}{y^2}$

【例 8-10】 求三元函数 $u=\sqrt{x^2+y^2+z^2}$ 的偏导数。

解：将 y 和 z 都看作常量，得$\dfrac{\partial u}{\partial x}=\dfrac{x}{\sqrt{x^2+y^2+z^2}}$。

将 x 和 z 都看作常量，得$\dfrac{\partial u}{\partial y}=\dfrac{y}{\sqrt{x^2+y^2+z^2}}$。

将 x 和 y 都看作常量，得$\dfrac{\partial u}{\partial z}=\dfrac{z}{\sqrt{x^2+y^2+z^2}}$。

其实，由于函数 u 关于自变量是对称的，可直接由$\dfrac{\partial u}{\partial x}$得到$\dfrac{\partial u}{\partial y}$、$\dfrac{\partial u}{\partial z}$的结果。

这里还须有几点说明。

(1) 偏导数的记号$\dfrac{\partial z}{\partial x}$是个整体符号，不能看成商的形式，这与一元函数 $y=f(x)$的导数$\dfrac{\mathrm{d}y}{\mathrm{d}x}$可以看作函数微分 $\mathrm{d}y$ 与自变量微分 $\mathrm{d}x$ 之商是有区别的。

(2) 与一元函数类似，对分段函数在分段点的偏导数要用偏导数的定义来求解。

(3) 在一元函数微分学中我们知道，函数“在一点处可导，则在该点处必连续”，但对于多元函数而言，即使函数的各个偏导数都存在，也不能保证函数在该点连续。

例如，二元函数 $f(x,y)=\begin{cases}\dfrac{xy}{x^2+y^2} & x^2+y^2\neq 0\\ 0 & x^2+y^2=0\end{cases}$ 在点$(0,0)$处的偏导数为

$$f_x(0,0)=\lim_{\Delta x\to 0}\frac{f(0+\Delta x,0)-f(0,0)}{\Delta x}=\lim_{\Delta x\to 0}\frac{0}{\Delta x}=0$$

$$f_y(0,0)=\lim_{\Delta y\to 0}\frac{f(0,0+\Delta y)-f(0,0)}{\Delta y}=\lim_{\Delta x\to 0}\frac{0}{\Delta y}=0$$

虽然 $f(x,y)$在$(0,0)$处的两个偏导数都存在，但我们已经知道它在点$(0,0)$处是不连续的。

反过来，函数 $f(x,y)$在一点连续，也不能保证在该点处的偏导数存在。

3. 二元函数偏导数的几何意义

因为当 y 取固定值 y_0 时，二元函数 $z=f(x,y)$其实就是一元函数 $z=f(x,y_0)$。我们知道二元函数的图像是一个空间曲面，$y=y_0$ 表示平行于坐标面 xOz 的平面，因此 $z=f(x,y_0)$的几何图像是它们的交线$\begin{cases}z=f(x,y)\\ y=y_0\end{cases}$，为一条空间曲线。

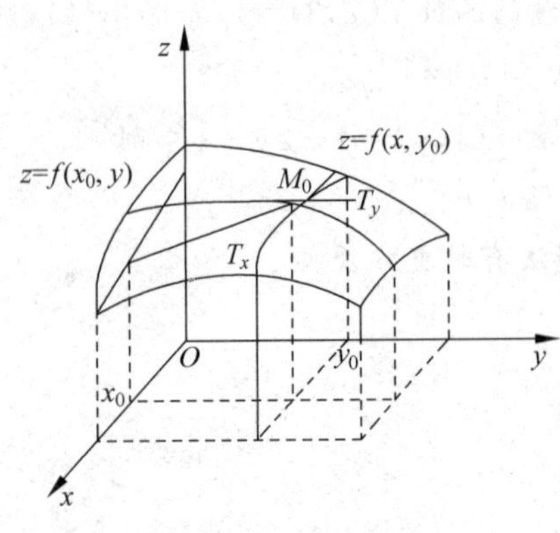

图 8-8　二元函数偏导数的几何意义

由一元函数 $y=f(x)$在点 x_0 处的导数 $f'(x_0)$表示曲线 $y=f(x)$在点(x_0,y_0)处的切线斜率可知，$z=f(x,y)$在点(x_0,y_0)的偏导数 $f_x(x_0,y_0)$(也就是一元函数 $z=f(x,y_0)$对 x 导数)是空间曲线 $z=f(x,y_0)$在空间点 $M_0(x_0,y_0,z_0)$处的切线 M_0T_x 对 x 轴的斜率，如图 8-8 所示。

同理，偏导数 $f_y(x_0,y_0)$ 是空间曲线 $\begin{cases}z=f(x,y)\\x=x_0\end{cases}$ 在点 $M_0(x_0,y_0,z_0)$ 处的切线 M_0T_y 对 y 轴的斜率。

8.2.2 高阶偏导数

设函数 $z=f(x,y)$ 在区域 D 上有偏导数 $\frac{\partial z}{\partial x}=f_x(x,y)$、$\frac{\partial z}{\partial y}=f_y(x,y)$。一般而言，$f_x(x,y)$、$f_y(x,y)$ 在 D 上仍然是 x、y 的函数，如果这两个函数又存在对 x、y 的偏导数，则称它们为函数 $z=f(x,y)$ 的**二阶偏导数**。根据对自变量求导顺序的不同，二元函数共有下列四个二阶偏导数：

$$\frac{\partial}{\partial x}\left(\frac{\partial z}{\partial x}\right)=\frac{\partial^2 z}{\partial x^2}=f_{xx}(x,y),\quad \frac{\partial}{\partial y}\left(\frac{\partial z}{\partial y}\right)=\frac{\partial^2 z}{\partial y^2}=f_{yy}(x,y),$$

$$\frac{\partial}{\partial y}\left(\frac{\partial z}{\partial x}\right)=\frac{\partial^2 z}{\partial x\partial y}=f_{xy}(x,y),\quad \frac{\partial}{\partial x}\left(\frac{\partial z}{\partial y}\right)=\frac{\partial^2 z}{\partial y\partial x}=f_{yx}(x,y)$$

通常称 $f_{xy}(x,y)$、$f_{yx}(x,y)$ 为混合偏导数。同样可得三阶、四阶以及 n 阶偏导数。二阶及二阶以上的偏导数统称为**高阶偏导数**。

【例 8-11】 设函数 $z=\arctan\frac{y}{x}$，求二阶偏导数。

解：先求一阶偏导数

$$\frac{\partial z}{\partial x}=\frac{-\frac{y}{x^2}}{1+\frac{y^2}{x^2}}=\frac{-y}{x^2+y^2},\quad \frac{\partial z}{\partial y}=\frac{\frac{1}{x}}{1+\frac{y^2}{x^2}}=\frac{x}{x^2+y^2}$$

再求二阶偏导数

$$\frac{\partial^2 z}{\partial x^2}=\frac{\partial}{\partial x}\left(\frac{\partial z}{\partial x}\right)=\frac{\partial}{\partial x}\left(\frac{-y}{x^2+y^2}\right)=\frac{-(-y)\cdot 2x}{(x^2+y^2)^2}=\frac{2xy}{(x^2+y^2)^2}$$

$$\frac{\partial^2 z}{\partial x\partial y}=\frac{\partial}{\partial y}\left(\frac{\partial z}{\partial x}\right)=\frac{\partial}{\partial y}\left(\frac{-y}{x^2+y^2}\right)=\frac{-1\cdot(x^2+y^2)-(-y)\cdot 2y}{(x^2+y^2)^2}=\frac{y^2-x^2}{(x^2+y^2)^2}$$

$$\frac{\partial^2 z}{\partial y^2}=\frac{\partial}{\partial y}\left(\frac{\partial z}{\partial y}\right)=\frac{\partial}{\partial y}\left(\frac{x}{x^2+y^2}\right)=\frac{-x\cdot 2y}{(x^2+y^2)^2}=\frac{-2xy}{(x^2+y^2)^2}$$

$$\frac{\partial^2 z}{\partial y\partial x}=\frac{\partial}{\partial x}\left(\frac{\partial z}{\partial y}\right)=\frac{\partial}{\partial x}\left(\frac{x}{x^2+y^2}\right)=\frac{(x^2+y^2)-x\cdot 2x}{(x^2+y^2)^2}=\frac{y^2-x^2}{(x^2+y^2)^2}$$

由以上计算结果可知，两个二阶混合偏导数相等，这并非偶然。事实上，二阶混合偏导数在连续的条件下与求导的顺序无关，有如下定理。

定理 8.1 如果二元函数 $z=f(x,y)$ 的二阶混合偏导数 $\frac{\partial^2 z}{\partial x\partial y}$ 和 $\frac{\partial^2 z}{\partial y\partial x}$ 在区域 D 内连续，则在 D 内必有 $\frac{\partial^2 z}{\partial x\partial y}=\frac{\partial^2 z}{\partial y\partial x}$。

【例 8-12】 设 $z=xt^2+\sin\frac{x}{y}$，求 $\frac{\partial^2 z}{\partial x\partial y}$ 和 $\frac{\partial^2 z}{\partial y\partial x}$。

解：$\frac{\partial z}{\partial x}=t^2+\frac{1}{y}\cos\frac{x}{y}$，$\frac{\partial z}{\partial y}=-\frac{x}{y^2}\cos\frac{x}{y}$

$$\frac{\partial^2 z}{\partial x\partial y}=-\frac{1}{y^2}\cos\frac{x}{y}+\frac{x}{y^3}\sin\frac{x}{y},\frac{\partial^2 z}{\partial y\partial x}=-\frac{1}{y^2}\cos\frac{x}{y}+\frac{x}{y^3}\sin\frac{x}{y}$$

【能力训练 8.2】

基础练习

1. 选择题。

(1) 设函数 $z=f(x,y)$ 在点 (x_0,y_0) 处存在对 x,y 的偏导数，则 $f_x(x_0,y_0)=$（　　）。

A. $\lim\limits_{\Delta x\to 0}\frac{f(x_0-2\Delta x,y_0)-f(x_0,y_0)}{\Delta x}$

B. $\lim\limits_{\Delta x\to 0}\frac{f(x_0,y_0)-f(x_0-\Delta x,y_0)}{\Delta x}$

C. $\lim\limits_{\Delta x\to 0}\frac{f(x_0+\Delta x,y_0+\Delta y)-f(x_0,y_0)}{\Delta x}$

D. $\lim\limits_{x\to x_0}\frac{f(x,y)-f(x_0,y_0)}{x-x_0}$

(2) 设函数 $f(x,y)=\begin{cases}\frac{\sin(x^2y)}{xy} & xy\neq 0\\ 0 & xy=0\end{cases}$，则 $f_x(0,1)=$（　　）。

A. 0　　B. 1　　C. 2　　D. 不存在

2. 判断题。

(1) 若二元函数在某点偏导数都存在，则函数在该点连续。（　　）

(2) 设函数 $z=f(x,y)$ 具有二阶偏导数，则有 $\left(\frac{\partial z}{\partial x}\right)^2=\frac{\partial^2 z}{\partial x^2}$，$\frac{\partial^2 z}{\partial x\partial y}=\frac{\partial}{\partial x}\left(\frac{\partial z}{\partial y}\right)$。（　　）

3. 求下列函数的一阶偏导数。

(1) $z=x^3y-xy^3+1$　　(2) $z=\ln\frac{y}{x}$

(3) $z=x^2\sin y$　　(4) $z=\frac{xy}{x+y}$

4. 求下列各函数在指定点处的偏导数。

(1) 设 $f(x,y)=\sin(x+2y)$，求 $f_x\left(\frac{\pi}{2},0\right)$ 和 $f_y\left(\frac{\pi}{2},0\right)$。

(2) 设 $f(x,y)=(1+xy)^y\ln(1+x^2+y^2)$，求 $f_x(1,0)$。

5. 求下列函数的高阶导数。

(1) $z=x^3+3x^2y+y^4+2$，求其二阶偏导数。

(2) $u=\ln(x^2+y)$,求$\dfrac{\partial^2 u}{\partial x\partial y}$。

提高练习

1. 证明题。

(1) 设 $z=\ln(\sqrt{x}+\sqrt{y})$,证明:$x\dfrac{\partial z}{\partial x}+y\dfrac{\partial z}{\partial y}=\dfrac{1}{2}$。

(2) 设 $z=x^y$,证明:$\dfrac{x}{y}\cdot\dfrac{\partial z}{\partial x}+\dfrac{1}{\ln x}\cdot\dfrac{\partial z}{\partial y}=2z$。

(3) 设 $z=\ln\sqrt{x^2+y^2}$,证明:$\dfrac{\partial^2 z}{\partial x^2}+\dfrac{\partial^2 z}{\partial y^2}=0$。

2. 计算题。

(1) 求函数的一阶偏导数:①$z=(1+xy)^y$;②$z=\arctan\dfrac{x+y}{1-xy}$。

(2) 设 $z=(x^2+y^2)\mathrm{e}^{-\arctan\frac{x}{y}}$,求$\dfrac{\partial^2 z}{\partial x\partial y}$。

(3) 设 $u=xy^2+yz^2+zx^2$,求 $f_{xx}(0,0,1)$和 $f_{zx}(1,0,2)$。

(4) 设 $z=x\ln(xy)$,求$\dfrac{\partial^3 z}{\partial x^2\partial y}$和$\dfrac{\partial^3 z}{\partial x\partial y^2}$。

8.3 全微分及其应用

8.3.1 全微分的概念

在一元函数中,如果函数 $y=f(x)$在点 x_0 处可微,则有 $\mathrm{d}y=f'(x_0)\Delta x$,且 $\Delta y=\mathrm{d}y+o(\Delta x)$。其中,$\mathrm{d}y$ 是 Δx 的线性函数。这样,在$|\Delta x|$很小时,就可以对 Δy 进行近似计算 $\Delta y\approx \mathrm{d}y=f'(x_0)\Delta x$,其误差是关于 Δx 的高阶无穷小。

对二元函数也有类似的问题。为了表述方便,我们先引入下面的定义。

1. 偏增量和全增量

定义 8.5 二元函数 $z=f(x,y)$对自变量 x 取得改变量 Δx 时,函数相应取得的改变量称为 $z=f(x,y)$对 x 的**偏增量**,记为$\Delta_x z$,即

$$\Delta_x z=f(x+\Delta x,y)-f(x,y)$$

二元函数 $z=f(x,y)$对自变量 y 取得改变量 Δy 时,函数相应取得的改变量称为 $z=f(x,y)$对 y 的**偏增量**,记为$\Delta_y z$,即

$$\Delta_y z=f(x,y+\Delta y)-f(x,y)$$

由于偏导数表示当另一个自变量固定时,因变量相对于该自变量的变化率。根据一元函数微分学中增量与微分的关系,可得

$$f(x+\Delta x,y)-f(x,y)\approx f_x(x,y)\Delta x$$

$$f(x,y+\Delta y)-f(x,y)\approx f_y(x,y)\Delta y$$

上面两式右边分别叫作二元函数 $z=f(x,y)$ 对 x 和 y 的**偏微分**。

定义 8.6 设二元函数 $z=f(x,y)$ 的两个自变量 x 和 y 同时取得改变量 Δx 和 Δy，则函数取得的改变量叫作**全增量**，记为 Δz，即

$$\Delta z=f(x+\Delta x,y+\Delta y)-f(x,y)$$

2. 全微分

一般来说，计算全增量 Δz 比较复杂，所以希望像一元函数的情形一样，用自变量增量的线性函数近似地代替函数的全增量 Δz，从而引入如下定义。

定义 8.7

定义 8.7 设二元函数 $z=f(x,y)$ 在点 (x_0,y_0) 的某邻域内有定义（点 $(x_0+\Delta x,y_0+\Delta y)$ 在该邻域内），若函数在该点处的全增量 $\Delta z=f(x_0+\Delta x,y_0+\Delta y)-f(x_0,y_0)$ 可以表示为

$$\Delta z=A\Delta x+B\Delta y+o(\rho)$$

其中，A、B 与 Δx、Δy 无关，$o(\rho)$ 是 $\rho\to 0$ 时 ρ 的高阶无穷小（$\rho=\sqrt{(\Delta x)^2+(\Delta y)^2}$），则称 $A\Delta x+B\Delta y$ 为函数 $z=f(x,y)$ 在点 (x_0,y_0) 处的**全微分**，记作 $\mathrm{d}z$，即

$$\mathrm{d}z=A\Delta x+B\Delta y$$

称函数 $z=f(x,y)$ **在点** (x_0,y_0) **处可微**。

注：

（1）与一元函数微分类似，全微分 $\mathrm{d}z$ 是关于 Δx 和 Δy 的线性函数，差 $\Delta z-\mathrm{d}z=o(\rho)$ 是关于 ρ 的高阶无穷小。因此 $\mathrm{d}z$ 也称为 Δz 的**线性主部**。

（2）当 $|\Delta x|$ 和 $|\Delta y|$ 较小时，计算 Δz 可以用函数的全微分 $\mathrm{d}z$ 近似替代，即 $\Delta z\approx\mathrm{d}z$。

（3）如果函数 $z=f(x,y)$ 在区域 D 内每一点都可微，那么称函数**在 D 内可微分**。

8.3.2 全微分与偏导数的关系

我们已知一元函数可微与可导是等价的，那么二元函数可微与可导具有怎样的关系呢？

定理 8.2（可微的必要条件） 若函数 $z=f(x,y)$ 在点 (x,y) 处可微分，则函数在该点的偏导数 $f_x(x,y)$、$f_y(x,y)$ 都存在，且 $A=f_x(x,y)$，$B=f_y(x,y)$。

那么，定义中的 $\mathrm{d}z$ 可以写成：

$$\mathrm{d}z=f_x(x,y)\Delta x+f_y(x,y)\Delta y$$

类似于一元函数，我们规定 $\Delta x=\mathrm{d}x$，$\Delta y=\mathrm{d}y$，则

$$\mathrm{d}z=f_x(x,y)\mathrm{d}x+f_y(x,y)\mathrm{d}y$$

即二元函数 $z=f(x,y)$ 的全微分是函数对 x 和 y 的偏微分的和（叠加原理）。

对于二元以上的函数情形，叠加原理也适用。如三元函数 $u=f(x,y,z)$ 在点 (x,y,z) 处可微时，其全微分为

$$\mathrm{d}u=f_x(x,y,z)\mathrm{d}x+f_y(x,y,z)\mathrm{d}y+f_z(x,y,z)\mathrm{d}z$$

【例 8-13】 求函数 $z=2x^2+3y^2$ 在点 $(10,8)$ 处，当 $\Delta x=0.2$，$\Delta y=0.3$ 时的全改变量

Δz 及全微分 $\mathrm{d}z$。

解：当 $x_0=10, y_0=8, \Delta x=0.2, \Delta y=0.3$ 时，由全改变量的定义可知

$$\begin{aligned}\Delta z &= f(x_0+\Delta x, y_0+\Delta y)-f(x_0,y_0)\\ &=[2\times(10+0.2)^2+3\times(8+0.3)^2]-(2\times10^2+3\times8^2)\\ &=414.75-392=22.75\end{aligned}$$

由于 $f_x(x,y)=4x, f_y(x,y)=6y$，函数的全微分为

$$\begin{aligned}\mathrm{d}z &= f_x(x,y)\Delta x+f_y(x,y)\Delta y\\ &=4x\cdot\Delta x+6y\cdot\Delta y=4\times10\times0.2+6\times8\times0.3=22.4\end{aligned}$$

【例 8-14】 求二元函数 $z=x\ln(x+y)$ 的全微分。

解：$\mathrm{d}z=f_x(x,y)\mathrm{d}x+f_y(x,y)\mathrm{d}y=\left[\ln(x+y)+\dfrac{x}{x+y}\right]\mathrm{d}x+\dfrac{x}{x+y}\mathrm{d}y$

【例 8-15】 求三元函数 $u=\mathrm{e}^{xyz}$ 的全微分。

解：$\mathrm{d}u=f_x(x,y,z)\mathrm{d}x+f_y(x,y,z)\mathrm{d}y+f_z(x,y,z)\mathrm{d}z$

$$=yz\mathrm{e}^{xyz}\mathrm{d}x+xz\mathrm{e}^{xyz}\mathrm{d}y+xy\mathrm{e}^{xyz}\mathrm{d}z$$

需要说明的是，对于二元函数 $z=f(x,y)$，即便在点 (x,y) 处的偏导数都存在，也不能判断其在该点处可微。

还是以二元函数 $f(x,y)=\begin{cases}\dfrac{xy}{x^2+y^2} & x^2+y^2\neq0\\ 0 & x^2+y^2=0\end{cases}$ 为例，8.2 节中已经求出其在点(0,0)处的偏导数 $f_x(0,0)=0, f_y(0,0)=0$，则

$$\Delta z-[f_x(0,0)\Delta x+f_y(0,0)\Delta y]=\frac{\Delta x\cdot\Delta y}{\sqrt{(\Delta x)^2+(\Delta y)^2}}$$

当点 $(\Delta x,\Delta y)$ 沿着 $y=x$ 的路径趋于(0,0)时，极限

$$\lim_{\rho\to0}\frac{\dfrac{\Delta x\cdot\Delta y}{\sqrt{(\Delta x)^2+(\Delta y)^2}}}{\rho}=\lim_{\rho\to0}\frac{\Delta x\cdot\Delta y}{(\Delta x)^2+(\Delta y)^2}\xlongequal{\Delta x=\Delta y}\lim_{\Delta x\to0}\frac{(\Delta x)^2}{2(\Delta x)^2}=\frac{1}{2}$$

也就是说，$\Delta z-[f_x(0,0)\Delta x+f_y(0,0)\Delta y]$ 并不是 $\rho\to0$ 时的高阶无穷小。因此，函数在(0,0)点处不可微。

这也就说明在定理 8.2 中，偏导数存在是函数可微的必要非充分条件。但是，加强条件后，可得到函数可微的充分条件，见定理 8.3。

定理 8.3(可微的充分条件) 若函数 $z=f(x,y)$ 在点 (x,y) 处的偏导数 $f_x(x,y)$、$f_y(x,y)$ 都存在且连续，则函数在该点处可微。

由以上讨论，可以体会到二元函数在一点处的连续性、偏导数存在性和可微分的关系与一元函数的连续性、可导性与可微分的关系有很大区别，将它们之间的关系归纳如下。

(1) 若函数 $z=f(x,y)$ 在点 (x,y) 处偏导数 $f_x(x,y)$、$f_y(x,y)$ 存在且连续，则函数在该点可微；反之不成立。

(2) 若函数 $z=f(x,y)$ 在点 (x,y) 处可微分，则函数在该点处 $f_x(x,y)$、$f_y(x,y)$ 存

在;反之不成立。

(3) 若函数 $z=f(x,y)$ 在点 (x,y) 处可微分,则函数在该点处连续;反之不成立。

(4) 若函数 $z=f(x,y)$ 在点 (x,y) 处不连续,则函数在该点处不可微。

*8.3.3 全微分在近似计算中的应用

当二元函数 $z=f(x,y)$ 在点 (x_0,y_0) 处的两个偏导数 $f_x(x_0,y_0)$、$f_y(x_0,y_0)$ 连续,并且 $|\Delta x|$ 和 $|\Delta y|$ 较小时,有近似等式

$$\Delta z \approx \mathrm{d}z = f_x(x_0,y_0)\Delta x + f_y(x_0,y_0)\Delta y \tag{8-1}$$

因为 $\Delta z=f(x_0+\Delta x,y_0+\Delta y)-f(x_0,y_0)$,则有

$$f(x_0+\Delta x,y_0+\Delta y)-f(x_0,y_0)\approx f_x(x_0,y_0)\Delta x+f_y(x_0,y_0)\Delta y$$

近似式(8-1)也可以写成

$$f(x_0+\Delta x,y_0+\Delta y)\approx f_x(x_0,y_0)\Delta x+f_y(x_0,y_0)\Delta y+f(x_0,y_0) \tag{8-2}$$

常利用上述两个近似式对二元函数作近似计算。

【例 8-16】 计算 $(0.98)^{2.03}$ 的近似值。

解:设函数 $f(x,y)=x^y$,要计算的值就是函数在 $x=0.98,y=2.03$ 时的函数值。

令 $x_0=1,\Delta x=-0.02,y_0=2,\Delta y=0.03$,因为

$$\begin{aligned} f(x_0+\Delta x,y_0+\Delta y) &\approx f_x(x_0,y_0)\Delta x+f_y(x_0,y_0)\Delta y+f(x_0,y_0) \\ &= x_0^{y_0}+y_0x_0^{y_0-1}\Delta x+x_0^{y_0}\ln x_0\Delta y \end{aligned}$$

所以 $(0.98)^{2.03}=f(1-0.02,2+0.03)$

$$\approx 1^2+2\times 1^{2-1}\times(-0.02)+1^2\times\ln 1\times 0.03=0.96$$

【能力训练 8.3】

基础练习

1. 选择题。

(1) 设函数 $z=xy+x^3$,则 $\mathrm{d}z\Big|_{\substack{x=1\\y=1}}=($ $\quad$ $)$。

A. $\mathrm{d}x+4\mathrm{d}y$ B. $\mathrm{d}x+\mathrm{d}y$ C. $4\mathrm{d}x+\mathrm{d}y$ D. $3\mathrm{d}x+\mathrm{d}y$

(2) 二元函数 $z=f(x,y)$ 在点 (x_0,y_0) 处的偏导数存在是它在该点可微的( ) 条件。

A. 充分而不必要 B. 必要而不充分 C. 充分必要 D. 无关

2. 求下列函数的全微分。

(1) $z=\mathrm{e}^{xy^2}$ (2) $z=x\cos(x-y)$

(3) $z=\dfrac{xy}{\sqrt{x^2+y^2}}$ (4) $u=x+\sin\dfrac{y}{2}+\mathrm{e}^{yz}$

3. 求下列函数在指定点的全微分。

(1) 求函数 $z=\ln(1+x^2+y^2)$ 在 $x=1,y=2$ 时的全微分。

(2) 设 $f(x,y,z)=z\sqrt{\frac{x}{y}}$，求 $\mathrm{d}f(1,1,1)$。

提高练习

利用全微分计算近似值。

(1) 求 $(1.02)^{4.96}$ 的近似值。

(2) 求 $\sqrt{(1.02)^3+(1.97)^3}$ 的近似值。

8.4 多元复合函数及隐函数求导法则

8.4.1 复合函数求导法则

我们已经学习了一元复合函数求导的链式法则，这一法则在求导过程中起着重要作用。对于多元函数，也有类似的法则。下面以二元复合函数为例进行讨论。

设 $z=f(u,v)$ 是 u、v 的函数，而 u、v 又是 x、y 的函数，即 $u=u(x,y)$，$v=v(x,y)$，则函数 $z=f[u(x,y),v(x,y)]$ 称为是由 $z=f(u,v)$ 和 $u=u(x,y)$，$v=v(x,y)$ 复合而成的复合函数。其中，u、v 叫作中间变量，x、y 叫作自变量。

函数 $z=f[u(x,y),v(x,y)]$ 变量之间的关系可用链式图表示，如图 8-9 所示，其求导运算见定理 8.4。

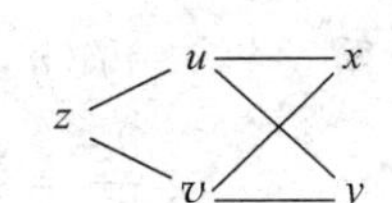

图 8-9 二元复合函数的链式图

定理 8.4 如果函数 $u=u(x,y)$，$v=v(x,y)$ 在点 (x,y) 具有对 x 和 y 的偏导数，而函数 $z=f(u,v)$ 在对应点 (u,v) 处具有连续的偏导数，则复合函数 $z=f[u(x,y),v(x,y)]$ 在点 (x,y) 处的两个偏导数也存在，且

$$\frac{\partial z}{\partial x}=\frac{\partial z}{\partial u}\cdot\frac{\partial u}{\partial x}+\frac{\partial z}{\partial v}\cdot\frac{\partial v}{\partial x}\qquad \frac{\partial z}{\partial y}=\frac{\partial z}{\partial u}\cdot\frac{\partial u}{\partial y}+\frac{\partial z}{\partial v}\cdot\frac{\partial v}{\partial y}$$

以上公式是求二元复合函数的基本公式。为了便于记忆，可根据图 8-9，找到从因变量 z 到自变量 x(或 y)的所有路线，沿每条路线如同一元函数那样求复合函数的导数(这里是求偏导数)，再将所有路线的结果相加，即“**沿线求(偏)导相乘，分线结果相加**”，这就是二元函数的复合函数求导**链式法则**。

【例 8-17】 设 $z=u^2\ln v$，$u=\frac{x}{y}$，$v=3x-2y$，求 $\frac{\partial z}{\partial x}$ 和 $\frac{\partial z}{\partial y}$。

解：因为 $\frac{\partial z}{\partial u}=2u\ln v$，$\frac{\partial z}{\partial v}=\frac{u^2}{v}$，$\frac{\partial u}{\partial x}=\frac{1}{y}$，$\frac{\partial u}{\partial y}=-\frac{x}{y^2}$，$\frac{\partial v}{\partial x}=3$，$\frac{\partial v}{\partial y}=-2$，所以

$$\begin{aligned}\frac{\partial z}{\partial x}&=\frac{\partial z}{\partial u}\cdot\frac{\partial u}{\partial x}+\frac{\partial z}{\partial v}\cdot\frac{\partial v}{\partial x}=2u\ln v\cdot\frac{1}{y}+\frac{u^2}{v}\cdot 3\\&=\frac{2x}{y^2}\ln(3x-2y)+\frac{3x^2}{y^2(3x-2y)}\end{aligned}$$

$$\frac{\partial z}{\partial y}=\frac{\partial z}{\partial u}\cdot\frac{\partial u}{\partial y}+\frac{\partial z}{\partial v}\cdot\frac{\partial v}{\partial y}=2u\ln v\cdot\left(-\frac{x}{y^2}\right)+\frac{u^2}{v}\cdot(-2)$$
$$=-\frac{2x^2}{y^3}\ln(3x-2y)-\frac{2x^2}{y^2(3x-2y)}$$

【例 8-18】 设 $u=u(x,y)$，证明极坐标变化 $\begin{cases}x=r\cos\theta\\y=r\sin\theta\end{cases}$ 下，有等式

$$\left(\frac{\partial u}{\partial r}\right)^2+\frac{1}{r^2}\left(\frac{\partial u}{\partial \theta}\right)^2=\left(\frac{\partial u}{\partial x}\right)^2+\left(\frac{\partial u}{\partial y}\right)^2$$

解：因为

$$\frac{\partial u}{\partial r}=\frac{\partial u}{\partial x}\cdot\frac{\partial x}{\partial r}+\frac{\partial u}{\partial y}\cdot\frac{\partial y}{\partial r}=\frac{\partial u}{\partial x}\cdot\cos\theta+\frac{\partial u}{\partial y}\cdot\sin\theta$$
$$\frac{\partial u}{\partial \theta}=\frac{\partial u}{\partial x}\cdot\frac{\partial x}{\partial \theta}+\frac{\partial u}{\partial y}\cdot\frac{\partial y}{\partial \theta}=\frac{\partial u}{\partial x}\cdot(-r\sin\theta)+\frac{\partial u}{\partial y}\cdot r\cos\theta$$

所以

$$\left(\frac{\partial u}{\partial r}\right)^2+\frac{1}{r^2}\left(\frac{\partial u}{\partial \theta}\right)^2=\left(\frac{\partial u}{\partial x}\cdot\cos\theta+\frac{\partial u}{\partial y}\cdot\sin\theta\right)^2+\frac{1}{r^2}\left(-\frac{\partial u}{\partial x}\cdot r\sin\theta+\frac{\partial u}{\partial y}\cdot r\cos\theta\right)^2$$
$$=\left[\left(\frac{\partial u}{\partial x}\right)^2+\left(\frac{\partial u}{\partial y}\right)^2\right]\cos^2\theta+\left[\left(\frac{\partial u}{\partial x}\right)^2+\left(\frac{\partial u}{\partial y}\right)^2\right]\sin^2\theta=\left(\frac{\partial u}{\partial x}\right)^2+\left(\frac{\partial u}{\partial y}\right)^2$$

【例 8-19】 设 $z=f(xy,x+y)$，且 $f(x,y)$ 可微，求 $\frac{\partial z}{\partial x}$ 和 $\frac{\partial z}{\partial y}$。

解：令 $z=f(u,v)$，则 $u=xy,v=x+y$，由链式法则得

$$\frac{\partial z}{\partial x}=\frac{\partial z}{\partial u}\cdot\frac{\partial u}{\partial x}+\frac{\partial z}{\partial v}\cdot\frac{\partial v}{\partial x}=yf_u(u,v)+f_v(u,v)=yf'_1+f'_2$$
$$\frac{\partial z}{\partial y}=\frac{\partial z}{\partial u}\cdot\frac{\partial u}{\partial y}+\frac{\partial z}{\partial v}\cdot\frac{\partial v}{\partial y}=xf_u(u,v)+f_v(u,v)=xf'_1+f'_2$$

这里的符号 f'_i 表示函数 $z=f(u,v)$ 中，z 对第 i 个中间变量的偏导数($i=1$、2)。在抽象函数求导时，为了方便，常用这样的方式表示函数对某个变量的偏导数。

多元复合函数的复合关系多种多样，而二元函数的链式法则具有一般性，可以根据变量间关系的变化灵活应用，通过画出链式图理清复合函数的构造层次，从而得到各种不同复合关系的求导(或求偏导)结果。下面对几种常见情形简单举例说明。

(1) 中间变量多于两个的情形。

例如，设 $z=f(u,v,w)$，且 $u=u(x,y),v=v(x,y),w=w(x,y)$，则 $z=f[u(x,y),v(x,y),w(x,y)]$ 为 x、y 的复合函数，链式图如图 8-10 所示，则

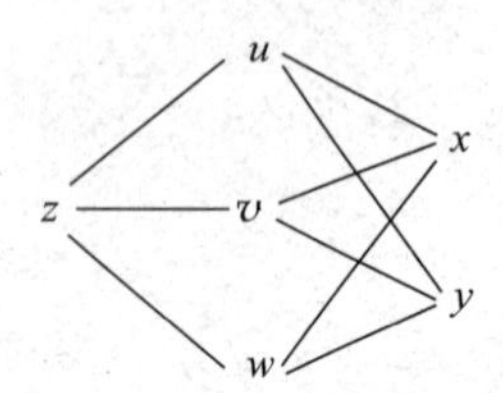

图 8-10 常见情形(1)举例

$$\frac{\partial z}{\partial x}=\frac{\partial z}{\partial u}\cdot\frac{\partial u}{\partial x}+\frac{\partial z}{\partial v}\cdot\frac{\partial v}{\partial x}+\frac{\partial z}{\partial w}\cdot\frac{\partial w}{\partial x}$$
$$\frac{\partial z}{\partial y}=\frac{\partial z}{\partial u}\cdot\frac{\partial u}{\partial y}+\frac{\partial z}{\partial v}\cdot\frac{\partial v}{\partial y}+\frac{\partial z}{\partial w}\cdot\frac{\partial w}{\partial y}$$

(2) 中间变量有多个，自变量只有一个的情形。

例如，设 $z=f(u,v)$，且 $u=u(x),v=v(x)$，则复合函数

$z=f[u(x),v(x)]$是关于 x 的一元函数，链式图如图 8-11 所示，则

$$\frac{\mathrm{d}z}{\mathrm{d}x}=\frac{\partial z}{\partial u}\cdot\frac{\mathrm{d}u}{\mathrm{d}x}+\frac{\partial z}{\partial v}\cdot\frac{\mathrm{d}v}{\mathrm{d}x}$$

图 8-11　常见情形(2)举例

这时 z 对 x 的导数$\frac{\mathrm{d}z}{\mathrm{d}x}$称为**全导数**。

(3) 某些中间变量同时也是自变量的情形。

例如，设 $z=f(u,x)$，且 $u=u(x,y)$，则复合函数 $z=f[u(x,y),x]$关于 x 和 y 的偏导数为

$$\frac{\partial z}{\partial x}=\frac{\partial f}{\partial u}\cdot\frac{\partial u}{\partial x}+\frac{\partial f}{\partial x},\quad \frac{\partial z}{\partial y}=\frac{\partial f}{\partial u}\cdot\frac{\partial u}{\partial y}$$

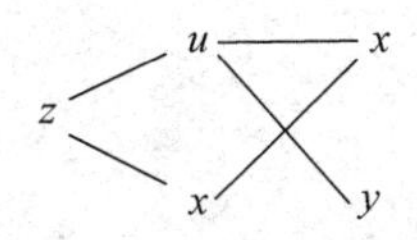

图 8-12　常见情形(3)举例

变量间的关系如图 8-12 所示。此时 x 既作中间变量，也作复合函数的自变量。作为中间变量，x 可以看作为自身的函数 $x=x$，因此中间变量 x 对自变量 x 的导数就是$\frac{\mathrm{d}x}{\mathrm{d}x}=1$，对自变量 y 的导数是$\frac{\partial x}{\partial y}=0$。

注意：这里的$\frac{\partial z}{\partial x}$与$\frac{\partial f}{\partial x}$是不同的。$\frac{\partial z}{\partial x}$是把复合函数 $z=f[u(x,y),x]$中的 y 看作不变时对 x 的偏导数；$\frac{\partial f}{\partial x}$是把 $f(u,x)$中的 u 看作不变时对 x 的偏导数。

【例 8-20】　设 $z=\arctan(x^2+xy+y^2)$，求$\frac{\partial z}{\partial x}$和$\frac{\partial z}{\partial y}$。

解：令 $u=x^2,v=xy,w=y^2$，则 $z=\arctan(u+v+w)$。

$$\frac{\partial z}{\partial x}=\frac{\partial z}{\partial u}\cdot\frac{\mathrm{d}u}{\mathrm{d}x}+\frac{\partial z}{\partial v}\cdot\frac{\partial v}{\partial x}+\frac{\partial z}{\partial w}\cdot\frac{\partial w}{\partial x}$$

$$=\frac{1}{1+(u+v+w)^2}\cdot 2x+\frac{1}{1+(u+v+w)^2}\cdot y+0=\frac{2x+y}{1+(x^2+xy+y^2)^2}$$

$$\frac{\partial z}{\partial y}=\frac{\partial z}{\partial u}\cdot\frac{\partial u}{\partial y}+\frac{\partial z}{\partial v}\cdot\frac{\partial v}{\partial y}+\frac{\partial z}{\partial w}\cdot\frac{\mathrm{d}w}{\mathrm{d}y}$$

$$=0+\frac{1}{1+(u+v+w)^2}\cdot x+\frac{1}{1+(u+v+w)^2}\cdot 2y=\frac{x+2y}{1+(x^2+xy+y^2)^2}$$

【例 8-21】　设 $z=uv$，而 $u=\mathrm{e}^t,v=\cos t$，求全导数。

解：$\frac{\mathrm{d}z}{\mathrm{d}t}=\frac{\partial z}{\partial u}\cdot\frac{\mathrm{d}u}{\mathrm{d}t}+\frac{\partial z}{\partial v}\cdot\frac{\mathrm{d}v}{\mathrm{d}t}=v\mathrm{e}^t-u\sin t=\mathrm{e}^t\cos t-\mathrm{e}^t\sin t=\mathrm{e}^t(\cos t-\sin t)$

例 8-21

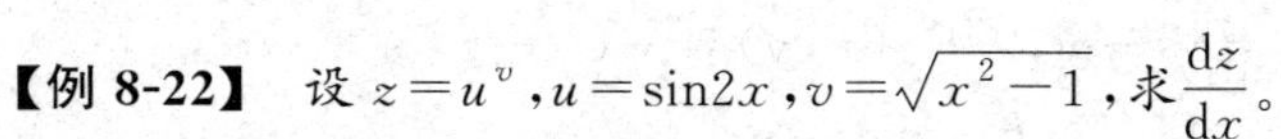

【例 8-22】　设 $z=u^v,u=\sin 2x,v=\sqrt{x^2-1}$，求$\frac{\mathrm{d}z}{\mathrm{d}x}$。

解：因为$\frac{\partial z}{\partial u}=vu^{v-1},\frac{\partial z}{\partial v}=u^v\ln u,\frac{\mathrm{d}u}{\mathrm{d}x}=2\cos 2x,\ \frac{\mathrm{d}v}{\mathrm{d}x}=\frac{x}{\sqrt{x^2-1}}$

所以$\frac{\mathrm{d}z}{\mathrm{d}x}=\frac{\partial z}{\partial u}\cdot\frac{\mathrm{d}u}{\mathrm{d}x}+\frac{\partial z}{\partial v}\cdot\frac{\mathrm{d}v}{\mathrm{d}x}=vu^{v-1}\cdot 2\cos 2x+u^v\ln u\cdot\frac{x}{\sqrt{x^2-1}}$

$$=u^{v}\left(\frac{2v\cos 2x}{u}+\frac{x\ln u}{\sqrt{x^{2}-1}}\right)=(\sin 2x)^{\sqrt{x^{2}-1}}\left(2\sqrt{x^{2}-1}\cot 2x+\frac{x\ln(\sin 2x)}{\sqrt{x^{2}-1}}\right)$$

【例 8-23】 设 $u=f(x,y,z)=\mathrm{e}^{x+y+z}$，$z=xy$，求$\frac{\partial u}{\partial x}$和$\frac{\partial u}{\partial y}$。

解：x 和 y 既是中间变量，也是自变量。

$$\frac{\partial u}{\partial x}=\frac{\partial f}{\partial x}+\frac{\partial f}{\partial z}\cdot\frac{\partial z}{\partial x}=\mathrm{e}^{x+y+z}+\mathrm{e}^{x+y+z}\cdot y=\mathrm{e}^{x+y+z}(1+y)$$

$$\frac{\partial u}{\partial y}=\frac{\partial f}{\partial y}+\frac{\partial f}{\partial z}\cdot\frac{\partial z}{\partial y}=\mathrm{e}^{x+y+z}+\mathrm{e}^{x+y+z}\cdot x=\mathrm{e}^{x+y+z}(1+x)$$

对于多元复合函数求导问题，当所给的函数全是具体的函数表达式时，也可以考虑先代入，再求相应的偏导数或者全导数，结果和链式法则相同。

8.4.2 隐函数的求导法则

在一元函数微分学中，已经讨论了隐函数求导的一般方法。现在应用上面多元复合函数的求导法，推导出一元隐函数的求导公式。

设一元隐函数 $y=f(x)$是由二元方程 $F(x,y)=0$ 所确定。

将 $y=f(x)$代入方程 $F(x,y)=0$，得恒等式 $F(x,f(x))\equiv 0$。

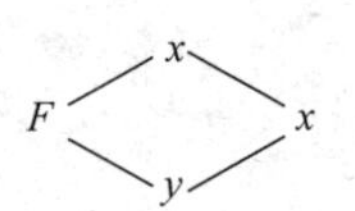

图 8-13 一元隐函数链式图

等式左端可以看作是 x 的一个复合函数，F 与 x、y 的关系如图 8-13 所示，运用复合函数的求导法则求这个函数的全导数：

$$\frac{\mathrm{d}F}{\mathrm{d}x}=\frac{\partial F}{\partial x}+\frac{\partial F}{\partial y}\cdot\frac{\mathrm{d}y}{\mathrm{d}x}$$

再由恒等式可得$\frac{\partial F}{\partial x}+\frac{\partial F}{\partial y}\cdot\frac{\mathrm{d}y}{\mathrm{d}x}=0$。

若$\frac{\partial F}{\partial y}\neq 0$，则有

$$\frac{\mathrm{d}y}{\mathrm{d}x}=-\frac{\frac{\partial F}{\partial x}}{\frac{\partial F}{\partial y}}=-\frac{F_x}{F_y}$$

这就是一元隐函数的求导公式。

【例 8-24】 求由方程 $\mathrm{e}^x-\mathrm{e}^y-xy=0$ 确定的隐函数 $y=f(x)$的导数$\frac{\mathrm{d}y}{\mathrm{d}x}$。

解：令 $F(x,y)=\mathrm{e}^x-\mathrm{e}^y-xy$，由于

$$F_x(x,y)=\mathrm{e}^x-y,\quad F_y(x,y)=-\mathrm{e}^y-x$$

所以

$$\frac{\mathrm{d}y}{\mathrm{d}x}=-\frac{F_x}{F_y}=\frac{\mathrm{e}^x-y}{\mathrm{e}^y+x}$$

上述隐函数求导公式可以推广至多元隐函数的情形。

若三元方程 $F(x,y,z)=0$ 可确定关于 x 和 y 的二元函数 $z=f(x,y)$，则称 $z=f(x,y)$是由方程 $F(x,y,z)=0$ 确定的二元隐函数。这时有恒等式

$$F(x,y,f(x,y))\equiv 0$$

前面已经研究过例 8-23 这种复合函数情形，因此上式两端分别对 x 和 y 求偏导数，可得

$$\frac{\partial F}{\partial x}+\frac{\partial F}{\partial z}\cdot\frac{\partial z}{\partial x}=0,\quad \frac{\partial F}{\partial y}+\frac{\partial F}{\partial z}\cdot\frac{\partial z}{\partial y}=0$$

若$\frac{\partial F}{\partial z}\neq 0$，则有公式

$$\frac{\partial z}{\partial x}=-\frac{\frac{\partial F}{\partial x}}{\frac{\partial F}{\partial z}}=-\frac{F_x}{F_z},\quad \frac{\partial z}{\partial y}=-\frac{\frac{\partial F}{\partial y}}{\frac{\partial F}{\partial z}}=-\frac{F_y}{F_z}$$

【例 8-25】 设由方程 $xy+xz+yz=1$ 确定函数 $z=f(x,y)$，求$\frac{\partial z}{\partial x}$、$\frac{\partial z}{\partial y}$和$\frac{\partial^2 z}{\partial x\partial y}$。

解：令 $F(x,y,z)=xy+xz+yz-1$。由于

$$F_x=y+z,\quad F_y=x+z,\quad F_z=x+y$$

所以

$$\frac{\partial z}{\partial x}=-\frac{F_x}{F_z}=-\frac{y+z}{x+y},\quad \frac{\partial z}{\partial y}=-\frac{F_y}{F_z}=-\frac{x+z}{x+y}$$

再求二阶偏导数

$$\frac{\partial^2 z}{\partial x\partial y}=\frac{\partial}{\partial y}\left(-\frac{y+z}{x+y}\right)=-\frac{\left(1+\frac{\partial z}{\partial y}\right)(x+y)-(y+z)\cdot 1}{(x+y)^2}$$

$$=-\frac{\left(1-\frac{x+z}{x+y}\right)(x+y)-(y+z)}{(x+y)^2}=\frac{2z}{(x+y)^2}$$

【例 8-26】 设 $F(x-y,y-z)=0$ 确定了隐函数 $z=f(x,y)$，求证$\frac{\partial z}{\partial x}+\frac{\partial z}{\partial y}=1$。

证明：函数 $F(x-y,y-z)$ 可以看作由 $F(u,v)$ 和 $u=x-y,v=y-z$ 复合而成的关于 x、y 和 z 的三元函数。由多元复合函数的求导法则可得

$$F_x=\frac{\partial F}{\partial u}\cdot\frac{\partial u}{\partial x}+\frac{\partial F}{\partial v}\cdot\frac{\partial v}{\partial x}=\frac{\partial F}{\partial u}$$

$$F_y=\frac{\partial F}{\partial u}\cdot\frac{\partial u}{\partial y}+\frac{\partial F}{\partial v}\cdot\frac{\partial v}{\partial y}=-\frac{\partial F}{\partial u}+\frac{\partial F}{\partial v}$$

$$F_z=\frac{\partial F}{\partial u}\cdot\frac{\partial u}{\partial z}+\frac{\partial F}{\partial v}\cdot\frac{\partial v}{\partial z}=-\frac{\partial F}{\partial v}$$

由二元隐函数的求偏导公式可得

$$\frac{\partial z}{\partial x}=-\frac{F_x}{F_z}=-\frac{\frac{\partial F}{\partial u}}{-\frac{\partial F}{\partial v}}=\frac{F_u}{F_v},\quad \frac{\partial z}{\partial y}=-\frac{F_y}{F_z}=-\frac{-\frac{\partial F}{\partial u}+\frac{\partial F}{\partial v}}{-\frac{\partial F}{\partial v}}=\frac{F_v-F_u}{F_v}$$

因此，$\frac{\partial z}{\partial x}+\frac{\partial z}{\partial y}=\frac{F_u}{F_v}+\frac{F_v-F_u}{F_v}=1$。

【能力训练 8.4】

基础练习

1. 求下列复合函数的偏导数。

(1) 设 $z=e^u\sin v$，其中 $u=xy,v=x+y$。

(2) 设 $z=u^2v-uv^2$，其中 $u=x\cos y,v=x\sin y$。

(3) 设 $z=\ln(u^2+v)$，其中 $u=xy,v=2x+3y$。

(4) 设 $u=z\sin\dfrac{y}{x}$，其中 $x=3r+2s,y=4r-2s^2,z=2r^2-3s^2$。

2. 求函数的全导数。

(1) 设 $z=u^2v$，其中 $u=\cos x,v=\sin x$。

(2) 设 $z=e^{x-2y}$，而 $x=\sin t,y=t^3$。

(3) 设 $z=uv+\sin t$，而 $u=e^t,v=\cos t$。

(4) 设 $u=e^{x^3+y^2+z}$，而 $x=t^2,y=t^3,z=t^6$。

3. 求下列方程所确定的隐函数的导数。

(1) $\sin y+e^x-xy^2=0$，求$\dfrac{dy}{dx}$。

(2) $e^{-xy}-2z+e^z=0$，求$\dfrac{\partial z}{\partial x}$、$\dfrac{\partial z}{\partial y}$。

(3) $\dfrac{x}{z}=\ln\dfrac{z}{y}$，求$\dfrac{\partial z}{\partial x}$和$\dfrac{\partial z}{\partial y}$。

提高练习

1. 设函数 $z=f(x^2-y^2,e^{xy})$，f 具有一阶连续偏导数，求$\dfrac{\partial z}{\partial x}$、$\dfrac{\partial z}{\partial y}$。

2. 设函数 $z=f\left(x,\dfrac{x}{y}\right)$，$f$ 具有二阶连续偏导数，求函数的二阶偏导数。

3. 设 $e^z=xyz$ 所确定的二元函数为 $z=z(x,y)$，求$\dfrac{\partial^2 z}{\partial x^2}$。

4. 求方程 $z^3-3xyz=a^3$ 所确定的二元函数 $z=f(x,y)$的全微分 dz。

5. 设函数 $z=z(x,y)$由方程 $F\left(\dfrac{y}{x},\dfrac{z}{x}\right)=0$ 确定，其中 F 为可微函数，且 $F_2'\neq 0$，证明：$x\dfrac{\partial z}{\partial x}+y\dfrac{\partial z}{\partial y}=z$。

8.5 多元函数的极值与最值

前面我们用导数解决了一元函数的极值问题，从而得到实际问题中的最大值和最小值。多元函数的最值问题与一元函数类似，本节仿照之前的思路，着重讨论二元函数的极值和最值问题。

8.5.1 多元函数的极值

1. 极值的定义

定义 8.8 设函数 $z=f(x,y)$ 在点 $P_0(x_0,y_0)$ 的某邻域内有定义，对该邻域内异于 P_0 的任一点 $P(x,y)$：

(1) 若有 $f(x,y)<f(x_0,y_0)$，则称 $P_0(x_0,y_0)$ 是函数 $z=f(x,y)$ 的**极大值点**，称 $f(x_0,y_0)$ 是函数 $f(x,y)$ 的**极大值**。

定义 8.8

(2) 若有 $f(x,y)>f(x_0,y_0)$，则称 $P_0(x_0,y_0)$ 是函数 $z=f(x,y)$ 的**极小值点**，称 $f(x_0,y_0)$ 是函数 $f(x,y)$ 的**极小值**。

极大值与极小值统称为函数的**极值**；使函数取得极值的点称为**极值点**。

注：与一元函数类似，二元函数的极值是一个局部性概念，并且只能在区域内部取到极值，而不能在区域边界处取到极值。

二元函数的极值概念可以直接推广至二元以上的多元函数。

对于某些结构较简单的函数，借助于几何图形可以直接判断极值。

【例 8-27】 讨论下列函数在原点(0,0)处是否有极值。

(1) $z=\sqrt{1-x^2-y^2}$　　(2) $z=-\sqrt{x^2+y^2}$　　(3) $z=y^2-x^2$

解：根据定义可以判断如下。

(1) $z=\sqrt{1-x^2-y^2}$ 在点(0,0)处有极大值 $f(0,0)=1$。这是因为(0,0,1)是上半个球面的顶点，也是局部最高点，如图 8-14 所示；

(2) $z=\sqrt{x^2+y^2}$ 在点(0,0)处有极小值 $f(0,0)=0$。这是因为(0,0,0)是开口向上的锥面的顶点，也就是局部最低点，如图 8-15 所示；

(3) $z=y^2-x^2$ 在点(0,0)处没有极值。这是因为 $f(0,0)=0$，而在(0,0)的任意小邻域内函数总能既取到正值，也取到负值，也就是(0,0,0)既不是局部最高点，也不是局部最低点，如图 8-16 所示。

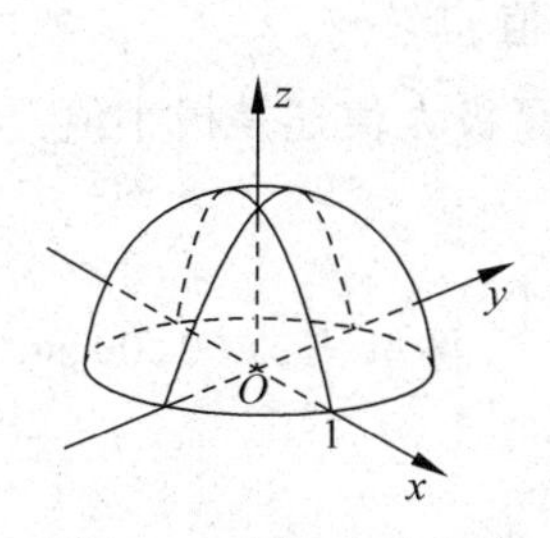

图 8-14　例 8-27(1)图

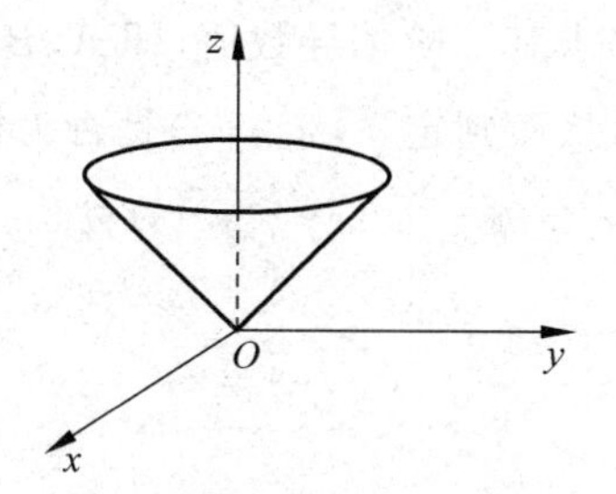

图 8-15　例 8-27(2)图

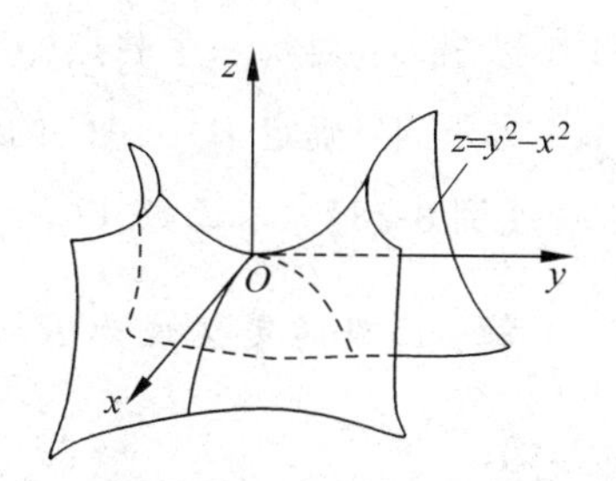

图 8-16　例 8-27(3)图

2. 极值存在的条件

二元函数的极值通常用偏导数解决。下面给出两个重要的定理。

定理 8.5（必要条件） 设函数 $z=f(x,y)$ 在点 $P_0(x_0,y_0)$ 处偏导数都存在且有极值，则它在该点的偏导数必为零，即 $f_x(x_0,y_0)=0, f_y(x_0,y_0)=0$。

证明：不妨设 $P_0(x_0,y_0)$ 是函数的极大值点，则在点 P_0 的某邻域内，有

$$f(x,y)<f(x_0,y_0) \quad (x,y)\neq(x_0,y_0)$$

令 $y=y_0$，则有

$$f(x,y_0)<f(x_0,y_0) \quad (x,y_0)\neq(x_0,y_0)$$

即一元函数 $z=f(x,y_0)$ 在点 $x=x_0$ 处取得极大值。

又因为 $f_x(x_0,y_0)$ 存在，即一元函数 $z=f(x,y_0)$ 在点 $x=x_0$ 处可导，由一元函数极值的必要条件知，必有 $f_x(x_0,y_0)=0$。同理可证 $f_y(x_0,y_0)=0$。

定义 8.9 使 $f_x(x_0,y_0)=0, f_y(x_0,y_0)=0$ 同时成立的点 $P_0(x_0,y_0)$ 称为函数的**驻点**。

定理 8.5 表明，一个具有偏导数的函数，其极值点一定为驻点，但驻点却不一定都是极值点。

例如，例 8-27(3)中函数 $z=y^2-x^2$，点(0,0)是其驻点，但(0,0)并不是极值点。

由于驻点可能是极值点也可能不是极值点，如何判断驻点是否为极值点？下面给出取极值的充分条件。

定理 8.6（充分条件） 设函数 $z=f(x,y)$ 在点 $P_0(x_0,y_0)$ 的某邻域内具有一阶和二阶连续偏导数，且有 $f_x(x_0,y_0)=0, f_y(x_0,y_0)=0$。记

$$A=f_{xx}(x_0,y_0), \quad B=f_{xy}(x_0,y_0), \quad C=f_{yy}(x_0,y_0)$$

则

(1) 当 $B^2-AC<0$ 时，有极值：当 $A<0$（或 $C<0$）时，(x_0,y_0) 为 $f(x,y)$ 的极大值点；当 $A>0$（或 $C>0$）时，(x_0,y_0) 为 $f(x,y)$ 的极小值点。

(2) 当 $B^2-AC>0$ 时，(x_0,y_0) 不是 $f(x,y)$ 的极值点。

(3) 当 $B^2-AC=0$ 时，(x_0,y_0) 可能是 $f(x,y)$ 的极值点，也可能不是，需另作讨论。

由定理 8.5 和定理 8.6，我们可以按照下列步骤求函数 $z=f(x,y)$ 的极值。

步骤 1：确定函数 $z=f(x,y)$ 的定义域 D。

步骤 2：求使 $f_x(x,y)=0$ 及 $f_y(x,y)=0$ 同时成立的全部实数解，得到所有驻点。

步骤 3：对每一个驻点 (x_0,y_0) 求其二阶偏导数值，即 A、B、C 的值。

步骤 4：确定 B^2-AC 的符号，从而判定 $f(x_0,y_0)$ 是否为极值，是极大值还是极小值。

【例 8-28】 求函数 $f(x,y)=x^3-4x^2+2xy-y^2$ 的极值。

解：函数的定义域为 R^2，由方程组 $\begin{cases} f_x(x,y)=3x^2-8x+2y=0 \\ f_y(x,y)=2x-2y=0 \end{cases}$，得驻点为(0,0)和(2,2)。

函数的二阶导数

$$f_{xx}(x,y)=6x-8, \quad f_{xy}(x,y)=2, \quad f_{yy}(x,y)=-2$$

在驻点(0,0)处，$A=-8, B=2, C=-2, B^2-AC=-12<0$，而 $A=-8<0$，所以(0,0)是函数的极大值点，极大值 $f(0,0)=0$。

在驻点$(2,2)$处，$A=4,B=2,C=-2,B^2-AC=12>0$，所以$(2,2)$不是函数的极值点。

需要说明的是，偏导数不存在的点也可能是多元函数的极值点。

例如，前面讨论过圆锥面$z=\sqrt{x^2+y^2}$在顶点$(0,0)$处取得极小值，但由于

$$f_x(0,0)=\lim_{\Delta x\to 0}\frac{f(\Delta x,0)-f(0,0)}{\Delta x}=\lim_{\Delta x\to 0}\frac{|\Delta x|}{\Delta x}$$

$$f_y(0,0)=\lim_{\Delta y\to 0}\frac{f(0,\Delta y)-f(0,0)}{\Delta y}=\lim_{\Delta y\to 0}\frac{|\Delta y|}{\Delta y}$$

极限不存在，也就是函数在$(0,0)$处偏导数不存在。

因此，在考虑多元函数极值时，与一元函数类似，除了考虑函数的驻点外，如果有偏导数不存在的点也需要一起考虑。

8.5.2 多元函数的最值

与一元函数类似，利用极值可得到多元函数的最值。

有界闭区域D上的连续函数$f(x,y)$一定有最大值和最小值，而使函数取得最值的点可能在D的内部，也可能在D的边界上。如果函数在D的内部取得最值，这个最值一定也是函数的极值，它必在函数的驻点或使$f_x(x,y)$、$f_y(x,y)$不存在的点取得。如果函数在D的边界取得最值，可根据D的边界方程，将$f(x,y)$转化成定义在某个闭区间上的一元函数，再利用一元函数求最值的方法求出最值。

由此，有界闭区域D上的连续函数$f(x,y)$最值的求解步骤如下。

步骤1：求出区域D上的全部驻点和使$f_x(x,y)$或$f_y(x,y)$不存在的点，并计算这些点的函数值。

步骤2：求出函数$f(x,y)$在D边界上的最大值和最小值。

步骤3：比较上述函数值的大小，最大(小)的就是函数在D上的最大(小)值。

对于实际问题中求多元函数最值的问题，如果从问题本身就能断定其最值一定在D内部，且函数在D内部有且只有一个驻点，那么该驻点的函数值就是函数在区域D上的最大(小)值。

【例8-29】 求函数$f(x,y)=xy\sqrt{1-x^2-y^2}$在区域$D=\{(x,y)\mid x^2+y^2\leqslant 1,x>0,y>0\}$内的最大值。

解：由方程组$\begin{cases}f_x(x,y)=y\sqrt{1-x^2-y^2}-\dfrac{x^2y}{\sqrt{1-x^2-y^2}}=0\\f_y(x,y)=x\sqrt{1-x^2-y^2}-\dfrac{xy^2}{\sqrt{1-x^2-y^2}}=0\end{cases}$，得区域$D$上的驻点$\left(\dfrac{1}{\sqrt{3}},\dfrac{1}{\sqrt{3}}\right)$。显而易见，函数在区域$D$内是可微的，因此没有偏导数不存在的点。

函数在区域 D 的边界上任意一点 (x,y) 的函数值 $f(x,y)=0$，与函数值 $f\left(\frac{1}{\sqrt{3}},\frac{1}{\sqrt{3}}\right)=\frac{\sqrt{3}}{9}$ 相比较，可得所求函数在区域 D 内的最大值是在驻点 $\left(\frac{1}{\sqrt{3}},\frac{1}{\sqrt{3}}\right)$ 处取得，最大值是 $\frac{\sqrt{3}}{9}$。

【例 8-30】 用铁板做一个容积为 4m^3 的有盖长方体水箱，问长、宽、高为多少时，才能使用料最省？

解：设水箱的长为 xm，宽为 ym，则高为 $\frac{4}{xy}$m，于是所用材料的面积为

$$S=2\left(xy+\frac{4}{x}+\frac{4}{y}\right)\quad(x>0,y>0)$$

解方程组 $\begin{cases} S_x=2\left(y-\frac{4}{x^2}\right)=0 \\ S_y=2\left(x-\frac{4}{y^2}\right)=0 \end{cases}$，得唯一驻点 $(\sqrt[3]{4},\sqrt[3]{4})$。

根据题意可知，水箱所用材料面积的最小值一定存在，那么这个唯一的驻点一定就是最小值点。所以当长、宽、高都为 $\sqrt[3]{4}$ m 时，用料最省。

【能力训练 8.5】

基础练习

1. 选择题。

(1) 已知 $f(1,1)=-1$ 为函数 $f(x,y)=ax^3+by^3+cxy$ 的极小值，则 a、b、c 分别为(　　)。

A. 1,1,−1　　B. −1,−1,3　　C. −1,−1,−3　　D. 1,1,−3

(2) 若可微函数 $z=f(x,y)$ 在点 (x_0,y_0) 处取得极小值，则下列结论中正确的是(　　)。

A. $f(x_0,y)$ 在 $y=y_0$ 处的导数大于零　　B. $f(x_0,y)$ 在 $y=y_0$ 处的导数等于零

C. $f(x_0,y)$ 在 $y=y_0$ 处的导数小于零　　D. $f(x_0,y)$ 在 $y=y_0$ 处的导数不存在

2. 求下列函数的极值。

(1) $f(x,y)=4(x-y)-x^2-y^2$　　(2) $f(x,y)=e^{2x}(x+y^2+2y)$

(3) $f(x,y)=(6x-x^2)(4y-y^2)$　　(4) $f(x,y)=xy(a-x-y)\quad(a\neq 0)$

提高练习

(1) 设 $z=z(x,y)$ 是由方程 $x^2+y^2+z^2-2x+4y-6z-11=0$ 所确定的函数，求该函数的极值。

(2) 建造一个长方形水池，其底和壁的总面积为 108m^2，问水池的尺寸如何设计时，其容积最大？

8.6 二重积分的概念与性质

二重积分是定积分的推广，二者都是由研究实际问题中的特定数学模型——“和式极限”而引入的积分学概念。

8.6.1 引例：求曲顶柱体的体积

设有一立体，如图 8-17 所示，其底是 xOy 面上的有界闭区域 D，侧面是以 D 的边界线为准线的柱面，顶是连续函数 $z=f(x,y)(f(x,y)\geqslant 0,(x,y)\in D)$所表示的曲面(称此立体为曲顶柱体)，求其体积 V。

我们需要讨论如何定义并计算曲顶柱体的体积 V。已知平顶柱体的体积可由公式“体积=高×底面积”定义和计算。由于曲顶柱体的高度 $f(x,y)$是变量，其体积不能直接用上述公式求出。下面我们运用计算曲边梯形面积的思想，分 4 个步骤讨论这个问题。

步骤 1：分割。用一组曲线网将 D 任意分成 n 个小闭区域

$$\Delta\sigma_1,\Delta\sigma_2,\cdots,\Delta\sigma_n \quad (\Delta\sigma_i \text{ 表示第 } i \text{ 个小区域面积}, i=1,2,\cdots,n)$$

以每个小区域的边界为准线作母线平行于 z 轴的柱面，则将整个曲顶柱体分成了 n 个小曲顶柱体，其体积分别记为 $\Delta V_1,\Delta V_2,\cdots,\Delta V_n$($\Delta V_i$ 表示第 i 个小曲顶柱体)，则

$$V=\sum_{i=1}^{n}\Delta V_i$$

步骤 2：近似代替。在 $\Delta\sigma_i$ 上任取一点(ξ_i,η_i)，当 $\Delta\sigma_i$ 很小时，可用以 $f(\xi_i,\eta_i)$为高、$\Delta\sigma_i$ 为底的小平顶柱体体积近似代替小曲顶柱体体积 ΔV_i，如图 8-18 所示，则有

$$\Delta V_i \approx f(\xi_i,\eta_i)\Delta\sigma_i \quad (i=1,2,\cdots,n)$$

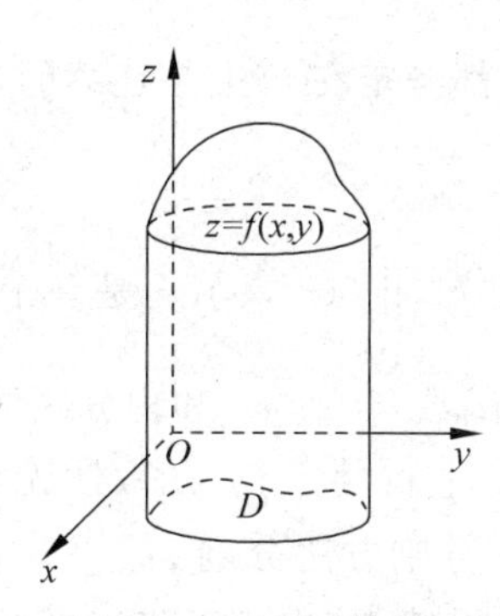

图 8-17 曲顶柱体

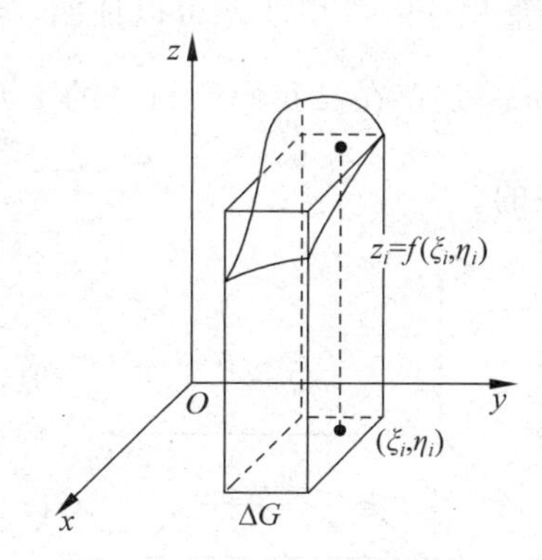

图 8-18 近似代替

步骤 3：求和。将 n 个小曲顶柱体体积的近似值求和，则得到曲顶柱体体积 V 的近似值，即

$$V=\sum_{i=1}^{n}\Delta V_i \approx \sum_{i=1}^{n} f(\xi_i,\eta_i)\Delta\sigma_i$$

步骤 4：取极限。令 n 个小闭区域直径中的最大值(记为 λ)趋于零，对上述和式取极

定义 8.10

限，其极限值自然地就定义为所讨论曲顶柱体的体积 V，即

$$V=\lim_{\lambda\to 0}\sum_{i=1}^{n}f(\xi_i,\eta_i)\Delta\sigma_i$$

上述这个特殊和式的极限称为函数 $f(x,y)$ 在区域 D 上的二重积分。

8.6.2 二重积分的定义

定义 8.10 设二元函数 $z=f(x,y)$ 在有界闭区域 D 上有界，将区域 D 任意分成 n 个小闭区域 $\Delta\sigma_1,\Delta\sigma_2,\Delta\sigma_3,\cdots,\Delta\sigma_i,\cdots,\Delta\sigma_n(i=1,2,3,\cdots,n)$，并以 $\Delta\sigma_i$ 表示第 i 个小区域的面积；在 $\Delta\sigma_i$ 内任取一点 (ξ_i,η_i)，作乘积 $f(\xi_i,\eta_i)\Delta\sigma_i$，并作和 $\sum\limits_{i=1}^{n}f(\xi_i,\eta_i)\Delta\sigma_i$；令 $\lambda=\max\limits_{1\leqslant i\leqslant n}\{d\Delta\sigma_i\}\to 0$（即 λ 是小区域直径中的最大值），如果和式 $\sum\limits_{i=1}^{n}f(\xi_i,\eta_i)\Delta\sigma_i$ 存在极限，则称 $f(x,y)$ 在 D 上**可积**，且称此极限值为函数 $f(x,y)$ 在区域 D 上的**二重积分**，记为

$$\iint_D f(x,y)\mathrm{d}\sigma$$

即

$$\iint_D f(x,y)\mathrm{d}\sigma=\lim_{\lambda\to 0}\sum_{i=1}^{n}f(\xi_i,\eta_i)\Delta\sigma_i$$

其中，$f(x,y)$ 称为被积函数，$f(x,y)\mathrm{d}\sigma$ 称为被积表达式，$\mathrm{d}\sigma$ 称为**面积微元**（或面积元素），x 和 y 为积分变量，D 为**积分区域**，$\iint$ 为二重积分符号，$\sum\limits_{i=1}^{n}f(\xi_i,\eta_i)\Delta\sigma_i$ 为积分和。

关于二重积分，我们作以下几点说明。

(1) 二重积分的可积性。可以证明，当 $f(x,y)$ 在有界闭区域 D 上连续时，二重积分 $\iint\limits_D f(x,y)\mathrm{d}\sigma$ 一定存在。我们所讨论的二元函数 $f(x,y)$ 都假定在 D 上是连续的，故二重积分都是存在的。

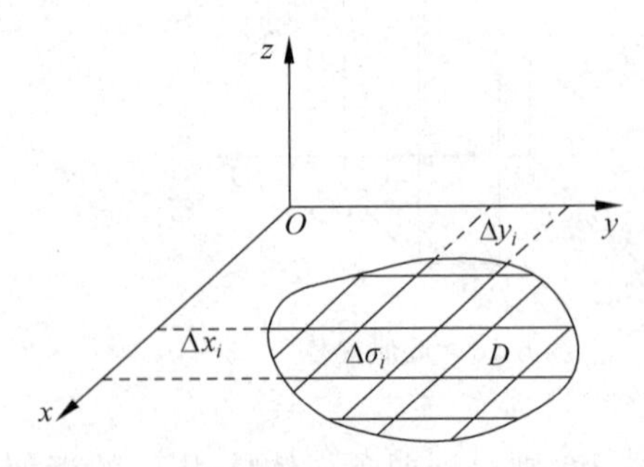

图 8-19 用平行于坐标轴的直线网分割 D

(2) 由定义可知，$\iint\limits_D f(x,y)\mathrm{d}\sigma$ 是一个确定的数值，其值只与被积函数 $f(x,y)$ 和积分区域 D 有关，与 D 的分法和 $\Delta\sigma_i$ 上点 (ξ_i,η_i) 的取法无关，因此可以选取便于计算的分割方法分割 D。

(3) 在直角坐标系中，当用平行于坐标轴的直线网分割 D 时，除了含有边界点的部分小区域外，绝大多数小区域都是矩形域，如图 8-19 所示，此时

$$\Delta\sigma_i=\Delta x_i\Delta y_i$$

则在直角坐标系下面积元素可表示为 $\mathrm{d}\sigma=\mathrm{d}x\mathrm{d}y$，二重积分可表示为

$$\iint_D f(x,y)\mathrm{d}\sigma=\iint_D f(x,y)\mathrm{d}x\mathrm{d}y$$

8.6.3 二重积分的几何意义

由二重积分的定义可知，曲顶柱体的体积是函数 $f(x,y)$在底 D 上的二重积分，即

$$V=\iint_D f(x,y)\mathrm{d}\sigma$$

若 $f(x,y)\geqslant 0\ ((x,y)\in D)$，二重积分$\iint_D f(x,y)\mathrm{d}\sigma$ 在几何上就表示以被积函数 $f(x,y)$ 为顶，以积分区域 D 为底的曲顶柱体体积 V，即 $\iint_D f(x,y)\mathrm{d}\sigma=V$。

若 $f(x,y)\leqslant 0\ ((x,y)\in D)$，此时曲顶柱体位于 xOy 面的下方，二重积分的绝对值仍等于柱体的体积，即$\left|\iint_D f(x,y)\mathrm{d}\sigma\right|=V$，但二重积分本身为负值，所以 $\iint_D f(x,y)\mathrm{d}\sigma=-V$。

如果 $f(x,y)$在 D 的若干部分区域上是正的，而在其他部分区域上是负的，那么 $f(x,y)$ 在 D 上的二重积分就等于 xOy 面上方的柱体体积减去 xOy 面下方的柱体体积之差。

特别地，若 $f(x,y)\equiv 1$，则$\iint_D \mathrm{d}\sigma=D$ 可作为求平面图形(区域)面积的公式。

8.6.4 二重积分的性质

二重积分具有与定积分类似的性质。叙述如下，证明从略。

性质 1 函数代数和的积分等于各函数积分的代数和，即

$$\iint_D [f(x,y)\pm g(x,y)]\mathrm{d}\sigma=\iint_D f(x,y)\mathrm{d}\sigma\pm\iint_D g(x,y)\mathrm{d}\sigma$$

性质 2 常数因子可提到积分符号外，即

$$\iint_D kf(x,y)\mathrm{d}\sigma=k\iint_D f(x,y)\mathrm{d}\sigma \quad (k\text{ 是常数})$$

性质 3 二重积分对积分区域具有可加性。若 $D=D_1+D_2$(D_1、D_2 不相交)，则

$$\iint_D f(x,y)\mathrm{d}\sigma=\iint_{D_1} f(x,y)\mathrm{d}\sigma+\iint_{D_2} f(x,y)\mathrm{d}\sigma$$

性质 4 若在 D 上，$f(x,y)\leqslant g(x,y)$，则

$$\iint_D f(x,y)\mathrm{d}\sigma\leqslant\iint_D g(x,y)\mathrm{d}\sigma$$

特别地$\left|\iint_D f(x,y)\mathrm{d}\sigma\right|\leqslant\iint_D |f(x,y)|\mathrm{d}\sigma$。

性质 5 设 m 和 M 分别是函数 $f(x,y)$在 D 上的最小值与最大值，σ 为 D 的面积，则

$$m\sigma\leqslant\iint_D f(x,y)\mathrm{d}\sigma\leqslant M\sigma$$

性质 6(二重积分的中值定理) 设 $f(x,y)$在闭区域 D 上连续，σ 为 D 的面积，则在 D 上至少存在一点(ξ,η)，使得$\iint_D f(x,y)\mathrm{d}\sigma=f(\xi,\eta)\cdot\sigma$。

性质 6 的几何意义为：以 $f(x,y)$ 为顶、以区域 D 为底的曲顶柱体的体积等于同底上高为 $f(\xi,\eta)$ 的平顶柱体的体积。

【例 8-31】 设积分区域 $D=\{(x,y)\mid x^2+y^2\leqslant 1\}$，试利用二重积分的几何意义计算二重积分。

(1) $\iint\limits_D \sqrt{1-x^2-y^2}\,dx\,dy$　　　　(2) $\iint\limits_D dx\,dy$

解：(1) 被积函数 $z=\sqrt{1-x^2-y^2}$ 在几何上表示为以原点为球心，以 1 为半径的上半球面，积分区域 D 即上半球面在 xOy 面上的投影。由二重积分的几何意义可知，此二重积分表示上半球面与 xOy 面所围成的半球体的体积，所以

例 8-31

$$\iint\limits_D \sqrt{1-x^2-y^2}\,dx\,dy=\frac{1}{2}\left(\frac{4}{3}\pi\right)=\frac{2}{3}\pi$$

(2) 被积函数为 1，则二重积分 $\iint\limits_D dx\,dy=\pi$（$D$ 的面积）。

【例 8-32】 设二重积分 $\iint\limits_D \sqrt{1+x^2+y^2}\,d\sigma$ 和 $\iint\limits_D \sqrt{1+x^3+y^3}\,d\sigma$ 的积分区域 D 为 $x^2+y^2\leqslant 1$，试比较它们的大小。

解：在积分区域 D 上，$|x|\leqslant 1$，$|y|\leqslant 1$，所以在积分区域 D 上，

$$\sqrt{1+x^2+y^2}\geqslant\sqrt{1+x^3+y^3}$$

于是 $\iint\limits_D \sqrt{1+x^2+y^2}\,d\sigma\geqslant\iint\limits_D \sqrt{1+x^3+y^3}\,d\sigma$。

【例 8-33】 不计算二重积分，估计 $\iint\limits_D e^{x^2+y^2}\,d\sigma$ 的值，其中 D 是椭圆闭区域：

$$\frac{x^2}{a^2}+\frac{y^2}{b^2}\leqslant 1\quad(0<b<a)$$

解：积分区域 D 的面积为 $\sigma=\pi ab$，在 D 上因为 $0\leqslant x^2+y^2\leqslant a^2$，所以 $1=e^0\leqslant e^{x^2+y^2}\leqslant e^{a^2}$，因此

$$\sigma\leqslant\iint\limits_D e^{x^2+y^2}\,d\sigma\leqslant\sigma\cdot e^{a^2}$$

从而有

$$\pi ab\leqslant\iint\limits_D e^{x^2+y^2}\,d\sigma\leqslant\pi e^{a^2}ab$$

【能力训练 8.6】

基础练习

1. 利用二重积分的几何意义给出下列二重积分的值。

(1) $\iint\limits_D dx\,dy$，$D=\{(x,y)\mid x^2+y^2\leqslant 1\}$

(2) $\iint\limits_D \sqrt{R^2-x^2-y^2}\,\mathrm{d}x\,\mathrm{d}y, D=\{(x,y) \mid x^2+y^2\leqslant R^2\}$

(3) $\iint\limits_D x\,\mathrm{d}x\,\mathrm{d}y, D=\{(x,y) \mid -1\leqslant x<1, -1\leqslant y\leqslant 1\}$

2. 比较二重积分的大小。

(1) $\iint\limits_D (x+y)^3\,\mathrm{d}x\,\mathrm{d}y$ 与 $\iint\limits_D (x+y)^2\,\mathrm{d}x\,\mathrm{d}y$，其中 D 由 x 轴、y 轴和直线 $x+y=1$ 围成。

(2) $\iint\limits_D \ln(x+y)\,\mathrm{d}x\,\mathrm{d}y$ 与 $\iint\limits_D \ln(x+y)^2\,\mathrm{d}x\,\mathrm{d}y$，其中 D 是顶点为 $A(1,0)$、$B(1,1)$、$C(2,0)$ 的三角形区域。

3. 估计下列积分的值。

(1) $\iint\limits_D (x^2+4y^2+9)\,\mathrm{d}\sigma$，其中 $D=\{(x,y) \mid x^2+y^2\leqslant 4\}$。

(2) $\iint\limits_D \mathrm{e}^{-x^2-y^2}\,\mathrm{d}\sigma$，其中 $D=\{(x,y) \mid x^2+y^2\leqslant 1\}$。

(3) $\iint\limits_D (x+y+1)\,\mathrm{d}\sigma$，其中 $D=[1,2]\times[0,1]$。

提高练习

1. 试用二重积分表示由圆柱面 $x^2+y^2=1$、xOy 面及平面 $z=1-\frac{x}{4}-\frac{y}{3}$ 所围成的几何体的体积。

2. 比较积分值大小。

(1) 设 $I_1=\iint\limits_D \ln(x+y)\,\mathrm{d}\sigma$，$I_2=\iint\limits_D (x+y)^2\,\mathrm{d}\sigma$，$I_3=\iint\limits_D \sin^2(x+y)\,\mathrm{d}\sigma$，其中 $D=\left\{(x,y) \,\middle|\, x\geqslant 0, y\geqslant 0, \frac{1}{2}\leqslant x+y\leqslant 1\right\}$，比较 I_1、I_2、I_3 的大小。

(2) $I_1=\iint\limits_D \cos\sqrt{x^2+y^2}\,\mathrm{d}\sigma$，$I_2=\iint\limits_D \cos(x^2+y^2)\,\mathrm{d}\sigma$，$I_3=\iint\limits_D \cos(x^2+y^2)^2\,\mathrm{d}\sigma$，其中 $D=\{(x,y) \mid x^2+y^2\leqslant 1\}$，比较 I_1、I_2、I_3 的大小。

8.7 二重积分的计算

二重积分定义已经给出了计算二重积分的方法，但由于“和式极限”计算过程非常复杂，有很大的局限性。本节我们讨论如何把二重积分化为两次定积分(称为二次积分或累次积分)来计算的方法。

8.7.1 利用直角坐标系计算二重积分

由 8.6 节可知，在直角坐标系中，面积微元表达式为 $d\sigma=dxdy$，二重积分表达式为

$$\iint_D f(x,y)d\sigma=\iint_D f(x,y)dxdy$$

设函数 $z=f(x,y)$ 在区域 D 上连续，且 $f(x,y)\geqslant 0,(x,y)\in D$。根据积分区域 D 的几何特点，分两种情形讨论直角坐标系下二重积分的计算方法。

1. *D* 为 *X*-型区域

设区域 D 由两条直线 $x=a$、$x=b$ 及两条曲线 $y=\varphi_1(x)$、$y=\varphi_2(x)$ 所围成，如图 8-20 所示，即

$$D: a\leqslant x\leqslant b,\quad \varphi_1(x)\leqslant y\leqslant \varphi_2(x)$$

其中，函数 $\varphi_1(x)$、$\varphi_2(x)$ 在 $[a,b]$ 上连续，此时 $\boldsymbol{D}$ 称为 **X-型区域**。

下面利用二重积分的几何意义，分两步把二重积分转化为先对 y 积分，再对 x 积分的累次积分。如图 8-21 所示，有

$$\iint_D f(x,y)dxdy=V(\text{曲顶柱体的体积})$$

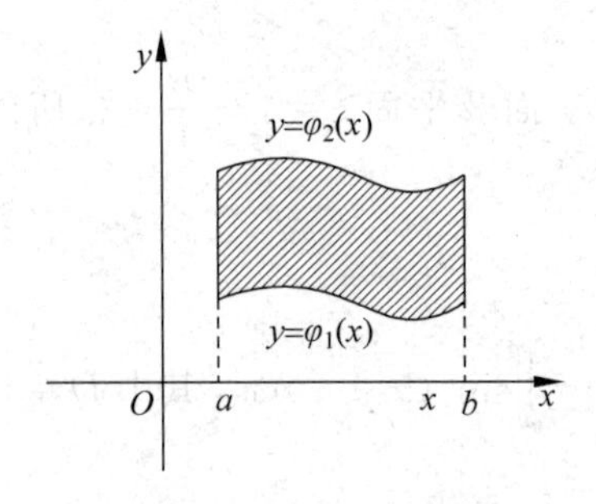

图 8-20　区域 D（X-型区域）

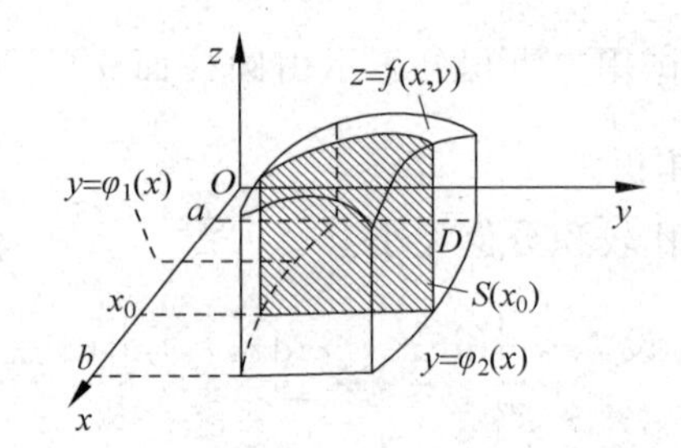

图 8-21　二重积分转化

步骤 1：任意取定一点 $x_0\in[a,b]$，作平面 $x=x_0$，用其截曲顶柱体，所得截面为曲边梯形，记其面积为 $S(x_0)$（$S(x_0)$ 同时也表示该截面），根据定积分的几何意义，有

$$S(x_0)=\int_{\varphi_1(x_0)}^{\varphi_2(x_0)} f(x_0,y)dy$$

当 x_0 为 $[a,b]$ 上的动点时，记为 x，有面积函数 $S(x)=\int_{\varphi_1(x)}^{\varphi_2(x)} f(x,y)dy$（此积分视 x 为常量，y 为积分变量）。

步骤 2：将面积函数 $S(x)$ 在 $[a,b]$ 上无穷累加，即得曲顶柱体体积，所以

$$V=\int_a^b S(x)dx=\int_a^b\left[\int_{\varphi_1(x)}^{\varphi_2(x)} f(x,y)dy\right]dx$$

即

$$\iint\limits_D f(x,y)\mathrm{d}x\mathrm{d}y=\int_a^b\left[\int_{\varphi_1(x)}^{\varphi_2(x)}f(x,y)\mathrm{d}y\right]\mathrm{d}x\xlongequal{\text{简记为}}\int_a^b\mathrm{d}x\int_{\varphi_1(x)}^{\varphi_2(x)}f(x,y)\mathrm{d}y$$

即有

$$\iint\limits_D f(x,y)\mathrm{d}x\mathrm{d}y=\int_a^b\mathrm{d}x\int_{\varphi_1(x)}^{\varphi_2(x)}f(x,y)\mathrm{d}y$$

上式就是在直角坐标系下将二重积分转化为先对 y 积分再对 x 积分的计算公式。在上面的讨论中，假设了 $f(x,y)\geqslant 0$，事实上没有此规定，公式仍然成立。

注：

(1) 求 $\iint\limits_D f(x,y)\mathrm{d}x\mathrm{d}y$ 时，要分两步进行。

步骤1：计算定积分 $\int_{\varphi_1(x)}^{\varphi_2(x)}f(x,y)\mathrm{d}y$。视 x 为常量，y 为积分变量，被积函数 $f(x,y)$ 是 y 的一元函数，积分区间为$[\varphi_1(x),\varphi_2(x)]$，其结果是 x 的函数，记为 $F(x)$。

步骤2：计算定积分 $\int_a^b F(x)\mathrm{d}x$。

(2) 对 X-型区域的要求。当用$[a,b]$中任意点 x 处垂直于 x 轴的直线穿过区域 D 内部时，该直线与区域 D 边界的交点最多不得多于两点；若交点多于两点，须将区域划分为若干个部分区域，使每个部分区域是 X-型或 Y-型区域，再利用二重积分区域可加性进行计算。

如图8-22所示，须把 D 分成3个 X-型区域，即 $D=D_1+D_2+D_3$，则

$$\iint\limits_D f(x,y)\mathrm{d}x\mathrm{d}y=\iint\limits_{D_1} f(x,y)\mathrm{d}x\mathrm{d}y+\iint\limits_{D_2} f(x,y)\mathrm{d}x\mathrm{d}y+\iint\limits_{D_3} f(x,y)\mathrm{d}x\mathrm{d}y$$

2. D 为 Y-型区域

设区域 D 是由两条直线 $y=c$、$y=d$ 和两条曲线 $x=\varphi_1(y)$、$x=\varphi_2(y)$ 所围成，如图8-23所示，即

$$D: c\leqslant y\leqslant d,\quad \varphi_1(y)\leqslant x\leqslant\varphi_2(y)$$

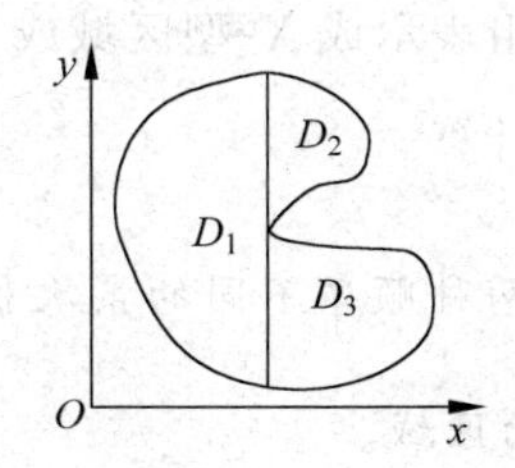

图8-22　把 D 分为3个 X-型区域

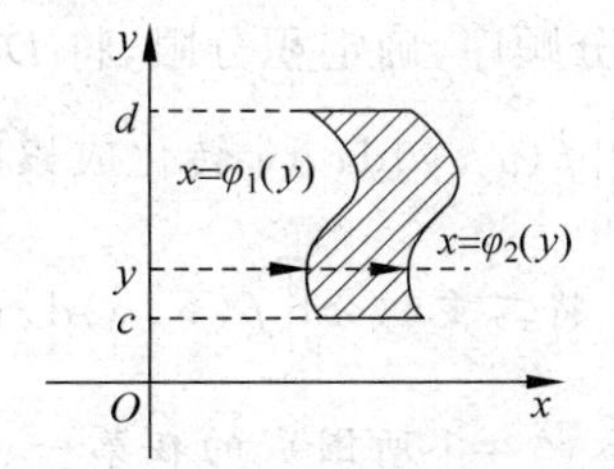

图8-23　区域 D(Y-型区域)

其中，函数 $\varphi_1(y)$、$\varphi_2(y)$在$[c,d]$上连续。此时 D 称为 Y-型区域。类似于 X-型区域的讨论，可把二重积分转化为先对 x 积分再对 y 积分的累次积分，公式为

$$\iint\limits_D f(x,y)\mathrm{d}x\mathrm{d}y=\int_c^d\mathrm{d}y\int_{\varphi_1(y)}^{\varphi_2(y)}f(x,y)\mathrm{d}x$$

注：

(1) 一般而言，区域 D 既可视为 X-型区域，又可视为 Y-型区域，且两种不同顺序的累次积分相等，即

$$\iint_D f(x,y)\mathrm{d}x\mathrm{d}y=\int_a^b \mathrm{d}x\int_{\varphi_1(x)}^{\varphi_2(x)} f(x,y)\mathrm{d}y=\int_c^d \mathrm{d}y\int_{\varphi_1(x)}^{\varphi_2(x)} f(x,y)\mathrm{d}x$$

对区域 D 的类型定位不同，会导致计算累次积分的难易程度不一样，甚至可能出现“积不出来”的结果，所以选择积分顺序至关重要。

(2) 若 D 是由四条直线 $x=a$、$x=b$、$y=c$、$y=d$ 所围成的矩形区域，如图 8-24 所示，即

$$D: a\leqslant x\leqslant b,\quad c\leqslant y\leqslant d$$

则

$$\iint_D f(x,y)\mathrm{d}x\mathrm{d}y=\int_a^b \mathrm{d}x\int_c^d f(x,y)\mathrm{d}y=\int_c^d \mathrm{d}y\int_a^b f(x,y)\mathrm{d}x$$

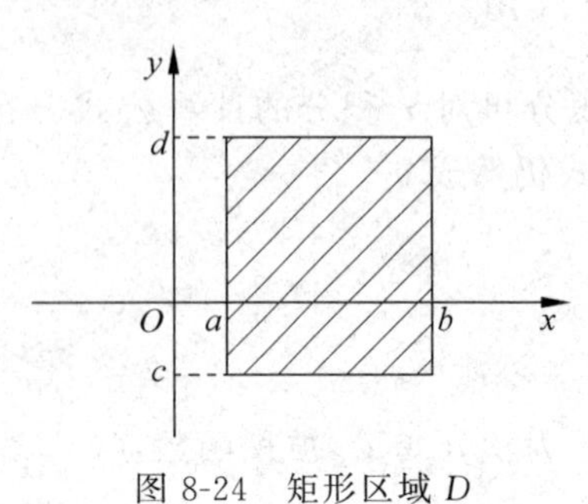

图 8-24　矩形区域 D

上式说明，D 为矩形区域时积分限均是常数，且可直接交换积分顺序。

(3) 将二重积分转化为累次积分时，确定积分限是关键。确定积分限的方法如下。

若 D 为 X-型区域，即选择先对 y 积分再对 x 积分，则先确定 x 的变化区间 $[a,b]$：将 D 投影到 x 轴上，得区间 $[a,b]$；再确定 y 的变化区间 $[\varphi_1(x),\varphi_2(x)]$：在 $[a,b]$ 中任一点 x 处作垂直于 x 轴的直线，并令其由下而上穿过 D，则穿入点所在曲线即 $y=\varphi_1(x)$，穿出点所在曲线即 $y=\varphi_2(x)$，如图 8-20 所示。

若 D 为 Y-型区域，如图 8-23 所示，即选择先对 x 积分再对 y 积分，则先确定 y 的变化区间 $[c,d]$：将 D 投影到 y 轴上，得区间 $[c,d]$；再确定 x 的变化区间 $[\varphi_1(y),\varphi_2(y)]$：在 $[c,d]$ 中任一点 y 处作垂直于 y 轴的直线，并令其自左至右穿过 D，则穿入点所在曲线即 $x=\varphi_1(y)$，穿出点所在曲线即 $x=\varphi_2(y)$（图 8-23）。

综上所述，给出在直角坐标系下计算 $I=\iint_D f(x,y)\mathrm{d}x\mathrm{d}y$ 的方法步骤如下。

(1) 做出 D 的简图，求出边界线的交点。

(2) 选择积分顺序，确定积分限，将 D 用不等式组表示成 X-型区域或 Y-型区域。

(3) 将 $I=\iint_D f(x,y)\mathrm{d}x\mathrm{d}y$ 转化成累次积分，并计算。

【例 8-34】 将二重积分 $\iint_D f(x,y)\mathrm{d}x\mathrm{d}y$ 转化为两种顺序不同的累次积分，其中区域 D 是由 $y=0$，$x^2+y^2=1$ 所围成的在第一、二象限内的区域。

解：积分区域 D 为半径为 1、圆心在原点的上半圆域。

若先对 y 积分再对 x 积分，则 D：$-1\leqslant x\leqslant 1, 0\leqslant y\leqslant\sqrt{1-x^2}$，如图 8-25 所示。所以

$$\iint_D f(x,y)\mathrm{d}x\mathrm{d}y=\int_{-1}^1 \mathrm{d}x\int_0^{\sqrt{1-x^2}} f(x,y)\mathrm{d}y$$

若先对 x 积分再对 y 积分，则 D：$0\leqslant y\leqslant 1, -\sqrt{1-y^2}\leqslant x\leqslant\sqrt{1-y^2}$，如图 8-26 所示。所以

$$\iint_D f(x,y)\mathrm{d}x\mathrm{d}y=\int_0^1 \mathrm{d}y\int_{-\sqrt{1-y^2}}^{\sqrt{1-y^2}} f(x,y)\mathrm{d}x$$

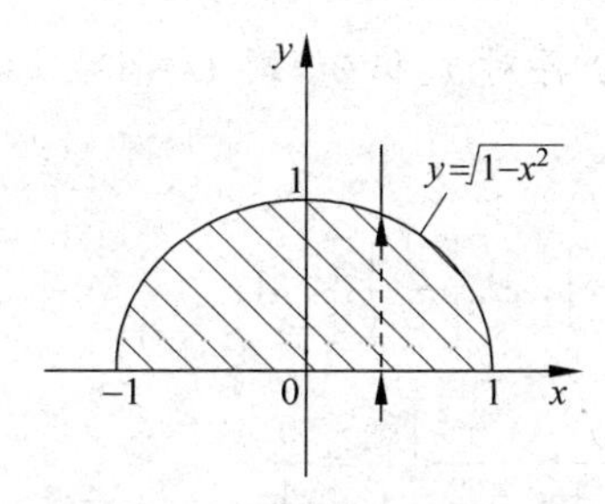

图 8-25 例 8-34 先对 y 积分再对 x 积分

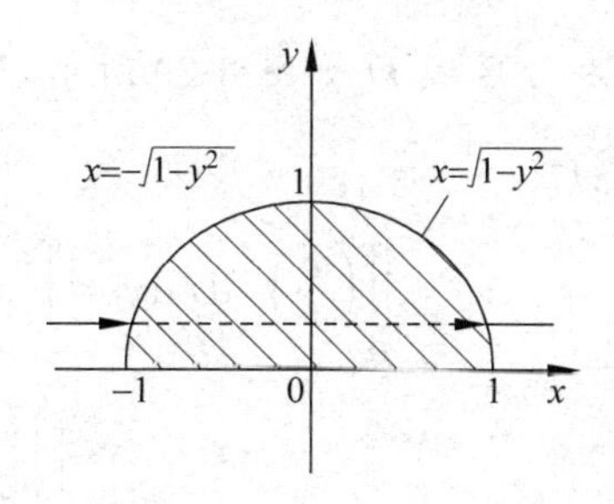

图 8-26 例 8-34 先对 x 积分再对 y 积分

【例 8-35】 计算二重积分 $I=\iint\limits_D x^2\mathrm{e}^{-y^2}\mathrm{d}x\mathrm{d}y$，其中 D 是由直线 $x=0,y=1$ 及 $y=x$ 围成的区域。

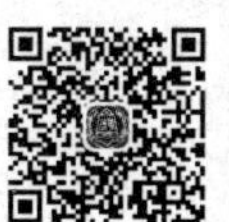
例 8-35

解：如图 8-27 所示，D 若先对 y 积分再对 x 积分，则

$$D:0\leqslant x\leqslant 1,\quad x\leqslant y\leqslant 1$$

所以

$$I=\int_0^1\mathrm{d}x\int_x^1 x^2\mathrm{e}^{-y^2}\mathrm{d}y=\int_0^1 x^2\mathrm{d}x\int_x^1\mathrm{e}^{-y^2}\mathrm{d}y$$

应注意到，由于积分 $\int_x^1\mathrm{e}^{-y^2}\mathrm{d}y$ 中的被积函数 e^{-y^2} 的原函数不能用初等函数表示，故此时二重积分 $\iint\limits_D x^2\mathrm{e}^{-y^2}\mathrm{d}x\mathrm{d}y$“积不出来”。故应选择先对 x 积分再对 y 积分，如图 8-28 所示。则 $D:0\leqslant y\leqslant 1,0\leqslant x\leqslant y$，所以

$$\begin{aligned}I&=\int_0^1\mathrm{d}y\int_0^y x^2\mathrm{e}^{-y^2}\mathrm{d}x=\int_0^1\mathrm{e}^{-y^2}\mathrm{d}y\int_0^y x^2\mathrm{d}x=\frac{1}{3}\int_0^1 y^3\mathrm{e}^{-y^2}\mathrm{d}y\\&=\frac{1}{6}\int_0^1 y^2\mathrm{e}^{-y^2}\mathrm{d}y^2\xlongequal{u=y^2}\frac{1}{6}\int_0^1 u\mathrm{e}^{-u}\mathrm{d}u=-\frac{1}{6}\int_0^1 u\mathrm{d}\mathrm{e}^{-u}\\&=-\frac{1}{6}\left[(u\mathrm{e}^{-u})\Big|_0^1-\int_0^1\mathrm{e}^{-u}\mathrm{d}u\right]\\&=-\frac{1}{6}\mathrm{e}^{-1}-\frac{1}{6}\mathrm{e}^{-u}\Big|_0^1=\frac{1}{6}-\frac{1}{3\mathrm{e}}\end{aligned}$$

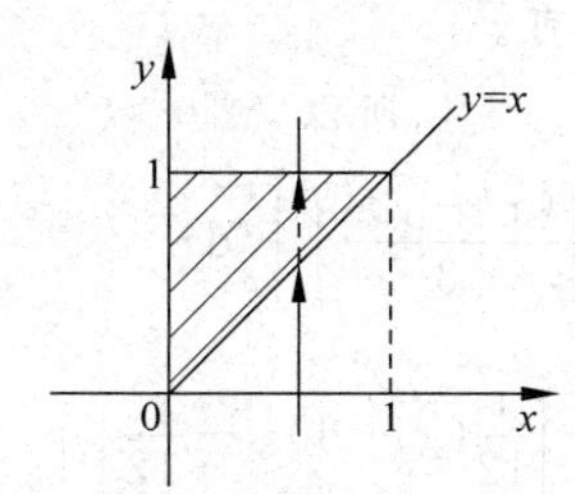

图 8-27 例 8-35 先对 y 积分再对 x 积分

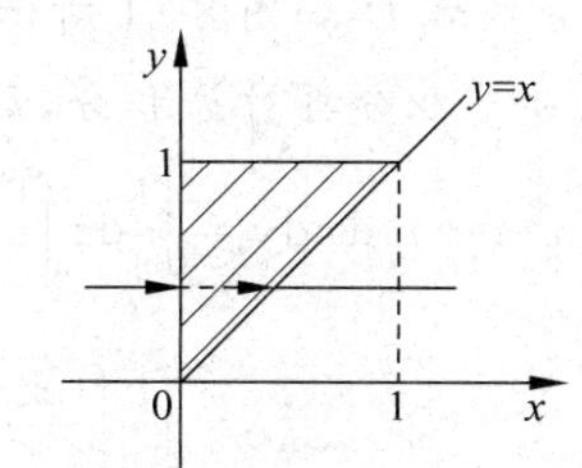

图 8-28 例 8-35 先对 x 积分再对 y 积分

【例 8-36】 计算 $\iint\limits_D\left(\frac{x}{y}\right)^2\mathrm{d}x\mathrm{d}y$，其中 D 为 $xy=1,y=x,x=2$ 围成的区域。

解：积分区域 D 如图 8-29 所示，选择先对 y 积分再对 x 积分，则 D：$1\leqslant x\leqslant 2,\frac{1}{x}\leqslant y\leqslant x$，所以

$$\iint_D\left(\frac{x}{y}\right)^2\mathrm{d}x\,\mathrm{d}y=\int_1^2 x^2\mathrm{d}x\int_{\frac{1}{x}}^{x}y^{-2}\mathrm{d}y=\int_1^2 x^2\left[-\frac{1}{y}\right]_{\frac{1}{x}}^{x}\mathrm{d}x$$

$$=\int_1^2(x^3-x)\mathrm{d}x=\left[\frac{x^4}{4}-\frac{x^2}{2}\right]_1^2=\frac{9}{4}$$

注：如先对 x 积分，需将 D 分成 D_1、D_2 两部分，即 $D=D_1+D_2$，如图 8-30 所示。

$$D_1:\frac{1}{2}\leqslant y\leqslant 1,\frac{1}{y}\leqslant x\leqslant 2;\quad D_2:1\leqslant y\leqslant 2,y\leqslant x\leqslant 2$$

由二重积分性质 3 得

$$\iint_D\left(\frac{x}{y}\right)^2\mathrm{d}x\,\mathrm{d}y=\iint_{D_1}\left(\frac{x}{y}\right)^2\mathrm{d}x\,\mathrm{d}y+\iint_{D_2}\left(\frac{x}{y}\right)^2\mathrm{d}x\,\mathrm{d}y$$

此题说明选择积分顺序的重要性。

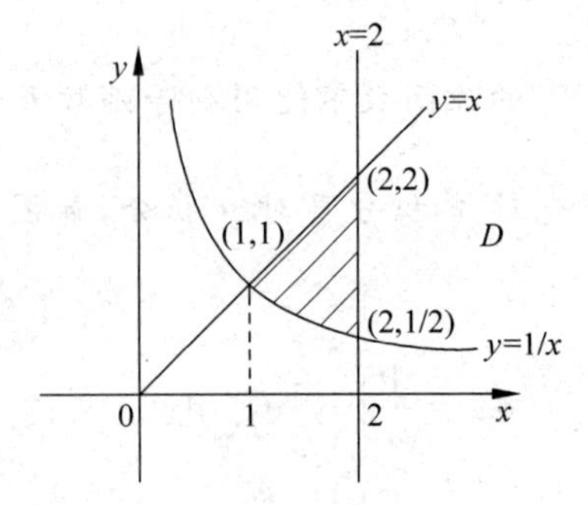

图 8-29 例 8-36 先对 y 积分再对 x 积分

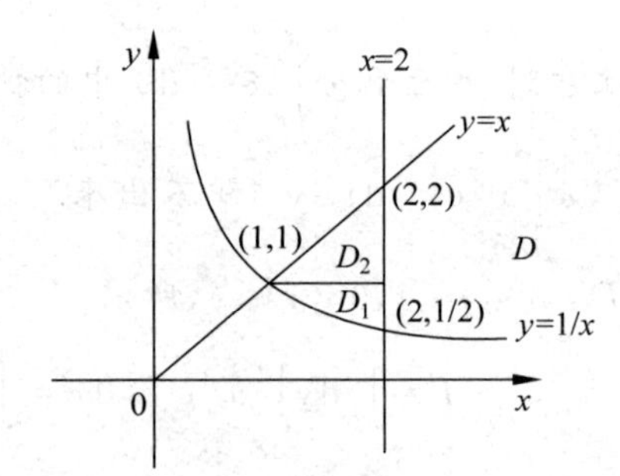

图 8-30 例 8-36 先对 x 积分再对 y 积分

【例 8-37】 计算 $\iint_D(x+y)^2\mathrm{d}x\,\mathrm{d}y$，其中 D 是由直线 $x=0,x=1,y=0,y=1$ 围成的矩形区域。

解：积分区域 D 如图 8-31 所示，两种积分顺序均可。

选择先对 y 积分再对 x 积分，则 D：$0\leqslant x\leqslant 1,0\leqslant y\leqslant 1$，所以

$$\iint_D(x+y)^2\mathrm{d}x\,\mathrm{d}y=\int_0^1\mathrm{d}x\int_0^1(x+y)^2\mathrm{d}y=\int_0^1\left[\frac{(x+y)^2}{3}\right]\Bigg|_0^1\mathrm{d}x$$

$$=\int_0^1\left[\frac{(x+1)^2}{3}-\frac{x^3}{3}\right]\mathrm{d}x=\left[\frac{1}{12}(x+1)^4-\frac{x^4}{12}\right]\Bigg|_0^1=\frac{7}{6}$$

例 8-38

【例 8-38】 交换累次积分 $\int_0^2\mathrm{d}x\int_x^{2x}f(x,y)\mathrm{d}y$ 的积分顺序。

解：由所给累次积分将积分区域 D 用不等式组表示出来

$$D:0\leqslant x\leqslant 2,x\leqslant y\leqslant 2x\quad(X\text{-型区域})$$

由此作出 D 的简图，如图 8-32 所示。

将 D 表示成 Y-型，由图 8-32 可知，$D=D_1+D_2$。其中，D_1：$0\leqslant y\leqslant 2,\frac{y}{2}\leqslant x\leqslant y$；$D_2$：$2\leqslant y\leqslant 4,\frac{y}{2}\leqslant x\leqslant 2$。所以

$$\int_0^2 dx\int_x^{2x} f(x,y)dy=\int_0^2 dy\int_{\frac{y}{2}}^{y} f(x,y)dx+\int_2^4 dy\int_{\frac{y}{2}}^{2} f(x,y)dx$$

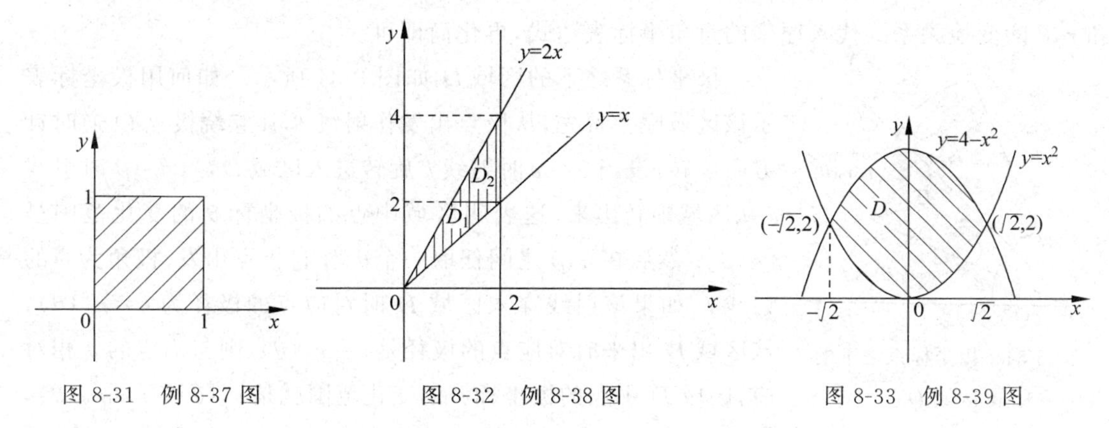

图 8-31　例 8-37 图　　图 8-32　例 8-38 图　　图 8-33　例 8-39 图

【例 8-39】　计算 $\iint\limits_D x\,dx\,dy$，其中 D 由 $y\geqslant x^2,y\leqslant 4-x^2$ 所确定。

解：积分区域 D 如图 8-33 所示，选择先对 y 积分再对 x 积分，则

$$D: x^2\leqslant y\leqslant 4-x^2,\quad -\sqrt{2}\leqslant x\leqslant\sqrt{2}$$

于是

$$\iint\limits_D x\,dx\,dy=\int_{-\sqrt{2}}^{\sqrt{2}} dx\int_{x^2}^{4-x^2} x\,dy=2\int_{-\sqrt{2}}^{\sqrt{2}}(2x-x^3)dx=0$$

注：此题最后一步中，因为被积函数 $(2x-x^3)$ 在对称区间 $[-\sqrt{2},\sqrt{2}]$ 上为奇函数，故定积分 $\int_{-\sqrt{2}}^{\sqrt{2}}(2x-x^3)dx=0$。事实上，对于二重积分也有类似的结论：若被积函数 $f(x,y)$ 为关于 x（或 y）的奇函数，且区域 D 关于 y（或 x）轴对称，则二重积分 $\iint\limits_D f(x,y)dx\,dy=0$；若被积函数 $f(x,y)$ 为关于 x（或 y）的偶函数，积分区域 D 关于 y（或 x）轴对称，则 $\iint\limits_D f(x,y)dx\,dy=2\iint\limits_{D_1} f(x,y)dx\,dy$（此时 $D=2D_1$）。在计算二重积分时，要善于利用对称性以简化计算。

8.7.2　利用极坐标系计算二重积分

有些二重积分，积分区域 D 的边界曲线用极坐标方程表示比较方便，且被积函数用极坐标变量 ρ、θ 表示比较简单。这时就可以考虑用极坐标计算二重积分 $\iint\limits_D f(x,y)d\sigma$。

在极坐标系，二重积分的表达式 $\iint\limits_D f(x,y)d\sigma$ 有变化吗？首先，积分区域 D 本身是不变

的。但是 D 中点的坐标由直角坐标转换为极坐标；区域 D 的边界曲线的表达式由直角坐标方程转换为极坐标方程；被积函数 $f(x,y)$ 转化为关于极坐标的表达式；最后面积元素 $d\sigma = dx\,dy$ 也将随之转化。

除面积元素外，其他的转化，包括区域 D 的边界曲线和被积函数 $f(x,y)$ 的表达式，都可以直接利用直角坐标 x、y 和极坐标 r、θ 的变换式 $x=r\cos\theta, y=r\sin\theta$ 来转换。即将 x、y 和 r、θ 的变换关系式代入原来的直角坐标表达式，再化简即可。

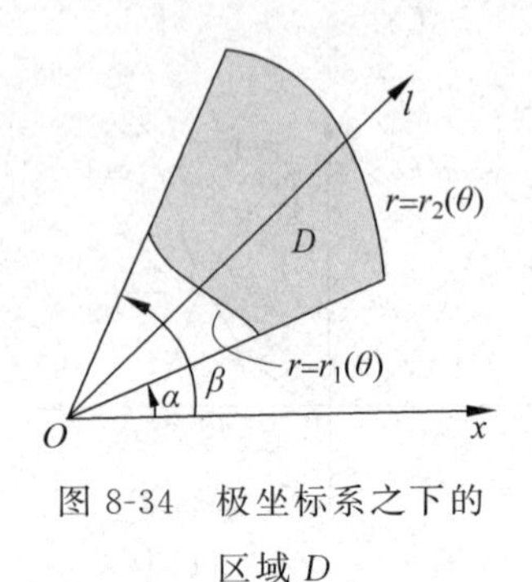

图 8-34 极坐标系之下的区域 D

极坐标系之下的区域 D 如图 8-34 所示。如何用极坐标表示该区域呢？首先，从极点出发作射线 l，让它绕极点 O 逆时针方向旋转，设当 $\theta=\alpha$ 时射线 l 旋转进入区域 D，当 $\theta=\beta$ 时射线 l 从区域中转出来，这表明区域中点的极坐标 θ 的变化范围是 $[\alpha,\beta]$；然后在 α、β 之间任取一个 θ，作自极点出发、极角为 θ 的射线 l，如果该射线穿入区域 D 时对应点的极径为 $r=r_1(\theta)$，从区域 D 出来时对应点的极径是 $r=r_2(\theta)$，则与确定的 θ 相对应，区域 D 中点的极坐标 r 的变化范围就是 $r_1(\theta)\leqslant r\leqslant r_2(\theta)$，即在极坐标系中区域 D 表示为

$$\alpha \leqslant \theta \leqslant \beta, \quad r_1(\theta) \leqslant r \leqslant r_2(\theta)$$

上述确定极坐标系下二重积分的定限不等式的方法称为**动射线法**。

如何将直角坐标系下的面积元素 $d\sigma = dx\,dy$ 转化到极坐标系呢？由于二重积分存在，根据其定义，不论对区域 D 采用何种分割，积分的值都保持不变，因此采用特殊的分割。如图 8-35 所示，用一族同心圆 $r=$ 常数，以及从极点处发出的一族射线 $\theta=$ 常数把 D 分割成若干个小区域，用 $\Delta\sigma$ 表示阴影小区域的面积，则 $\Delta\sigma$ 可以近似地表示为

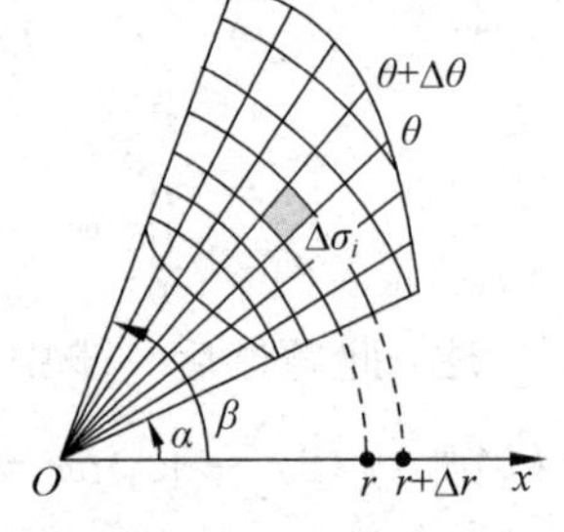

图 8-35 极坐标系下的面积元素

$$\begin{aligned}\Delta\sigma &= \frac{1}{2}(r+\Delta r)^2\Delta\theta - \frac{1}{2}r^2\Delta\theta \\ &= r\Delta r\Delta\theta + \frac{1}{2}\Delta r^2\Delta\theta \\ &\approx r\Delta r\Delta\theta\end{aligned}$$

因此，极坐标系下的面积元素为

$$d\sigma = r\,dr\,d\theta$$

从而得到直角坐标系与极坐标系下二重积分的转换公式为

$$\iint_D f(x,y)\,d\sigma = \iint_D f(r\cos\theta, r\sin\theta)\,r\,dr\,d\theta$$

极坐标系下的二重积分同样是转换成二次积分来计算，下面根据积分区域的特点分 3 种情况来讨论。

(1) 如果极点 O 在区域 D 之外，如图 8-36 所示，区域 D 可表示为

$$\{(r,\theta) \mid \alpha \leqslant \theta \leqslant \beta, r_1(\theta) \leqslant r \leqslant r_2(\theta)\}$$

于是

$$\iint_D f(r\cos\theta,r\sin\theta)r\mathrm{d}r\mathrm{d}\theta=\int_\alpha^\beta \mathrm{d}\theta\int_{r_1(\theta)}^{r_2(\theta)} f(r\cos\theta,r\sin\theta)r\mathrm{d}r$$

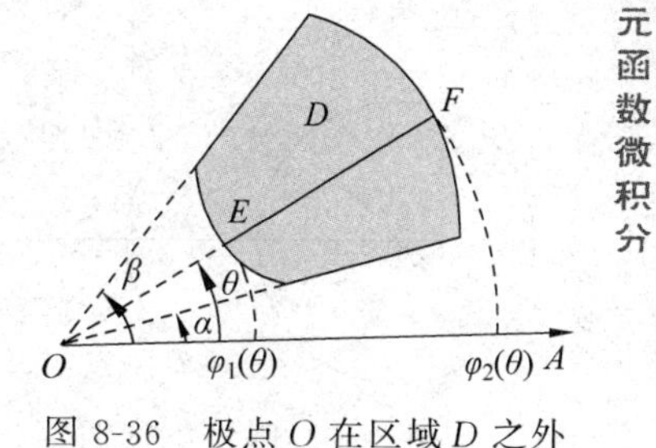

图 8-36　极点 O 在区域 D 之外

(2) 如果极点 O 在区域 D 的边界上,如图 8-37 所示,区域 D 可表示为

$$\{(r,\theta)\mid \alpha\leqslant\theta\leqslant\beta,0\leqslant r\leqslant r(\theta)\}$$

于是

$$\iint_D f(r\cos\theta,r\sin\theta)r\mathrm{d}r\mathrm{d}\theta=\int_\alpha^\beta \mathrm{d}\theta\int_0^{r(\theta)} f(r\cos\theta,r\sin\theta)r\mathrm{d}r$$

(3) 如果极点 O 在区域 D 的内部,如图 8-38 所示,区域 D 可表示为

$$\{(r,\theta)\mid 0\leqslant\theta\leqslant 2\pi,0\leqslant r\leqslant r(\theta)\}$$

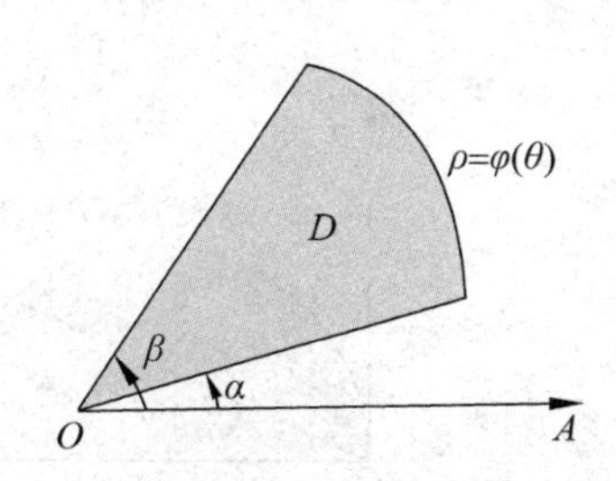

图 8-37　极点 O 在区域 D 的边界上

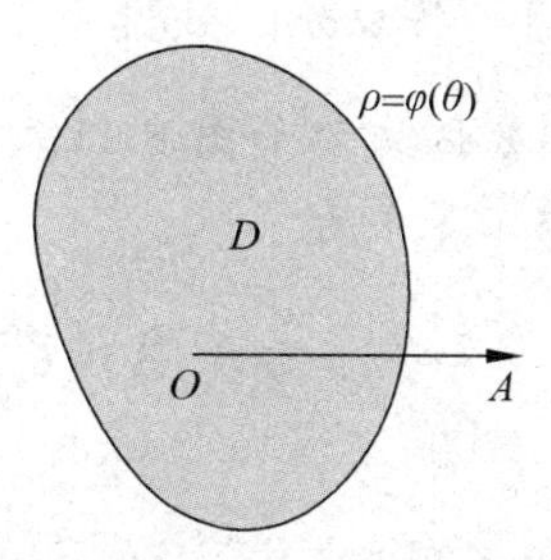

图 8-38　极点 O 在区域 D 的内部

于是

$$\iint_D f(r\cos\theta,r\sin\theta)r\mathrm{d}r\mathrm{d}\theta=\int_0^{2\pi} \mathrm{d}\theta\int_0^{r(\theta)} f(r\cos\theta,r\sin\theta)r\mathrm{d}r$$

【例 8-40】　计算积分 $\iint_D \mathrm{e}^{x^2+y^2}\mathrm{d}\sigma$,其中 D 是圆域 $x^2+y^2\leqslant a^2$。

解:极坐标系下定限不等式为 D:$0\leqslant\theta\leqslant 2\pi,0\leqslant r\leqslant a$,因此

$$\iint_D \mathrm{e}^{x^2+y^2}\mathrm{d}\sigma=\int_0^{2\pi}\mathrm{d}\theta\int_0^a \mathrm{e}^{r^2}r\mathrm{d}r=2\pi\left(\frac{1}{2}\mathrm{e}^{r^2}\right)\bigg|_0^a=\pi(\mathrm{e}^{a^2}-1)$$

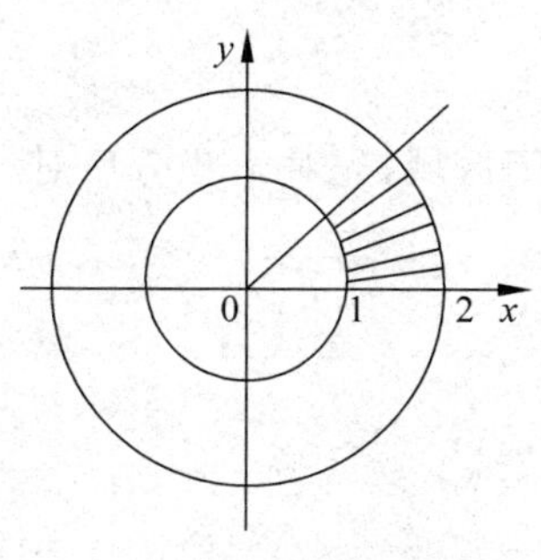

图 8-39　例 8-41 图

【例 8-41】　计算积分 $\iint_D\left(\frac{y}{x}\right)^2\mathrm{d}\sigma$,$D$ 是由圆周 $x^2+y^2=4$,$x^2+y^2=1$ 以及直线 $y=0,y=x$ 所围成的在第一象限内的区域。

解:区域 D 如图 8-39 所示,选择极坐标系计算

$$\iint_D\left(\frac{y}{x}\right)^2\mathrm{d}\sigma=\iint_D(\tan^2\theta)r\mathrm{d}r\mathrm{d}\theta=\int_0^{\frac{\pi}{4}}(\sec^2\theta-1)\mathrm{d}\theta\int_1^2 r\mathrm{d}r=\frac{3}{2}\left(1-\frac{\pi}{4}\right)$$

【例 8-42】　计算如下平面图形的面积:位于 x 轴上方,直线 $y=x$ 下方,圆 $x^2+y^2=4$ 的外部,圆 $(x-2)^2+y^2=4$ 的内部。

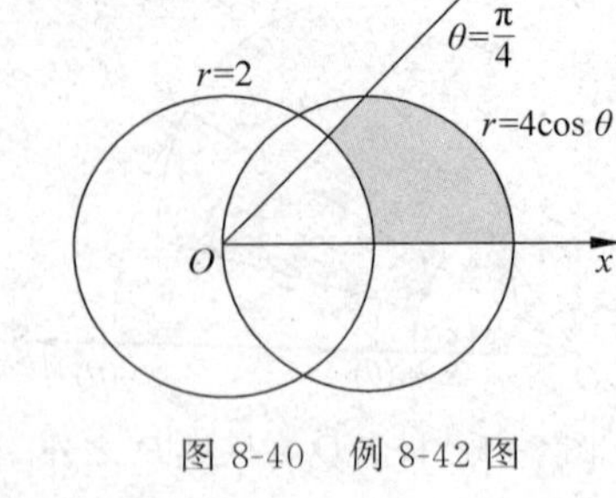

图 8-40　例 8-42 图

解：采用极坐标系比较方便。如图 8-40 所示，除 x 轴外，其他边界曲线的极坐标方程是

$$\theta=\frac{\pi}{4},\quad r=2,\quad r=4\cos\theta$$

其面积 $A=\iint\limits_{D}\mathrm{d}\sigma=\iint\limits_{D}r\,\mathrm{d}r\,\mathrm{d}\theta$。定限不等式为

$$D: 0\leqslant\theta\leqslant\frac{\pi}{4}, 2\leqslant r\leqslant 4\cos\theta$$

例 8-42

故

$$A=\int_{0}^{\frac{\pi}{4}}\mathrm{d}\theta\int_{2}^{4\cos\theta}r\,\mathrm{d}r=\frac{1}{2}\int_{0}^{\frac{\pi}{4}}(16\cos^{2}\theta-4)\mathrm{d}\theta=\pi+4$$

【例 8-43】　将积分 $\int_{0}^{2a}\mathrm{d}x\int_{0}^{\sqrt{2ax-x^{2}}}(x^{2}+y^{2})\mathrm{d}y$ 转化为极坐标形式，并计算积分值。

解：其积分区域为如图 8-41 所示的半圆形区域，极坐标系下的定限不等式为

$$0\leqslant\theta\leqslant\frac{\pi}{2},\quad 0\leqslant r\leqslant 2a\cos\theta$$

因此

$$\text{原式}=\int_{0}^{\frac{\pi}{2}}\mathrm{d}\theta\int_{0}^{2a\cos\theta}r^{2}r\,\mathrm{d}r=4a^{4}\int_{0}^{\frac{\pi}{2}}\cos^{4}\theta\,\mathrm{d}\theta=\frac{3}{4}\pi a^{4}$$

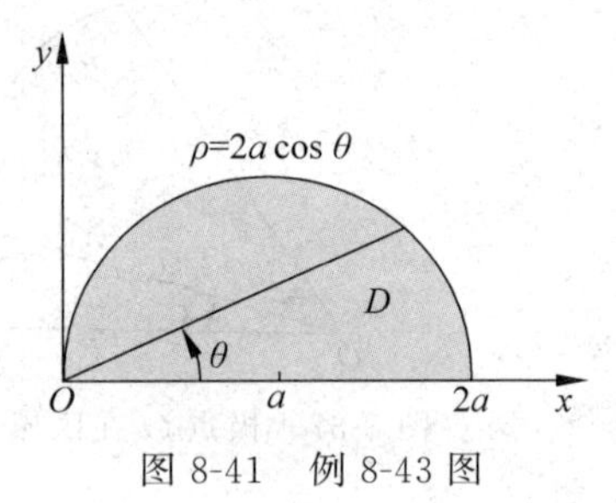

图 8-41　例 8-43 图

【能力训练 8.7】

基础练习

1. 将二次积分 $\iint\limits_{D}f(x,y)\mathrm{d}\sigma$ 转化为指定顺序的累次积分。

(1) D 是由直线 $y=1,x=2,y=x$ 所围成的闭区域，先对 y 积分后对 x 积分。

(2) D 是由 x 轴及半圆周 $x^{2}+y^{2}=r^{2}(y\geqslant 0)$ 所围成的闭区域，先对 y 积分后对 x 积分。

(3) D 是由直线 $y=x,x=2$ 及双曲线 $y=\frac{1}{x}(x>0)$ 所围成的闭区域，先对 x 积分后对 y 积分。

2. 在直角坐标系下计算二重积分。

(1) $\iint\limits_{D}\frac{1}{(x-y)^{2}}\mathrm{d}\sigma$，其中 $D=\{(x,y)\mid 3\leqslant x\leqslant 4,1\leqslant y\leqslant 2\}$。

(2) $\iint\limits_{D}(x^{2}+y^{2})\mathrm{d}\sigma$，其中 D 是由直线 $y=1,y=x,y=x+1,y=3$ 所围成的闭区域。

(3) $\iint\limits_D \frac{x^2}{y^2}\mathrm{d}\sigma$，其中 D 是由双曲线 $xy=1$，直线 $y=x$ 和 $x=2$ 所围成的闭区域。

(4) $\iint\limits_D (x^2+y^2-x)\mathrm{d}\sigma$，其中 D 是由直线 $y=2, y=x, y=2x$ 所围成的闭区域。

(5) $\iint\limits_D xy\mathrm{d}\sigma$，其中 D 是由直线 $y=x-2$ 及抛物线 $y^2=x$ 所围成的闭区域。

3. 利用极坐标计算下列各题。

(1) $\iint\limits_D \mathrm{e}^{x^2+y^2}\mathrm{d}\sigma$，其中 D 是由圆周 $x^2+y^2=4$ 所围成的闭区域。

(2) $\iint\limits_D \arctan\frac{y}{x}\mathrm{d}\sigma$，其中 D 是由圆周 $x^2+y^2=4, x^2+y^2=1$ 及直线 $y=0, y=x$ 所围成的在第一象限内的闭区域。

提高练习

1. 画出积分区域，并交换积分顺序。

(1) $\int_0^1 \mathrm{d}y\int_{y^2}^{y} f(x,y)\mathrm{d}x$　　(2) $\int_1^2 \mathrm{d}x\int_{2-x}^{\sqrt{2x-x^2}} f(x,y)\mathrm{d}y$

(3) $\int_1^{\mathrm{e}} \mathrm{d}x\int_0^{\ln x} f(x,y)\mathrm{d}y$　　(4) $\int_0^2 \mathrm{d}x\int_x^{2x} f(x,y)\mathrm{d}y$

2. 把下列积分转化为极坐标形式，并计算积分值。

(1) $\int_0^1 \mathrm{d}x\int_{x^2}^{x} (x^2+y^2)^{-\frac{1}{2}}\mathrm{d}y$　　(2) $\int_0^a \mathrm{d}y\int_0^{\sqrt{a^2-y^2}} (x^2+y^2)\mathrm{d}x$

8.8 Matlab 求多元函数偏导数和二重积分

8.8.1 Matlab 偏导数运算函数 diff(f(x,y,z),变量名)

函数 diff(f(x,y,z),变量名)表示多元函数 $f(x,y,z)$求关于变量 x 的偏导数。

【例 8-44】 求解 $u=x^2+\ln y+\sqrt{z}$ 的偏导数$\frac{\partial u}{\partial x}$和$\frac{\partial u}{\partial z}$。

例 8-44

解：

```
>> syms x
>> syms y
>> syms z
>> du_dx = diff(x^2 + log(y) + sqrt(z),x)
   du_dx = 2 * x

>> du_dz = diff(x^2 + log(y) + sqrt(z),z)
   du_dz = 1/2/z^(1/2)
```

8.8.2 Matlab 二重积分运算函数 dblquad()

在 Matlab 中，实现函数 $f(x,y)$的二重积分的运算函数为 dblquad()。注意：积分区间一般为矩形区域。dblquad()函数格式如下：

dblquad('被积函数',x 积分下限,x 积分上限,y 积分下限,y 积分上限)

【例 8-45】 $\iint\limits_D x^2+y^2\mathrm{d}\sigma$，其中 D 是矩形区域：$|x|\leqslant 1, |y|\leqslant 1$。

解：

```
>> syms x y
>> f = inline('x.^2 + y.^2')
>> dblquad(f, - 1,1, - 1,1)
   ■   ans = 2.6667
```

例 8-45

【例 8-46】 求$\iint\limits_D \mathrm{e}^{-x^2-y^2}\mathrm{d}\sigma$，其中 D 是矩形区域：$0\leqslant x\leqslant 1, 0\leqslant y\leqslant 1$。

解：

例 8-46

```
>> syms x y
>> f = inline('exp( - x.^2 - y.^2)')
>> dblquad(f,0,1,0,1)
   ■   ans = 0.5577
```

【能力练习 8.8】

（1）求函数 $z=\arctan\dfrac{y}{x}$ 的偏导数 $\dfrac{\partial z}{\partial x}$ 和 $\dfrac{\partial z}{\partial y}$。

（2）求二重积分 $I=\int_0^1\mathrm{d}x\int_1^2 xy\mathrm{d}y$。

本章思维导图

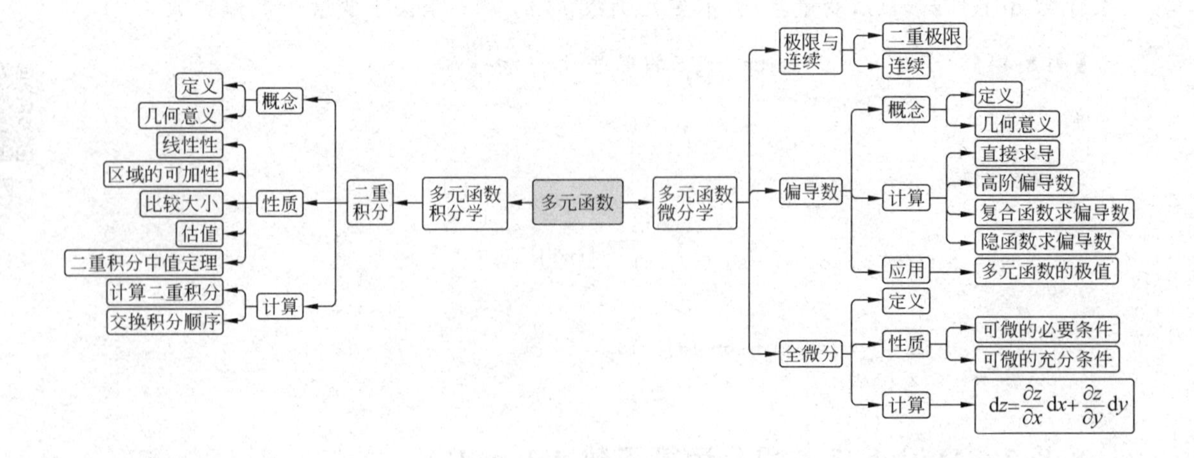

综合能力训练

1. 选择题。

(1) 函数 $z=\dfrac{1}{\sqrt{\ln(x+y)}}$ 的定义域是(　　)。

A. $\{(x,y)\mid x+y>0\}$　　B. $\{(x,y)\mid \ln(x+y)\neq 0\}$

C. $\{(x,y)\mid x+y>1\}$　　D. $\{(x,y)\mid x+y\neq 1\}$

(2) 设 $f(x,y)=\dfrac{xy}{x^2+y^2}$,则 $f\left(\dfrac{y}{x},1\right)=$(　　)。

A. $\dfrac{xy}{x^2+y^2}$　　B. $\dfrac{x^2+y^2}{xy}$　　C. $\dfrac{x}{1+x^2}$　　D. $\dfrac{x^2}{1+x^4}$

(3) 若函数 $f(x,y)$ 在点 (x_0,y_0) 处的两个偏导数都存在,则(　　)。

A. 存在常数 k,有 $\lim\limits_{\substack{x\to x_0\\ y\to y_0}} f(x,y)=k$

B. $\lim\limits_{\substack{x\to x_0\\ y\to y_0}} f(x,y)=f(x_0,y_0)$

C. $\lim\limits_{x\to x_0} f(x,y_0)=f(x_0,y_0)$,$\lim\limits_{y\to y_0} f(x_0,y)=f(x_0,y_0)$

D. 当 $(\Delta x)^2+(\Delta y)^2\to 0$ 时,$f(x_0+\Delta x,y_0+\Delta y)-f(x_0,y_0)-[f_x(x_0,y_0)\Delta x+f_y(x_0,y_0)\Delta y]=o(\sqrt{(\Delta x)^2+(\Delta y)^2})$

(4) 设 $f(x,y)$ 在点 (a,b) 处有偏导数,则 $\lim\limits_{h\to 0}\dfrac{f(a+h,b)-f(a-h,b)}{h}=$(　　)。

A. 0　　B. $2f_x(a,b)$　　C. $f_x(a,b)$　　D. $f_y(a,b)$

(5) 已知 $f(x+y,x-y)=x^2-y^2$,则 $\dfrac{\partial f}{\partial x}+\dfrac{\partial f}{\partial y}=$(　　)。

A. $2x+2y$　　B. $2x-2y$　　C. $x+y$　　D. $x-y$

(6) 设 $z=f(x^2-y^2,2x+3y)$,则 $\dfrac{\partial z}{\partial y}=$(　　)。

A. $2yf_1'+3f_2'$　　B. $-2yf_1'+3f_2'$　　C. $2xf_1'+2f_2'$　　D. $2xf_1'-2f_2'$

(7) 设 $z=u^2\ln v$,$u=\dfrac{y}{x}$,$v=\mathrm{e}^{x^3y}$,则 $\mathrm{d}z=$(　　)。

A. $2y^3\mathrm{d}x+3xy^2\mathrm{d}y$　　B. $y^3\mathrm{d}x-3x\mathrm{d}y$

C. $y^3\mathrm{d}x+3xy^2\mathrm{d}y$　　D. $2xy^3\mathrm{d}x+3x^2y^2\mathrm{d}y$

(8) 如果点 (x_0,y_0) 为 $f(x,y)$ 的极值点,且 $f(x,y)$ 在 (x_0,y_0) 处的两个一阶偏导数存在,则点 (x_0,y_0) 必为 $f(x,y)$ 的(　　)。

A. 最大值点　　B. 驻点　　C. 连续点　　D. 最小值点

(9) 设二重积分 $\iint\limits_D f(x,y)\mathrm{d}x\mathrm{d}y$ 的积分区域由直线 $x=2$,$y=x$ 及曲线 $xy=1$ 所围成,

则$\iint\limits_D f(x,y)\mathrm{d}x\mathrm{d}y=$（　　）。

A. $\int_1^2 \mathrm{d}x\int_{\frac{1}{x}}^{x} f(x,y)\mathrm{d}y$

B. $\int_1^2 \mathrm{d}x\int_{x}^{\frac{1}{x}} f(x,y)\mathrm{d}y$

C. $\int_0^1 \mathrm{d}x\int_0^x f(x,y)\mathrm{d}y+\int_1^2 \mathrm{d}x\int_0^{\frac{1}{x}} f(x,y)\mathrm{d}y$

D. $\int_0^1 \mathrm{d}x\int_0^x f(x,y)\mathrm{d}y+\int_1^2 \mathrm{d}x\int_0^{x} f(x,y)\mathrm{d}y$

（10）设D是由$y=kx(k>0)$，$y=0$和$x=1$所围成的三角形区域，且$\iint\limits_D xy^2\mathrm{d}x\mathrm{d}y=\frac{1}{15}$，则$k=$（　　）。

A. 1　　B. $\sqrt[3]{\frac{4}{5}}$　　C. $\sqrt[3]{\frac{1}{15}}$　　D. $\sqrt[3]{\frac{2}{5}}$

（11）交换二重积分$I=\int_0^1 \mathrm{d}y\int_0^y f(x,y)\mathrm{d}x$的积分顺序，则$I=$（　　）。

A. $\int_0^y \mathrm{d}x\int_0^1 f(x,y)\mathrm{d}y$　　B. $\int_0^1 \mathrm{d}x\int_x^1 f(x,y)\mathrm{d}y$

C. $\int_0^1 \mathrm{d}x\int_0^x f(x,y)\mathrm{d}y$　　D. $\int_0^1 \mathrm{d}x\int_0^y f(x,y)\mathrm{d}y$

（12）二重积分$\iint\limits_D f(x,y)\mathrm{d}\sigma$在极坐标系下的面积元素为（　　）。

A. $\mathrm{d}\sigma=\mathrm{d}x\mathrm{d}y$　　B. $\mathrm{d}\sigma=r\mathrm{d}r\mathrm{d}\theta$

C. $\mathrm{d}\sigma=\mathrm{d}r\mathrm{d}\theta$　　D. $\mathrm{d}\sigma=r^2\sin\theta\mathrm{d}r\mathrm{d}\theta$

（13）设$I=\int_{-1}^1 \mathrm{d}y\int_0^{\sqrt{1-y^2}} f(x,y)\mathrm{d}x$，将$I$转化为极坐标系下的二次积分，则$I=$（　　）。

A. $\int_0^{2\pi}\mathrm{d}\theta\int_0^1 f(r\cos\theta,r\sin\theta)r\mathrm{d}r$　　B. $\int_0^{\pi}\mathrm{d}\theta\int_0^1 f(r\cos\theta,r\sin\theta)r\mathrm{d}r$

C. $\int_{-\frac{\pi}{2}}^{\frac{\pi}{2}}\mathrm{d}\theta\int_0^1 f(r\cos\theta,r\sin\theta)r\mathrm{d}r$　　D. $\int_0^{\frac{\pi}{2}}\mathrm{d}\theta\int_0^1 f(r\cos\theta,r\sin\theta)r\mathrm{d}r$

2. 判断题。

（1）设$f_x(x_0,y_0)=2$，则$\lim\limits_{\Delta x\to 0}\frac{f(x_0-\Delta x,y_0)-f(x_0,y_0)}{\Delta x}=2$。（　　）

（2）设函数$f(x,y)=\frac{xy^2}{x^2+y^4}$，有$\lim\limits_{\substack{x\to 0\\ y\to 0}}f(x,y)=\frac{1}{2}$成立。（　　）

（3）函数$z=f(x,y)$的偏导数$\frac{\partial f}{\partial x}$及$\frac{\partial f}{\partial y}$在点$(x,y)$处存在且连续是其在该点可微的充要条件。（　　）

（4）如果二元函数$f(x,y)$在点(x_0,y_0)的某邻域内有连续的二阶偏导数，且

$f''^{2}_{xy}(x_0,y_0)-f''_{xx}(x_0,y_0)f''_{yy}(x_0,y_0)<0$,则 $f(x,y)$ 在点 (x_0,y_0) 处有极值。(　　)

(5) 已知 $(axy^3-y^2\cos x)\mathrm{d}x+(by\sin x+3x^2y^2)\mathrm{d}y$ 为某一函数 $f(x,y)$ 的全微分,$f(x,y)$ 具有连续的二阶偏导数,且 $\dfrac{\partial^2 f}{\partial x\partial y}=\dfrac{\partial^2 f}{\partial y\partial x}$,则 $a=2,b=-2$。(　　)

(6) 设函数 $f(x,y)=(x-4)^2+y^2$,则点 $(4,0)$ 是驻点,也是极小值点。(　　)

(7) 设区域 D 是由直线及 $x=1$ 所围成,则二重积分 $\iint\limits_D \mathrm{d}x\mathrm{d}y=\dfrac{1}{2}$。(　　)

(8) $\iint\limits_D f(x,y)\mathrm{d}\sigma$ 的值等于以区域 D 为底区域,以 $f(x,y)$ 为顶曲面的曲顶柱体的体积。(　　)

(9) 将 $\iint\limits_D f(x,y)\mathrm{d}\sigma$ 转化为极坐标下的二重积分为 $\iint\limits_D f(r\cos\theta,r\sin\theta)\mathrm{d}r\mathrm{d}\theta$。(　　)

(10) 如果闭区域 D 由 x 轴,y 轴及 $x+y=1$ 围成,则 $\iint\limits_D (x+y)^2\mathrm{d}\sigma\geqslant\iint\limits_D (x+y)^3\mathrm{d}\sigma$。(　　)

3. 填空题。

(1) 设 $z=\sqrt{xy}$,则 $\left.\dfrac{\partial z}{\partial x}\right|_{(1,1)}=$________。

(2) 设 $z=\arctan(xy)$,则 $\dfrac{\partial z}{\partial x}=$________,$\dfrac{\partial z}{\partial y}=$________。

(3) 设 $f(x,y)=\ln\left(x+\dfrac{y}{2x}\right)$,则 $f_y(1,0)=$________。

(4) 设 $z=\sin(xy^2)$,则 $\mathrm{d}z=$________。

(5) 设方程 $x^2+y^2+z^2=1$ 确定隐函数 $z=f(x,y)$,则 $\mathrm{d}z=$________。

(6) 设 $z=\mathrm{e}^{x^2y}$,则 $\dfrac{\partial^2 z}{\partial x\partial y}=$________。

(7) 设 $z=x^2+\sin y,x=\cos t,y=t^3$,则 $\dfrac{\mathrm{d}z}{\mathrm{d}t}=$________。

(8) 函数 $z=2xy-3x^2-2y^2+20$ 的极值为________。

(9) 设 D 为矩形域:$0\leqslant x\leqslant 1,-1\leqslant y\leqslant 0$,则二重积分 $\iint\limits_D y\mathrm{e}^{xy}\mathrm{d}x\mathrm{d}y=$________。

(10) 设 D 是由直线 $x=y$,y 轴,直线 $y=1$ 所围成的平面区域,则二重积分 $\iint\limits_D y^2\mathrm{e}^{xy}\mathrm{d}x\mathrm{d}y=$________。

(11) 改变二次积分的积分顺序:$\int_0^1\mathrm{d}x\int_x^{\sqrt{x}}f(x,y)\mathrm{d}y=$________。

(12) 设 $D=\{(x,y)\mid a^2\leqslant x^2+y^2\leqslant b^2,0<a<b\}$,则 $\iint\limits_D \mathrm{e}^{x^2+y^2}\mathrm{d}x\mathrm{d}y=$________。

(13) 设 D 是圆域 $x^2+y^2\leqslant a^2,(a>0)$,且 $\iint\limits_D\sqrt{x^2+y^2}\mathrm{d}x\mathrm{d}y=\pi$,则 $a=$________。

4. 计算题。

(1) 求下列函数的偏导数全微分。

① $z=\frac{x}{\sqrt{x^2+y^2}}$，求$\frac{\partial z}{\partial x}$和$\frac{\partial z}{\partial y}$。

② $u=x^{\frac{y}{z}}$，求$\frac{\partial u}{\partial x}$、$\frac{\partial u}{\partial y}$和$\frac{\partial u}{\partial z}$。

③ 设 $z=\mathrm{e}^{xy}\cos 2y$，求$\frac{\partial z}{\partial x}$和$\frac{\partial^2 z}{\partial x\partial y}$。

④ 设 $z=\ln(\mathrm{e}^u+v)$，$u=xy$，$v=x^2-y^2$，求$\frac{\partial z}{\partial x}$和$\frac{\partial z}{\partial y}$。

⑤ 设$\frac{x}{z}=\ln\frac{z}{y}$，求$\frac{\partial z}{\partial x}$和$\frac{\partial z}{\partial y}$。

⑥ 设 $z=\ln(3x-2y)$，求 $\mathrm{d}z\big|_{(2,1)}$。

⑦ 设 $z=f(\mathrm{e}^{xy},x^2+y^2)$，且 $f(u,v)$为可微函数，求 $\mathrm{d}z$。

(2) 计算二重积分。

① $\iint\limits_D x\mathrm{e}^{xy}\mathrm{d}x\mathrm{d}y$，其中 D：$\{(x,y)\mid 0\leqslant x\leqslant 1,-1\leqslant y\leqslant 0\}$。

② $\iint\limits_D xy\mathrm{d}x\mathrm{d}y$，其中 D 由曲线 $y=x^3$，$y=x$ 所围成。

③ $\iint\limits_D \frac{x^2}{y^2}\mathrm{d}x\mathrm{d}y$，其中 D 由 $x=2$，$y=x$，$xy=1$ 所围成。

④ $\iint\limits_D \cos y^2\mathrm{d}x\mathrm{d}y$，其中 D 由 $x=1$，$y=2$，$y=x-1$ 所围成。

⑤ $\iint\limits_D \ln(1+x^2+y^2)\mathrm{d}\sigma$，其中 D 是由圆周 $x^2+y^2=1$ 及坐标轴所围成的第一象限内区域。

⑥ $\iint\limits_D \frac{y}{x}\mathrm{d}\sigma$，其中 D 是由圆周 $x^2+y^2\leqslant a^2(a>0)$，$y=x$ 及 x 在第一象限所围成的区域。

⑦ $\iint\limits_D \cos(x^2+y^2)\mathrm{d}\sigma$，其中 D 是由直线 $y=\frac{\sqrt{3}}{3}x$，$y=\sqrt{3}x$ 与圆周 $x^2+y^2=\frac{\pi}{2}$ 所围成的第一象限的闭区域。

(3) 变更积分顺序。

① $\int_0^{\frac{1}{2}}\mathrm{d}x\int_x^{1-x}f(x,y)\mathrm{d}y$

② $\int_0^{\frac{1}{4}}\mathrm{d}y\int_y^{\sqrt{y}}f(x,y)\mathrm{d}x+\int_{\frac{1}{4}}^{\frac{1}{2}}\mathrm{d}y\int_y^{\frac{1}{2}}f(x,y)\mathrm{d}x$

③ $\int_1^{\mathrm{e}}\mathrm{d}x\int_0^{\ln x}f(x,y)\mathrm{d}y$

④ $\int_0^1\mathrm{d}x\int_0^x f(x,y)\mathrm{d}y+\int_1^2\mathrm{d}x\int_0^{2-x}f(x,y)\mathrm{d}y$

⑤ $\int_0^{\frac{\sqrt{2}}{2}}\mathrm{d}y\int_y^{\sqrt{1-y^2}}f(x,y)\mathrm{d}x$

⑥ $\int_{\frac{1}{4}}^{\frac{1}{2}}\mathrm{d}y\int_{\frac{1}{2}}^{\sqrt{y}}f(x,y)\mathrm{d}x+\int_{\frac{1}{2}}^{1}\mathrm{d}y\int_y^{\sqrt{y}}f(x,y)\mathrm{d}x$

5. 求二元函数 $f(x,y)=x^2(2+y^2)+y\ln y$ 的极值。

6. 设长方体的 3 个面在坐标平面上，其中一个顶点在第一卦限，且在平面 $x+\frac{y}{2}+\frac{z}{3}=1$ 上，求其最大体积。

第9章 无穷级数

【学习目标】

通过本章的学习，你应该能够：

(1) 掌握数项级数的概念及其收敛、发散的定义；

(2) 掌握数项级数的性质；

(3) 能熟练应用正项级数审敛法判断正项级数的敛散性：比较审敛法、比值审敛法、根值审敛法。

(4) 掌握交错级数及莱布尼茨审敛法；

(5) 掌握任意项级数的绝对收敛与条件收敛；

(6) 掌握幂级数的概念，并会求其收敛半径、收敛域和函数；

(7) 掌握函数间接展开成幂级数的方法。

中国怎样才能成为数学强国

9.1 数项级数的概念与性质

同微分、积分一样，无穷级数是高等数学的重要组成部分。无穷级数是数与函数的一种重要表达形式，也是微积分理论研究与实际应用中极为有力的工具。无穷级数是表示函数、研究函数的性质、计算函数值以及求解微分方程的有力工具。研究级数及其和，就是研究数列及其极限的另一种形式，但无论在研究极限的存在性，还是在计算这种极限的时候，这种形式都显示出强大的优越性。

9.1.1 级数的起源与发展简史

级数理论的发展经历了一个漫长的时期，开始于芝诺(Zeno of Elea，约公元前 490—约公元前 425 年)的二分法涉及把 1 分解成无穷级数 $\frac{1}{2}+\frac{1}{2^2}+\frac{1}{2^3}+\frac{1}{2^4}+\cdots$，亚里士多德

(Aristotle)也认为这种公比小于1的几何级数有和，阿基米德(Archimedes，公元前287—公元前212年)在他的《抛物线图形求积法》一书中，在求抛物线弓形面积的方法中使用了几何级数，并且求出了它的和。这时中国对于级数也有所发现，中国古代的《庄子·天下》中的“一尺之锤，日取其半，万世不竭”含有极限的思想，用数学形式表达出来也是级数。在中世纪，无穷级数的发展已经到了一个很高的水平，其中最杰出的代表人物是奥雷姆，他明确几何级数有两种可能性：当公比大于1时，无穷级数有无穷和；当公比小于等于1时有有限和。但由于仅限于文字叙述和几何方法，所以15世纪和16世纪对于技术的研究没有取得重大进步。17世纪到18世纪，可以说是级数理论发展的黄金时期，先是1669年夏牛顿写下了关于级数研究的论文《运用无穷多项方程的分析学》，然后是莱布尼茨用同样的方法得到了结果，再然后是格雷戈、泰勒，并且发展了泰勒定理，还有拉格朗日、斯特林等一系列的数学家对于级数理论的研究都做出了巨大贡献。而级数理论的形成和建立是在19世纪，柯西第一个认识到无穷级数论并非多项式理论的平凡推广，而应当以极限为基础建立起来完整理论。之后又经过了几十年，级数理论才得以真正的完善。

无穷级数作为分析的一个有效工具，促使数学家在数学发展方面进行大胆的尝试，虽然产生了许多悖论，但却使数学产生了很多分支，丰富了数学理论的发展。此外，发散级数在天文、物理上的广泛应用，推动了人类发展的进步。

9.1.2 数项级数的概念

在实际问题中，经常遇到无限项相加的问题。例如

$$\frac{1}{3}=0.3+0.03+0.003+\cdots=\frac{3}{10}+\frac{3}{10^2}+\frac{3}{10^3}+\cdots$$

这就是说，分数$\frac{1}{3}$可用无穷多个分数(小数)之和的形式表示。

定义9.1 给定一个无穷数列$\{u_n\}$：$u_1,u_2,u_3,\cdots,u_n,\cdots$，则由这个数列构成的表达式

$$u_1+u_2+u_3+\cdots+u_n+\cdots \tag{9-1}$$

称为常数项无穷级数，简称**数项级数**，记作

$$\sum_{n=1}^{\infty}u_n$$

即

$$\sum_{n=1}^{\infty}u_n=u_1+u_2+u_3+\cdots+u_n+\cdots$$

其中，第n项u_n称为级数的**一般项**或**通项**。

例如：

$$\sum_{n=1}^{\infty}\frac{1}{n}=1+\frac{1}{2}+\frac{1}{3}+\frac{1}{4}+\cdots+\frac{1}{n}+\cdots$$

$$\sum_{n=1}^{\infty}(-1)^{n-1}=1+(-1)+1+(-1)+\cdots+(-1)^{n-1}+\cdots$$

都是数项级数。

由定义9.1可知,级数实际上是由无穷多个数相加。有限个数相加,其和是确定的。无穷多个数相加的和是否存在？如果存在,和是多少？下面从有限项的和出发再经过极限过程来讨论无限项的和。

定义9.2 级数(9-1)的前 n 项之和

$$S_n=\sum_{i=1}^{n}u_i=u_1+u_2+u_3+\cdots+u_n$$

称为级数(9-1)的**前 n 项部分和**。

当 n 依次取 $1,2,3,\cdots$ 时,则得到级数(9-1)的一个**部分和数列** $\{S_n\}$：

$$S_1=u_1,\quad S_2=u_1+u_2,\quad S_3=u_1+u_2+u_3+\cdots$$

$$S_n=u_1+u_2+u_3+\cdots+u_n$$

定义9.3 若级数(9-1)的部分和数列 $\{S_n\}$ 收敛,极限为 S,即 $\lim\limits_{n\to\infty}S_n=S$,则称级数(9-1)**收敛**,并称 S 为该级数的**和**,即

$$S=\sum_{n=1}^{\infty}u_n\quad 或\quad S=u_1+u_2+u_3+\cdots+u_n$$

若 $\{S_n\}$ 极限不存在,则称级数**发散**,发散级数没有和。

【例9-1】 判断级数 $\sum\limits_{n=1}^{\infty}n=1+2+3+\cdots+n$ 的敛散性。

解：级数的部分和为 $S_n=1+2+3+\cdots+n=\dfrac{n(n+1)}{2}$。

因为 $\lim\limits_{n\to\infty}S_n=\lim\limits_{n\to\infty}\dfrac{n(n+1)}{2}=\infty$,所以级数 $\sum\limits_{n=1}^{\infty}n$ 发散。

【例9-2】 判断级数 $\sum\limits_{n=1}^{\infty}\dfrac{1}{n(n+1)}$ 的敛散性。若收敛,求其和。

解：因为 $u_n=\dfrac{1}{n(n+1)}=\dfrac{1}{n}-\dfrac{1}{n+1}$,级数的部分和为

$$\begin{aligned}S_n&=\frac{1}{1\cdot 2}+\frac{1}{2\cdot 3}+\frac{1}{3\cdot 4}+\cdots+\frac{1}{n(n+1)}\\&=\frac{1}{1}-\frac{1}{2}+\frac{1}{2}-\frac{1}{3}+\frac{1}{3}-\frac{1}{4}+\cdots+\frac{1}{n}-\frac{1}{n+1}=1-\frac{1}{n+1}\end{aligned}$$

由于 $\lim\limits_{n\to\infty}S_n=\lim\limits_{n\to\infty}\left(1-\dfrac{1}{n+1}\right)=1$,所以级数 $\sum\limits_{n=1}^{\infty}\dfrac{1}{n(n+1)}$ 收敛,其和为1。

【例9-3】 判断级数 $\sum\limits_{n=1}^{\infty}\ln\dfrac{n+1}{n}$ 的敛散性。

解：因为

$$u_n=\ln\frac{n+1}{n}=\ln(n+1)-\ln n$$

所以

$$\begin{aligned}S_n&=u_1+u_2+u_3+\cdots+u_n\\&=[\ln 2-\ln 1]+[\ln 3-\ln 2]+\cdots+\ln(n+1)-\ln n\end{aligned}$$

$$=\ln(n+1)$$

因此
$$\lim_{n\to\infty}S_n=\lim_{n\to\infty}\ln(n+1)=\infty$$

故此级数发散。

【例 9-4】 证明**调和级数** $\sum_{n=1}^{\infty}\frac{1}{n}$ 是发散的。

证明：假若级数 $\sum_{n=1}^{\infty}\frac{1}{n}$ 收敛且其和为 S，S_n 是它的部分和。

显然有 $\lim_{n\to\infty}S_n=S$ 及 $\lim_{n\to\infty}S_{2n}=S$。于是 $\lim_{n\to\infty}(S_{2n}-S_n)=0$。

但是 $S_{2n}-S_n=\frac{1}{n+1}+\frac{1}{n+2}+\cdots+\frac{1}{2n}>\frac{1}{2n}+\frac{1}{2n}+\cdots+\frac{1}{2n}=\frac{1}{2}$，所以 $\lim_{n\to\infty}(S_{2n}-S_n)\neq 0$，矛盾。这矛盾说明级数 $\sum_{n=1}^{\infty}\frac{1}{n}$ 必定发散。

【例 9-5】 讨论**等比级数**（也称**几何级数**）

$$\sum_{n=1}^{\infty}aq^{n-1}=a+aq+aq^2+\cdots+aq^{n-1}+\cdots \tag{9-2}$$

的敛散性，其中 $a\neq 0$，q 是级数的公比。

解：如果 $|q|\neq 1$，则

$$S_n=a+aq+aq^2+\cdots+aq^{n-1}=\frac{a(1-q^n)}{1-q}$$

当 $|q|<1$ 时，$\lim_{n\to\infty}q^n=0$，从而 $\lim_{n\to\infty}S_n=\frac{a}{1-q}$，所以级数(9-2)收敛，其和为 $\frac{a}{1-q}$。

当 $|q|>1$ 时，$\lim_{n\to\infty}q^n=\infty$，从而 $\lim_{n\to\infty}S_n=\infty$，所以级数(9-2)发散。

当 $|q|=1$ 时，若 $q=1$，则 $S_n=na$，从而 $\lim_{n\to\infty}S_n=\infty$，所以级数(9-2)发散。

若 $q=-1$，则级数(9-2)成为 $a-a+a-a+\cdots+(-1)^{n-1}a+\cdots$，其部分和

$$S_n=\begin{cases}0 & n=2k\\ a & n=2k-1\end{cases}\quad(k\in Z)$$

$\lim_{n\to\infty}S_n$ 不存在，故级数(9-2)发散。

综上所述，当 $|q|<1$ 时，等比级数(9-2)收敛，且其和 $S=\frac{a}{1-q}$；当 $|q|\geqslant 1$ 时，等比级数(9-2)发散。

9.1.3 收敛级数的基本性质

根据级数收敛和发散的定义以及和的概念，可得级数的几个基本性质。

性质 1 若级数 $\sum_{n=1}^{\infty}u_n$ 收敛，其和为 S，则对任一常数 c，级数 $\sum_{n=1}^{\infty}cu_n$ 也收敛，其和为 cS。

证明：级数$\sum_{n=1}^{\infty} cu_n$的前n项和

$$\overline{S_n}=\sum_{i=1}^{n} cu_i=c\sum_{i=1}^{n} u_i$$

$$\bar{S}=\lim_{n\to\infty}\overline{S_n}=\lim_{n\to\infty}\sum_{i=1}^{n} cu_i=\lim_{n\to\infty} c\sum_{i=1}^{n} u_i=c\lim_{n\to\infty}\sum_{i=1}^{n} u_i=cS$$

还有如下结论：级数的每一项同乘一个不为零的常数后，它的收敛性不变。

性质2 若级数$\sum_{n=1}^{\infty} u_n$与级数$\sum_{n=1}^{\infty} v_n$分别收敛于S_1、S_2，则级数$\sum_{n=1}^{\infty}(u_n\pm v_n)$也收敛，其和为$S_1\pm S_2$。

证明：级数$\sum_{n=1}^{\infty}(u_n\pm v_n)$的前$n$项和

$$S_n=\sum_{i=1}^{n}(u_i\pm v_i)=\sum_{i=1}^{n} u_i\pm\sum_{i=1}^{n} v_i$$

$$\lim_{n\to\infty} S_n=\lim_{n\to\infty}\sum_{i=1}^{n} u_i\pm\lim_{n\to\infty}\sum_{i=1}^{n} v_i=S_1\pm S_2$$

注：两个发散的级数的代数和未必发散。如$\sum_{n=1}^{\infty} 1$与$\sum_{n=1}^{\infty}(-1)$都是发散的，但是级数$\sum_{n=1}^{\infty}(1-1)=0$收敛。

推论 如果级数$\sum_{n=1}^{\infty} u_n$收敛，级数$\sum_{n=1}^{\infty} v_n$发散，则级数$\sum_{n=1}^{\infty}(u_n\pm v_n)$必定发散。

【例 9-6】 判别级数$\sum_{n=1}^{\infty}\left(\frac{1}{2^n}-\frac{1000}{3^n}\right)$的敛散性。

例 9-6

解：因为级数$\sum_{n=1}^{\infty}\frac{1}{2^n}$的首项是$a=\frac{1}{2}$，公比$q=\frac{1}{2}$，且$|q|<1$的等比级数，故级数$\sum_{n=1}^{\infty}\frac{1}{2^n}$收敛，且$\sum_{n=1}^{\infty}\frac{1}{2^n}=\frac{a}{1-q}=1$。

同理，级数$\sum_{n=1}^{\infty}\frac{1000}{3^n}=\frac{\frac{1000}{3}}{1-\frac{1}{3}}=500$也收敛。

由性质2，级数$\sum_{n=1}^{\infty}\left(\frac{1}{2^n}-\frac{1000}{3^n}\right)$也收敛，且

$$\sum_{n=1}^{\infty}\left(\frac{1}{2^n}-\frac{1000}{3^n}\right)=1-500=-499$$

性质3 在级数中去掉、增加或改变有限项，不会改变级数的收敛性。

例如，级数$\frac{1}{1\cdot 2}+\frac{1}{2\cdot 3}+\frac{1}{3\cdot 4}+\cdots+\frac{1}{n(n+1)}+\cdots$是收敛的，级数$100+1000+1000+$

$\frac{1}{1\cdot2}+\frac{1}{2\cdot3}+\frac{1}{3\cdot4}+\cdots+\frac{1}{n(n+1)}+\cdots$与级数$\frac{1}{4\cdot5}+\frac{1}{5\cdot6}\cdots+\frac{1}{n(n+1)}+\cdots$也都是收敛的。

性质4 如果级数$\sum_{n=1}^{\infty}u_n$收敛，则对该级数的项任意加括号后所成的级数仍收敛，且其和不变。

注：如果加括号后所成的级数收敛，则不能断定去括号后原来的级数也收敛。

例如，级数

$$(1-1)+(1-1)+(1-1)+\cdots$$

收敛于零，但级数

$$1-1+1-1+1-1+\cdots$$

却是发散的。

推论 如果加括号后所成的级数发散，则原来级数必定发散。

性质5（级数收敛的必要条件） 如果$\sum_{n=1}^{\infty}u_n$收敛，则$\lim_{n\to\infty}u_n=0$。

证明：设级数$\sum_{n=1}^{\infty}u_n$的部分和为S_n，且$\lim_{n\to\infty}S_n=S$，则

$$\lim_{n\to\infty}u_n=\lim_{n\to\infty}(S_n-S_{n-1})=\lim_{n\to\infty}S_n-\lim_{n\to\infty}S_{n-1}=S-S=0$$

注：若$\lim_{n\to\infty}u_n=0$，则级数$\sum_{n=1}^{\infty}u_n$不一定收敛，如调和级数。

推论 若$\lim_{n\to\infty}u_n\neq0$，则级数$\sum_{n=1}^{\infty}u_n$发散。

我们经常用这个推论来判断某些级数是发散的。

【例9-7】 判别级数$\sum_{n=1}^{\infty}\frac{n}{3n+1}$的敛散性。

解：因为$\lim_{n\to\infty}u_n=\lim_{n\to\infty}\frac{n}{3n+1}=\frac{1}{3}\neq0$，所以级数$\sum_{n=1}^{\infty}\frac{n}{3n+1}$是发散的。

【应用实例9-1】 （抗生素滥用）某位患者24小时注射一次10单位的某种药物。已知药物在体内按指数方式吸收和代谢，即注射1单位该药物后t天，体内残留$f(t)=e^{-\frac{t}{5}}$单位。如果该患者无限次地注射10单位的该药品，长期下来，该患者在下一次注射前，体内残留该药品的量为多少。

第一次注射10单位该药品，经过一天的吸收和代谢，在第二次注射前，体内残留量为$S_1=10e^{-\frac{1}{5}}$；在第三次注射前，在体内残留的该药品是注射第一针残留的$10e^{-\frac{2}{5}}$和注射第二针残留的$10e^{-\frac{1}{5}}$之和，即$S_2=10e^{-\frac{1}{5}}+10e^{-\frac{2}{5}}$；依此可知，在注射第$n+1$针前，体内残留该药品包含了前$n$针残留的药物之和$S_n=10e^{-\frac{1}{5}}+10e^{-\frac{2}{5}}+\cdots+10e^{-\frac{n}{5}}$，长期下去，即为$10e^{-\frac{1}{5}}+10e^{-\frac{2}{5}}+\cdots+10e^{-\frac{n}{5}}+\cdots$。

患者体内残留的药物总量为 $\lim\limits_{n\to\infty}S_n=\dfrac{10\mathrm{e}^{-\frac{1}{5}}}{1-\mathrm{e}^{-\frac{1}{5}}}\approx45.17$，即残留体内的药物多达 45.17 单位。由此可见，长时间连续注射或者服用某种药品，会导致该药品在人体内大量地残留。

【能力训练 9.1】

基础练习

1. 选择题。

(1) $\lim\limits_{n\to\infty}u_n=0$ 是 $\sum\limits_{n=1}^{\infty}u_n$ 收敛的(　　)。

A. 充分而非必要条件　　B. 必要而非充分条件

C. 充分必要条件　　D. 既非充分也非必要条件

(2) 若级数 $\sum\limits_{n=1}^{\infty}u_n$ 收敛，则下列命题(　　)正确(其中 $S_n=\sum\limits_{i=1}^{n}u_i$)。

A. $\lim\limits_{n\to\infty}S_n=0$　　B. $\lim\limits_{n\to\infty}S_n$ 不存在

C. $\lim\limits_{n\to\infty}S_n$ 不能确定　　D. $\lim\limits_{n\to\infty}S_n=S$

(3) 级数 $\sum\limits_{n=1}^{\infty}\dfrac{3^n+1}{9^n}$ 的和是(　　)。

A. $\dfrac{5}{8}$　　B. $\dfrac{3}{8}$　　C. $\dfrac{21}{8}$　　D. 无法确定

2. 判断题。

(1) 已知 $\sum\limits_{n=0}^{\infty}\dfrac{1}{2^n+5}$，则 $\dfrac{1}{2^6+5}$ 是级数的第 6 项。(　　)

(2) 已知 $\sum\limits_{n=1}^{\infty}\dfrac{1}{5\sqrt{n}}$，则 $S_n=\dfrac{1}{5}+\dfrac{1}{5\sqrt{2}}+\dfrac{1}{5\sqrt{3}}+\cdots+\dfrac{1}{5\sqrt{n}}$，故 $S_n=\sum\limits_{n=1}^{\infty}\dfrac{1}{5\sqrt{n}}$。(　　)

(3) 级数 $\sum\limits_{n=1}^{\infty}\dfrac{n+2}{n}$ 是发散的。(　　)

(4) 级数 $\sum\limits_{n=1}^{\infty}\dfrac{1}{(5n-4)(5n+1)}$ 是发散的。(　　)

(5) 若级数 $\sum\limits_{n=1}^{\infty}u_n$ 收敛，则级数 $\sum\limits_{n=1}^{\infty}(u_n+5)$ 必收敛。(　　)

(6) 级数 $\sum\limits_{n=1}^{\infty}\left(\dfrac{8^n}{9^n}-\dfrac{1}{6^n}\right)$ 是发散的。(　　)

(7) 如果 $\sum\limits_{n=1}^{\infty}u_n$ 收敛，则 $\sum\limits_{n=1}^{\infty}u_{n+900}$ 也是收敛的。(　　)

提高练习

判断下列级数的敛散性。

(1) $\sum_{n=1}^{\infty}\frac{1}{(2n-1)(2n+1)}$　　(2) $\sum_{n=1}^{\infty}(-3)^n$

(3) $\sum_{n=1}^{\infty}\frac{4n}{n+1}$　　(4) $\sum_{n=1}^{\infty}\frac{e^n}{n}$

(5) $\sum_{n=1}^{\infty}\left(\frac{n+1}{n}\right)^n$　　(6) $\sum_{n=1}^{\infty}\frac{4}{n+5}$

9.2　数项级数的审敛法

在一般情况下，要判断一个级数的敛散性，只用级数的定义和性质比较困难，因此需要建立级数敛散性的审敛法。下面介绍数项级数敛散性的判别法。

9.2.1　正项级数的审敛法

定义 9.4　如果级数$\sum_{n=1}^{\infty}u_n$的每一项都是非负数，即$u_n\geqslant 0(n=1,2,3,\cdots)$，则称级数$\sum_{n=1}^{\infty}u_n$为**正项级数**。正项级数是比较简单而且重要的级数，在研究其他类型的级数时，常常要用到正项级数的有关结论。下面给出正项级数的基本审敛法。

1. 正项级数收敛的充分必要条件

对于正项级数，由于$u_n\geqslant 0$，所以它的部分和数列$\{S_n\}$是单调增加的，如果数列$\{S_n\}$有界，那么根据单调有界数列必有极限的准则，可知正项级数$\sum_{n=1}^{\infty}u_n$收敛。反之，如果正项级数$\sum_{n=1}^{\infty}u_n$收敛于S，则根据收敛数列必有界的性质可知，数列$\{S_n\}$有界。因此，得到定理 9.1。

定理 9.1　正项级数$\sum_{n=1}^{\infty}u_n$收敛的充分必要条件是它的部分和数列$\{S_n\}$有界。

2. 比较审敛法

定理 9.2（**比较审敛法**）　设$\sum_{n=1}^{\infty}u_n$和$\sum_{n=1}^{\infty}v_n$均为正项级数，且$u_n\leqslant v_n(n=1,2,3,\cdots)$：

(1) 如果级数$\sum_{n=1}^{\infty}v_n$收敛，则级数$\sum_{n=1}^{\infty}u_n$也收敛。

(2) 如果级数$\sum_{n=1}^{\infty}u_n$发散，则级数$\sum_{n=1}^{\infty}v_n$也发散。

证明：设正项级数$\sum\limits_{n=1}^{\infty}u_n$和$\sum\limits_{n=1}^{\infty}v_n$的前$n$项部分和分别为$S_n$和$T_n$。

(1) 若级数$\sum\limits_{n=1}^{\infty}v_n$收敛，则其前$n$项部分和$T_n$单调增加且有上界，设其上界为$T$。

由于有$u_n\leqslant v_n(n=1,2,3,\cdots)$，所以

$$S_n=u_1+u_2+u_3+\cdots+u_n\leqslant v_1+v_2+v_3+\cdots+v_n=T_n$$

显然S_n单调增加，且$S_n\leqslant T_n<T$，即数列$\{S_n\}$单调增加且有上界，根据正项级数收敛的充分必要条件，得到$\sum\limits_{n=1}^{\infty}u_n$收敛。

定理9.2

(2) 若级数$\sum\limits_{n=1}^{\infty}u_n$发散，则$S_n\to\infty(n\to\infty)$，因为$u_n\leqslant v_n$，所以$T_n\to\infty(n\to\infty)$。由级数收敛的定义知，级数$\sum\limits_{n=1}^{\infty}v_n$发散。

【例9-8】 讨论p级数$\sum\limits_{n=1}^{\infty}\frac{1}{n^p}$的敛散性，其中$p>0$为常数。

解：当$0<p<1$时，$\frac{1}{n}<\frac{1}{n^p}$，而调和级数$\sum\limits_{n=1}^{\infty}\frac{1}{n}$发散，故由比较审敛法可知级数$\sum\limits_{n=1}^{\infty}\frac{1}{n^p}$是发散的。

当$p=1$时，p级数为调和级数$\sum\limits_{n=1}^{\infty}\frac{1}{n}$，故发散。

当$p>1$时，将原级数依下列形式添加括号，构成新级数：

$$\begin{aligned}
&\frac{1}{1^p}+\frac{1}{2^p}+\frac{1}{3^p}+\cdots+\frac{1}{n^p}+\cdots\\
&=\frac{1}{1^p}+\left(\frac{1}{2^p}+\frac{1}{3^p}\right)+\left(\frac{1}{4^p}+\frac{1}{5^p}+\frac{1}{6^p}+\frac{1}{7^p}\right)+\left(\frac{1}{8^p}+\frac{1}{9^p}+\cdots+\frac{1}{14^p}+\frac{1}{15^p}\right)+\cdots\\
&<1+\left(\frac{1}{2^p}+\frac{1}{2^p}\right)+\left(\frac{1}{4^p}+\frac{1}{4^p}+\frac{1}{4^p}+\frac{1}{4^p}\right)+\left(\frac{1}{8^p}+\frac{1}{8^p}+\cdots+\frac{1}{8^p}+\frac{1}{8^p}\right)+\cdots\\
&=1+\frac{2}{2^p}+\frac{4}{4^p}+\frac{8}{8^p}+\cdots\\
&=1+\frac{1}{2^{p-1}}+\left(\frac{1}{2^{p-1}}\right)^2+\left(\frac{1}{2^{p-1}}\right)^3+\cdots\\
&=\sum_{n=1}^{\infty}\left(\frac{1}{2^{p-1}}\right)^{n-1}
\end{aligned}$$

因为$p>1$，等比级数$\sum\limits_{n=1}^{\infty}\left(\frac{1}{2^{p-1}}\right)^{n-1}$的公比$\frac{1}{2^{p-1}}<1$，故$\sum\limits_{n=1}^{\infty}\left(\frac{1}{2^{p-1}}\right)^{n-1}$收敛，由比较审敛法知$p>1$时$p$级数收敛。

综上讨论，对于p级数$\sum\limits_{n=1}^{\infty}\frac{1}{n^p}$，当$0<p\leqslant 1$时发散；当$p>1$时收敛。

用比较审敛法判断级数敛散性时，常将 p 级数作为**基础级数**(常作为基础级数的还有等比级数、调和级数)。如级数 $\sum\limits_{n=1}^{\infty}\frac{1}{n^2}$ 是 $p=2$ 的 p 级数，所以收敛；而级数 $\sum\limits_{n=1}^{\infty}\frac{1}{\sqrt{n}}$ 是 $p=\frac{1}{2}$ 的 p 级数，所以发散。

【例 9-9】 证明级数 $\sum\limits_{n=1}^{\infty}\frac{1}{\sqrt{n(n+1)}}$ 是发散的。

证明：因为 $\frac{1}{\sqrt{n(n+1)}}>\frac{1}{\sqrt{(n+1)^2}}=\frac{1}{n+1}$，而级数 $\sum\limits_{n=1}^{\infty}\frac{1}{n+1}=\frac{1}{2}+\frac{1}{3}+\cdots+\frac{1}{n+1}+\cdots$ 是发散的，根据比较审敛法可知，所给级数是发散的。

【例 9-10】 判别级数 $\sum\limits_{n=1}^{\infty}\left(\frac{n}{2n+1}\right)^n$ 的敛散性。

解：因为 $\left(\frac{n}{2n+1}\right)^n<\left(\frac{n}{2n}\right)^n=\left(\frac{1}{2}\right)^n$，而等比级数 $\sum\limits_{n=1}^{\infty}\left(\frac{1}{2}\right)^n$ 是收敛的，由比较审敛法知级数 $\sum\limits_{n=1}^{\infty}\left(\frac{n}{2n+1}\right)^n$ 也收敛。

【例 9-11】 判别级数 $\sum\limits_{n=1}^{\infty}\frac{1}{\sqrt{(n+1)(n+2)}}$ 的敛散性。

解：由于

$$\frac{1}{\sqrt{(n+1)(n+2)}}<\frac{1}{n^{\frac{3}{2}}}$$

级数 $\sum\limits_{n=1}^{\infty}\frac{1}{n^{\frac{3}{2}}}$ 是 $p=\frac{3}{2}$ 的 p 级数，是收敛的，所以由比较审敛法可知原级数也是收敛的。

下面利用比较审敛法和极限的定义，导出一个更为实用的比较审敛法的极限形式。

定理 9.3(比较审敛法的极限形式) 设 $\sum\limits_{n=1}^{\infty}u_n$ 和 $\sum\limits_{n=1}^{\infty}v_n$ 都是正项级数，并且 $\lim\limits_{n\to\infty}\frac{u_n}{v_n}=\rho$，则当 $0<\rho<+\infty$ 时，$\sum\limits_{n=1}^{\infty}u_n$ 和 $\sum\limits_{n=1}^{\infty}v_n$ 的敛散性相同。

【例 9-12】 判别级数 $\sum\limits_{n=1}^{\infty}\frac{1}{3^n-n}$ 的敛散性。

解：由于 $\lim\limits_{n\to\infty}\frac{\frac{1}{3^n-n}}{\frac{1}{3^n}}=\lim\limits_{n\to\infty}\frac{3^n}{3^n-n}=\lim\limits_{n\to\infty}\frac{1}{1-\frac{n}{3^n}}=1$，而级数 $\sum\limits_{n=1}^{\infty}\frac{1}{3^n}$ 是公比为 $\frac{1}{3}$ 的等比级数，是收敛的，所以由极限形式的比较审敛法可知，级数 $\sum\limits_{n=1}^{\infty}\frac{1}{3^n-n}$ 收敛。

【例 9-13】 判别级数 $\sum\limits_{n=1}^{\infty}\sin\frac{1}{n}$ 的敛散性。

解：由于 $\lim\limits_{n\to\infty}\dfrac{\sin\dfrac{1}{n}}{\dfrac{1}{n}}=1$，而 $\sum\limits_{n=1}^{\infty}\dfrac{1}{n}$ 为发散级数，由极限形式的比较审敛法可知，级数 $\sum\limits_{n=1}^{\infty}\sin\dfrac{1}{n}$ 是发散的。

3. 比值审敛法

定理 9.4(比值审敛法，达朗贝尔判别法) 对于一个正项级数 $\sum\limits_{n=1}^{\infty}u_n(u_n\geqslant 0)$，如果 $\lim\limits_{n\to\infty}\dfrac{u_{n+1}}{u_n}=\rho$，则当 $\rho<1$ 时，级数 $\sum\limits_{n=1}^{\infty}u_n$ 收敛；当 $\rho>1$ 时，级数 $\sum\limits_{n=1}^{\infty}u_n$ 发散。

应当注意，当 $\rho=1$ 时，无法判断级数的敛散性，需要采用其他方法。

【例 9-14】 判别级数 $\sum\limits_{n=1}^{\infty}\dfrac{2^n}{n^2 3^n}$ 的敛散性。

解：由于 $\lim\limits_{n\to\infty}\dfrac{u_{n+1}}{u_n}=\lim\limits_{n\to\infty}\left(\dfrac{2^{n+1}}{(n+1)^2 3^{n+1}}\cdot\dfrac{n^2 3^n}{2^n}\right)=\dfrac{2}{3}<1$，所以根据比值审敛法可知，所给级数收敛。

【例 9-15】 判别级数 $\sum\limits_{n=1}^{\infty}\dfrac{n^n}{n!}$ 的敛散性。

解：因为 $\lim\limits_{n\to\infty}\dfrac{u_{n+1}}{u_n}=\lim\limits_{n\to\infty}\dfrac{(n+1)^{n+1}}{(n+1)!}\cdot\dfrac{n!}{n^n}=\lim\limits_{n\to\infty}\left(\dfrac{n+1}{n}\right)^n=\lim\limits_{n\to\infty}\left(1+\dfrac{1}{n}\right)^n=\mathrm{e}>1$。

由比值审敛法可知，级数 $\sum\limits_{n=1}^{\infty}\dfrac{n^n}{n!}$ 是发散的。

【例 9-16】 判别级数 $\sum\limits_{n=1}^{\infty}\dfrac{1}{n(2n+1)}$ 的敛散性。

解：由于 $\lim\limits_{n\to\infty}\dfrac{u_{n+1}}{u_n}=\lim\limits_{n\to\infty}\dfrac{1}{(n+1)(2n+3)}\cdot n(2n+1)=1$，所以不能用比值审敛法来判别该级数的敛散性，而应采用比较法的极限形式。

因为 $\lim\limits_{n\to\infty}\dfrac{\dfrac{1}{n(2n+1)}}{\dfrac{1}{n^2}}=\lim\limits_{n\to\infty}\dfrac{n^2}{n(2n+1)}=\dfrac{1}{2}$，而级数 $\sum\limits_{n=1}^{\infty}\dfrac{1}{n^2}$ 收敛，所以由极限形式的比较审敛法可知，级数 $\sum\limits_{n=1}^{\infty}\dfrac{1}{n(2n+1)}$ 收敛。

4. 根值审敛法

定理 9.5(根值审敛法，柯西判别法) 若正项级数 $\sum\limits_{n=1}^{\infty}u_n$ 满足 $\lim\limits_{n\to\infty}\sqrt[n]{u_n}=\rho$，则当 $\rho<1$

时，级数$\sum_{n=1}^{\infty}u_n$收敛；当$\rho>1$时，级数$\sum_{n=1}^{\infty}u_n$发散。

应当注意，当$\rho=1$时，无法判断级数的敛散性，需要采用其他方法。

【例 9-17】 判别级数$\sum_{n=1}^{\infty}\left(\frac{n}{2n-1}\right)^n$的收敛性。

解：因为$\lim_{n\to\infty}\sqrt[n]{u_n}=\lim_{n\to\infty}\frac{n}{2n-1}=\frac{1}{2}<1$，所以根据根值审敛法可知，级数$\sum_{n=1}^{\infty}\left(\frac{n}{2n-1}\right)^n$收敛。

【例 9-18】 判别级数$\sum_{n=1}^{\infty}\frac{3+(-1)^n}{3^n}$的收敛性。

解：因为$\lim_{n\to\infty}\sqrt[n]{u_n}=\lim_{n\to\infty}\frac{1}{3}\sqrt[n]{3+(-1)^n}=\frac{1}{3}$，所以根据根值审敛法可知，所给级数收敛。

9.2.2 交错级数及其审敛法

定义 9.5 设有级数$\sum_{n=1}^{\infty}u_n$，其中$u_n(n=1,2,3,\cdots)$为任意实数，则称级数$\sum_{n=1}^{\infty}u_n$为**任意项级数**。

定义 9.6 形如$\sum_{n=1}^{\infty}(-1)^n u_n$（其中$u_n>0,n=1,2,3,\cdots$）的级数称为**交错级数**。

交错级数具有下列重要结论。

定理 9.6（莱布尼茨审敛法） 如果交错级数$\sum_{n=1}^{\infty}(-1)^n u_n(u_n>0,n=1,2,3,\cdots)$满足条件：①$u_n\geqslant u_{n+1}(n=1,2,3,\cdots)$；②$\lim_{n\to\infty}u_n=0$，则级数$\sum_{n=1}^{\infty}(-1)^{n-1}u_n$收敛。

【例 9-19】 判别交错级数$\sum_{n=1}^{\infty}(-1)^n\frac{1}{n+1}$的敛散性。

解：因为交错级数满足条件：(1) $u_n=\frac{1}{n+1}>\frac{1}{n+2}=u_{n+1}$；(2) $\lim_{n\to\infty}u_n=\lim_{n\to\infty}\frac{1}{n+1}=0$。由莱布尼茨审敛法可知，所给级数是收敛的。

9.2.3 绝对收敛与条件收敛

对于一般的任意项级数$\sum_{n=1}^{\infty}u_n(u_n\in R)$没有判断其收敛性的通用方法，可将级数的每一项取绝对值，构造一个正项级数

$$\sum_{n=1}^{\infty}|u_n|=|u_1|+|u_2|+|u_3|+\cdots+|u_n|+\cdots \tag{9-3}$$

下面讨论级数$\sum\limits_{n=1}^{\infty}u_n$与$\sum\limits_{n=1}^{\infty}|u_n|$敛散性之间的关系。

定理 9.7 如果级数$\sum\limits_{n=1}^{\infty}|u_n|$收敛，则级数$\sum\limits_{n=1}^{\infty}u_n$必定收敛。

证明：设级数(9-3)收敛，令$A_n=\frac{1}{2}(|u_n|+u_n)$，$B_n=\frac{1}{2}(|u_n|-u_n)$。显然有$A_n\geqslant 0$，$B_n\geqslant 0$，且有$A_n\leqslant|u_n|$，$B_n\leqslant|u_n|$。由于级数(9-3)收敛，根据比较审敛法可知，正项级数$\sum\limits_{n=1}^{\infty}A_n$和$\sum\limits_{n=1}^{\infty}B_n$均收敛，再根据级数的基本性质可知级数$\sum\limits_{n=1}^{\infty}(A_n-B_n)$收敛。而$A_n-B_n=\frac{1}{2}(|u_n|+u_n)-\frac{1}{2}(|u_n|-u_n)=u_n$，即级数$\sum\limits_{n=1}^{\infty}u_n$收敛。

定义 9.7 如果级数$\sum\limits_{n=1}^{\infty}u_n$的各项取绝对值所成的正项级数$\sum\limits_{n=1}^{\infty}|u_n|$收敛，则称级数$\sum\limits_{n=1}^{\infty}u_n$**绝对收敛**。

定义 9.8 如果级数$\sum\limits_{n=1}^{\infty}u_n$收敛，而级数$\sum\limits_{n=1}^{\infty}|u_n|$发散，则称级数$\sum\limits_{n=1}^{\infty}u_n$**条件收敛**。

若交错级数$\sum\limits_{n=1}^{\infty}(-1)^n\frac{1}{n+1}$收敛，而$\sum\limits_{n=1}^{\infty}\left|(-1)^n\frac{1}{n+1}\right|=\sum\limits_{n=1}^{\infty}\frac{1}{n+1}$是发散的，则级数$\sum\limits_{n=1}^{\infty}(-1)^n\frac{1}{n+1}$是条件收敛的。

【例 9-20】 判别级数$\sum\limits_{n=1}^{\infty}\frac{\sin na}{n^2}$的收敛性($a$是常数)。

解：因为$\left|\frac{\sin na}{n^2}\right|\leqslant\left|\frac{1}{n^2}\right|$，而级数$\sum\limits_{n=1}^{\infty}\frac{1}{n^2}$是收敛的，所以级数$\sum\limits_{n=1}^{\infty}\left|\frac{\sin na}{n^2}\right|$也收敛，从而级数$\sum\limits_{n=1}^{\infty}\frac{\sin na}{n^2}$绝对收敛。

例 9-21

【例 9-21】 判别级数$\sum\limits_{n=1}^{\infty}(-1)^n\frac{1}{\sqrt{n}}$的收敛性。

解：对于级数$\sum\limits_{n=1}^{\infty}\left|(-1)^n\frac{1}{\sqrt{n}}\right|=\sum\limits_{n=1}^{\infty}\frac{1}{\sqrt{n}}$发散，而$u_n=\frac{1}{\sqrt{n}}>\frac{1}{\sqrt{n+1}}=u_{n+1}$；$\lim\limits_{n\to\infty}u_n=\lim\limits_{n\to\infty}\frac{1}{\sqrt{n}}=0$，根据莱布尼茨审敛法，级数$\sum\limits_{n=1}^{\infty}(-1)^n\frac{1}{\sqrt{n}}$收敛，并且是条件收敛。

【能力训练 9.2】

基础练习

1. 填空题。

(1) p 级数 $\sum_{n=1}^{\infty}\frac{1}{n^p}$ 收敛，则 p 满足________。

(2) 交错级数 $\sum_{n=1}^{\infty}(-1)^{n-1}\frac{n}{2^{n-1}}$ 是________收敛。

2. 判断题。

(1) 级数 $\sum_{n=1}^{\infty}\frac{1}{n^5}$ 是收敛的。(　　)

(2) 级数 $\sum_{n=1}^{\infty}\frac{1}{\sqrt{n(n+1)(n+2)}}$ 是发散的。(　　)

(3) 级数 $1-\frac{1}{3^2}+\frac{1}{5^2}-\frac{1}{7^2}+\cdots$ 是绝对收敛的。(　　)

提高练习

1. 用比较审敛法判别下列级数的敛散性。

(1) $\sum_{n=1}^{\infty}\frac{1}{n^2+1}$　　(2) $\sum_{n=0}^{\infty}\frac{1}{2n+1}$

(3) $\sum_{n=1}^{\infty}\frac{1}{\sqrt{n+3}}$　　(4) $\sum_{n=1}^{\infty}\frac{1}{(2n-1)^3}$

(5) $\sum_{n=1}^{\infty}\sin\frac{\pi}{4^n}$　　(6) $\sum_{n=1}^{\infty}\frac{1}{n\sqrt{n+1}}$

2. 用比值审敛法判别下列级数的敛散性。

(1) $\sum_{n=1}^{\infty}\frac{n^2}{6^n}$　　(2) $\sum_{n=1}^{\infty}\frac{3^n}{n}$

(3) $\sum_{n=1}^{\infty}\frac{5^n}{n!}$　　(4) $\sum_{n=1}^{\infty}\frac{n^n}{5^n n!}$

3. 用根值审敛法判别下列级数的敛散性。

(1) $\sum_{n=1}^{\infty}\left(\frac{n}{2n-1}\right)^{2n-1}$　　(2) $\sum_{n=1}^{\infty}\frac{1}{[\ln(n+2)]^n}$

4. 判别下列级数的敛散性。若收敛，指出是条件收敛还是绝对收敛。

(1) $\sum_{n=1}^{\infty}\frac{\cos nx}{n\sqrt{n}}$　　(2) $\sum_{n=1}^{\infty}\frac{(-1)^n}{\ln(n+1)}$

(3) $\sum_{n=1}^{\infty}\frac{(-1)^n}{3n-1}$　　(4) $\sum_{n=1}^{\infty}(-1)^{n-1}\frac{2+(-1)^n}{n^2}$

9.3 幂级数

9.3.1 函数项级数

定义 9.9 设 $u_n(x)(n=1,2,3,\cdots)$是定义在某个实数集 I 上的函数,称级数

$$\sum_{n=1}^{\infty}u_n(x)=u_1(x)+u_2(x)+u_3(x)+\cdots+u_n(x)+\cdots \tag{9-4}$$

是定义在实数集 I 上的函数项无穷级数,简称函数项级数。

若对 I 中的一点 x_0,数项级数 $\sum_{n=1}^{\infty}u_n(x_0)$ 收敛,就称函数项级数(9-4)在 x_0 点收敛,称 x_0 是级数(9-4)的一个**收敛点**;如果级数 $\sum_{n=1}^{\infty}u_n(x_0)$ 发散,就称级数(9-4)在 x_0 点发散,x_0 是级数(9-4)的一个**发散点**。函数项级数(9-4)的所有收敛点的全体称为它的**收敛域**,所有发散点的全体称为它的**发散域**。

对收敛域内的任何一点 x,函数项级数(9-4)是一个收敛的常数项级数,因此有一个确定的和 S。这样,在收敛域上,函数项级数 $\sum_{n=1}^{\infty}u_n(x)$ 的和是 x 的函数,记为 $S(x)$,通常称 $S(x)$ 是函数项级数的**和函数**,即 $\sum_{n=1}^{\infty}u_n(x)=S(x)$,和函数的定义域就是幂级数的收敛域。

把级数(9-4)的前 n 项部和记作 $S_n(x)$,即 $S_n(x)=\sum_{i=1}^{n}u_i(x)$,在收敛域上有

$$\lim_{n\to\infty}S_n(x)=S(x)$$

函数项级数 $\sum_{n=1}^{\infty}u_n(x)$ 的和函数 $S(x)$ 与它的前 n 项部分和 $S_n(x)$ 的差 $r_n=S(x)-S_n(x)$ 叫作级数 $\sum_{n=1}^{\infty}u_n(x)$的**余项**(只有 x 收敛域上,r_n 才有意义),在收敛域上有

$$\lim_{n\to\infty}r_n=\lim_{n\to\infty}[S(x)-S_n(x)]=0$$

9.3.2 幂级数的概念

函数项级数中有一类各项都是幂函数的级数,既简单又有广泛应用,它就是幂级数。

定义 9.10 形如

$$\sum_{n=0}^{\infty}a_n(x-x_0)^n=a_0+a_1(x-x_0)+a_2(x-x_0)^2+\cdots+a_n(x-x_0)^n+\cdots \tag{9-5}$$

的级数称为 $x-x_0$ 的**幂级数**，其中 $x_0,a_0,a_1,a_2,\cdots,a_n,\cdots$ 都是常数，$a_0,a_1,a_2,\cdots,a_n,\cdots$ 叫作**幂级数的系数**。

特别地，当 $x_0=0$ 时，级数(9-5)转化为最简形式

$$\sum_{n=0}^{\infty}a_nx^n=a_0+a_1x+a_2x^2+\cdots+a_nx^n+\cdots \tag{9-6}$$

对于一般的幂级数 $\sum\limits_{n=0}^{\infty}a_n(x-x_0)^n$，可以通过变量代换 $t=x-x_0$ 转化为幂级数的最简级数(9-6)，所以下面主要讨论级数(9-6)的幂级数。

显然，$x=0$ 是级数 $\sum\limits_{n=0}^{\infty}a_nx^n$ 的收敛点。但它的收敛域是否为一个区间，如何确定收敛域？对此，给出定理 9.8。

定理 9.8(阿贝尔定理)　若级数 $\sum\limits_{n=0}^{\infty}a_nx^n$ 在 $x=x_0(x_0\neq 0)$ 处收敛，则对于所有满足 $|x|<|x_0|$ 的 x，幂级数 $\sum\limits_{n=0}^{\infty}a_nx^n$ 绝对收敛。若幂级数 $\sum\limits_{n=0}^{\infty}a_nx^n$ 在 $x=x_0(x_0\neq 0)$ 处发散，则对于所有满足 $|x|>|x_0|$ 的 x，幂级数 $\sum\limits_{n=0}^{\infty}a_nx^n$ 都发散。

定理 9.8 揭示了幂级数收敛点集的结构。即如果幂级数 $\sum\limits_{n=0}^{\infty}a_nx^n$ 在 $x=x_0(x_0\neq 0)$ 处收敛，则在区间 $(-|x_0|,|x_0|)$ 内绝对收敛；如果幂级数在 $x=x_1$ 处发散，则对于区间 $[-|x_1|,|x_1|]$ 外的任何点 x 处必定发散。为此得到以下重要推论。

推论　如果幂级数 $\sum\limits_{n=0}^{\infty}a_nx^n$ 不是仅在 $x=0$ 处收敛，也不是在 $(-\infty,+\infty)$ 内都收敛，则必有一个完全确定的正数 R 存在，使得

(1) 当 $|x|<R$ 时，$\sum\limits_{n=0}^{\infty}a_nx^n$ 绝对收敛。

(2) 当 $|x|>R$ 时，$\sum\limits_{n=0}^{\infty}a_nx^n$ 发散。

(3) 当 $x=-R$ 与 $x=R$ 时，$\sum\limits_{n=0}^{\infty}a_nx^n$ 可能收敛，也可能发散。

正数 R 通常称为幂级数(9-6)的**收敛半径**，称开区间 $(-R,R)$ 为幂级数(9-6)的**收敛区间**。图 9-1 为上述推论的几何说明。

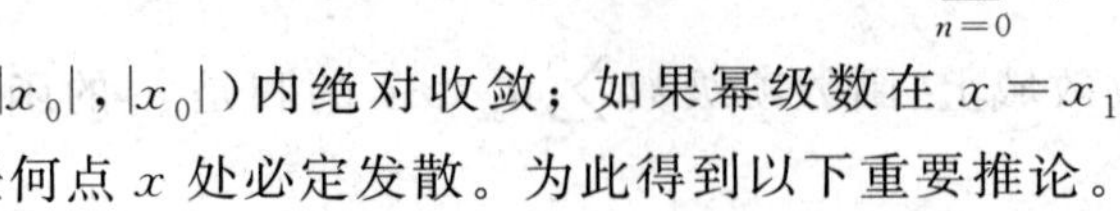

发散区域　收敛区域　发散区域

$-R$　O　R　x

图 9-1　定理 9.8 推论的几何说明

由以上讨论可知，欲求幂级数的收敛域，只要求出收敛半径 R，得到级数的收敛区间 $(-R,R)$，然后再判别端点 $x=\pm R$ 处的收敛性便可得出，即收敛域为下列区域之一：

$(-R,R)$，$(-R,R]$，$[-R,R)$，$[-R,R]$。

规定：如果幂级数(9-6)只在 $x=0$ 处收敛，则收敛半径 $R=0$，这时收敛域只有 $x=0$ 一点；如果幂级数(9-6)对数轴上任一点 x 都收敛，则收敛半径 $R=+\infty$，这时的收敛域是 $(-\infty,+\infty)$。这两种情况确实都是存在的。

下面给出确定幂级数 $\sum_{n=0}^{\infty} a_n x^n$ 的收敛半径 R 的一个定理。

定理 9.9 对于幂级数 $\sum_{n=0}^{\infty} a_n x^n$，设系数 $a_n \neq 0$，$(n=0,1,2,\cdots)$，并满足 $\lim_{n\to\infty}\left|\frac{a_{n+1}}{a_n}\right|=\rho$，则

(1) 当 $0<\rho<+\infty$ 时，收敛半径 $R=\frac{1}{\rho}$。

(2) 当 $\rho=0$ 时，收敛半径 $R=+\infty$。

(3) 当 $\rho=+\infty$ 时，收敛半径 $R=0$。

【例 9-22】 求幂级数 $\sum_{n=0}^{\infty}(-1)^n \frac{x^n}{n}$ 的收敛区间、收敛半径、收敛域。

解：由于 $\rho=\lim_{n\to\infty}\left|\frac{a_{n+1}}{a_n}\right|=\lim_{n\to\infty}\left|(-1)^{n+1}\frac{x^{n+1}}{n+1}\cdot\frac{n}{(-1)^n x^n}\right|=\lim_{n\to\infty}\frac{n+1}{n}=1$

故收敛半径为 $R=\frac{1}{\rho}=1$，因此幂级数的收敛区间为 $(-1,1)$。

当 $x=-1$ 时，幂级数为 $\sum_{n=1}^{\infty}\frac{1}{n}$，它是调和级数，所以发散。

当 $x=1$ 时，幂级数为 $\sum_{n=1}^{\infty}(-1)^n\frac{1}{n}$，它是一个收敛的交错级数。

因此级数 $\sum_{n=1}^{\infty}(-1)^{n-1}\frac{x^n}{n}$ 的收敛域为 $(-1,1]$。

【例 9-23】 求幂级数 $\sum_{n=1}^{\infty} n^n x^n$ 的收敛半径。

解：由于

$$\rho=\lim_{n\to\infty}\left|\frac{a_{n+1}}{a_n}\right|=\lim_{n\to\infty}\left|\frac{(n+1)^{n+1}}{n^n}\right|=\lim_{n\to\infty}\left(1+\frac{1}{n}\right)^n(n+1)=+\infty$$

所以幂级数 $\sum_{n=1}^{\infty} n^n x^n$ 的收敛半径为 $R=0$。

【例 9-24】 求幂级数 $\sum_{n=1}^{\infty}\frac{x^n}{n!}$ 的收敛半径和收敛域。

解：因为

$$\rho=\lim_{n\to\infty}\left|\frac{a_{n+1}}{a_n}\right|=\lim_{n\to\infty}\left|\frac{1}{(n+1)!}\cdot n!\right|=\lim_{n\to\infty}\frac{1}{n+1}=0$$

所以收敛半径为 $R=+\infty$，从而收敛域为 $(-\infty,+\infty)$。

【例 9-25】 求幂级数$\sum_{n=1}^{\infty}\frac{(x-1)^n}{2^n}$的收敛半径和收敛域。

解：解法 1　令$t=x-1$，上述级数变为$\sum_{n=1}^{\infty}\frac{t^n}{2^n}$。因为

$$\rho=\lim_{n\to\infty}\left|\frac{a_{n+1}}{a_n}\right|=\lim_{n\to\infty}\left|\frac{1}{2^{n+1}}\cdot 2^n\right|=\frac{1}{2}$$

所以收敛半径$R=2$。

当$t=2$时，级数$\sum_{n=1}^{\infty}1$发散；当$t=-2$时，级数$\sum_{n=1}^{\infty}(-1)^n$也发散。因此级数$\sum_{n=1}^{\infty}\frac{t^n}{2^n}$的收敛域为$-2<t<2$，即$-2<x-1<2$，$-1<x<3$，原级数的收敛域为$(-1,3)$。

解法 2　用比值审敛法，考察级数$\sum_{n=1}^{\infty}\frac{(x-1)^n}{2^n}$的敛散性。由于

$$\lim_{n\to\infty}\left|\frac{u_{n+1}}{u_n}\right|=\lim_{n\to\infty}\left|\frac{(x-1)^{n+1}}{2^{n+1}}\cdot\frac{2^n}{(x-1)^n}\right|=\lim_{n\to\infty}\frac{1}{2}|x-1|=\frac{1}{2}|x-1|$$

当$\frac{1}{2}|x-1|<1$，即当$-1<x<3$时，原幂级数收敛；当$\frac{1}{2}|x-1|>1$，即当$x<-1$或$x>3$时，原幂级数发散；当$x=3$时，级数$\sum_{n=1}^{\infty}\frac{(3-1)^n}{2^n}=\sum_{n=1}^{\infty}1$发散；当$x=-1$时，级数$\sum_{n=1}^{\infty}\frac{(-1-1)^n}{2^n}=\sum_{n=1}^{\infty}(-1)^n$发散。所以幂级数$\sum_{n=1}^{\infty}\frac{(x-1)^n}{2^n}$的收敛域为$(-1,3)$，收敛半径$R=2$。

【例 9-26】 求幂级数$\sum_{n=0}^{\infty}\frac{x^{2n}}{3^n}$的收敛半径和收敛域。

解：所给级数为缺项情形，即系数$a_{2n+1}=0(n=0,1,2,\cdots)$，不属于级数(9-6)的标准形式，不能直接用定理 9.9 求收敛半径。

解法 1　令$x^2=t$，则$\sum_{n=0}^{\infty}\frac{x^{2n}}{3^n}=\sum_{n=0}^{\infty}\frac{t^n}{3^n}$。

由于$\rho=\lim_{n\to\infty}\left|\frac{a_{n+1}}{a_n}\right|=\lim_{n\to\infty}\left|\frac{1}{3^{n+1}}\cdot 3^n\right|=\frac{1}{3}$，所以幂级数$\sum_{n=0}^{\infty}\frac{t^n}{3^n}$的收敛半径为$R=3$。也就是$-3<t<3$，即$-3<x^2<3$时，所给级数$\sum_{n=0}^{\infty}\frac{x^{2n}}{3^n}$收敛。由$-3<x^2<3$，解得$-\sqrt{3}<x<\sqrt{3}$，因此原级数的收敛区间为$(-\sqrt{3},\sqrt{3})$。

当$x=\pm\sqrt{3}$时，级数$\sum_{n=0}^{\infty}\frac{(\pm\sqrt{3})^{2n}}{3^n}=\sum_{n=0}^{\infty}\frac{3^n}{3^n}=\sum_{n=0}^{\infty}1$发散，故原级数$\sum_{n=0}^{\infty}\frac{x^{2n}}{3^n}$的收敛域为$(-\sqrt{3},\sqrt{3})$，收敛半径$R=\sqrt{3}$。

解法 2　用比值审敛法，考察级数$\sum_{n=0}^{\infty}\left|\frac{x^{2n}}{3^n}\right|$的敛散性。由于

$$\lim_{n\to\infty}\left|\frac{u_{n+1}}{u_n}\right|=\lim_{n\to\infty}\left|\frac{x^{2(n+1)}}{3^{n+1}}\cdot\frac{3^n}{x^{2n}}\right|=\lim_{n\to\infty}\frac{1}{3}x^2=\frac{1}{3}x^2$$

当$\frac{1}{3}x^2<1$，即$-\sqrt{3}<x<\sqrt{3}$时，所给级数绝对收敛；当$|x|>\sqrt{3}$时级数发散。因此原级数的收敛区间为$(-\sqrt{3},\sqrt{3})$。

当$x=\pm\sqrt{3}$时，级数$\sum\limits_{n=0}^{\infty}\frac{(\pm\sqrt{3})^{2n}}{3^n}=\sum\limits_{n=0}^{\infty}1$发散，故原级数$\sum\limits_{n=0}^{\infty}\frac{x^{2n}}{3^n}$的收敛域为$(-\sqrt{3},\sqrt{3})$，收敛半径$R=\sqrt{3}$。

若求幂级数$\sum\limits_{n=0}^{\infty}\frac{x^{2n+1}}{3^n}$的收敛半径和收敛域，只能使用比值审敛法(例9-26中的解法2)。

9.3.3 幂级数的运算和性质

性质1 设幂级数$\sum\limits_{n=0}^{\infty}a_nx^n$和$\sum\limits_{n=0}^{\infty}b_nx^n$分别在区间$(-R_1,R_1)$和$(-R_2,R_2)$内收敛，令$R=\min(R_1,R_2)$，则在$(-R,R)$内有

(1) $\sum\limits_{n=0}^{\infty}a_nx^n\pm\sum\limits_{n=0}^{\infty}b_nx^n=\sum\limits_{n=0}^{\infty}(a_n\pm b_n)x^n$。

(2) $\left(\sum\limits_{n=0}^{\infty}a_nx^n\right)\cdot\left(\sum\limits_{n=0}^{\infty}b_nx^n\right)=\sum\limits_{n=0}^{\infty}\left(\sum\limits_{i=0}^{n}a_ib_{n-i}\right)x^n$。

设幂级数$\sum\limits_{n=0}^{\infty}a_nx^n$在收敛区间$(-R,R)$内的和函数为$S(x)$，则具有下列性质。

性质2(连续性) 在区间$(-R,R)$内，$S(x)$是连续函数。即当$x_0\in(-R,R)$时，有

$$\lim_{x\to x_0}S(x)=\lim_{x\to x_0}\left(\sum_{n=0}^{\infty}a_nx^n\right)=\sum_{n=0}^{\infty}\left(\lim_{x\to x_0}a_nx^n\right)=\sum_{n=0}^{\infty}a_nx_0^n=S(x_0)$$

性质3(微分性) 在区间$(-R,R)$内，$S(x)$可导，且有逐项求导公式

$$S'(x)=\left(\sum_{n=0}^{\infty}a_nx^n\right)'=\sum_{n=0}^{\infty}(a_nx^n)'=\sum_{n=0}^{\infty}na_nx^{n-1}$$

逐项求导后的幂级数与原幂级数有相同的收敛半径，但在收敛区间端点处，级数的敛散性可能会改变。

性质4(积分性) 在区间$(-R,R)$内，$S(x)$可积，且有逐项积分公式

$$\int_0^x S(x)\mathrm{d}x=\int_0^x\left(\sum_{n=0}^{\infty}a_nx^n\right)\mathrm{d}x=\sum_{n=0}^{\infty}\left(\int_0^x a_nx^n\mathrm{d}x\right)=\sum_{n=0}^{\infty}\frac{a_n}{n+1}x^{n+1}$$

逐项积分后的幂级数与原幂级数有相同的收敛半径，但在收敛区间端点处，级数的敛散性可能会改变。

【例9-27】 已知$f(x)=\sum\limits_{n=0}^{\infty}\frac{x^n}{n}$，$g(x)=\sum\limits_{n=0}^{\infty}(-1)^n\frac{x^n}{3^n}$，求$f(x)+g(x)$及其收敛半径。

解： 因为$\rho_1=\lim\limits_{n\to\infty}\left|\frac{1}{n+1}\cdot n\right|=1$，$\rho_2=\lim\limits_{n\to\infty}\left|(-1)^{n+1}\frac{1}{3^{n+1}}\cdot\frac{3^n}{(-1)^n}\right|=\frac{1}{3}$，因此级数

$f(x)$和$g(x)$的收敛半径分别为$R_1=1,R_2=3$，故

$$f(x)+g(x)=\sum_{n=0}^{\infty}\frac{x^n}{n}+\sum_{n=0}^{\infty}(-1)^n\frac{x^n}{3^n}=\sum_{n=0}^{\infty}\left[\frac{x^n}{n}+(-1)^n\frac{x^n}{3^n}\right]$$
$$=\sum_{n=0}^{\infty}\left[\frac{1}{n}+\frac{(-1)^n}{3^n}\right]x^n$$

收敛半径$R=\min(1,3)=1$。

例 9-28

【例 9-28】 求幂级数$\sum\limits_{n=1}^{\infty}nx^{n-1}$的和函数。

解：求出级数$\sum\limits_{n=1}^{\infty}nx^{n-1}$的收敛域为$(-1,1)$，并设该级数的和函数为$S(x)$，即

$$S(x)=\sum_{n=1}^{\infty}nx^{n-1}\quad x\in(-1,1)$$

由级数的积分性质，得

$$\int_0^x S(x)\mathrm{d}x=\int_0^x\left(\sum_{n=1}^{\infty}nx^{n-1}\right)\mathrm{d}x=\sum_{n=1}^{\infty}\left(\int_0^x nx^{n-1}\mathrm{d}x\right)=\sum_{n=1}^{\infty}x^n=\frac{x}{1-x}$$

对上式两边求导数，得

$$S(x)=\left(\frac{x}{1-x}\right)'=\frac{1}{(1-x)^2}\quad x\in(-1,1)$$

故级数$\sum\limits_{n=1}^{\infty}nx^{n-1}$的和函数$S(x)=\dfrac{1}{(1-x)^2},x\in(-1,1)$。

【例 9-29】 求级数$\sum\limits_{n=1}^{\infty}\dfrac{(-1)^{n-1}}{n}x^n$的和函数。

解：求出级数$\sum\limits_{n=1}^{\infty}\dfrac{(-1)^{n-1}}{n}x^n$的收敛区间为$(-1,1)$，并设该级数在收敛区间内的和函数为$S(x)$，即$S(x)=\sum\limits_{n=1}^{\infty}\dfrac{(-1)^{n-1}}{n}x^n,x\in(-1,1)$。由级数的微分性质，得

$$S'(x)=\left[\sum_{n=1}^{\infty}(-1)^{n-1}\frac{x^n}{n}\right]'=\sum_{n=1}^{\infty}\left[(-1)^{n-1}\frac{x^n}{n}\right]'=\sum_{n=1}^{\infty}(-1)^{n-1}x^{n-1}$$
$$=\frac{1}{1-(-x)}=\frac{1}{1+x}\quad x\in(-1,1)$$

再由级数的积分性质，得

$$S(x)=\int_0^x S'(x)\mathrm{d}x=\int_0^x\frac{1}{1+x}\mathrm{d}x=\ln(1+x)\quad x\in(-1,1)$$

当$x=-1$时，级数$\sum\limits_{n=1}^{\infty}\dfrac{(-1)^{n-1}}{n}(-1)^n=\sum\limits_{n=1}^{\infty}\left(-\dfrac{1}{n}\right)$，发散。

当$x=1$时，级数$\sum\limits_{n=1}^{\infty}\dfrac{(-1)^{n-1}}{n}$是交错级数，收敛。

故级数$\sum\limits_{n=1}^{\infty}\dfrac{(-1)^{n-1}}{n}x^n$的和函数$S(x)=\ln(1+x),x\in(-1,1]$。

【能力训练 9.3】

基础练习

1. 填空题。

(1) 幂级数$\sum_{n=1}^{\infty}\frac{1}{n!}x^n$的收敛半径是________。

(2) 幂级数$\sum_{n=1}^{\infty}\frac{1}{2^n n^2}x^n$的敛散半径是________。

(3) 幂级数$\sum_{n=1}^{\infty}\frac{1}{n^2}(x-2)^n$的收敛区间是________。

2. 求下列幂级数的收敛半径和收敛域。

(1) $\sum_{n=1}^{\infty}\frac{(-1)^{n-1}}{n^2}x^n$　　(2) $\sum_{n=1}^{\infty}\frac{3^n}{n^2+1}x^n$

提高练习

1. 求下列幂级数的收敛半径和收敛域。

(1) $\sum_{n=1}^{\infty}\frac{(x-5)^n}{\sqrt{n}}$　　(2) $\sum_{n=1}^{\infty}(-1)^{n-1}\frac{(x-3)^n}{n^3}$

(3) $\sum_{n=0}^{\infty}(-1)^n\frac{x^{2n+1}}{3n+1}$　　(4) $\sum_{n=1}^{\infty}(\ln x)^n$

2. 在区间$(-1,1)$内,求下列幂级数的和函数。

(1) $\sum_{n=1}^{\infty}(n+1)x^n$　　(2) $\sum_{n=1}^{\infty}\frac{n(n+1)}{2}x^{n-1}$

(3) $\sum_{n=0}^{\infty}\frac{x^{2n+1}}{2n+1}$　　(4) $\sum_{n=1}^{\infty}\frac{x^{n+1}}{n(n+1)}$

9.4 函数展开成幂级数

前面讨论了幂级数的收敛域及其和函数。但在许多的实际应用中,要解决相反的问题,即对给定的函数$f(x)$,能否在某个区间内“展成幂级数”,也就是说,能否找到这样一个幂级数,它在某区间内收敛,且其和函数恰好就是给定的函数$f(x)$。如果能找到这样的幂级数,我们就说,函数$f(x)$在该区间内可以展成幂级数。这就是本节要介绍的函数的幂级数展开。

9.4.1 泰勒公式与泰勒级数

泰勒公式　如果$f(x)$在点x_0的某邻域内具有直到$n+1$阶导数,则对此邻域内任意

一点 x，有

$$f(x)=f(x_0)+f'(x_0)(x-x_0)+\frac{f''(x_0)}{2!}(x-x_0)^2+\cdots+\frac{f^{(n)}(x_0)}{n!}(x-x_0)^n+R_n(x) \tag{9-7}$$

此公式称为**泰勒公式**。其中，$R_n(x)$称为 $f(x)$在点 $x=x_0$ 处的泰勒公式的**余项**。当 $x\to x_0$ 时，$R_n(x)$是$(x-x_0)^n$ 的高阶无穷小。$R_n(x)$有多种表示形式，其中一种常用的形式为**拉格朗日型余项**，其表达式为

$$R_n(x)=\frac{f^{(n+1)}(\xi)}{(n+1)!}(x-x_0)^{n+1}\quad (\xi \text{ 介于 } x \text{ 与 } x_0 \text{ 之间})$$

当 $x_0=0$ 时，有

$$f(x)=f(0)+f'(0)x+\frac{f''(0)}{2!}x^2+\cdots+\frac{f^{(n)}(0)}{n!}x^n+R_n(x) \tag{9-8}$$

称为**麦克劳林公式**，其中 $R_n(x)=\frac{f^{(n+1)}(\xi)}{(n+1)!}x^{n+1}$（$\xi$ 介于 0 与 x 之间）。

定义 9.11 设函数 $f(x)$在 x_0 的某邻域内任意阶可导，那么幂级数

$$f(x_0)+\frac{f'(x_0)}{1!}(x-x_0)+\frac{f''(x_0)}{2!}(x-x_0)^2+\cdots+\frac{f^{(n)}(x_0)}{n!}(x-x_0)^n+\cdots \tag{9-9}$$

称为函数 $f(x)$在 x_0 处的**泰勒级数**。

当 $x_0=0$ 时，则有

$$f(0)+\frac{f'(0)}{1!}x+\frac{f''(0)}{2!}x^2+\cdots+\frac{f^{(n)}(0)}{n!}x^n+\cdots \tag{9-10}$$

称为**麦克劳林级数**。

只要 $f(x)$在 x_0 的某邻域内有任意阶导数，就可以写出它的泰勒级数。但这个级数不一定收敛于 $f(x)$。下面我们讨论函数 $f(x)$在 x_0 处的泰勒级数的收敛条件。

显然，当 $x=x_0$ 时，$f(x)$的泰勒级数收敛于 $f(x_0)$。但除了 $x=x_0$ 点之外，这个泰勒级数是否收敛？如果收敛，是否收敛于 $f(x)$？这些问题需要从以下方面进行分析。

由于

$$R_n(x)=f(x)-\left[f(x_0)+\frac{f'(x_0)}{1!}x+\frac{f''(x_0)}{2!}x^2+\cdots+\frac{f^{(n)}(x_0)}{n!}x^n\right]$$

因此，在含有 $x=x_0$ 的某邻域上，若 $\lim\limits_{n\to\infty}R_n(x)=0$，则有

$$f(x)=\lim_{n\to\infty}\left[f(x_0)+\frac{f'(x_0)}{1!}x+\frac{f''(x_0)}{2!}x^2+\cdots+\frac{f^{(n)}(x_0)}{n!}x^n\right]$$

说明泰勒级数收敛。反之亦然。

综上所述，我们可以得到定理 9.10。

定理 9.10 若函数 $f(x)$在 $x=x_0$ 的某邻域内具有任意阶导数，则函数 $f(x)$的泰勒级数收敛于 $f(x)$的充要条件是：$\lim\limits_{n\to\infty}R_n(x)=0$。

如果 $f(x)$ 在 x_0 处的泰勒级数收敛于 $f(x)$，则称

$$f(x)=f(x_0)+\frac{f'(x_0)}{1!}(x-x_0)+\frac{f''(x_0)}{2!}(x-x_0)^2+\cdots+\frac{f^{(n)}(x_0)}{n!}(x-x_0)^n+\cdots$$

为 $f(x)$ 在 $x=x_0$ 处的**泰勒级数的展开式**。

当 $x_0=0$ 时，则称 $f(x)=f(0)+\frac{f'(0)}{1!}x+\frac{f''(0)}{2!}x^2+\cdots+\frac{f^{(n)}(0)}{n!}x^n+\cdots$ 为 $f(x)$ 的**麦克劳林级数的展开式**。

以上的讨论解决了函数 $f(x)$ 在什么条件下可以表示成幂级数的问题，那么剩下的一个问题就是函数 $f(x)$ 的幂级数表示式是否唯一。这一点是肯定的，也就是说，如果 $f(x)$ 可以展开为 x 的幂级数，那么这种展开式就是唯一的，它一定与 $f(x)$ 的麦克劳林级数一致，原因如下。

将函数 $f(x)$ 可展开为 x 的幂级数，即

$$f(x)=a_0+a_1x+a_2x^2+\cdots+a_nx^n+\cdots \tag{9-11}$$

在收敛域内逐项求导，得

$$f'(x)=a_1+2a_2x+\cdots+na_nx^{n-1}+\cdots$$

$$f''(x)=2\cdot 1a_2+3\cdot 2a_3x+\cdots+n(n-1)a_nx^{n-2}+\cdots$$

$$\vdots$$

$$f^{(n)}(x)=n!a_n+(n+1)n(n-1)\cdots 2a_{n+1}x+\cdots$$

将 $x=0$ 代入以上各式，得

$$a_0=f(0),a_1=f'(0),a_2=\frac{f''(0)}{2!},\cdots,a_n=\frac{f^{(n)}(0)}{n!}$$

说明(9-11)式中的幂级数的系数恰是麦克劳林级数的系数。但是反过来，如果 $f(x)$ 的麦克劳林级数在 $x_0=0$ 的某邻域内收敛，却不一定收敛到 $f(x)$。如果在 $x_0=0$ 处的某一阶导数不存在，那么 $f(x)$ 就不能展开为麦克劳林级数。因此，如果 $f(x)$ 在 $x_0=0$ 处具有各阶导数，则 $f(x)$ 的麦克劳林级数(9-11)虽然能做出来，但这个级数是否能在某个区间内收敛，以及是否收敛于 $f(x)$ 却需要进一步考察。下面将具体讨论把 $f(x)$ 展开成 x 的幂级数的方法。

9.4.2 函数展开成幂级数的方法

1. 直接展开法

利用泰勒公式(或麦克劳林公式)将函数展开成幂级数的方法称为直接展开法。具体步骤如下。

(1) 利用公式 $a_n=\frac{f^{(n)}(0)}{n!}(n=1,2,3,\cdots)$ 计算出幂级数的系数，写出对应的麦克劳林级数 $\sum_{n=0}^{\infty}\frac{f^{(n)}(0)}{n!}x^n$。

(2) 由 $R_n(x)=\frac{f^{(n+1)}(\xi)}{(n+1)!}x^{n+1}$，讨论是否有 $\lim_{n\to\infty}R_n(x)=0$，若 $\lim_{n\to\infty}R_n(x)=0$，则有

$$f(x)=\sum_{n=0}^{\infty}\frac{f^{(n)}(0)}{n!}x^n。$$

【例 9-30】 将 $f(x)=\mathrm{e}^x$ 展开成 x 的幂级数。

解：因为 $f(x)=\mathrm{e}^x$，所以 $f(x)=f'(x)=f''(x)=\cdots=\mathrm{e}^x$，故 $f(0)=f'(0)=f''(0)=\cdots=f^{(n)}(0)=\cdots=\mathrm{e}^0=1(n=1,2,3,\cdots)$。

于是 e^x 的麦克劳林级数为

$$\sum_{n=0}^{\infty}\frac{1}{n!}x^n=1+x+\frac{1}{2!}x^2+\frac{1}{3!}x^3+\cdots+\frac{1}{n!}x^n+\cdots$$

其收敛区间为$(-\infty,+\infty)$。任取 x，则有

$$|R_n(x)|=\left|\frac{f^{(n+1)}(\xi)}{(n+1)!}x^{n+1}\right|=\left|\frac{\mathrm{e}^{\xi}}{(n+1)!}x^{n+1}\right|\quad(\xi\text{ 介于 }0\text{ 与 }x\text{ 之间})$$

由于$|\xi|<|x|$，$\mathrm{e}^{|\xi|}<\mathrm{e}^{|x|}$，对任意给定的 $x\in(-\infty,+\infty)$有

$$|R_n(x)|=\left|\frac{\mathrm{e}^{\xi}}{(n+1)!}x^{n+1}\right|<\frac{\mathrm{e}^{|x|}}{(n+1)!}|x|^{n+1}$$

因为 $\mathrm{e}^{|x|}$ 有限，而 $\frac{|x|^{n+1}}{(n+1)!}$ 是收敛级数 $\sum_{n=0}^{\infty}\frac{|x|^{n+1}}{(n+1)!}$ 的通项，所以当 $n\to\infty$ 时，$\lim_{n\to\infty}\frac{|x|^{n+1}}{(n+1)!}=0$，$\lim_{n\to\infty}\mathrm{e}^{|x|}\frac{|x|^{n+1}}{(n+1)!}=0$，即 $\lim_{n\to\infty}R_n(x)=0$。

由定理 9.10 可知，e^x 可以展开成 x 的幂级数，即

$$\mathrm{e}^x=\sum_{n=0}^{\infty}\frac{1}{n!}x^n=1+x+\frac{1}{2!}x^2+\frac{1}{3!}x^3+\cdots+\frac{1}{n!}x^n+\cdots\quad x\in(-\infty,+\infty)\tag{9-12}$$

用以上方法，还可以求得

$$(1+x)^{\alpha}=1+\alpha x+\frac{\alpha(\alpha-1)}{2!}x^2+\cdots+\frac{\alpha(\alpha-1)\cdots(\alpha-n+1)}{n!}x^n+\cdots\quad x\in(-1,1)$$

此式称为**二项展开式**。下面列出 $\alpha=-1,\frac{1}{2},-\frac{1}{2}$几个常见的二项式级数。

$$\frac{1}{1+x}=1-x+x^2-x^3+\cdots+(-1)^nx^n+\cdots\quad x\in(-1,1)$$

$$\sqrt{1+x}=1+\frac{1}{2}x-\frac{1}{2\cdot4}x^2+\frac{1\cdot3}{2\cdot4\cdot6}x^3-\frac{1\cdot3\cdot5}{2\cdot4\cdot6\cdot8}x^4+\cdots\quad x\in[-1,1]$$

$$\frac{1}{\sqrt{1+x}}=1-\frac{1}{2}x+\frac{1\cdot3}{2\cdot4}x^2-\frac{1\cdot3\cdot5}{2\cdot4\cdot6}x^3+\frac{1\cdot3\cdot5\cdot7}{2\cdot4\cdot6\cdot8}x^4+\cdots\quad x\in(-1,1]$$

【例 9-31】 将 $f(x)=\sin x$ 展开成 x 的幂级数。

解：因为 $f(0)=0$，且有 $f^{(n)}(x)=\sin\left(x+\frac{n\pi}{2}\right)$，$f^{(n)}(0)=\sin\left(\frac{n\pi}{2}\right)$，$n=1,2,3,\cdots$，于是 $\sin x$ 的麦克劳林级数为

$$\sum_{n=1}^{\infty}\frac{(-1)^{n-1}}{(2n-1)!}x^{2n-1}=x-\frac{1}{3!}x^3+\frac{1}{5!}x^5-\cdots+\frac{(-1)^{n-1}}{(2n-1)!}x^{2n-1}\cdots$$

它的收敛半径 $R=+\infty$。

任取 x，则对于介于 0 与 x 之间的 ξ，有

$$|R_n(x)|=\left|\frac{\sin\left(\xi+\frac{(n+1)\pi}{2}\right)}{(n+1)!}x^{n+1}\right|\leqslant\frac{1}{(n+1)!}|x|^{n+1}\to 0\quad(n\to\infty)$$

因此有展开式

$$\sin x=x-\frac{1}{3!}x^3+\frac{1}{5!}x^5-\cdots+\frac{(-1)^{n-1}}{(2n-1)!}x^{2n-1}\cdots\quad x\in(-\infty,+\infty)\qquad(9\text{-}13)$$

2. 间接展开法

间接展开法就是利用已知函数的幂级数展开式，通过幂级数在收敛区间上的性质，例如两个幂级数可逐项加、减，幂级数在收敛区间内可以逐项求导、逐项求积分等，将所给函数展开为幂级数。

【例 9-32】 将 $f(x)=\cos x$ 展开成幂级数。

解：因为 $\cos x=(\sin x)'$，所以根据 $\sin x$ 的幂级数展开式，用逐项求导的方法得 $\cos x$ 的展开式为

$$\cos x=(\sin x)'=\left[x-\frac{x^3}{3!}+\frac{x^5}{5!}-\cdots+(-1)^n\frac{x^{2n+1}}{(2n+1)!}+\cdots\right]'$$

$$=1-\frac{x^2}{2!}+\frac{x^4}{4!}-\frac{x^6}{6!}+\cdots+(-1)^n\frac{x^{2n}}{(2n)!}+\cdots\quad(-\infty,+\infty)$$

【例 9-33】 将函数 $f(x)=\dfrac{1}{1+x^2}$ 展开成 x 的幂级数。

解：因为

$$\frac{1}{1+x}=1-x+x^2-x^3+\cdots+(-1)^n x^n+\cdots\quad x\in(-1,1)$$

把 x 换成 x^2，得

$$\frac{1}{1+x^2}=1-x^2+x^4-\cdots+(-1)^n x^{2n}+\cdots\quad x\in(-1,1)$$

注：收敛半径的确定，由 $-1<x^2<1$ 得 $-1<x<1$。

【例 9-34】 将函数 $f(x)=\ln(1+x)$ 展开成 x 的幂级数。

解：因为

$$f'(x)=\frac{1}{1+x}$$

而 $\dfrac{1}{1+x}$ 是收敛的等比级数 $\sum\limits_{n=0}^{\infty}(-1)^n x^n\ (-1<x<1)$ 的和函数，即

$$\frac{1}{1+x}=1-x+x^2-x^3+\cdots+(-1)^n x^n+\cdots \quad x\in(-1,1)$$

将上式从 0 到 x 逐项积分，得

$$\ln(1+x)=\int_0^x[\ln(1+x)]'\mathrm{d}x=\int_0^x\frac{1}{1+x}\mathrm{d}x$$

$$=\int_0^x\left[\sum_{n=0}^{\infty}(-1)^n x^n\right]\mathrm{d}x=\sum_{n=0}^{\infty}(-1)^n\frac{x^{n+1}}{n+1}$$

$$=x-\frac{x^2}{2}+\frac{x^3}{3}-\frac{x^4}{4}+\cdots+(-1)^n\frac{x^{n+1}}{n+1}+\cdots \quad (-1<x\leqslant 1)$$

上述展开式对 $x=1$ 也成立，这是因为上式右端的幂级数当 $x=1$ 时收敛，而 $\ln(1+x)$ 在 $x=1$ 处有定义且连续。

【例 9-35】 将 $f(x)=\arctan x$ 展开成 x 的幂级数。

解：由例 9-33

$$\frac{1}{1+x^2}=1-x^2+x^4-\cdots+(-1)^n x^{2n}+\cdots \quad x\in(-1,1)$$

逐项积分可得

$$\int_0^x\frac{1}{1+x^2}\mathrm{d}x=x-\frac{x^3}{3}+\frac{x^5}{5}-\cdots+\frac{(-1)^n x^{2n+1}}{2n+1}+\cdots \quad x\in(-1,1)$$

即

$$\arctan x=x-\frac{x^3}{3}+\frac{x^5}{5}-\cdots+\frac{(-1)^n x^{2n+1}}{2n+1}+\cdots \quad x\in(-1,1)$$

例 9-36

【例 9-36】 将 $f(x)=\ln(1+x)$ 展开成 $x-2$ 的幂级数。

解：由于

$$f(x)=\ln(1+x)=\ln[3+(x-2)]=\ln\left[3\left(1+\frac{x-2}{3}\right)\right]=\ln 3+\ln\left(1+\frac{x-2}{3}\right)$$

根据例 9-34 的结果，得

$$\ln(1+x)=\ln 3+\ln\left(1+\frac{x-2}{3}\right)$$

$$=\ln 3+\frac{x-2}{3}-\frac{1}{2}\left(\frac{x-2}{3}\right)^2+\frac{1}{3}\left(\frac{x-2}{3}\right)^3-\cdots+\frac{(-1)^n}{n+1}\left(\frac{x-2}{3}\right)^{n+1}+\cdots$$

$$=\ln 3+\sum_{n=0}^{\infty}\frac{(-1)^n}{3^{n+1}(n+1)}(x-2)^{n+1}$$

这里 $-1<\frac{x-2}{3}\leqslant 1$，即 $-1<x\leqslant 5$。

【例 9-37】 将函数 $f(x)=\frac{1}{x^2+3x+2}$ 展开成 $x+4$ 的幂级数。

解：因为

$$f(x)=\frac{1}{x^2+3x+2}=\frac{1}{(x+1)(x+2)}=\frac{1}{x+1}-\frac{1}{x+2}$$

$$=\frac{1}{-3+x+4}-\frac{1}{-2+x+4}=\frac{1}{2}\cdot\frac{1}{1-\frac{x+4}{2}}-\frac{1}{3}\cdot\frac{1}{1-\frac{x+4}{3}}$$

由

$$\frac{1}{1+x}=1-x+x^2-x^3+\cdots+(-1)^n x^n+\cdots \quad x\in(-1,1)$$

得

$$\frac{1}{1-x}=1+x+x^2+x^3+\cdots+x^n+\cdots=\sum_{n=0}^{\infty}x^n \quad x\in(-1,1)$$

所以

$$f(x)=\frac{1}{x^2+3x+2}=\frac{1}{2}\cdot\frac{1}{1-\frac{x+4}{2}}-\frac{1}{3}\cdot\frac{1}{1-\frac{x+4}{3}}$$

$$=\frac{1}{2}\sum_{n=0}^{\infty}\left(\frac{x+4}{2}\right)^n-\frac{1}{3}\sum_{n=0}^{\infty}\left(\frac{x+4}{3}\right)^n=\sum_{n=0}^{\infty}\left(\frac{1}{2^{n+1}}-\frac{1}{3^{n+1}}\right)(x+4)^n$$

这里$-6<x<-2$。

9.4.3 幂级数的应用

利用函数的幂级数展开式，按照预给的精度，计算函数值的近似值，是幂级数的主要应用之一。在利用幂级数作近似计算时，关键是误差的估计。取幂级数前 n 项和近似计算时，估计误差的方法通常有以下几种。

(1) 误差是无穷级数的余项的绝对值，即$|r_n|$。把$|r_n|$的每一项适当放大，成为一个收敛的等比级数，由等比级数求和公式，求得误差估计值。

(2) 利用函数的泰勒公式的余项$|R_n|$进行误差估计。

(3) 当幂级数是交错级数时，在收敛区间内误差$|r_n|$小于第 $n+1$ 项的绝对值，即$|r_n|<u_{n+1}$。

【例 9-38】 计算 e 的值，精确到小数点后第四位(即$|r_n|<0.0001$)。

解： 解法1 因为

$$e^x=1+x+\frac{x^2}{2!}+\cdots+\frac{x^n}{n!}+\cdots \quad x\in(-\infty,+\infty)$$

所以，当 $x=1$ 时，有 $e=1+1+\frac{1}{2!}+\cdots+\frac{1}{n!}+\cdots$。

若取前 $n+1$ 项的和近似计算 e，用方法(1)估计误差

$$|r_{n+1}|=\frac{1}{(n+1)!}+\frac{1}{(n+2)!}+\cdots<\frac{1}{(n+1)!}\left[1+\frac{1}{n+1}+\left(\frac{1}{n+1}\right)^2+\cdots\right]$$

$$=\frac{1}{(n+1)!}\cdot\frac{1}{1-\frac{1}{n+1}}=\frac{1}{(n!)n}$$

要使$|r_{n+1}|<0.0001$，只要$\frac{1}{(n!)n}<0.0001$。$n=7$时，$\frac{1}{(7!)7}=2.84\times10^{-5}<0.0001$，于是

$$e\approx 2+\frac{1}{2!}+\cdots+\frac{1}{7!}=\frac{1370}{504}\approx 2.1783$$

解法 2　用方法(2)估计误差

$$|r_n|<|R_n(1)|=\left|\frac{e^{\xi}}{(n+1)!}\right|<\frac{3}{(n+1)!}\quad(0<\xi<1)$$

要使误差小于 0.0001，只要$\frac{3}{(n+1)!}<0.0001$。$n=7$时，$\frac{3}{8!}=7.45\times10^{-5}<0.0001$。同解法 1 结果一样，求得 $e\approx 2.1783$。

【例 9-39】　计算积分$\int_0^1\frac{\sin x}{x}dx$的近似值，精确到 0.0001。

解：由于$\frac{\sin x}{x}$的原函数不是初等函数，所以不能直接使用牛顿-莱布尼茨公式。

利用 $\sin x$ 的幂级数展开式，得

$$\frac{\sin x}{x}=1-\frac{1}{3!}x^2+\frac{1}{5!}x^4-\frac{1}{7!}x^6+\cdots\quad x\in(-\infty,+\infty)$$

两端在区间[0,1]上积分，右边利用幂级数可逐项积分的性质，得到

$$\int_0^1\frac{\sin x}{x}dx=1-\frac{1}{3\cdot3!}+\frac{1}{5\cdot5!}-\frac{1}{7\cdot7!}+\cdots$$

上式右端是收敛的交错级数，取前 n 项作为左端积分的近似值，其误差为

$$|r_n|<u_{n+1}=\frac{1}{(2n+1)(2n+1)!}$$

要使$|r_{n+1}|<0.0001$，只要$\frac{1}{(2n+1)(2n+1)!}<0.0001$。由于$\frac{1}{(7!)7}=2.84\times10^{-5}<0.0001$，所以取前项的和作为积分的近似值

$$\int_0^1\frac{\sin x}{x}dx\approx 1-\frac{1}{3\cdot3!}+\frac{1}{5\cdot5!}\approx 0.9461$$

利用幂级数还可以解决一些其他问题。

【例 9-40】　求极限$\lim\limits_{x\to0}\frac{\cos x-e^{-\frac{x^2}{2}}}{x^4}$。

解：把 $\cos x$ 和 $e^{-\frac{x^2}{2}}$ 的幂级数展开式带入

$$\lim_{x\to0}\frac{\cos x-e^{-\frac{x^2}{2}}}{x^4}=\lim_{x\to0}\frac{\left(1-\frac{x^2}{2!}+\frac{x^4}{4!}-\frac{x^6}{6!}+\cdots\right)-\left(1-\frac{x^2}{2}+\frac{x^4}{2^2\cdot2!}-\frac{x^6}{2^3\cdot3!}+\cdots\right)}{x^4}$$

$$=\lim_{x\to0}\frac{-\frac{1}{12}x^4+\cdots}{x^4}=-\frac{1}{12}$$

【例 9-41】 验证欧拉公式 $e^{i\theta}=\cos\theta+i\sin\theta$（$\theta$ 为实数）。

解：$e^{i\theta}=1+i\theta+\frac{1}{2!}(i\theta)^2+\frac{1}{3!}(i\theta)^3+\cdots+\frac{1}{n!}(i\theta)^n+\cdots$

$$=1+i\theta-\frac{1}{2!}\theta^2-i\frac{1}{3!}\theta^3+\frac{1}{4!}\theta^4+i\frac{1}{5!}\theta^5+\cdots$$

$$=\left(1-\frac{1}{2!}\theta^2+\frac{1}{4!}\theta^4-\cdots\right)+i\left(\theta-\frac{1}{3!}\theta^3+\frac{1}{5!}\theta^5-\cdots\right)=\cos\theta+i\sin\theta \tag{9-14}$$

在(9-14)式中，把 θ 换成 $-\theta$，有

$$e^{-i\theta}=\cos\theta-i\sin\theta \tag{9-15}$$

由(9-14)式和(9-15)式可得

$$\begin{cases}\cos\theta=\dfrac{e^{i\theta}+e^{-i\theta}}{2}\\ \sin\theta=\dfrac{e^{i\theta}-e^{-i\theta}}{2i}\end{cases} \tag{9-16}$$

(9-16)式是欧拉公式的另一种形式。

【能力训练 9.4】

基础练习

将下列函数展开成幂级数，并写出其收敛区间。

(1) $x^3e^{x^2}$　　　　(2) $\sin\frac{x}{3}$

(3) $\ln(x+3)$　　　　(4) $\cos^2x$

提高练习

1. 将下列函数展开成幂级数，并写出其收敛区间。

(1) $\frac{x}{1+x-2x^2}$　　　　(2) $(1+x)\ln(1+x)$

2. 将下列函数展开成幂级数。

(1) $f(x)=\frac{1}{1-x}$ 展开成 $x-2$ 的幂级数　(2) $f(x)=\ln(1+x)$ 展开成 $x-1$ 的幂级数

3. 将函数 $f(x)=\sin x$ 展开成 $x-\frac{\pi}{4}$ 的幂级数。

4. 将函数 $f(x)=\frac{1}{x^2+4x+3}$ 展开成 $x-1$ 的幂级数。

5. 求 ln2 的近似值，使误差小于 10^{-4}。

9.5 Matlab 求解级数

9.5.1 级数运算函数 symsum()的用法

在 Matlab 中,当符号变量的和(有限项或者无限项)存在时,可以用函数 symsum()进行求和,也就是求级数的解。symsum()函数的格式说明如下。

symsum(s, v, a, b):s 表示一个级数的通项,是一个符号表达式;v 是求和变量,v 省略时使用系统的默认变量;a 和 b 是求和变量 v 的初值和末值。

9.5.2 级数运算示例

例 9-42

【例 9-42】 求下列数列的和。

(1) $\sum\limits_{i=0}^{n} i$　　(2) $\sum\limits_{k=0}^{n} \dfrac{1}{k \cdot (k+1)}$

(3) $\sum\limits_{k=0}^{\infty} \dfrac{1}{k \cdot (k+1)}$　　(4) $\sum\limits_{n=1}^{\infty} \dfrac{1}{n}$

(5) $\sum\limits_{n=1}^{\infty} \left(\dfrac{1}{2^n} + \dfrac{1}{3^n}\right)$　　(6) $\sum\limits_{n=1}^{\infty} \sin \dfrac{1}{2n}$

解:(1)

```
>> syms i n
>> symsum(i,i,1,n)
   ■ ans = (n*(n+1))/2
```

(2)

```
>> clear                                    % 删除已定义的变量
>> syms k n
>> symsum(1/(k*(k+1)),1,n)
   ■ ans = n/(n+1)
```

(3)

```
>> symsum(1/(k*(k+1)),1,inf)
   ■ ans = 1
```

(4)

```
>> clear                                    % 删除已定义的变量
>> syms n
>> symsum(1/n,1,inf)
   ■ ans = inf                              % 调和级数发散,值为无穷
```

(5)

```
>> symsum(1/2^n+1/3^n,1,inf)
   ■ ans = 3/2
```

(6)

```
>> symsum(sin(1/(2 * n)),1,inf)
■   ans = sum(sin(1/2/n),n = 1... inf)          % 级数发散,返回级数原式
```

本章思维导图

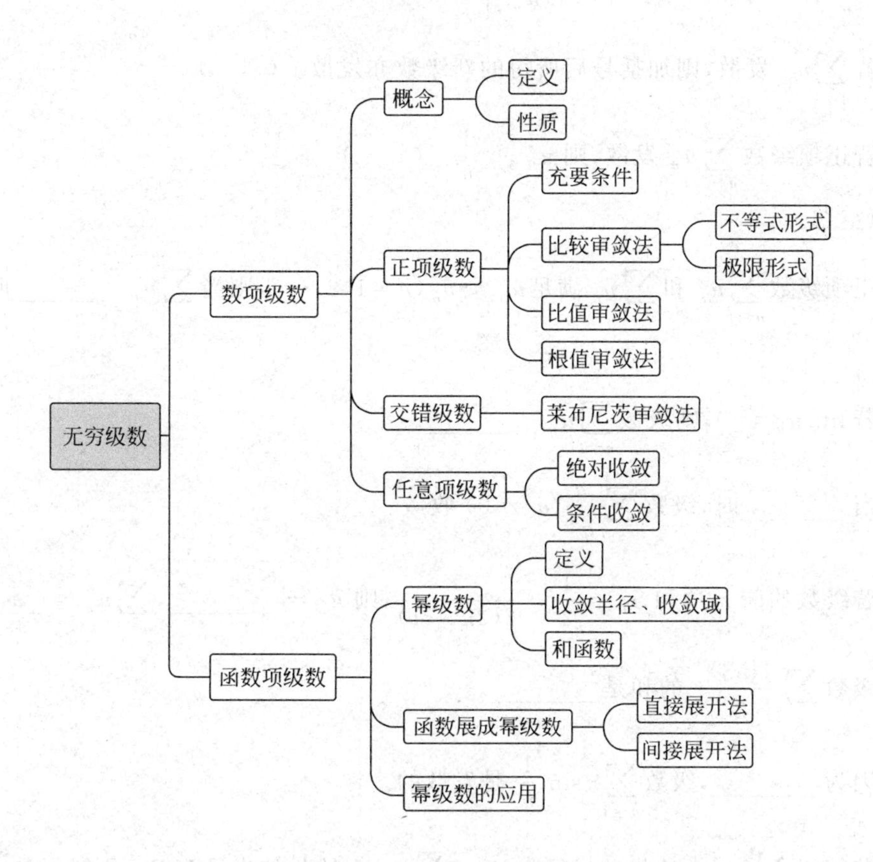

综合能力训练

基础训练

1. 判断题。

(1) 若 $\lim\limits_{n\to\infty} u_n = 0$,则级数 $\sum\limits_{n=1}^{\infty} u_n$ 收敛。(　　)

(2) 若级数 $\sum\limits_{n=1}^{\infty} u_n$ 收敛,则 $\lim\limits_{n\to\infty} u_n = 0$。(　　)

(3) 若级数 $\sum\limits_{n=1}^{\infty} u_n$ 发散,则 $\lim\limits_{n\to\infty} u_n \neq 0$。(　　)

（4）若$\sum\limits_{n=1}^{\infty}u_n$收敛，$\sum\limits_{n=1}^{\infty}v_n$发散，则$\sum\limits_{n=1}^{\infty}(u_n+v_n)$必发散。（　　）

（5）交错级数$\sum\limits_{n=1}^{\infty}(-1)^{n-1}u_n$，若$\lim\limits_{n\to\infty}u_n=0$，则$\sum\limits_{n=1}^{\infty}u_n$收敛。（　　）

（6）若$\sum\limits_{n=1}^{\infty}u_n$收敛，则必有$\lim\limits_{n\to\infty}\left|\dfrac{u_{n+1}}{u_n}\right|=r<1$。（　　）

（7）若$\sum\limits_{n=1}^{\infty}u_n$发散，则加括号后所得的新级数亦发散。（　　）

（8）若正项级数$\sum\limits_{n=1}^{\infty}u_n$发散，则$u_n\geqslant\dfrac{1}{n}$。（　　）

2. 填空题。

（1）正项级数$\sum\limits_{n=1}^{\infty}u_n$和$\sum\limits_{n=1}^{\infty}v_n$满足$u_n<v_n(n=1,2,\cdots)$，则当$\sum\limits_{n=1}^{\infty}u_n$ ________时，$\sum\limits_{n=1}^{\infty}v_n$发散。

（2）若$\lim\limits_{n\to\infty}u_n\neq 0$，则级数$\sum\limits_{n=1}^{\infty}u_n$ ________。

（3）当________时，级数$\sum\limits_{n=0}^{\infty}\dfrac{a}{q^n}(a\neq 0)$收敛。

（4）若级数的前n项和$S_n=\dfrac{1}{2}-\dfrac{1}{2(2n+1)}$，则$u_n=$________，$\sum\limits_{n=1}^{\infty}u_n=$________。

（5）级数$\sum\limits_{n=0}^{\infty}\dfrac{(\ln 3)^n}{3^n}$的和是________。

（6）因为________，级数$\sum\limits_{n=1}^{\infty}n\sin\dfrac{1}{n}$是发散的。

（7）若幂级$\sum\limits_{n=0}^{\infty}a_nx^n$的收敛半径为$R_1$；$\sum\limits_{n=0}^{\infty}b_nx^n$的收敛半径为$R_2$，则幂级数$\sum\limits_{n=0}^{\infty}(a_n+b_n)x^n$的收敛半径至少为 ________。

3. 选择题。

（1）正项级数$\sum\limits_{n=1}^{\infty}u_n$满足条件（　　）必收敛。

A. $\lim\limits_{n\to\infty}u_n=0$

B. $\lim\limits_{n\to\infty}\dfrac{u_{n+1}}{u_n}=\rho>1$

C. $\lim\limits_{n\to\infty}\dfrac{u_{n+1}}{u_n}=\rho<1$

D. $\lim\limits_{n\to\infty}\dfrac{u_{n+1}}{u_n}=\rho\leqslant 1$

（2）如果级数$\sum\limits_{n=1}^{\infty}u_n$收敛，且$u_n\neq 0(n=1,2,\cdots)$的和为$S$，则级数$\sum\limits_{n=1}^{\infty}\dfrac{1}{u_n}$（　　）。

A. 发散

B. 收敛但其和不一定为S

C. 收敛且其和为$\frac{1}{S}$　　　　D. 敛散性不能判定

(3) 设正项级数$\sum_{n=1}^{\infty} u_n$与$\sum_{n=1}^{\infty} v_n$满足$u_n < v_n (n=1,2,\cdots)$,则正确的是(　　)。

A. 若$\sum_{n=1}^{\infty} v_n$收敛,则$\sum_{n=1}^{\infty} u_n$必收敛

B. 若$\sum_{n=1}^{\infty} v_n$发散,则$\sum_{n=1}^{\infty} u_n$必发散

C. 若$\sum_{n=1}^{\infty} u_n$收敛,则$\sum_{n=1}^{\infty} v_n$必收敛

D. 以上都不正确

(4) 下列级数发散的是(　　)。

A. $\sum_{n=1}^{\infty} \frac{(-1)^{n-1}}{n}$　　　　B. $\sum_{n=1}^{\infty} (-1)^{n-1} \frac{1}{n^2}$

C. $\sum_{n=1}^{\infty} (-1)^{n-1} \frac{1}{\sqrt{n}}$　　　　D. $\sum_{n=1}^{\infty} \frac{2}{n+5}$

(5) 设$0 \leqslant u_n \leqslant \frac{1}{n}$,则下列级数中肯定收敛的是(　　)。

A. $\sum_{n=1}^{\infty} u_n$　　　　B. $\sum_{n=1}^{\infty} (-1)^n u_n$

C. $\sum_{n=1}^{\infty} (-1)^n u_n^2$　　　　D. $\sum_{n=1}^{\infty} \sqrt{u_n}$

(6) 级数$\sum_{n=1}^{\infty} \frac{\cos 4n}{n}$是(　　)。

A. 交错级数　　　　B. 任意项级数

C. 正项级数　　　　D. 负项级数(每一项均为负值)

(7) 幂级数$\sum_{n=1}^{\infty} \frac{2^n}{n\sqrt{n}} x^n$的收敛半径$R$为(　　)。

A. 0　　B. $\frac{1}{2}$　　C. 2　　D. $+\infty$

(8) 关于级数$\sum_{n=1}^{\infty} \frac{1}{n+1} x^n$的结论正确的是(　　)。

A. 当且仅当$|x|<1$时收敛　　　　B. 当$|x| \leqslant 1$时收敛

C. 当$-1 \leqslant x < 1$时收敛　　　　D. 当$-1 < x \leqslant 1$时收敛

4. 判定下列级数的敛散性。

(1) $\sum_{n=1}^{\infty} \frac{n^3}{2^n}$　　　　(2) $\sum_{n=1}^{\infty} \frac{1}{n^2 - 4n + 5}$

(3) $\sum_{n=1}^{\infty} \frac{\ln^n 30}{3^n}$　　　　(4) $\sum_{n=1}^{\infty} \frac{n+1}{n^2+1}$

(5) $\sum_{n=1}^{\infty}\log_3\left(1+\frac{1}{n}\right)$　　(6) $\sum_{n=1}^{\infty}3^n\sin\frac{\pi}{3^n}$

5. 求下列幂级数的收敛半径和收敛域。

(1) $\sum_{n=1}^{\infty}\frac{1}{n}\left(\frac{x}{5}\right)^n$　　(2) $\sum_{n=1}^{\infty}\frac{(\sqrt{n}x)^n}{n!}$

提高练习

1. 判断题。

(1) 若$\sum_{n=1}^{\infty}u_n$收敛，且$\lim_{n\to\infty}\frac{u_n}{v_n}=1$，则$\sum_{n=1}^{\infty}v_n$必收敛。(　　)

(2) 若$\sum_{n=0}^{\infty}a_nx^n$的收敛半径为$R$，则$\sum_{n=0}^{\infty}a_nx^{2n}$的收敛半径为$\sqrt{R}$。(　　)

2. 填空题。

(1) $\sum_{n=0}^{\infty}a_nx^n$在$x=x_0$时收敛，则$\sum_{n=0}^{\infty}a_nx^n$在点$x_1$(其中$|x_1|<|x_0|$)的收敛性是________。

(2) 幂级数$\sum_{n=0}^{\infty}a_nx^n$的收敛半径为3，则幂级数$\sum_{n=0}^{\infty}na_n(x-1)^n$的收敛区间为________。

(3) 把$f(x)=\frac{1}{(1-2x)(1-3x)}$展开为$x$的幂级数，则收敛半径$R$为________。

3. 选择题。

(1) 设幂级数$\sum_{n=1}^{\infty}\frac{(x-a)^n}{n}$在点$x=2$处收敛，则$a$的取值范围为(　　)。

A. $1<a\leqslant 3$　　B. $1\leqslant a<3$

C. $1\leqslant a\leqslant 3$　　D. $1<a<3$

(2) 级数$\sum_{n=1}^{\infty}\frac{(-1)^n}{n^p}(p>0)$的敛散情况是(　　)。

A. 当$p>1$时绝对收敛，$p\leqslant 1$时条件收敛

B. 当$p<1$时绝对收敛，$p\geqslant 1$时条件收敛

C. 当$p>1$时收敛，$p\leqslant 1$时发散

D. 对任意的$p>0$，级数绝对收敛

(3) 设幂级数$\sum_{n=0}^{\infty}a_nx^n$在$x=2$处收敛，则在$x=-1$处(　　)。

A. 绝对收敛　　B. 发散

C. 条件收敛　　D. 敛散性不能判定

4. 级数$\sum_{n=1}^{\infty}\frac{(-1)^n n}{2^n}$是否收敛？若收敛，是绝对收敛还是条件收敛？

5．求下列幂级数的收敛半径和收敛域。

（1）$\sum_{n=1}^{\infty}\frac{1}{2^{\sqrt{n}}}x^{n}$　　（2）$\sum_{n=1}^{\infty}\frac{(-1)^{n-1}}{n}(x-1)^{n}$

6．求下列级数展成 x 的幂级数。

（1）$f(x)=\cos\sqrt{x}$　　（2）$f(x)=\ln(2x+4)$

参考文献

[1] 周孝康,唐绍安.高等数学[M].北京：北京航空航天大学出版社,2018.

[2] 黄兴开,曹陶桃,王志华.高职数学[M].西安：西北工业大学出版社,2019.

[3] 刘继杰,李少文.工科应用数学(上/下册)[M].3版.北京：高等教育出版社,2020.

[4] 尹光.新编高等数学[M].北京：北京邮电大学出版社,2018.

[5] 王岳,张天德.高等数学Ⅰ[M].济南：山东人民出版社,2021.

[6] 康永强.应用数学与数学文化:第1分册[M].北京：高等教育出版社,2013.

[7] 同济大学数学系.高等数学(上/下册)[M].7版.北京：高等教育出版社,2014

[8] 宣立新.高等数学(上/下册)[M].北京：高等教育出版社,1999.

[9] 王亚凌,廖建光.高等数学(课程思政改革版)[M].北京：北京理工大学出版社,2019.

[10] 张学山.高等数学[M].北京：高等教育出版社,2011.

[11] 尚涛.MATLAB基础及其应用教程[M].北京：电子工业出版社,2019.

[12] 张若军.大学数学基础教程[M].北京：清华大学出版社,2017.

[13] 吴赣昌,陈怡.高等数学讲义[M].海口：海南出版社,2005.